ENQUÊTE

SUR

LE SERPENT DE LA MARTINIQUE

PARIS. — TYP. DE SOYÉ ET BOUCHET, PLACE DU PANTHÉON, 2.

½ de le grand.ʳ nai.ᵉˡˡᵉ

ᵒᵘⁱ, del et lith.

Lith. Becquet frères.

Bothrops lancéolé (avec cette inscription)

qui a donné la mort à deux hommes.

ENQUÊTE

SUR LE SERPENT

DE LA MARTINIQUE

[VIPÈRE FER DE LANCE, BOTHROPS LANCÉOLÉ, ETC.]

SECONDE ÉDITION

PAR

Le Dʳ E. RUFZ

Delenda est.

PARIS

CHEZ GERMER BAILLIÈRE, LIBRAIRE-ÉDITEUR,

RUE DE L'ÉCOLE DE MÉDECINE

1859

A

M. AUGUSTE DUMÉRIL

PROFESSEUR D'HISTOIRE NATURELLE AU MUSÉUM DE PARIS, PROFESSEUR AGRÉGÉ
DE LA FACULTÉ DE MÉDECINE DE PARIS.

Charras, un des premiers qui ait écrit raisonnablement sur la vipère, a dédié son livre à Antoine Vallot, médecin du roi Louis XIV, conseiller en ses conseils d'Etat et privé. C'était alors l'usage : on aimait à se dédier ses livres. On n'imaginait pas qu'on se pût donner une plus haute marque d'estime. On y trouvait en même temps le plaisir de s'entretenir de choses auxquelles on prend le même intérêt. Si vous voulez bien, Monsieur et cher confrère, accepter à ce double titre la dédicace de ces recherches sur le *bothrops lancéolé*, ce sera pour moi une véritable satisfaction. Je voudrais par là faire connaître le secours que j'ai tiré, pour l'achèvement de ce travail, des excellentes leçons que vous faites au Muséum sur l'Histoire naturelle des reptiles, avec une précision et une clarté si remarquables et, permettez-moi d'ajouter, avec une modestie charmante pour vos auditeurs. Je voudrais rendre témoignage de la bienveillance que rencontrent en vous tous ceux qui s'occupent de cette branche de l'histoire naturelle, dont vous vous êtes fait une illustration héréditaire, et de l'empressement que vous mettez à communiquer les richesses que la science erpétologique doit au nom de Duméril. J'emprunterai enfin quelques paroles à Charras, pour confesser l'espérance où je suis, « que ce nom illustre dont il vous plaît « que la face de mon livre soit honorée, empêchera les criti-

« ques de s'attacher aux défauts qu'ils y pourraient rencontrer,
« et qu'il sera cause que le public recevra plus volontiers ce
« fruit de mes études et ne croira pas perdre son temps en
« s'engageant dans cette lecture. »

Lorsque je publiai ces recherches, pour la première fois,
dans le journal *les Antilles*, j'étais à la Martinique, en présence
du *Fer de lance*, qui y règne féodalement. De là, cette forme
et ce titre d'enquête. Mes renseignements étaient recueillis, de
la bouche des témoins oculaires, des méfaits de ce serpent et
souvent même de celle de ses victimes: Des veuves et des
orphelins, des mutilés d'un bras ou d'une jambe; ou, chose
plus horrible encore, d'aveugles, de muets, de paralysés,
par l'effet du terrible venin! Tout cela accompagné d'explications qui n'en diminuaient pas l'horreur. Il faut remonter
aux monstres mythologiques, pour se faire une idée de celui-ci.
C'est un des derniers de l'espèce de ceux dont les Hercule
et les Thésée ont purgé la terre. Son effroyable fécondité le
rend plus redoutable que la fameuse hydre de Lerne ; car, quel
est le bras qui pourrait d'un seul coup nous délivrer du *Fer
de lance?* C'est sous ces impressions que j'entrepris l'étude de
cet animal. J'avoue que je n'avais pas alors précisément pour
but de faire l'histoire naturelle d'un ophidien, ni d'assigner
la place qu'il doit occuper dans les classifications zoologiques.
Cette tâche revient à ceux qui, comme vous, placés au centre
des grandes collections de l'histoire naturelle, embrassent,
d'un coup d'œil, toute l'œuvre de la création, et sont chargés
pour ainsi dire par Dieu, d'en donner à sa place, et comme
aux premiers jours, l'explication aux hommes. Vous et vos illustres collègues, les Geoffroy Saint-Hilaire, les Quatrefages
et les Flourens, vous remplissez trop bien cette grande mission, pour laisser à quelque autre la hardiesse d'encourir une
comparaison. Je n'étudiais le serpent que pour pousser à sa
destruction. C'était moins son caractère de genre ou d'espèce
que je voulais faire connaître que ses rapports avec l'homme,
ses ruses, sa méchanceté et le danger que ses blessures font
courir. Je voulais et je voudrais encore délivrer la Martinique
de la terrible obsession du *Fer de lance*. Je lui cherche des

ennemis partout. J'appelle à mon aide la science et la civilisation, qui sont les vrais héros de notre temps.

L'édition que je publie aujourd'hui paraît à Paris en présence du Muséum et de vous autres, les vrais naturalistes. Je redoute cette comparution à l'égale de celle devant les plus grands de la terre; je crains que les plaisanteries, citations, etc., agréments dont j'ai cru devoir me servir pour déguiser la sévérité du sujet et gagner des lecteurs ordinaires, ne soient trouvés puérils et de mauvais goût, et que ce soit risquer d'être abandonné de ceux qui, comme vous, sont habitués à la précision et à la belle simplicité de la science, que de les obliger à chercher le serpent *Fer de lance* à travers ces broussailles littéraires, imitatrices peut-être des halliers naturels qu'il habite, mais presque autant à éviter.

J'ai été un peu rassuré par vous (que cette indulgence soit mon excuse). Vous avez bien voulu me dire que « *l'Enquête sur le serpent de la Martinique* n'avait pas été lue sans quelque plaisir; que, reproduite comme elle a été primitivement conçue, elle ne déplairait pas; que la vulgarisation, en un sujet pareil, n'en était pas le côté le moins utile; que les noms de nos habitants, bien qu'ils ne soient pas de ceux admis ordinairement comme des autorités en histoire naturelle, ne manqueraient pas, dans cette occasion, de quelque crédit; que l'*Enquête* serait comme un dépôt de documents où puiseraient les naturalistes de profession, et sa forme particulière, la preuve de sa véracité. » Je n'ai pas été difficile à me laisser convaincre. On n'est jamais pressé de refondre un vieux travail et de lui donner une autre forme, et quoique la conclusion naturelle de l'*Enquête* dût être une rédaction nouvelle, plus positive, plus sévère, plus féconde en résultats, je m'en suis tenu à la première, toute imparfaite qu'elle est. On y verra du moins les peines et les précautions que j'ai prises pour arriver à la vérité, et l'on sera peut-être alors aussi indulgent pour moi que l'a été, dans le septième volume de son grand ouvrage, M. votre père, le grand-maître en erpétologie.

Pendant quinze ans que ces recherches ont été soumises au contrôle des parties intéressées, sans recevoir de démenti, elles ont acquis, par cette publicité et ce consentement, une sanction et une authenticité qui doivent leur mériter quelque confiance. Je me flatte aussi de la pensée qu'un travail de ce genre peut être de bon exemple ; qu'il est de nature à prouver qu'avec l'histoire naturelle il y a toujours de quoi occuper son loisir; qu'on n'est jamais seul, même dans les plus grandes solitudes ; qu'il suffit de jeter les yeux autour de soi pour trouver quelque sujet d'étude et d'amusement ; que l'histoire de n'importe quel animal peut être faite par n'importe qui, et sans grandes connaissances, avec seulement un peu de patience et de bonne volonté. Celle surtout des animaux sauvages, traitée par ceux que des circonstances particulières mettent en rapport avec eux, en peut recevoir un intérêt neuf et tout autre que lorsqu'elle est écrite de seconde main, sur des récits de voyageurs et à l'ombre du cabinet. L'*Histoire du Lion*, par le fusil de Gérard, se fait lire, même après les admirables pages de Buffon, et le *Fer de lance*, présenté sous nos larges cactus, dans l'exercice de sa méchanceté, en donnera une plus juste idée que lorsqu'il est vu dans les bocaux du Muséum.

C'est certainement de monographies des animaux exotiques dont l'histoire naturelle a présentement le plus besoin; il faut qu'on puisse recouvrir et animer tous ces squelettes, qui sont dans vos mentres et sur vos rayons, du récit de leurs mœurs, autrement votre Muséum ne serait qu'un vaste cimetière, malgré les hautes spéculations scientifiques qu'il peut inspirer. Vous avez parfaitement senti cela, et c'est pour remplir ce grand *desideratum* de la science, en ce qui vous regarde et autant qu'il est possible, que vous avez établi la *ménagerie des reptiles vivants*, l'une des dernières créations dont le Muséum de Paris a été enrichi. Vous avez pu constater par là bien des faits relatifs aux habitudes des serpents, à leur genre de vie (*Notice historique sur la ménagerie des reptiles vivants*, par A. Duméril). Le jeu de leurs fonctions, le mécanisme de leur digestion, leur mode de progression ou de calorification, les particularités du phénomène de leur mue et celles de leur reproduction, leur physiologie enfin,

Mais tout cela ne fait pas voir ces animaux dans la libre expression de leur animalité, ne fait pas connaître leurs mœurs, et jusqu'où va leur instinct : « Les reptiles, dit M. Dugès, dans l'état de captivité, ont la plus grande répugnance à se livrer, surtout en la présence de l'homme, aux actes qui leur sont les plus familiers. » En effet, placé sous la contrainte de nos regards, le *Fer de lance* dissimule, se contient, se résigne. Il offre les deux grandeurs de la résignation : le silence et l'immobilité. Il refuse les aliments, il paraît même ne pas prendre garde à ceux qu'on place à côté de lui. Il se tient enroulé sur lui-même comme dans un sommeil continu. Si, par quelque excitation, vous l'obligez de sortir de cette torpeur apparente, il rampe sur les parois de la cage où il est prisonnier, en recherche les coins les plus obscurs, et paraît fuir les tracasseries plutôt que se révolter contre elles. Ouvrez la porte de la cage ! il ne s'élancera pas au dehors avec la vivacité de l'oiseau qui recouvre sa liberté; il se défie, hésite, paraît douter de son bonheur et craindre quelque embûche, puis il rampe, il se glisse lentement; sournoisement; mais à peine se sent-il à l'air libre ! *campo potitus aperto!* maître de l'espace, que déjà il n'est plus le même; sa progression, quoique toujours inquiète, s'accélère; il dresse la tête, promène de tous côtés ses regards, s'arrête aux moindres mouvements, aux moindres bruits qu'il perçoit, se *love*, se met en garde jusqu'à ce qu'il ait atteint quelque hallier touffu; il reprend la défensive. C'est l'image de la plus savante et de la plus courageuse retraite.

Ajoutons maintenant qu'il n'est pas facile de faire arriver au Muséum, des pays où ils habitent, ces dangereux reptiles. Sur le regret que vous me témoignâtes de n'y pas voir, au milieu de tant d'autres, le *Fer de lance*, de la Martinique, qui est pourtant un sujet français, j'essayai, vous le savez, à diverses reprises, de vous en envoyer quelques beaux échantillons. Je les avais placés dans des cages bien closes, aérées, ouatées, avec tous les soins en quelque sorte paternels que vous me recommandiez pour les mettre à l'abri du froid et de toutes les causes de heurt. Confiés aux capitaines des navires de commerce, ces *Fers de lance* sont toujours morts au bout de sept à huit jours de la traversée, non pas certes de faim, car ils supportent de bien plus longues diètes, mais à cause de l'horreur qu'ils causent généralement et qui empêche qu'on ne leur porte l'intérêt qu'ils nous inspirent à vous et à moi. Je voulus profiter de la voie des steamers anglais, qui ne mettent plus que douze à quinze jours pour traverser l'océan de la Martinique au Havre. Un capitaine me demanda deux doublons (172 fr. 80 c.) pour ces passagers tout sobres que je lui présentais. Encore, ajouta-t-il, qu'il ne répondait pas que le *colis* ne fût, à quelques lieues de là, jeté à la mer par ses matelots; tant est grande, je le répète, l'horreur qu'inspire cet animal. On raconte cependant des histoires de serpents arrivés en Europe, à fond de cale des navires, au milieu des cargaisons de bois de campêche, qui s'y seraient nourris de rats, et auraient été trouvés bien portants lors du déchargement aux ports du Havre et de Bordeaux. Il y a des gens qui assurent les avoir vus de leurs propres yeux, et qui se fâcheraient au moindre doute dont seraient accueillis de pareils récits. Mais l'histoire du *Fer de lance* nous en fera ouïr de bien autres encore.

J'ai augmenté cette édition de la partie anatomique, omise dans la précédente, à cause du peu d'intérêt qu'elle aurait eu pour des lecteurs ordinaires. J'avoue que je croyais faire à la science un cadeau de plus d'importance que n'est véritablement celui-ci. Je croyais le sujet plus neuf, mais l'anatomie des reptiles est si simple, si uniforme, que les particularités de genre ou d'espèce disparaissent dans la description générale de l'ordre. Elle a été si bien traitée par les maîtres de la science, les Cuvier, les Meckel, les Duvernoy, les Duges, que je n'ai pu, à propos du *Fer de lance*, que répéter en grande partie et vérifier ce qu'ils ont dit des autres reptiles. Toutefois cette constatation anatomique, expresse, individuelle du *Fer de lance* m'a paru nécessaire pour compléter son histoire. Par la grande ressemblance que cette anatomie présente avec celle de la vipère d'Europe, on est amené à penser que le *Fer de lance* n'est peut-être qu'une preuve de la *variabilité* de l'espèce, modifiée par les circonstances ambiantes, que c'est la vipère, sur une plus grande échelle, sous l'influence d'une fécondité plus exubérante qui la fait voir comme grossie par le microscope!

Enfin, j'aurais voulu rassembler dans une quatrième partie la pathologie comparée des effets produits par la piqûre des serpens réputés les plus venimeux, tels que les vipères, les crotales, les echnidés, les najas, les trigonocéphales et le lachésis du Brésil. Après ce que j'avais vu du *Fer de lance*, j'étais curieux de lui comparer ses congénères en venin. En songeant au nombre des voyages écrits dans toutes les langues et des recueils scientifiques, dissertations, thèses et autres publiés partout, j'espérais une ample moisson de faits sur un accident, pour ainsi parler, capital pour l'humanité et qui, en tout temps, avait dû frapper vivement l'attention des hommes. Mais quelle a été ma déception, après une lecture infinie, de ne trouver que des observations vagues, des descriptions pittoresques et emphatiques où le fait principal n'est énoncé que par son résultat fatal, véritables anecdotes scientifiques qui ne font qu'irriter la curiosité et qui, par leur rédaction incomplète, laissent présentement sous cette induction si difficile à admettre, que, quelle que soit l'espèce de serpent, le venin produit toujours les mêmes accidents et que ces accidents ne diffèrent que par l'intensité ou la rapidité de leur développement; qu'ainsi le venin du *Fer de lance*, celui du crotale, du naja et des autres serpents ne seraient, pour l'organisation humaine qu'un seul et même poison, mais à doses différentes, résultat qui, pour être admis, devrait être appuyé de preuves démonstratives, éclatantes et qui n'existent présentement qu'à l'état de simple assertion. C'est pourquoi j'ai renvoyé cette étude comparative à un autre temps, réservant uniquement au *Fer de lance* ce volume, qui paraîtra encore, je ne me le dissimule pas, à beaucoup d'esprits, trop considérable et disproportionné avec l'intérêt que peut inspirer l'animal qui en fait l'objet. J'espère qu'un jour on pourra réunir sur les serpents venimeux des détails recueillis dans les pays où ils habitent, et que votre ménagerie des reptiles vivants, par une accession plus grande de ces hôtes, devenue un établissement d'utilité pratique, permettra de se livrer à des expériences comparatives sur les effets du venin des divers serpents, sans crainte pour la curiosité de perdre de précieux échantillons.

J'ai conservé dans toute leur crudité les formules des remèdes vantés dans les pays où se trouvent les serpents venimeux, contre leurs redoutables piqûres. Je n'ai pas besoin de dire que ce n'est certainement pas dans la pensée d'enrichir la science de pareilles acquisitions. J'ai voulu, en mettant sous les yeux le nombre et la composition de ces remèdes, établir comme une sorte de premier combat entre eux, montrer combien peu ils s'accordent, afin d'affaiblir la foi aveugle que leur gardent encore nos populations et ramener les Martinicains, à qui s'adressent surtout ces recherches, à la vraie médecine qui seule leur peut apporter un secours certain. Depuis que je suis de retour en France, j'ai reconnu que la leçon pourrait bien n'être pas sans application à votre monde civilisé, en voyant la lutte incessante que le spirituel rapporteur de l'académie de médecine, M. Robinet, est obligé de livrer à *vos remèdes secrets*. Je reconnais que sa tâche n'est pas ici moindre que la mienne ne l'était à la Martinique, et que j'ai été peut-être bien sévère envers les vieux nègres, car beaucoup de vos vieux et même de vos jeunes blancs ne sont pas moins crédules.

Depuis Charras, bien des points de l'histoire des serpents venimeux ont été éclairés. Mais il en reste beaucoup d'autres dans l'obscurité ou dans une inconcevable incertitude. Car c'est pour moi un continuel sujet d'étonnement de voir les dissentiments qui existent entre des savants de premier ordre et d'égale valeur, sur des questions dont la solution paraît si facile à vérifier, qu'un simple coup d'œil semblerait devoir en décider. Ainsi, comment peut-on n'être pas d'accord sur la persistance des qualités du venin recueilli après la mort? Là-dessus, les expériences et les expérimentateurs ne manquent point. C'est sur la persistance de cette action que repose la valeur des six mille expériences faites par Fontana, qui affirme

que le venin recueilli est aussi actif que lorsqu'il est introduit par la vipère même, et qui trouve dans ce fait une plus
grande commodité pour ses expériences. En ce point, il contredit Charras, mais il a été à son tour contredit par d'autres.
Le même Fontana enseigne que la coagulation du sang est le
résultat le plus frappant de l'action du venin ; presque tous
les observateurs qui lui ont succédé, l'ont réfuté. Ceux-ci
disent que le venin peut être absorbé par la muqueuse buccale et interdisent la succion des plaies venimées; ceux-là
combattent cette expérience par d'autres expériences et recommandent la succion. Enfin, les uns soutiennent que le
venin est acide et rougit la teinture de tournesol; d'autres lui
refusent ces propriétés, dont la constatation peut être faite par
le simple mélange de quelques gouttes de teinture de tournesol
avec quelques gouttes de venin; en somme, si l'on ne peut nier
que les serpents venimeux ne soient mieux connus et mieux
appréciés qu'ils ne l'ont été pendant une longue suite de
siècles, alors que leur histoire, écrite par de grands esprits, ne
consistait qu'en fables extravagantes, il faut avouer que les
points les plus précis de cette histoire, quoique ayant donné
lieu aux plus excellents travaux de la science, sont encore
dans un doute qui laisse à désirer de nouvelles observations et
une main habile pour en fixer la valeur. Tout cela prouve
combien il est difficile de bien voir, et facile de mal voir;
combien il faut tourner et retourner les choses en tous les
sens, faire et refaire les expériences, avant d'arrêter sa conviction et d'en rien écrire, puisque la plus grande partie de
la science des savants ne consiste qu'à connaître et à combattre les erreurs de ceux qui les ont précédés.

Ce reproche ne peut être dirigé contre notre science médicale seulement. J'entends sans cesse parler de l'incertitude
de la médecine, il y a là-dessus des magasins de plaisanteries
où les plus lourdauds ne se font pas faute de puiser à pleine
mémoire. Mais dans toutes les applications de l'intelligence
humaine, partout où l'on pousse quelque recherche, ne rencontre-t-on pas bien vite cette incertitude? Il serait trop fa-

cile de chercher nos exemples dans les variations infinies de
la politique ou de la philosophie, arrêtons-nous dans des sujets
plus humbles, plus à notre portée. J'ai entendu plus d'une fois,
au sein de la célèbre société d'acclimatation dont vous êtes le
savant secrétaire, agiter la question de l'utilité des oiseaux
par rapport à l'agriculture. On a cité l'exemple du roi Frédé-
ric qui, après avoir mis à prix la tête des moineaux comme
des plus grands ravageurs des récoltes, fut obligé, peu après,
sur les pressantes sollicitations des paysans de la Prusse, d'a-
broger cette loi. Il paraît qu'en France on était revenu à
poursuivre ces petits oiseaux, puisque la loi de mai 1844 a cru
les devoir prendre sous sa protection et en interdire la chasse,
par la raison qu'ils détruisent les insectes nuisibles aux cultures. Mais ne voilà-t-il pas aujourd'hui cette protection de
nouveau attaquée! Dans un mémoire académique, il a été
très-ingénieusement soutenu que la multiplication récente des
petits oiseaux, par suite de la loi de 1844, était la cause de la
maladie de la vigne et de la pomme de terre, parce que les petits oiseaux ont détruit les insectes qui se nourrissaient des
animalcules microscopiques et des végétations parasites nuisibles à la vigne et aux pommes de terre! Dans les sociétés d'agriculture, il est peu de points sur lesquels on soit d'accord. On
discute sur les engrais, on discute qui du bœuf ou du cheval,
donne le meilleur travail, etc., etc. A la Martinique, après un
incendie qui avait détruit une partie de la ville de Saint-Pierre,
on défendit de bâtir des maisons en bois; à quelque temps de là
survint un tremblement de terre qui renversa les maisons or-
données en pierre. Alors, défense de bâtir les maisons en pierre,
et retour aux maisons en bois. Telle est la prudence humaine
en toutes choses : elle ne regarde pas au delà des dernières
impressions et se conduit en raison des plus prochaines.

Même, ces affreux serpents, sur la tête desquels j'appelle la
vindicte du genre humain, n'ont pas manqué de défenseurs!
Ils ont trouvé dans la doctrine des causes finales un refuge
aussi impénétrable que celui que leur offrent les épaisses forêts
qu'ils habitent. On les a placés sous la protection de cette idée

de sagesse et de bienveillance infinies, sans laquelle nous ne pouvons concevoir Dieu. On leur a assigné un rôle nécessaire dans la création. Ils ont été considérés comme l'un des agents les plus actifs de cette grande et incessante élaboration de la vie dont le monde est le théâtre. Dans le roulement des êtres, ils seraient destinés à arrêter la nombreuse fécondité des petits rongeurs si funestes à nos récoltes; c'est à ce titre que les habitants de nos îles, malgré les dangers que leur fait courir le *Fer de lance*, n'osent point se plaindre de sa présence dans leurs plantations de cannes à sucre. Ou bien, comme le veut le voyageur Patterson, les Boshmams n'ayant point de bétail et ne vivant guère que du produit de leur chasse, la nature a placé exprès, à côté d'eux, le venin du serpent, comme pour leur fournir un moyen de mieux s'assurer de leur proie et de se défendre contre leurs ennemis. Un grand écrivain de nos jours, voyant la chose de plus haut encore, professe que dans la création antédiluvienne, alors que la terre, dans sa fécondité primitive et exubérante, produisait sans règle et sans mesure les énormes reptiles ont joué le premier rôle; ils ont, dit M. Michelet, dévoré le chaos. Qu'est-ce à dire, les serpents auraient aussi leur mission ! Les supprimer, ce serait déranger l'équilibre du monde, d'où la moindre pièce ne peut être enlevée sans laisser un vide ! Car tout est connexe dans les actes de la nature; rien n'est estimé mauvais qui, d'un autre point de vue, ne puisse paraître bon ! Cette doctrine éloquemment exposée irait droit contre le but de cette enquête, et le *Fer de lance* serait à respecter ! Il pourrait un jour s'élever quelqu'un qui réclamerait contre sa destruction, comme on réclame aujourd'hui en faveur des oiseaux et des insectes autrefois proscrits comme nuisibles !

Mais la grande mortalité que l'on va voir, sera, je l'espère, plus éloquente que les plus belles imaginations.

Votre excellent père, admirant le merveilleux artifice avec lequel tout est disposé dans ce joli petit appareil à venin, en grand anatomiste qu'il est, n'y peut trouver rien à reprendre, et, lui aussi, défend ses serpents, comme un roi défend ses sujets. « Dans l'absolue nécessité, dit-il, que la nature a imposée à ces ophidiens de se nourrir uniquement d'animaux vivants, sans pouvoir les poursuivre activement dans leur fuite, et même sans avoir le moyen de diviser cette proie et de la mâcher, ne serait-ce pas une sorte de commisération prévoyante pour les victimes, que ces serpents ont été pourvus d'une arme si dangereuse et si puissante. Ainsi, les serpents venimeux posséderaient en même temps l'agent formidable qui d'abord paralyse l'animal pour l'empêcher de fuir et de se défendre; puis il a le pouvoir de produire subitement sur les victimes, et par une simple piqûre, une insensibilité complète, une véritable anesthésie dont le résultat serait de faire disparaître les vives douleurs de l'agonie qui précèdent trop souvent l'anéantissement et la perte de la vie. »

Ainsi le venin serait un véritable chloroforme, et la sensuelle Cléopâtre qui s'y connaissait en raffinements de la volupté, ne pouvait choisir un plus doux genre de mort.

Et Fontana :

« A voir, dit-il, comment le venin sort du petit trou de la dent des vipères, on serait tenté de croire que ces dents ont été faites exprès pour tuer, tant ce petit trou paraît disposé pour porter ce poison dans le sang de l'animal qu'elle mord. Mais je ne prétends pas recourir ici aux causes finales, et je suis bien éloigné de penser que tout ce mécanisme singulier ait été fait exprès dans la vipère pour la destruction des autres êtres vivants. Peut-être cette liqueur dans la vipère est-elle nécessaire à la digestion de cet animal; je ferai voir qu'elle dispose singulièrement les chairs dont il fait sa nourriture, à une prompte putréfaction, degré d'altération par où elles doivent passer pour être bien digérées; mais par un mécanisme fâcheux, mais nécessaire, la même dent porte également ce poison dans les animaux que la vipère mord, et dans les aliments qu'elle mange; qui sait si la privation de cette humeur venimeuse n'exposerait pas la vipère aux mêmes accidents qui surviennent aux autres animaux par le défaut ou le vice de leurs sucs digestifs.

« S'il était vrai, par exemple, comme on l'a cru, que la salive humaine fût un poison pour certaines espèces d'animaux et qu'un philosophe, parmi ces animaux, voulant réfléchir et raisonner sur la nature de ce poison, vînt à dire que notre salive est un des principaux sucs qui concourent le plus à notre digestion, ce nouveau philosophe aurait-il tort, et n'aurait-il pas deviné la nature? Mais si, au contraire, cette même espèce prétendait que notre salive nous a été donnée pour les empoisonner, puisqu'elle les tue en effet, ne serait-elle pas dans une erreur bien absurde? Voilà pourtant où vont donner, tête baissée, ceux qui recourent sans cesse aux causes finales, dans l'examen et l'explication des faits et des événements physiques. »

Oui, le serpent est merveilleusement organisé pour le but qu'il doit atteindre. Oui, son venin ne lui est pas donné expressément contre l'homme. Ce n'est que par occasion qu'il s'en sert contre nous; il peut même remplir toute son existence sans appliquer ce venin à cet emploi. C'est un animal nocturne, qui ne prend possession de la terre que par *interim*, aux heures de la nuit, quand nous la lui abandonnons. On verra qu'il nous fuit plutôt qu'il ne nous recherche. Oui, il est dans l'exercice de ses fonctions naturelles, dans ses droits sur sa légitime défense, lorsqu'il nous tue nous, nos bœufs et nos chiens. La terre ne paraît être le champ naturel de la guerre, en prenant ce mot dans le sens que lui donnent les terribles usages des nations, que si l'on n'embrasse pas dans sa vue l'économie générale des êtres. Je confesse que lorsque l'on réfléchit aux conditions de l'ensemble de ce monde, tout se lie, tout s'harmonise, tout s'explique, et que les cas où le mal paraît se montrer gratuitement, rentrent dans le système général d'adoucissement des obligations de la nature. Mais alors il faut admettre que nous aussi, lorsque nous nous défendons contre le serpent, lorsque nous le détruisons, nous ne faisons que remplir à son égard la fonction de répression qu'il remplit à l'égard des autres espèces. Si nous n'arrêtions sa monstrueuse fécondité, il aurait bientôt tout envahi, il serait le maître de la création, le seul être régnant sur la terre. Par rapport à nous, il faut donc voir dans le serpent une de ces mille épreuves dont l'auteur de toutes choses s'est plu à hérisser la terre pour exercer la vigilance de l'homme, et l'obliger au travail. Semblable à ces barrières que nous élevons, à ces fossés que nous creusons exprès dans nos hyppodromes, pour mieux juger de la rapidité et de la vigueur de nos chevaux.

L'homme est en droit de faire la guerre aux serpents, comme il est en droit de se libérer de toutes les choses qui lui sont nuisibles. Il peut en toute sécurité de conscience exterminer le serpent, assuré de trouver dans d'autres espèces, et par son industrie, le secours que le serpent lui fait trop chèrement payer.

« Tranquilles habitants de nos contrées tempérées, s'écrie
« Lacépède, à la fin de son chapitre des serpents venimeux, que
« vous êtes heureux loin de ces plages où la chaleur et l'humi-
« dité règnent avec tant de force! Ne regrettez pas la beauté
« de ces climats, leurs arbres plus touffus, leur feuillage
« plus agréable, leurs fleurs plus suaves, plus belles! Ces
« fleurs, ces feuillages, ces arbres cachent la demeure du
« serpent! »

Telle est la forte impression que laisse cet animal dans les souvenirs de ceux qui ont été une fois en rapport avec lui, que depuis mon retour en France, je sens souvent une hésitation involontaire à m'asseoir sous vos frais bosquets ou à m'engager dans les taillis de vos bois; le moindre bruit, la moindre forme un peu torse, m'arrêtent court. Il me faut la réflexion, pour ne pas sauter en arrière et ne plus me croire sous le jet du terrible *Fer de lance*. Que de fois mes enfants m'ont interrogé du regard pour me demander : pouvons-nous aller là?

Tout cela, Monsieur et cher confrère, pour vous expliquer et vous faire excuser la belle haine dont j'ai été pris contre le *Fer de lance*. J'espère vous avoir gagné à ma cause, et que vous vous joindrez à moi pour pousser à sa destruction, dût-il laisser un jour un vide dans les collections zoologiques et donner quelque peine, pour le retrouver, aux Dumérils futurs.

Agréez l'hommage de la plus haute estime et des plus vives sympathies de votre bien dévoué confrère,

E. Rufz.

ENQUÊTE

SUR LE SERPENT

DE

LA MARTINIQUE.

Les serpents réunis par les naturalistes et par les voyageurs au Muséum d'histoire naturelle de Paris ont été divisés en cinq cent et une espèces bien distinctes.

On a reconnu que les venimeux étaient pour un cinquième dans ce nombre, ce qui a pu être établi d'après les renseignements recueillis sur leurs habitudes et d'après les crochets particuliers dont ils sont armés.

Parmi les serpents venimeux, le *Boiquira* ou *Serpent à sonnettes* tient le premier rang ; il se trouve dans tout le continent de l'Amérique, et sa piqûre est mortelle en moins de six à huit minutes. Après lui vient le *Naja* ou *Serpent à lunettes* qui existe dans l'Orient, et enfin notre *Trigonocéphale* ou *Fer de lance*. (J'écrivais cela dans la première édition de cette enquête. Je n'avais placé le *Fer de lance* qu'au troisième rang ; c'était injustice ou partialité de compatriote, aujourd'hui que j'ai pu comparer les uns et les autres plus exactement. Pour le *Naja*, il ne peut y avoir aucun doute. Malgré l'aspect redoutable qu'il se donne, lorsqu'il est en colère, en enflant son cou, — ses crocs, petits, sillonnés et non canaliculés, son corps de quatre à cinq pieds au plus, ne sont pas comparables aux crocs et au corps du *Fer de lance*. Aussi le *Naja* est-il rangé parmi les serpents *Protéroglyphes* ; il ne fait point partie des terribles *Solénoglyphes*, véritable famille des Atrides de l'ordre des Ophidiens. Quant au

1

Boiquira ou *Crotale*, toutes ses pièces mises en regard de celles du *Fer de lance*, au plus les peut-on mettre *ex æquo*. Encore, l'alarme que le Crotale sonne avec sa queue prévient de son approche et en diminue le danger. En effet, dans les récits des voyageurs mêmes à travers les prairies américaines, on ne s'en préoccupe pas beaucoup. Cowper ne lui fait jouer aucun rôle dans ses romans. Enfin, tous les naturalistes, Daudin, Oppel, placent le *Fer de lance*, pour sa taille et son venin, en tête des serpents venimeux.)

A la Martinique, sans faire du tort aux autres, on peut dire que le serpent *Fer de lance* est la plus grande célébrité animale. C'est un des attributs caractéristiques du pays. Quand on en fait le blason, le serpent occupe la première place. Il y est extrêmement redouté ; qui oserait dire le contraire ? Mais en ceci, comme en tout, l'habitude nous a aguerris ; excepté à l'occasion de quelques accidents extraordinaires qui raniment l'effroi dans les cœurs, on n'y pense presque pas. L'étranger qui nous visite et qui a ouï dire des choses si terribles du serpent s'étonne de notre sécurité à l'endroit de ce reptile : ses appréhensions nous paraissent exagérées et sont pour nous une source de plaisanteries. Le Martiniquais s'est résigné à vivre avec son ennemi, depuis longtemps il n'entreprend rien contre lui. Le serpent a été plus heureux que le Caraïbe, on a été obligé de lui faire sa part. A lui les halliers, les bois, tout ce qui n'est point habité par l'homme. On ne le recherche que lorsqu'il se montre sur les terrains cultivés : on peut dire qu'il restreint la jouissance de la campagne, qu'il en limite les plaisirs ; ici point de ces abandons à l'ombre des vieux arbres, point de ces rêveries à travers champs sans guide et sans réserve, l'amour a fui les bocages, la chasse n'est plus un amusement, partout et sans cesse il faut avoir présent à l'esprit ce vers du poëte qui semblerait avoir été fait sous l'inspiration des lieux : *Fugite hinc, latet anguis in herba.* Ceci n'est point un léger désagrément ; mais ce n'est pas tout : comme au Minotaure ancien, comme à tous les monstres, il nous faut chaque année payer un tribut au *Fer de lance*, et ce tribut, ainsi que nous le verrons, est de plus d'une tête.

L'histoire du reptile s'est ressentie de cette trêve faite avec lui. Cette histoire ne consiste qu'en récits malheureux, en traditions superstitieuses, en analogies tirées d'observations faites ailleurs sur d'autres serpents, particulièrement sur la vipère d'Europe et rapportées ensuite au *Fer de lance*. Il est difficile au milieu de tout cela de séparer le vrai d'avec le faux ; peu de personnes ont observé l'animal directement pour l'observer. Il n'a été l'objet de quelque étude un peu sérieuse que sous le rapport des effets que produit sa piqûre. Quand il s'agit d'un animal qui fuit les regards de l'homme, qu'il faut aller cher- cher dans des retraites dangereuses, qui est le symbole de la ruse et de la trahison, contre lequel il faut se tenir sans cesse en garde, qui ne peut être étudié à l'ombre et dans le loisir du cabinet, on conçoit que l'observation est difficile ; aussi les na- turalistes se plaignent-ils de ce qu'il existe dans l'histoire du *Fer de lance* bien des lacunes. Lacépède regrettait qu'il ne fût *encore que très-peu connu des naturalistes*; plus récem- ment, M. A. Duméril dit en parlant de lui : « Il est singulier « qu'un serpent malheureusement si commun dans nos An- « tilles, et particulièrement à la Martinique, ait toujours été « aussi rare dans nos salles, tandis que les collections en ren- « ferment de si nombreux échantillons. » L'auteur de ce travail, en parcourant les documents que l'on possède sur le *Fer de lance* (1), a été amené à penser que si son histoire ne peut être écrite par un seul individu, peut-être en commun cette histoire serait plus possible : c'est-à-dire que si chaque habi- tant de cette île disait ce qu'il sait du serpent, peut-être par- viendrait-on à remplir les vides de la science. C'est pourquoi l'auteur se hasarde à faire un appel à la publicité, afin d'éta- blir une sorte d'enquête, où chacun déposera de ce que l'oc- casion l'aura mis à même de découvrir relativement aux mœurs et aux habitudes du serpent. Ceci ne sera qu'une sorte d'instruction préparatoire (et fut-il jamais criminel plus souillé de sang et qui mérita plus qu'on instruisît contre lui !); l'auteur n'est qu'un simple collecteur de faits, un de ces

(1) Je ne dois pas surtout oublier deux excellents travaux publiés de- puis l'ouvrage de Lacépède : l'un est la thèse inaugurale de notre mo- deste et savant confrère le docteur Blot, et l'autre la thèse du docteur Guyon, qui partout utilise sa présence par de belles recherches scienti- fiques. Ces travaux, dont nous ferons un fréquent usage, portent principa- lement sur les effets de la piqûre du serpent. (Je n'entrerai point dans de grands détails, dit M. Blot, sur ce qui a rapport à l'histoire naturelle de la vipère *Fer de lance*.

commis voyageurs de la science qui recueillent des matériaux pour les offrir aux Buffons et aux Lacépèdes de l'avenir, ces sublimes ouvriers du temple que l'art élève à la nature. Il compte sur la complaisance d'un chacun pour l'aider à remplir sa tâche ; il signalera les questions non résolues, douteuses, celles qui sont laissées en blanc ; mais il réclame toutes les observations, surtout celles qu'il n'a pu prévoir (car il sait que celles-là ne sont pas d'ordinaire les plus mauvaises). Enfin il remercie d'avance les personnes qui voudront bien lui faire parvenir un renseignement quelconque ; il les remercie en son nom et au nom de tous ceux qui s'occupent de l'histoire naturelle.

I

PARTIE PHYSIOLOGIQUE.

Suivant Lacépède, le serpent *Fer de lance* existerait à la Martinique, à Sainte-Lucie et à Cayenne ; suivant MM. Blot et Guyon, seulement à la Martinique, à Sainte-Lucie et à *Béquia* ou petite Martinique, îlot situé dans les eaux de Saint-Vincent.

Pour la Dominique, il nous a été facile de nous assurer que le *Fer de lance* n'y existe point. Cette île n'est distante de la Martinique que de sept lieues Et c'est un avantage dont cette voisine se prévaut assez sur nous, de n'avoir dans son sein que la couleuvre *Clibro* ou *Tête de chien* et de n'être pas infestée par les serpents venimeux. Quant à Béquia, j'ai interrogé diverses personnes de Saint-Vincent, elles m'ont toutes répondu que c'était la première fois qu'elles entendaient dire semblable chose, et qu'elles étaient assurées que Béquia n'avait point de serpents. Voici ce qu'a répondu de Cayenne aux renseignements que je lui demandais, notre ami et compatriote Pujo, ce magistrat si distingué que vous connaissez tous : « Je « n'ai jamais ouï dire que le *Fer de lance* de la Martinique existât « à Cayenne. Je m'en suis informé, et toujours il m'a été ré- « pondu négativement par les gens du pays. Je n'ai jamais « ouï parler ici d'accidents produits par la piqûre des serpents. » On verra plus tard quels sont les serpents qui existent à Cayenne.

C'est donc la Martinique et Sainte-Lucie qui jouissent dans l'univers du triste privilége de posséder le *Fer de lance*.

Suivant le père Dutertre, il n'en aurait pas été toujours ainsi ; le serpent ne serait point originaire de notre sol : « Quelques sauvages, dit-il, nous ont assuré qu'ils tenaient « par tradition certaine de leurs pères que les serpents de la « Martinique venaient des Arrouages, nation de la terre ferme, « auxquels les Caraïbes de nos îles font une guerre cruelle. « Ceux-là, disent-ils, se voyant continuellement vexés par les « fréquentes incursions des nôtres, s'avisèrent d'une ruse de « guerre non commune, mais dommageable et périlleuse à leurs « ennemis ; car ils amassèrent grand nombre de serpents qu'ils « enfermèrent dans des calebasses, les apportèrent à la Marti- « nique, et, là, leur donnèrent la liberté. »

Quoique j'aie rappelé cette tradition, ce n'est point pour ob- tenir là-dessus des éclaircissements, mais pour lui opposer d'abord une puissante objection faite par M. Guyon : c'est que si le reptile avait été importé par les Arrouages ou par d'au- tres, on le trouverait ailleurs que dans les îles où on le trouve aujourd'hui ; et c'est ce qui n'a pas lieu.

On raconte que la même tentative a été faite à la Guade- loupe et n'a pas réussi, que le serpent n'a pu y vivre. Il ne faudrait pas s'y fier. L'expérience, quoique curieuse, n'est pas de celles qu'on puisse essayer par curiosité. De sévères ordon- nances interdisent en France l'entrée des Crotales, à moins qu'ils ne soient destinés au Muséum. Cette mesure est fort sage. On dit qu'à la Guadeloupe la chose fut faite en temps de guerre par les Anglais, héritiers de tous les procédés car- thaginois et à l'exemple d'Annibal ; propos, sans doute, de notre vieille inimitié. Chez les nations modernes la guerre n'a jamais tout excusé. On a des bombes moins sauvages et plus maniables. Et où les Anglais auraient-ils pris des *Fers de lance* ? A la Martinique et à Sainte-Lucie, seuls lieux où ils existent. Mais à cette époque ni l'une ni l'autre de ces îles n'appartenaient aux Anglais, elles étaient entre nos mains. D'ailleurs, à mesure qu'on avancera dans cette enquête, on verra que le *Fer de lance* n'est pas si facilement abordable, qu'on puisse se le procurer en aussi grand nombre pour en faire des projectiles. Quant au fait attribué à Annibal, après l'avoir rapporté, Plutarque ajoute : « Or, que la chose se soit faite en telle manière, les plus

vieilles chroniques n'en font pas mention, mais seulement
« Emilius et Trogus. Par quoy je m'en rapporte aux auteurs. »
Plutarque ne s'en fait donc pas caution. Il était déjà frappé
de son invraisemblance. Ce fait n'en a pas moins été répété
des millions de fois, de livres en livres ; on nous l'apprend
gravement dès notre plus jeune âge. C'est ainsi qu'il suffit
d'un Emilius ou d'un Trogus pour mystifier le genre humain
et éterniser une sottise.

Cette autre assertion, quoique moins ancienne, n'est pas moins
singulière. On lit, dans toutes les bibliographies des écrits sur
le serpent, cette annotation : Blondel, Mémoires de l'Académie
des sciences, t. I, 1666, p. 235. (*Observations sur les serpents
qui ne sont pas venimeux dans quelques îles et qui le deviennent
quand on les porte à la Martinique, tandis que ceux de cette île
perdent leur venin si on les transporte ailleurs.*)

J'étais fort curieux de lire ces observations de Blondel, qui
remontent aux premiers temps de la colonisation de la Martinique, cette île n'ayant été habitée qu'en 1635. J'aurais surtout
voulu voir sur quoi Blondel s'appuyait pour établir ces singulières transformations. Blondel n'était pas un homme ordinaire.
Directeur de l'Académie d'architecture, conseiller d'Etat, maré-
chal de camp, membre de l'Académie des sciences, il a publié
des ouvrages estimés sur les mathématiques, l'architecture et
l'histoire naturelle. C'est sur ses dessins qu'ont été bâties les
portes Saint-Denis et Saint-Antoine. Je dis ses titres, afin qu'on
voie que son opinion mérite quelque considération, quelque étrange que l'énoncé en puisse paraître. J'ai été désap-
pointé de ne pas trouver aux lieux et pages indiqués même
dans la table des matières du premier volume des Mémoires
de l'Académie des sciences, ces observations de Blondel. J'ai
poussé mes recherches à tout ce qui peut être rapporté au
nom de Blondel. M. Auguste Duméril a bien voulu se livrer à
la même vérification ; il n'a pas été plus heureux que moi. Il
n'est pas besoin de longuement insister pour démontrer que
de pareilles choses n'ont pu être écrites qu'à une époque où
l'on ne se faisait aucune idée de l'organisation des serpents
venimeux. On aimait mieux imaginer la nature que la regarder. La nouveauté d'un sujet permettait toutes les conjectures.
Il suffisait cependant d'ouvrir la gueule d'un serpent pour voir
que les crochets qu'elle renferme et l'appareil qui les met en

mouvement ne pouvaient paraître et disparaître suivant la nature du territoire. Cette opinion de Blondel doit donc être reléguée avec tant d'autres chimères répandues sur le serpent et dont on remplirait une bibliothèque, si on voulait les recueillir.

3ᵐᵉ Question. Existe-t-il à la Martinique une ou plusieurs espèces de serpents?

Voici l'opinion de M. Blot : « La couleur de la vipère commune « ne varie que du gris cendré ou verdâtre au gris le plus foncé ; « celle de la vipère *Fer de lance* offre, au contraire, des diffé- « rences bien tranchées ; il y en a d'un jaune aurore, d'un « jaune orpin maculé de brun jaune ; on en voit de brunes, de « noirâtres, de noires et de tigrées. Enfin, on en trouve qui « sont maculées régulièrement de toutes ces nuances et dont « les flancs sont teints d'un rouge vif et brillant. Cette diver- « sité de couleurs a fait naître l'idée qu'il existait plusieurs « serpents venimeux à la Martinique ; mais ce ne sont que des « variétés, et un fait qui le prouve, c'est qu'en ouvrant le « corps des vipères, on y trouve des vipereaux de différentes « couleurs. »

On ne saurait mieux dire.

Des nègres, interrogés par moi, ont prétendu que la couleur noire était particulière aux vieux serpents et je tiens du res- pectable M. Dérivery, habitant du François, que le serpent à macules roses, dont parle M. Blot, existe principalement dans les rochers du bord de la mer où il se nourrit de crabes. L'in- fluence des localités sur la coloration des animaux est à étudier.

D'autres m'ont dit que le serpent jaune était moins long que le gris, qu'il n'atteignait jamais d'aussi grandes dimensions. Il est certain qu'il est beaucoup plus rare ; sur 100 serpents, à peine en voit-on 10 jaunes : c'est la réponse constante qui m'a été faite. J'avais pensé que les serpents de cette couleur pouvaient être plus communs dans certains quartiers de l'île, cela ne résulte pas de mes interrogations ; quelqu'un m'a dit que tous les serpents jaunes devenaient noirs en vieillissant. Les mâles ont la queue plus grosse et plus longue que les fe- melles, à cause des organes de la génération cachés dans l'épaisseur de cet appendice ; les femelles passent pour être de plus grande taille. C'est la seule différence qui permet de distin- guer le sexe.

Reprenons cette histoire *ab ovo*.

Dans l'ovologie du serpent, plus d'un point est douteux ; quelques-uns disent que le nombre des serpenteaux produits dans une seule portée est incroyable ; d'autres précisent davantage ; que chaque portée comprend depuis 20 jusqu'à 60 (lettre sur la vipère de la Martinique, par M. Bonodet, avocat au conseil supérieur de la Martinique, insérée dans la *République des lettres et des arts,* année 1786). Je tiens de M. Huc que le plus grand nombre qu'il ait compté s'élevait à 67. Ces différences doivent, sans doute, dépendre de la grosseur du serpent. J'ai eu deux fois occasion de disséquer des serpents femelles tuées dans l'état de gestation et ayant de 4 à 5 pieds de long. J'ai trouvé chez l'une 36 œufs et chez l'autre 46. La vipère d'Europe contient de 12 à 25 œufs. De tous les serpents venimeux, le Bothrops lancéolé est celui qui offrirait l'exemple de la plus effrayante fécondité : après lui viendrait l'Ammodyte, dans la Dalmatie. Les autres serpents venimeux, au dire de M. Schlegel, se multiplient peu.

J'ai entendu dire que chaque œuf contenait deux vipereaux ; il est facile de prouver que ceci est faux, qu'il n'y a qu'un seul vipereau dans chaque œuf. Cela prouve combien l'erreur est insouciante pour altérer des faits dont la vérification est si facile.

Les œufs, dans le ventre de la femelle du serpent, sont disposés suivant deux rangées symétriques qui forment deux sortes de grappes ou chapelets. Ils sont, au dire de Lacépède, toujours en nombre pair. Ils s'étendent depuis un pouce au-dessus du cloaque jusqu'au niveau de l'estomac. Ces œufs sont mobiles et s'étalent comme un œuf de poule mis sur le plat ; la grosseur est à peu près la même. Lacépède, d'après certains voyageurs, rapporte que les petits sortent tout formés du ventre de leur mère, qui ne cesse de ramper pendant qu'ils viennent à la lumière. Mais, suivant un autre observateur (M. Bonodet), ils se débarrassent de leur enveloppe au moment même où la femelle les dépose à terre. Je crois plutôt à ce dernier mode de parturition. J'ai examiné avec soin des serpents femelles pleines : le cloaque où aboutit l'œuf est peu dilaté. Il est impossible qu'un vipereau puisse s'y développer dans sa longueur. J'ai trouvé des œufs dans le conduit ovarique près de tomber dans le cloaque et encore parfaitement

intacts. Le vipereau, dans l'œuf, est roulé sur lui-même et
dans la position défensive que nous décrirons plus tard et
qu'on désigne par le mot *lové*. Je ne crois donc pas qu'il puisse
éclore dans le ventre même de sa mère. Dans une portée de
36 œufs tous les vipereaux avaient les mêmes dimensions ; ils
étaient également bien formés, les plus éloignés comme les
plus près du cloaque, c'est-à-dire comme les plus près d'être
mis à la lumière. Peut-on inférer de là que la parturition du
serpent se fasse, comme on le dit, sans discontinuité, c'est-à-dire
qu'une fois commencée, elle ne s'arrête point avant que tous
les œufs soient sortis, et ait lieu tout en un jour ? Je croirais
plus volontiers à une parturition successive, cela est plus conforme à ce qui se passe chez les animaux ovipares qui peuvent
être observés de près. Il n'est pas rare de trouver des vipereaux disséminés, non pas sur une même ligne, comme on le
dit et dans une même direction, mais çà et là, sur les points
les plus opposés et dans une aire de plus de cent mètres. Ceci
témoigne d'une parturition successive qui doit mettre quelque
temps à s'opérer. M. Barillet m'a raconté avoir observé une
femelle tenue en cage et qui mit trois jours à mettre bas tous
ses petits. *Pariunt viperæ*, dit Acrell, *non diebus viginti sed eodem
die ut male scripsit Plinius et Simiolus ejus Theodorus Gaza.*

M. M *** m'a assuré que tout le long du trajet d'un serpent
femelle qui venait de mettre bas, il avait retrouvé un mucus
gluant, fort reconnaissable ; je crois qu'il en doit être ainsi ;
car dans l'œuf, outre les vipereaux, on trouve un corps jaune
qui leur sert de placenta. Il y a aussi des enveloppes de l'œuf
et un fluide gluant, demi-transparent, qui tient lieu du blanc
de l'œuf ; tout cet arrière-faix doit être rejeté en même temps
que le petit qui y tient par un véritable cordon ombilical. Ce
cordon s'implante très-près de la queue, à la réunion du quart
inférieur avec les trois quarts supérieurs de l'animal. Les
vipereaux, en Europe, pendant quelque temps après leur naissance, traînent à leur suite les débris de l'œuf qui les renfermait sous l'apparence de membranes déchirées irrégulièrement.

On doit s'attendre à trouver ici une tradition fort répandue,
mais que j'ai peine à prendre pour autre chose qu'un conte
populaire. Qui n'a ouï raconter que le serpent femelle, ayant
mis bas tous ses petits, le long d'un chemin, revient sur ses

pas et dévore ceux qui n'ont pas eu assez de force pour s'écarter du lieu où ils ont été déposés? On le dit; mais qui l'a vu? Pour moi, j'imagine difficilement un observateur assez impassible pour avoir assisté d'un bout à l'autre à une pareille scène, sans l'interrompre ou sans fuir. Je crois plutôt reconnaître dans cette histoire certains airs d'un mythe ou d'un symbole. On a dit pareille chose de Saturne : Saturne avait pour emblème le serpent mordant sa queue et formant un anneau; l'un et l'autre signifient le temps qui dévore ses enfants. Ces confusions des fables avec la vérité ne sont pas rares dans l'histoire de l'esprit humain et le serpent est le plus symbolique des animaux.

Il n'est pas impossible non plus qu'on ait trouvé quelques serpenteaux dans l'estomac d'un serpent femelle qui les aurait dévorés comme elle dévore toute espèce d'insectes. Je ne connais cependant aucun fait particulier de ce genre; mais lors même qu'il en existerait, d'un fait isolé à un procédé naturel général il y a loin. On ne peut conclure ainsi; ces généralisations trop hâtées forment dans les sciences l'espèce d'erreurs la plus commune. Lorsque, en examinant les assertions en apparence les mieux établies et qui circulent dans la conversation, on a cent fois saisi l'esprit humain en flagrant délit de précipitation, j'avoue qu'on a le droit d'être en défiance contre les faits extraordinaires.

Une grande preuve que quelques-uns croient apporter à l'appui de cette fable, c'est le petit nombre de serpents qui existent en comparaison du grand nombre d'œufs que l'on trouve dans le corps de la femelle. J'ai déjà dit qu'il y avait en général exagération dans ce nombre, et les personnes qui parlent d'après cette considération ne réfléchissent pas à ce qui se passe pour toutes les productions vivantes. Les espèces animales, sans excepter l'homme, sont comme les végétales, de véritables graines que la nature sème à pleines mains; les unes tombent en de bons terrains et s'y développent, d'autres végètent, parce qu'il leur est échu des conditions moins bonnes, quelques-unes ne viennent même pas à la lumière. Lorsque j'étais interne à l'hôpital des enfants malades, effrayé de la mortalité dont j'étais le témoin, je voulus voir s'il en était de même pour le reste de Paris; je consultai les registres de l'état civil du Xe arrondissement et je m'assurai qu'avant l'âge de trois ans la moitié des enfants mourait. Cette proportion a été depuis confirmée par toutes les statistiques. Dans les villes moins délétères que Paris pour l'enfance, la mortalité n'est pas moins d'un tiers ; c'est-à-dire que sur trois enfants qui naissent aujourd'hui, il en mourra un avant qu'ils aient atteint l'âge de trois ans. C'est la loi. Observez encore ce qui se passe dans une couvée de poulets ; quand vous avez fait la part des infirmes, du chat, du rat, de la pluie, de la patte de la mère et du serpent lui-même, combien en reste-t-il ? La laitière de Lafontaine le sait bien :

> Le Renard sera bien habile,
> S'il ne m'en laisse assez pour avoir un cochon !

A plus forte raison des serpents ! L'enfance de cet animal est la plus abandonnée de toutes les enfances. Au sortir du ventre de sa mère, le serpenteau ne reçoit aucune éducation ; pas une aile pour le réchauffer, pas un cri pour le rallier, pas un nid, pas un trou. Il est livré à toutes les mauvaises chances, en proie à tous ses ennemis, et ses ennemis c'est la nature entière. *Inimicitiam gerit cum hominibus, cum plantis et cum animalibus* (PLINE). Ecrasé par les uns, dévoré par les autres, noyé par le torrent, brûlé par le soleil, il n'apprend de sa mère ni à distinguer ses aliments, ni à fuir, ni à trouver un abri ; il est réduit à son seul instinct qui est la guerre, guerre dont la nécessité commence pour lui avec la vie ; aussi en doit-il périr un grand nombre avant qu'ils aient acquis assez d'expérience pour se garantir des dangers.

Suivant une autre version toute contraire du même fait et qui existe dans l'Erpétologie, sous l'autorité d'un nom considérable, de Palissot de Beauvois, membre de l'Institut, ce ne serait pas pour les dévorer, mais pour leur offrir un asile dans le danger, que le serpent recevrait ses petits dans sa gueule, à l'imitation de la sarigue qui reçoit les siens, mais dans une poche particulière. « Ayant un jour, dit-il, aperçu dans un sentier un *Boïquira* « ou serpent à sonnettes, je m'approchai le plus doucement possible ; mais quelle fut ma surprise quand, au moment où j'allais lever le bras pour le frapper, je le vis s'agiter en faisant « résonner ses grelots et au même moment ouvrir une large « gueule et y recevoir cinq petits serpents de la grosseur à

« peu près d'un tuyau de plume. Surpris de ce spectacle inat-
« tendu, je me retirai de quelques pas et je me cachai der-
« rière un arbre. Au bout de quelques minutes, l'animal se
« croyant, ainsi que sa progéniture, à l'abri de tout danger,
« ouvrit de nouveau sa gueule et en laissa sortir les petits
« qui s'y étaient cachés. Je me montrai de nouveau. Les petits
« rentrèrent dans leur retraite, et la mère, emportant son pré-
« cieux trésor, s'échappa à la faveur des herbes dans lesquelles
« elle se cacha. » M. de Fréminville rapporte un fait semblable observé par Lesieur sur un serpent venimeux, au port
Jackson, ce serpent recevait aussi ses petits dans sa gueule au
moment du danger. Enfin, à l'appui de ces deux faits, déjà si
dignes de considération, je produis ici la représentation d'une
pièce conservée au Museum d'histoire naturelle de Paris. C'est
un *Fer de lance* jaune, de grande dimension, qui tient dans sa
gueule un de ses petits très-délicatement ployé. Voilà une démonstration qui semble complète, irrésistible ! et pourtant,
l'avouerai-je ? mon esprit ne s'y rend pas encore. On est si
heureux, si pressé en histoire naturelle d'avoir fait une découverte, quelque chose d'extraordinaire à raconter ! et le
monde aime tant les jolis contes ! Mais d'abord je dois dire
qu'à la Martinique, où les occasions d'observer les serpents ne
sont que trop fréquentes, je n'ai jamais vu ni entendu rapporter
rien de semblable. C'est même, comme je l'ai dit, la version
toute différente qui a cours. Cette pièce ne serait-elle pas une
de celles que certains voyageurs s'amusent à fabriquer, et,
comme on dit que le riche apothicaire hollandais Séba en a
reproduit plus d'une dans son *Trésor d'histoire naturelle*,
lesquelles n'ont jamais pu être retrouvées et sont reconnues
aujourd'hui pour *apocryphes ?* L'honnête Séba, fort avide d'enrichir son cabinet, aurait été trompé par de rusés matelots
qui exploitèrent sa richesse, son goût pour l'histoire naturelle
et sa crédulité. J'ai pour amis plus d'un Séba, grands amateurs
de tableaux ou de *bric-à-brac* à qui je pourrais faire la
malice de les citer, en témoignage de tromperies du même
genre. Mais, pour parler plus scientifiquement, les reptiles,
dit Duges, saisis par la couleuvre, le sont par le côté et comme
ployés en double. Au contraire c'est toujours par la tête qu'elle
commence pour un oiseau ou pour une souris et toujours le ventre tourné contre terre. N'est-ce pas ce qui a lieu dans cette

½ de la grand.ᵉ naiᵗᵗᵉ

F. Bocourt, del et lith.

Lith.Becquet frères.

Bothrops lancéolé ayant un petit dans sa gueule.

image? Je vous laisse, lecteur, entre les deux versions; tenez compte surtout de la disposition des crochets qui doit être si différente, suivant que l'animal effrayé se tient sur la défensive, ou suivant que sa tendresse maternelle veut éviter de blesser les petits recueillis dans sa gueule; dans le premier cas les crochets doivent être droits et dressés, dans le second, reployés et couchés.

Tous les animaux domestiques détruisent les serpenteaux; c'est dans ce but qu'en certaines habitations on les entretient autour des maisons. Je tiens de M. *** qu'il a vu des poules manger de petits serpents. Il est vrai que, par un retour assez fréquent dans les choses d'ici-bas, un jour à leur tour les poules seront dévorées par les serpents devenus grands.

Quelle est la grosseur des serpenteaux au moment où ils vont éclore? Lacépède dit que c'est celle d'un ver de terre. Il en peut être ainsi pour la vipère de France; mais j'ai vérifié, dans une portée de quarante serpenteaux qu'ils avaient huit pouces de long avant que de naître. Suivant M. Moreau de Jonnès, les petits serpents, au moment même de leur naissance, lorsqu'on fend le ventre de la mère et qu'on les en fait sortir par une sorte d'opération césarienne, sont très-agiles et déjà disposés à mordre. J'ai toujours entendu dire qu'il en était ainsi. Suivant Mangili, les vipereaux ne peuvent pas redresser leurs crochets durant les premiers quinze jours de leur existence.

Avant de cesser les questions relatives à l'ovologie du serpent, nous ferons encore celle-ci : quelle est la durée de la gestation chez la femelle? Beaucoup nous ont dit que l'accouplement, ou le rut de ces animaux, commençait en septembre, se prolongeait jusqu'en janvier et février, c'est-à-dire que pendant toute cette époque on trouvait des serpents accouplés et que les femelles pleines ne se rencontraient qu'en juillet, août et septembre suivants; cela porterait à six ou huit mois la durée de la gestation. Tout cela est un peu vague. Lacépède dit que c'est en mars et avril que l'accouplement a lieu et que la mère porte ses petits pendant six mois. Voici un fait bien constaté qui nous permet d'établir qu'en janvier on trouve des serpents accouplés. M. B*** se promenait dans l'allée Pécoul, lorsqu'il rencontra deux serpents de cinq pieds, *flagrante delicto*. Tout aussi résolûment que le plus féroce jaloux, il les fit tuer par des nègres avec de longues perches. Le mâle était furieux et s'élançait contre les agresseurs ; la femelle, plus timide, voulait fuir ; mais le corps du mâle l'empêchait d'entrer dans un trou voisin. La disjonction n'eut lieu qu'après la mort. Les organes génitaux du mâle purent être examinés encore à l'état d'érection : c'était un corps rond de dix lignes de longueur et de trois de diamètre, disposé en fer de lance.

Avec tout cela il n'est pas possible de savoir si le *Fer de lance* a une ou deux portées dans l'année. La vipère d'Europe en a deux ; son part est de quatre mois environ ; on ne s'étendra pas plus longuement sur les particularités de l'accouplement des serpents. Suivant M. Bonodet, ils resteraient longtemps entrelacés comme deux cordes ; suivant Lacépède, plusieurs jours ; on a vu qu'il n'en était pas ainsi dans le fait que j'ai cité. M. Blot, d'après l'opinion générale, dit que les mâles se livrent des combats et que c'est alors qu'ils se dévorent entre eux. Je tiens de M. B*** qu'il est arrivé assez fréquemment, le long des falaises du bord de la mer, que des paquets de serpents soient tombés sur les passants et qu'on a pu vérifier que c'étaient des mâles à la poursuite d'une femelle. Un animal qui ne paraît né que pour détruire devrait-il sentir les feux de l'amour? Cette partie de l'histoire des serpents ne serait donc pas la moins singulière ; mais la science est chaste et ne peut se complaire en public dans de pareilles descriptions. Elle n'entre dans les détails qu'avec cette sage retenue qui fait la décence du style, et les présente avec cette indifférence philosophique qui détruit tout sentiment dans l'expression, et ne laisse aux mots que leur simple signification.

Ces recherches sur le part et sur l'accouplement du *Trigonocéphale* ne paraîtront point oiseuses, je l'espère ; car si on pouvait organiser une chasse, une battue annuelle, une sorte de croisade, pour la destruction de ce puissant ennemi, il est clair qu'il faudrait choisir l'époque de l'année où l'on pourrait en exterminer le plus grand nombre possible, à l'inverse de ce qui se pratique pour la chasse des espèces utiles, dont les lois protègent la multiplication.

La malédiction divine pèse sur l'enfantement des serpents, comme sur celui des autres animaux, *in dolore parturies*. Je tiens de M. D***, qui a surpris une femelle dans ce travail, au bord d'un chemin du Lamentin, qu'elle était engourdie, se traî-

nait avec peine et se laissa tuer facilement. Voici ce que rapporte Georges Sergerius d'une couleuvre : « J'observai qu'après
« s'être roulée sur les carreaux, ce qu'elle n'avait pas cou-
« tume de faire, elle pondit enfin un œuf. Je la pris sur-le-
« champ, je la mis sur une table, et, en la maniant douce-
« ment, je lui facilitai la ponte de treize œufs. Cette ponte
« dura environ une heure et demie ; car, à chaque œuf l'ani-
« mal se reposait, et, lorsque je cessais de l'aider, il lui fallait
« plus de temps pour faire sortir son œuf ; d'où j'eus lieu de
« conclure que le bon office que je lui rendais ne lui était pas
« inutile, et plus encore de ce que, pendant cette opération,
« il ne cessa de frotter doucement mes mains avec sa tête,
« comme pour la chatouiller. » M. Barillett, qui a vu le *Fer de
lance* mettre bas dans une cage, m'a dit que cette opération se
faisait sans effort. M. Schlegel enseigne qu'il en est de même
pour la vipère.

Passons maintenant d'un bout à l'autre de l'histoire du
serpent, c'est-à-dire de son commencement à sa fin. Quelle
est la durée de la vie du *Fer de lance?* Peu d'hommes, sans
doute, seraient en état de résoudre cette question ; il n'y a
point dans les serpents, comme dans certains animaux, un
organe dont le développement successif puisse servir à mesurer le nombre de ses années; leur organisation est trop simple pour qu'on ait pu reconnaître, à différentes époques, le
même serpent dans les bois ou dans les endroits où ils vivent
en liberté.

La seule considération de leur développement pourrait-elle
suppléer à toute autre donnée ; par exemple, le serpent croî-
trait-il chaque année d'un certain nombre de pouces ? En général les naturalistes enseignent que la vie du serpent doit être
longue, parce que pour parvenir de la longueur de quelques
pouces à celle de quelques pieds il faut du temps ; mais il n'y
a là-dessus rien de précis. On ignore s'ils ont un terme fixe de
croissance ou de quelle durée est ce terme. On trouve beaucoup d'individus de quatre pieds, ce qui me fait penser qu'ils
arrivent assez rapidement à cette dimension. Est-ce celle
qu'ils doivent avoir à l'époque de se reproduire? On pourrait
approcher de la constatation de ce fait en mesurant un certain nombre de femelles trouvées pleines, et en notant leur
taille. En Europe, suivant MM. Schlegel et Lenz, c'est vers la

quatrième année que les vipères sont aptes à la procréation;
elles croissent après peu en longueur. L'âge se caractérise
néanmoins par des traits prononcés et par la plénitude des
formes : « La grosseur des parties, une tête obtuse et ramas-
sée et des formes vigoureuses distinguent les très-vieux individus, qu'il est cependant assez rare de rencontrer. » Il en
est de même du *Fer de lance ;* chez tous les êtres la vieillesse
a sa physionomie. Suivant le lieutenant Tyler on trouve encore à Sainte-Lucie des *Fers de lance* de sept pieds et de deux
à quatre pouces de circonférence. Sainte-Lucie est beaucoup
moins peuplée que la Martinique.

Ce n'est point dans le voisinage de l'homme que l'on trouve
les gros serpents ; lorsque par hasard ils en approchent, ils se
trahissent par leurs méfaits et ne tardent pas à en recevoir le
châtiment. A la Martinique, c'est dans les grands bois, dans
les profondes ravines qu'ont été rencontrés les plus volumineux *Fers de lance.*

Mais que faut-il entendre par un gros serpent ? quelles en
sont les dimensions, la longueur, la largeur ? Il y a beaucoup
de personnes qui affirment qu'elles n'ont jamais vu de serpents
de plus de six pieds ; suivant M. Blot, la longueur ordinaire
est de quatre à cinq pieds et va quelquefois jusqu'à sept ; la
grosseur ordinaire est de un pouce et demi à deux pouces : on
en a vu qui avaient un diamètre de trois pouces. M. Moreau
de Jonnès rapporte qu'en 1808, le capitaine Henri Desfour-
neaux tua sur le morne Colomb un individu qui avait six
pieds six pouces six lignes; le P. Dutertre dit que de son
temps on en rencontrait souvent longs de sept à huit pieds
et gros comme la jambe. Le père Labat, suivant sa coutume,
va plus loin : « Une chose, dit-il (tome V, page 47), incommo-
« dait la colonie, c'était la prodigieuse quantité de vipères
« dont la terre était comme couverte. Il y en avait de mons-
« trueuses, on en voyait alors de vingt-cinq pieds de longueur
« et d'un pied et demi de diamètre. » Dans un autre endroit,
le père Labat parle d'un serpent qui lui fit courir le plus
grand danger et dont le corps avait plus de neuf pieds de
long et plus de cinq pouces de diamètre. J'ai mesuré, dans
l'officine de M. Dumoret, un serpent tué dans le quartier du
Parnasse et qui avait sept pieds ; mais on peut dire aujour-
d'hui que les serpents qui dépassent six pieds sont très-rares.

Les serpents se rencontrent ici partout, depuis les grands bois jusque dans les salons (ceci sans métaphore. Lafontaine, dirait-on, *pourrait s'y tromper*). En arrivant sur l'orle du cratère de la montagne Pelée, M. Moreau de Jonnès tua un énorme serpent. La montagne Pelée domine la ville de Saint-Pierre de plus de 8 à 900 toises. Suivant M. de Humboldt, il n'y a point de serpents dans les Cordilières au delà de 13 à 14,000 toises. Par exemple, on n'en trouve point sur le plateau de Santa-Fé de Bogota. Mais les lieux que le serpent recherche sont le dessous des rochers, le dessous des vieux arbres excavés, tombés de vétusté et entourés de plantes parasites, le bord des ruisseaux, les pièces de cannes non épaillées, négligées, voisines des bois; suivant M. Blot, les nids d'oiseaux où il reste tapi, après en avoir dévoré les œufs et les petits; les volières, les poulaillers, les vieilles masures abandonnées.

On le voit ramper dans la vase où s'élèvent les mangles ou palétuviers.

Enfin les halliers, les broussailles, tous les lieux mal tenus, voilà ses domaines.

Il ne se creuse pas de trous particuliers comme les animaux à tanières; mais il s'établit d'autorité dans ceux que se sont creusés les rats et les crabes, bien sûr de n'en pas être délogé.

Il est rare qu'on le trouve au centre des villes, à moins qu'il n'y ait été apporté. J'ai souvent entendu citer le cas d'une personne piquée, un soir, au milieu de la rue Caylus, après des pluies considérables dont les torrents avaient entraîné beaucoup de débris de toutes sortes et probablement le serpent avec. Dans cette même rue Caylus, causant un jour avec M. G***, j'aperçus à terre un corps long, semblable à un bout de corde et que je remuai de la pointe de mon pied : c'était un petit serpent mort; M. G*** m'apprit que c'était précisément le lieu où l'on déposait, chaque jour, les herbes destinées à ses chevaux. Tout récemment, le journal *les Antilles* a fait connaître l'accident arrivé à M. D***, qui fut piqué par un serpent au moment où il jetait dans le râtelier de son écurie les herbes qui lui avaient été apportées.

Le serpent se glisse assez souvent dans les jardins et dans les maisons qui touchent à la campagne.

A la campagne même, on le trouve sous le toit des cases à

bagasse, sous celui des ajoupas, souvent aussi dans l'intérieur des maisons. On prétend qu'il se montre alors plus timide, comme pour dissimuler sa présence. Il est certain qu'on entend rarement parler de personnes piquées dans leurs demeures. Entre mille faits que je pourrais citer, en voici un assez singulier : Un négrillon, tout effrayé, vint un jour annoncer à mon frère qu'un serpent dansait dans une chambre voisine. Celui-ci d'accourir, et il voit un serpent d'environ trois pieds qui s'efforçait de sortir de dessous terre par une fente laissée entre le mur d'enceinte et le plancher de l'appartement ; l'animal, pour se dégager de ce passage, se livrait à de violents mouvements. On le tua et on eut encore de la peine à le retirer tout entier. On se rappela que cinq ou six mois auparavant, le plancher de la maison avait été renouvelé ; le parquet étant resté ouvert cinq ou six jours, le serpent s'y était engagé, probablement à la poursuite d'un rat, et il avait été enfermé avant qu'il eût eu le temps de sortir. Pendant six mois on avait donc marché sur lui impunément. Qui, dans les colonies, n'a pas plus d'un fait pareil à raconter ?

Une chose surprenante, c'est qu'avec la passion qu'on dit exister ici pour les maléfices, on ne se soit jamais servi du serpent comme instrument de vengeance. Nous verrons qu'il n'est pas difficile de se procurer cet animal vivant ; mais je n'ai jamais entendu dire qu'il ait été introduit avec quelque dessein coupable dans les maisons. Il a fallu toute la noirceur du roman moderne pour imaginer l'horrible fable d'Atar-Gull, qui poste un serpent dans la chambre nuptiale de sa jeune maîtresse pour lui donner la mort.

Le serpent n'est point sédentaire ; il voyage, et même beaucoup, non pas en touriste, mais en voleur. Cependant il ne laisse pas de séjourner quelque temps dans les mêmes parages. On peut l'y voir à différentes fois, et c'est ce qui permet de le rechercher. Le temps qu'il demeure en chaque endroit est mesuré sur la facilité qu'il y trouve à se procurer sa proie. On dirait qu'il a la conscience de l'horreur qu'il inspire ; car c'est pendant la nuit, à la faveur des ténèbres, qu'il marche. On le rencontre alors partout, même au milieu des chemins qui sont pendant le jour les plus fréquentés. Son œil, ainsi que nous le verrons en traitant de son anatomie, n'est point armé de la membrane clignotante dont sont pourvus les animaux nocturnes.

Comme tous les animaux, le serpent a des lieux qu'il préfère : ce sont ceux qui sont frais et ombragés. Je tiens d'un nègre que suivant les saisons il varie ses demeures : sur la crête des mornes, pendant la chaleur, et, pendant la saison des pluies, il descend dans les ravines au temps des fraîcheurs. Si la sécheresse est grande, il est connu que les serpents recherchent les bords des rivières.

Le *Fer de lance* ne vit point en société. On ne trouve point à la Martinique de ces cavernes remplies de serpents, comme on dit qu'il en existe au Mexique et au Pérou. On ne trouve pas non plus des serpents entrelacés, comme s'entrelacent, en Europe, les vipères pendant l'hiver ; mais aux époques du rut, lorsqu'on vient à tuer un mâle ou une femelle, il n'est pas rare que l'autre soit rencontré à peu de distance dans les mêmes parages. L'accouplement est leur seul lien social. En Europe, c'est pendant les jours d'orage, lorsque l'air est chargé d'électricité, que les vipères se montrent le plus au dehors et sont plus actives. On n'a rien remarqué de semblable pour le *Fer de lance*. Il peut être entraîné par les torrents que forment nos pluies diluviales de l'hivernage jusqu'au milieu des rues de la ville ; mais alors il est en détresse plutôt qu'agressif ; il cherche à se sauver et partage la frayeur dont tous les animaux paraissent être atteints. Le *Crotale* est au contraire plus redouté en ce moment, parce que sa sonnette mouillée ne produit plus le bruit qui avertit de sa présence.

Le serpent se tient quelquefois sur les branches des arbres, mais pas aussi souvent que sur le sol ; car c'est moins à sa tête qu'à ses pieds qu'il faut ici prendre garde. Il n'est pas rare de trouver de petits serpents dans le feuillage des plantes buissonnières ; ils y cherchent un refuge contre les nombreuses causes de destruction qui les menacent. Un nègre de l'habitation Macarty, où il y a beaucoup de cocotiers, m'a raconté qu'on avait plusieurs fois trouvé des serpents au milieu des grappes de cocos qui sont au sommet de l'arbre. Il pensait que les serpents étaient amenés là en donnant la chasse aux rats. Si le serpent peut grimper jusqu'au sommet des cocotiers, il peut dire comme l'écureuil : *Quò non ascendam ?* Aussi, quelques personnes prétendent qu'il ne rencontre point d'obstacle insurmontable, et qu'il s'élève le long des murs les mieux recrépis.

La principale nourriture du serpent est le rat ; c'est la proie que j'ai trouvée le plus souvent dans son estomac : j'en ai retiré jusqu'à six à la fois. Peu de chats en font une plus grande consommation. Comme les rats sont ici de grands destructeurs de cannes, j'ai ouï dire que le chevalier de P*** préférait trouver dans ses cannes des serpents plutôt que des rats, qu'il les appelait plaisamment la *maréchaussée de ses cannes*. Ce propos m'a été redit par beaucoup d'autres habitants, non pas qu'il soit, j'en suis sûr, l'expression d'un sentiment cruel ; il témoigne de la facilité avec laquelle on se préserve de la piqûre des serpents pendant la coupe des cannes, et surtout de l'opinion où sont quelques personnes, comme nous le verrons plus tard, que cette piqûre est, dans le plus grand nombre de cas, sans gravité. Un habitant distingué de la Guadeloupe, M. M.-M***, parfaitement au fait de la culture dans les deux colonies, m'a assuré qu'avec les mêmes conditions de halliers et de falaises dans le voisinage d'une pièce de cannes, les rats, à la Guadeloupe, font dix fois plus de dégâts qu'à la Martinique. On ne peut s'en préserver que par une guerre continuelle. Voici donc que les serpents peuvent trouver une application utile ; non que les Guadeloupéens en voulussent même à ce prix, mais ils ont leur bon côté (c'est des serpents que je parle). Il ne s'agit peut-être que de savoir s'en servir. O homme, lorsque tu oses reprendre quelque chose dans l'œuvre des six jours, si contraire à tes intérêts, si mauvaise à ton esprit qu'elle te paraisse, cette chose ! ne songes-tu pas qui l'a faite ? C'est Dieu ! le Dieu bon ! le Dieu tout-puissant ! le Dieu qui ne peut mal faire ! — Adore et cherche (1) !

On dit aussi que le serpent se nourrit d'oiseaux ; la chasse

(1) Le fait suivant m'a été envoyé dans une lettre signée Joseph : « Je « vois que dans votre enquête vous rappelez un conte populaire sur « l'introduction du serpent à la Guadeloupe. Permettez qu'à ce sujet « je vous raconte ce que m'en a dit le baron de Clugny, alors gouverneur « de la Guadeloupe. Un habitant du quartier de Lamentin, dont les cannes « étaient ravagées par les rats, craignant d'être ruiné par cette dévasta- « tion et sachant que les serpents mangeaient les rats, prit le parti de « venir chercher à la Martinique le bienfaisant reptile, et il en lâcha « quelques couples dans ses cannes. Mais il ignorait que le serpent, une « fois repu des rats, ne s'occupe plus qu'à digérer. Aussi, m'ajouta le « caustique et spirituel gouverneur, les serpents introduits à la Guade- « loupe sont tous morts d'indigestion ! »

qu'il en ferait serait vraiment singulière. Au lieu de les poursuivre, il les attirerait, les charmerait, les fascinerait par une
sorte d'attraction merveilleuse. Pour cela, il lui suffirait de se
placer sous un arbre, la gueule béante et l'œil fixé sur sa victime. Le pauvre oiseau, perché au haut des branches, serait
obligé d'en descendre et de se précipiter dans le gouffre vivant, après bien des hésitations. Le peuple et les poëtes parlent de ce prodige comme s'ils l'avaient vu ; assurément, dit-
on, il n'est pas plus étonnant de voir un serpent attirer un
oiseau dans sa gueule que de voir une pierre d'aimant attirer
un morceau de fer. Mais M. Baxton, savant naturaliste américain, qui a étudié les mœurs du *Boiquira*, dont on raconte
aussi cette particularité, la nie tout à fait : « Il a vu, dit-il,
« des combats entre le serpent et le loriot noir ; mais c'étaient
« de vrais combats dans lesquels l'oiseau défendait l'entrée de
« son nid contre le reptile, comme la poule défend ses pous-
« sins. » M. Baxton ne voit là qu'un effet de l'amour mater-
nel, cet amour sans peur et sans reproches, le plus beau des
sentiments humains. C'est tout simplement un admirable dé-
vouement !

Il n'y a observation si mal faite qui n'ait un fond de vérité.
On sait communément que quelques oiseaux, à la vue de certains animaux, poussent des cris de détresse comme pour
appeler du secours. Ici c'est la gorge-blanche, le sisi, le rossignol des îles, la poule même ; mais souvent aussi on les entend en faire autant pour un chat ou pour un chien, ou pour
tout autre animal qui leur est hostile. Chateaubriand, qui
plus que tout autre a contribué à accréditer par les charmes
de son génie, cette histoire de la fascination du serpent l'attribue à la peur. « La peur, dit-il, casse les jambes à l'homme ;
« pourquoi ne briserait-elle pas les ailes à l'oiseau ? » Il est
certain que les écureuils, oiseaux, grenouilles sont comme paralysés à la vue d'un serpent ou saisis de tremblement. M. Duméril atteste que, dans des expériences faites par lui, il a vu
un chardonneret qu'il tenait avec la plus grande précaution
mourir au moment où on lui présentait une vipère. M. de Castelnau a vu un écureuil tomber de branche en branche dans
la gueule d'un crotale. Suivant M. Holborock, la prétendue
fascination exercée par le Ratle Snake (*Crotalus*, Durisse)
ne serait que l'effet de sa patience de chasseur, attendant des

heures entières que l'écureuil ou l'oiseau placés sur un arbre en descendent pour prendre quelque aliment à terre ; c'est alors qu'il sort de son embuscade, s'approche *à pas de loup,* et se jette sur l'animal avec une grande rapidité. Ajoutez que le fait de blesser de son venin sa proie, doit ajouter à l'immobilité de celle-ci. Un voyageur témoin d'une pareille scène, et qui n'a pas pris soin d'en analyser toutes les circonstances, peut facilement l'expliquer par une sorte de fascination, et croire que l'animal est venu de lui-même se jeter dans la gueule du serpent.

Tous les animaux ont peur du serpent : le cheval se cabre et frémit à sa vue, le bœuf se détourne et s'enfuit, le chat, si brave et si rusé, n'ose l'attaquer ; certains chiens sont plus hardis ; plus d'un chasseur m'a raconté des combats admirables qui ont augmenté encore mon affection pour ce fidèle animal. Le père Feuillée rapporte que dans les bois de la Martinique il fut assailli par un énorme serpent; il en aurait été la victime sans son chien ; celui-ci s'élança sur le serpent, et, malgré les nombreuses blessures qui faisaient couler son sang, il ne lâcha pas prise avant qu'il n'eût mis le reptile en pièces. Heureusement son maître put le panser avec du *suc de bananier,* et le fidèle animal n'en mourut pas. Pourquoi donc ne pas profiter de ce courageux instinct? pourquoi ne point dresser des chiens à chasser les serpents? En Europe, c'est l'homme qui apprend au chien à chasser le gibier, perdrix, cerfs ou sangliers. Qui ne se souvient d'avoir vu quelque vieux garde suivi de ses *élèves* qu'il mène travailler dans les champs? Il faut, pour réprimer les écarts, le fouet, le collier de force, voire même le coup de fusil, tout un Code pénal. Il faut, pour dresser un chien d'arrêt, au moins trois ans d'une éducation soignée, presque autant que pour faire un avocat ou un médecin. Je ne doute donc pas que, si l'on en voulait prendre la peine, il ne fût possible d'avoir ici des chiens d'arrêt, intrépides chasseurs de serpents.

Avant d'avaler sa proie, le serpent la couvre d'une bave muqueuse, qui la rend glissante et en facilite la déglutition. La disposition de sa gueule est telle qu'il peut y introduire des corps considérables et disproportionné avec les dimensions apparentes de cette cavité ; les mâchoires, composées d'os mobiles, s'écartent démesurément, le gosier et l'œsophage se dilatent en proportion et pour que la respiration ne soit point empêchée par la présence de bols alimentaires aussi volumineux, et que l'animal ne meure point étouffé, l'ouverture de la trachée-artère est presque à l'entrée de la gueule, derrière la mâchoire inférieure, sans épiglotte, et toujours ouverte. C'est ainsi que le *Fer de lance* peut avaler de grosses poules, des coqs d'Inde. Lacépède dit qu'il mange des chats et qu'on a retiré de son ventre des cochons de lait. M. Morin m'a assuré qu'il en avait retiré un Manicou ou Sarigue. Un de mes nègres, dit-il, m'apporta un jour un serpent des plus gros; il avait déjà commencé à avaler un très-fort manicou, mais sans aucune déchirure; tout le train du derrière du manicou était encore hors de la gueule du reptile, que les parties de devant et la partie de l'épine dorsale, qui se trouvaient dans l'œsophage, étaient déjà ramollies. Tout le corps était enduit d'un mucus visqueux assez abondant; la gueule du serpent avait une distension énorme et sa longueur, qui, dans son extension naturelle, pouvait être de six pieds, était raccourcie presque de moitié. L'animal avait la grosseur d'un bras, la queue seule avait ses dimensions ordinaires. Ce fait du raccourcissement du serpent, pendant la digestion, a été déja noté très-anciennement. Voici ce qu'en dit Aristote : « *Dum vorant ex longis brevissimi, et ex tenuibus latissimi fiunt, ut quod deglutivere, melius in ventrem delabatur.*

Plusieurs autres personnes m'ont répété avoir été témoins de faits pareils. M. Bellevue (Aubin) raconte, à qui veut l'entendre, qu'il a fait extraire sous ses yeux un jeune chevreau de l'estomac d'un serpent. Voici qui est bien mieux : on m'a rapporté que sur l'habitation Gentil, dans les bois du Carbet, une couvée de dindonneaux ayant disparu, on soupçonna quelque serpent d'en être le voleur. On se mit à sa recherche, et l'on ne tarda pas à le découvrir, sous un rocher, repu, engourdi, n'en pouvant plus,

> .... Lateque repletus
> Ingluviem immensi ventris.......
> .... Nigro ructabat in antro.

Il fut tué, et, l'ayant pris par la queue, on lui imprima un mouvement de rotation qui lui fit regorger une douzaine de dindonneaux. Cette histoire ferait assez bien le pendant de celle des enfantements de la mère Gigogne : je la répète comme elle m'a été racontée.

Quoi qu'il en soit, il est généralement admis que le serpent, qui a ainsi dégluti une proie considérable, a une digestion longue et pénible ; qu'il tombe dans une sorte de sommeil *digestif*, et qu'en cet état il peut être foulé aux pieds impunément. On ajoute que c'est alors qu'il répand une odeur forte qui peut le faire découvrir. J'ai disséqué bien des *Fers de lance* : ils ne répandaient aucune odeur remarquable, tout au plus une sorte d'émanation (*frais*), comparable à celle que répand le poisson. Lors même qu'il y avait dans l'estomac quelque rat à demi putréfié par la digestion, l'odeur qu'exhalait l'animal n'était désagréable qu'après qu'on avait ouvert l'abdomen, et disparaissait aussitôt qu'on avait éloigné l'estomac et les matières qui y étaient contenues. Il est vrai qu'après quelques jours de putréfaction, l'odeur du serpent mort est vraiment insupportable et *sui generis ;* c'est ce que l'on constate tous les jours, lorsqu'on rencontre quelque serpent appendu à un arbre par le passant qui l'a tué. Terribles avertissements que l'on ne *sent* pas sans effroi sur les routes de la Martinique!.Il y a des nègres qui m'ont affirmé qu'en toutes rencontres ils pouvaient sentir le serpent. Ceci peut dépendre de la finesse de l'odorat, si variable chez l'homme. On sait toutes les merveilles que l'on raconte de ce sens chez les peuples sauvages. Il serait à désirer qu'il en fût de même ici et que l'on pût s'exercer à reconnaître le serpent par l'odorat.

Il n'en est certainement pas du *Fer de lance* comme de certains serpents qui révèlent leur présence par l'odeur qu'ils répandent; les naturalistes signalent près de l'anus de ces derniers l'existence de petites glandes qui seraient la source de ces émanations, ainsi qu'il arrive au Chevrotin (*Moschus moschiferus*), qui sécrète le musc. Je me suis assuré que ces glandes n'existent point chez le *Fer de lance*. Peut-être est-ce une fausse analogie tirée du *serpent à sonnettes* qui est un des reptiles dont l'approche est révélée par l'odeur qu'il exhale. Suivant d'autres, *stercus serpentum bene olere, facilè concedi potest ;* cette diversité dans les opinions dépend-elle des variétés de la nature ou de la fécondité de l'imagination humaine ?

Si maintenant nous entrons dans l'analyse de la digestion du serpent, nous ne serons pas étonnés qu'elle soit aussi lente. Le serpent avale sa proie sans qu'elle ait reçu dans la bouche aucune préparation préalable, soit par la mastication, soit par l'insalivation. Il a des glandes salivaires, mais peu développées. Ses dents sont si petites qu'il est évident qu'elles ne peuvent lui servir à mâcher; ce sont des *arêtes* qui fixent l'aliment, le dirigent sur le gosier et l'empêchent d'en ressortir. Aussi sont-elles toutes tournées obliquement en arrière vers le gosier. Il n'y a pas, à proprement parler, de déglutition véritable chez le serpent. Le bol alimentaire n'est point ramassé et dirigé par la langue; entre le bol alimentaire et la langue se trouve la trachée-artère qui les sépare. La langue n'est, pour ainsi dire, qu'un filet nerveux et n'est probablement qu'un simple organe du goût. Si c'est un rat qui a été avalé, il est poussé lentement le long de l'œsophage, et, ainsi que je l'ai vu, sa tête est arrivée à l'orifice pylorique de l'estomac et presque digérée, lorsque sa queue est allongée dans l'œsophage et presque entièrement intacte. L'estomac du serpent ne paraît pas avoir de *cardia;* c'est pourquoi cet organe peut se dilater démesurément aux dépens de l'œsophage. L'orifice pylorique est au contraire bien marqué et montre qu'il y a deux temps distincts dans la digestion du serpent comme dans celle des autres animaux. L'estomac était exactement appliqué sur le bol alimentaire quand c'était un rat; il l'en coiffait, pour me servir d'une expression vulgaire, comme d'un bas de soie. Les fluides gastriques et le mucus dont le rat était imbibé n'étaient pas aussi abondants qu'on serait porté à le croire.

J'ai lu et on m'a dit que lorsque les serpents avaient avalé un animal à poils ou à plumes, les poils et les plumes, ne pouvant être digérés comme les chairs, étaient rejetés par une sorte de régurgitation. Ce fait n'a pu être vérifié par moi, mais il me paraît important. C'est un de ces faits qui peuvent trouver une application pratique immédiate et qui, par conséquent, méritent d'être étudiés. On conçoit que la rencontre de pareils débris peut mettre sur la trace du serpent. Il faut tout interroger (1).

(1) Je profite de cette occasion pour répondre à une objection que m'ont faite plusieurs personnes sur la minutie et l'inutilité de certains détails

M. A. **Duméril** a retrouvé les plumes et les poils dans les fèces des serpents de la ménagerie.

Le serpent se nourrit aussi des différents insectes, des anolis, si communs dans ce pays, des grenouilles, des crabes, sans doute des tourlouroux ou des petits crabes qui courent le long du rivage de la mer, mais non pas des gros crabes que nous mangeons. Ceux-ci, au contraire, sont considérés par quelques auteurs comme un animal destructeur du serpent. *Cancri serpentes ad Ephesiam metropolim forcipibus arripiunt et ad paludes tranare conantur.* Les crabes, dit Élien, près de la ville d'Éphèse, saisissent les serpents avec leurs pinces et les entraînent dans les marécages qu'ils habitent. Ici plus d'une personne m'a signalé l'espèce de crabes appelée *cirique*, comme faisant bonne guerre aux serpents.

J'ai vainement multiplié mes questions pour savoir comment le *Fer de lance* s'empare de sa proie. L'enveloppe-t-il de ses replis pour l'écraser à la manière du *Boa*? l'arrête-t-il et la tue-t-il de son venin pour l'avaler ensuite tout à son aise? Cette dernière supposition me paraît la plus probable; beaucoup de gens, cependant, y répugnent; ils croient qu'une

de mon premier article, particulièrement dans tout ce qui a rapport à l'arrière-faix du serpent. On m'accordera d'abord, comme une des premières règles de l'observation, que, quand on observe une chose inconnue, il n'y a pas de choix à faire, il faut tout noter. Il faut observer pour observer, sans but déterminé à l'avance, car il est à craindre alors qu'on ne voie que ce que l'on veut voir. Il faut être indifférent au résultat, c'est-à-dire à la valeur pratique de l'observation, au profit qu'on en peut tirer; tout cela doit être abandonné à l'avenir. L'histoire de l'industrie humaine ne consiste qu'en conséquences tirées d'observations scientifiques, qui, au premier abord, paraissaient insignifiantes et purement spéculatives. N'est-ce pas ainsi que la machine à vapeur est sortie de la machine à Papin? Les petites valvules, observées dans les veines et restées longtemps sans explication, ont servi à Harvey pour établir la circulation du sang. Je n'en finirais pas si je voulais citer des exemples de cette vérité.

Dans l'espèce présente, j'ai recherché si le serpent, en travail d'enfantement, ne laissait point quelques traces de son passage, parce qu'il m'a semblé que la connaissance de ces traces pouvait nous aider dans la poursuite de l'animal. A la chasse il faut tout consulter, les poils, les plumes, que le gibier laisse aux branches des taillis. Un bon garde-chasse consulte l'empreinte des pieds de la bête et en apprend l'âge, la direction qu'elle a dû suivre; et, si l'empreinte est plus ou moins forte, il saura la distance qu'a dû parcourir l'animal. Je dis que c'est ainsi qu'il faut étudier le serpent. La présence de quelques écailles, au milieu d'un peu de fiente animale, annonce que la loutre est dans les parages d'une rivière.

chair empoisonnée par le venin ne peut servir de nourriture, que l'instinct de l'animal l'en détournerait. Nous mon-
trerons plus tard comment des expériences répétées ont
prouvé que le venin en nature introduit dans les voies digestives des animaux, ne produit pas le même effet que lorsqu'il
est introduit sous la peau, dans le tissu cellulaire, par la piqûre du serpent lui-même; lors même que le venin avalé par
d'autres animaux serait mortel pour eux, il n'est pas dit qu'il
doive l'être aussi pour celui qui le sécrète; il existe entre les
fluides d'un même corps un rapport de consanguinéité qui les
rend plus tolérables les uns aux autres. On rencontre souvent
des poules mortes de la piqûre du serpent, et comme le serpent ne craint point les poules, il est probable qu'il ne les
pique que pour les dévorer après; mais on conçoit que quelques-unes, même après la piqûre, échappent à sa poursuite
et qu'il les perde, c'est ce qui arrive à tout chasseur. Enfin,
dans l'hygiène publique, il n'est pas démontré que des chairs
empoisonnées pendant la vie soient, après la mort, aussi à
redouter qu'on le croit vulgairement. Des faits bien observés
restreignent beaucoup cette opinion. Les gouvernements ont
vingt fois tenté d'obtenir sur ce point une solution absolue.
Il y en a, dit Lacépède en parlant du Boiquira, *qui prétendent
qu'on peut manger impunément les animaux que sa morsure fait
périr, de même que les sauvages se nourrissent sans inconvénient
du gibier qu'ils ont tué avec leurs flèches empoisonnées.*

Le serpent est-il herbivore? J'ai déjà dit que je n'avais trouvé
que des rats dans les estomacs des serpents examinés par
moi; quelquefois dans leur gosier j'ai retiré de petites feuilles
bien distinctes, et dans leurs matières fécales j'ai reconnu
des nervures de feuilles non digérées et bien reconnaissables.
Dans le pays on ne signale aucune graine, aucun fruit, aucune
herbe qui soit recherchée par le *Fer de lance*. Cependant les
naturalistes décrivent plusieurs espèces de serpents *herbi-
vores*.

Le serpent mange tout ce qui a vie; on dit même que, dans
les pays où ils existent ensemble, il vient à bout du Porc-
Épic, malgré son armure. Mais se nourrit-il aussi de chairs
mortes, du cadavre des animaux, lorsqu'ils n'ont pas été tués
par lui?

La solution de ces questions sur l'alimentation du serpent

nous paraît être du plus haut intérêt ; car si l'on pouvait reconnaître un aliment recherché par cet animal et qui pût
être *manié* d'avance, pour me servir d'une expression du
pays, c'est-à-dire empoisonné, ce serait un des plus puissants
moyens de destruction qui pourrait être employé ; on se délivrerait des serpents aussi facilement que des rats, des poux
de bois et autres espèces nuisibles à l'homme.

Après avoir montré le serpent aussi vorace, aussi glouton,
que nous l'avons fait, il est juste de dire qu'en d'autres circonstances il donne l'exemple de la plus grande sobriété qui
existe dans le règne animal. Il supporte une diète absolue de
plusieurs mois. (Écoutez bien cela, vous qui croyez qu'une
diète de trois jours vous fera mourir.) Il est vrai qu'après
avoir empli son estomac avec des proies pareilles à celles que
nous y avons trouvées, on conçoit que le serpent n'ait pas
besoin de manger tous les jours ; il lui faut le temps de
digérer ; et comme c'est un animal à sang froid, ce travail
est beaucoup plus lent chez lui que chez les animaux à sang
chaud. Ce fait de la patience du serpent à supporter la diète a
été mis hors de doute par des expériences nombreuses et faciles
à faire. Il suffit de l'enfermer dans un vase vide et bien bouché. L'animal captif ne veut prendre aucun aliment ; il tombe
dans le marasme, et se laisse fièrement mourir. On pourrait
se servir de cette propriété qu'a le serpent de pouvoir vivre
longtemps sans manger, pour essayer d'en porter quelques
individus au Muséum de Paris. Mais ce serait, pour le navire
qui s'en chargerait, un fort mauvais passager, malgré sa sobriété.

Pour les gros serpents, je ne suis pas en peine de leur alimentation ; ils ont un venin plus sûr que la poudre et le plomb
de nos fusils pour atteindre leur proie, et une gueule assez
large pour la déglutir. Mais les petits serpents abandonnés dès
leur naissance sans mère nourrice, sans un sein pour leur
verser le lait, sans un bec qui leur prépare la pâtée, de quoi
se peuvent-ils nourrir ? Tout au plus des plus petits insectes,
vers de terre, mouches, scarabées, chenilles. Une souris est pour
eux un trop gros morceau. D'ailleurs aux colonies il n'y a pas
dans les champs de souris, de mulots ni de taupes, il n'y a
que des rats. Si le sort me ramène à ma chère Martinique,
si je me retrouve sous ce ciel si propre à la contemplation

de la nature au fond *Canonville*, ou bien au morne d'*Orange*, en face de la mer ou de la montagne Pelée et de ses belles falaises, où j'ai passé de si bons jours, je te promets, ô Science, de rechercher quels sont les aliments dont se nourrissent les petits serpents. En attendant, je recommande cette étude à mes jeunes compatriotes qui se plaignent de la monotonie de la vie coloniale, et ne peuvent se consoler de l'absence du boulevard des Italiens. M. Rousseau, aide-naturaliste du jardin des Plantes, en fouillant les entrailles des petits oiseaux, a pu constater l'existence d'un grand nombre d'insectes dévorés par eux et recueillis sur la cime des arbres où ces insectes habitent ordinairement, ce qui les avait fait jusqu'alors échapper à toutes les recherches. C'est ainsi qu'il a fait connaître les nombreux services que nous rendent les oiseaux. On pourrait ainsi constater que le serpent n'est pas sans utilité ; dans le procès que nous lui faisons, il faut au moins tenir compte des choses nuisibles qu'il détruit. D'une autre part, il est heureux que le Bothrope lancéolé n'ait point de famille à nourrir ; car avec des portées de 50 à 60 petits, où en serions-nous ? Aucun être vivant ne pourrait se soustraire à la furie maternelle dont la nature anime les mères qui ont des petits. Habitants de la Martinique, hommes, insectes ou rats, nous y passerions tous.

La vipère d'Europe, réduite en captivité, refuse aussi toute espèce d'aliment. M. Duméril parle d'un crotale qui est resté 22 mois sans boire ni manger.

Car les serpents boivent. Ce fait, nié par M. Schlegel et d'autres naturalistes, a été mis hors de doute par l'observation qu'on peut faire aujourd'hui de ces animaux, à la ménagerie du Muséum. Ils boivent de deux manières, en lapant avec leur langue, ou en enfonçant leur tête sous l'eau. Il faut alors que leurs narines se ferment par un mécanisme particulier. M. Barillet m'avait déjà assuré, à la Martinique, que les *Fers de lance* buvaient de l'eau et même du lait. La présence de ces reptiles auprès des rivières, dans les temps de sécheresse, devait faire présumer qu'ils venaient là pour se désaltérer. « J'ai eu occasion de m'assurer, dit le Dʳ Cranter, que les serpents aiment beaucoup l'eau : *are fond of Watter.* » (*Annals Zoological society*, tom. 3.)

Après les témoignages multipliés de personnes graves, je suis forcé d'admettre que les serpents se dévorent entre eux :

ainsi on a retiré plusieurs fois du ventre des serpents, d'autres serpents à demi avalés. Le dévoré était souvent aussi gros que le dévoreur. J'avais tué un serpent de quatre pieds, me dit M. X***, et je l'avais suspendu à un buisson. Le lendemain on ne le retrouva point; quelques instants après, mes nègres en tuèrent un autre; quel ne fut pas mon étonnement de trouver dans son corps mon serpent de la veille! *Homo homini sæpissime serpens!* Je sais des hommes qui sont serpents sur ce point-là, sans que pour cela il faille aller au pays des anthropophages.

C'est à la suite des combats que le vainqueur mangerait ainsi le vaincu.

Car les serpents bataillent entre eux tout comme nous, tantôt pour une femelle, tantôt pour une proie, qui sait? pour une province peut-être! On veut régner seul dans une savane ou dans un bois; la passion du despotisme est si naturelle!

> Pro Cæsare pugnant
> Dypsades et peragunt civilia bella cerastæ.
> (LUCAIN, *Pharsale*, liv. IX.)

Il est certain, dit Catesby, que les serpents se dévorent les uns les autres, et qu'ils dévorent non-seulement ceux de leur propre espèce, mais aussi les autres. J'ai souvent vu qu'après un long combat l'un avalait l'autre, quoiqu'il ne fût guère moins grand.

Puisque nous sommes dans la partie guerrière de la vie du serpent, nous ne pouvons passer sous silence la lutte qui, dit-on, aurait lieu entre lui et la couresse, couleuvre du pays (*Coluber cursor*). Suivant une tradition (je n'ose dire suivant une observation), il existerait entre le serpent et la couresse une antipathie qui les rendrait ennemis mortels. La victoire resterait toujours à la couresse, malgré l'inégalité des armes; le bon parti triompherait toujours: cela se voit plus souvent qu'on ne croit. Vous rencontrerez ici des personnes qui vous raconteront ces combats aussi fidèlement que des témoins oculaires. Une belle dame, qui n'est pas crédule, m'a dit là-dessus de fort jolies choses. C'est ordinairement au bord d'une rivière que la rencontre a lieu: la couleuvre guette le serpent, le happe par le milieu du corps et l'entraîne sous les eaux; ou bien on la voit quitter le combat et s'aller frotter d'une herbe qui guérit ses blessures, lui redonne des forces et qui engourdit le serpent. M. Moreau de Jonnès, qui sait tout, va même jusqu'à indiquer les noms botaniques de ces plantes merveilleuses : ce sont les tiges lactescentes de l'*Euphorbia hirta*, l'*Euphorbia pilulifera*, l'*Euphorbia graminea*. Le combat finirait par un festin ; la couresse, si petite qu'elle soit, mangerait le serpent, qu'elle qu'en soit la grosseur. On le voit, Tite-Live n'est pas plus exact quand il raconte le combat des Horaces et des Curiaces, ni la Bible, comparaison plus hermétique, celui de David et de Goliath. A vous de croire ce que vous voudrez du récit d'un pareil champs clos. Heureuse antipathie, si elle était vraie! la couresse serait pour la Martinique l'antidote du serpent. L'homme est assez disposé à croire que, par une sorte d'antagonisme dans la nature, le remède est toujours placé à côté du mal. C'est peut-être encore l'une de ses déceptions. En Europe, la vipère, au dire de tous les observateurs, vit en bonne intelligence avec la couleuvre (1).

« Les serpents ont pour ennemis les fourmis qui les dévo-
« rent quand ils changent de peau, les clibros ou têtes de
« chien et les couresses qui les tuent en les frappant sur la
« tête et les avalent. Pendant ce combat à outrance où la vic-
« toire semblerait devoir rester au serpent, chaque fois que la
« couresse est mordue, elle se roule sur des feuilles de *coton*
« ou de *pied-poule* et revient à la charge jusqu'à ce que son
« ennemi succombe ; c'est alors qu'elle le hume en commen-
« çant par la tête (2). »

Ainsi cette tradition existe à Sainte-Lucie comme à la Martinique et se répète avec autant d'assurance. Rien ne serait plus facile que d'en vérifier la réalité ; il suffirait de mettre

---

(1) Beaucé, *Notice sur Sainte-Lucie*.

(2) J'ai vu, m'écrit M. Duchâtel, le combat de la couresse et du serpent ; celui-ci fuyait toujours, l'autre le saisissait et cherchait à l'étouffer de ses étreintes. Mordue, la couresse allait se frotter sur des herbes appelées *cheveux-béqués* et revenait au combat. La nuit arrivant, j'ai tué le serpent, regrettant beaucoup de ne pouvoir connaître l'issue du combat.

Je ferai remarquer les différences qui existent dans toutes les versions de ces témoins oculaires. L'un dit que la couresse tue le serpent en lui écrasant la tête, l'autre qu'elle l'étouffe de ses étreintes, un autre qu'elle le mange. Les herbes varient aussi. Dans une enquête judiciaire on se défie d'un témoin qui change de versions.

en présence le serpent et la couleuvre dans un tonneau ou
mieux dans un pitt de coqs. On pourrait même ouvrir des paris. Mais une expérience, pour être faite, exige qu'on se donne
quelque peine, tandis que quelques phrases plus ou moins
bien tournées se tournent dans un fauteuil. D'ailleurs la version du combat sourit à l'imagination, et c'est assez pour
beaucoup d'esprits ; j'ai vainement tenté jusqu'à présent de
me procurer à la fois une couleuvre et un serpent, c'est
pourquoi je serai réduit à n'opposer au fait en question que
quelques raisonnements.

Ainsi on fera observer que présentement : 1° il n'y a
point à la Martinique de couresse qui atteigne les dimensions d'un moyen serpent : les couresses de trois à quatre
pieds sont les plus grosses qu'on ait jamais vues ; 2° que la
couresse n'a point de crocs, ni de venin, ni aucune autre
défense ; 3° que la couresse n'est peut-être qu'herbivore, car
on ne trouve point dans son ventre des rats, poules, etc., ou
autres proies qu'on trouve dans le ventre du serpent ; par
conséquent, si quelquefois elle se repaît de chair, ce ne serait que de la chair du serpent ; on peut, il est vrai, faire
cela pour un ennemi ; 4° enfin que le nombre des couresses
est loin d'être aussi considérable à la Martinique que celui des
serpents ; car on ne tue point les couresses par douzaines,
dans la coupe des cannes ou dans les défrichements. Il serait
singulier que le champ de bataille restât plutôt aux vaincus
qu'aux vainqueurs. Tout cela me porte à penser qu'au lieu de
manger le serpent, la couresse pourrait bien, au contraire,
faire partie de son *menu* (1) ; 5° la couleuvre est plus commune
en France que la vipère. Pour une vipère, dit M. Auzoux
(thèse inaugurale), on rencontre sept ou huit couleuvres. Elles
sont cependant souvent confondues dans la même horreur,

(1) Tous les renseignements que j'ai pu obtenir me confirment qu'il n'y
a à la Martinique qu'une seule couresse (*Coluber cursor*) : c'est celle qu'on
rencontre le long des ruisseaux qui bordent les chemins, dans les ravines, dans tous les endroits où il y a de l'eau. Ses couleurs sont belles,
sa robe tire sur le vert, avec deux bandes longitudinales jaunes ou
blanches sur le dos. Le plus ordinairement elle n'a que deux pieds et
demi à trois pieds, elle n'a point de crochets mobiles. « Elle est, dit
« Lacépède, aussi timide que peu dangereuse ; elle se cache ordinairement
« lorsqu'elle aperçoit quelqu'un, ou s'enfuit avec tant de précipitation,
« que c'est de là que vient son nom de couresse ou coureuse. »

tandis qu'à la Martinique la croyance de l'antagonisme de la couresse avec le serpent est pour elle une sauvegarde, même aux yeux des enfants, qui la laissent passer avec respect.

Suivant d'autres, le serpent aurait un ami, un allié bien digne de lui, sans doute, car cet ami et cet allié serait le crapaud. C'est du crapaud qu'il tiendrait les matières dont il compose son venin. Il ne faudrait rien moins que l'union de ces deux êtres, horreurs de la nature, pour produire cet affreux poison. Ce conte est sans vraisemblance ; il y faut voir sans doute une allégorie pour représenter cette sorte d'attraction qui existe entre les méchants, et qui fait qu'ils se craignent et se respectent les uns les autres : *Quæ inter bonos amicitia dicitur, hæc inter malos factio est.* (CICERO, *De amicitia.*) Il est plus probable, comme le dit une autre version, que le crapaud est au nombre des animaux qui servent à la nourriture du serpent. Enfin, une troisième opinion est que le crapaud est ennemi du serpent. Voici à ce sujet une anecdote qui m'a été envoyée par un anonyme (lettre de 16 pages) : « M. A. D*** et M. L. A***, son frère, propriétaires à la Grande-Anse, avaient émigré en 1793 dans une colonie anglaise, que je crois être Saint-Vincent ; ils observèrent qu'il n'y avait point de serpents dans cette île, mais qu'il s'y trouvait une grande quantité de petits crapauds d'une très-petite espèce. Ces deux messieurs qui avaient, dit l'anonyme, infiniment d'esprit et de raison, pensèrent que la nature a, la plupart du temps, des secrets impénétrables, et que les petits crapauds pouvaient bien être le talisman qui préservait l'île de Saint-Vincent de la présence du *Fer de lance.* C'est pourquoi ils résolurent d'en gratifier la Martinique. Cette importation ne pouvait d'ailleurs avoir d'autre inconvénient que d'incommoder les oreilles délicates. Les crapauds furent lâchés sous le pont de Saint-Pierre : ils multiplièrent, se répandirent dans la campagne, mais ils furent longtemps à franchir le morne Calebasse. Cependant les *Fers de lance* ne paraissent pas s'en être plus mal trouvés ; je crois même que nos petits crapauds n'ont servi qu'à leur fournir un aliment de plus. » Ainsi s'exprime le spirituel anonyme, dont je n'ai pu encore deviner le nom, mais qu'à son style et aux autorités dont il se sert, on peut soupçonner d'être l'un de nos aimables et vénérables

3

sachems. Je dois pourtant lui rappeler que MM. Moreau de Jonnès et Guyon, qui parlent de cette importation des petits crapauds à la Martinique, la considèrent comme une fable. C'est à nos grands-papas à décider cette grave question.

Le serpent attaque-t-il l'homme? Il semble que, dans l'état actuel de nos relations avec le serpent, rien ne devrait être moins obscur que la réponse à cette question. Mais telle est l'incertitude de l'observation humaine, que même sur ce point il n'y a point accord. La plupart des personnes interrogées par moi m'ont bien répondu que le serpent ne se jette sur l'homme que lorsqu'il est surpris et que l'homme se trouve à sa portée ; qu'en toute autre occasion il fuit notre approche, lorsqu'il peut en être averti. Cependant, quelques-uns m'ont raconté des histoires de négresses poursuivies par le serpent. L'auteur de l'article *Trigonocéphale* (grand dictionnaire des sciences naturelles) dit positivement *qu'il poursuit l'homme par une suite d'élans rapides et avec la vitesse d'un trait lancé avec force par la corde d'un archet vigoureux.* C'est ainsi que se raconte l'histoire, même naturelle. Certes, s'il en était ainsi, la Martinique serait encore inhabitée. Quant aux récits particuliers de personnes poursuivies par le serpent, ils ne sont explicables qu'en tenant compte de la peur, qui fait voir bien des choses. « Une croyance populaire, que la peur a fait naître, suppose que le serpent poursuit l'homme : c'est une erreur. J'ai souvent attaqué des serpents dans les trous mêmes où ils s'étaient logés et je les ai piqués avec des gaules ; tourmentés, ils mordaient la gaule, ils étaient visiblement dans une grande fureur, ils allongeaient sous la gorge une sorte de poche, ce que les nègres appellent *tirer la mangeole.* Jamais l'un d'eux ne m'a poursuivi. Dans les champs, lorsqu'ils cherchent à fuir, je les ai poursuivis de très-près, je les ai vus s'arrêter comme le lion et se mettre en garde ; mais jamais aucun n'a couru sur moi ; le pays ne serait point habitable s'il en était autrement. » (*Lettre de M. Duchâtel.*) Il est hors de toute contestation possible que le serpent, si gros qu'il soit, n'est plus à craindre du moment qu'il est vu et qu'on est hors de l'atteinte de son jet. M. V. G***, homme courageux, dans la parole duquel j'ai foi, m'a raconté que, se trouvant un jour face à face avec un serpent, sans reculer et sans perdre son ennemi de l'œil, il se fit apporter un bâton et tua le serpent avant que celui-ci eût eu le temps de broncher fasciné qu'il était par le regard assuré de l'homme. On constata que l'animal n'était point dans le travail de la digestion et qu'il n'était paralysé par aucune cause appréciable. Un cœur ferme est le meilleur bouclier. La fixité du regard paraît être un des moyens dont se servent les bateleurs indiens pour se faire obéir du *Naja tripudians* et diriger ses mouvement dans l'espèce de danse qu'ils lui font exécuter.

Peut-être aussi le serpent était-il trop près de M. V*** et ne pouvait-il prendre son élan ; car on dit que, pour piquer, le serpent a besoin d'être à distance et de prendre carrière. » Je « revenais un jour, m'écrit le bon et aimable M. Duchatel, *homo* « *nec infacetus et satis litteratus*, je revenais de la chasse de la « poule d'eau, et je voulais décharger mon fusil sur des gri- « ves venues à la pipée, lorsque je sentis ma jambe gauche « glisser sur un corps qui cédait ; je me retourne et j'aperçois « un énorme serpent gris-blanc, tout contre moi, et me *lé-* « *chant la jambe !* Sauter dix pas en arrière et tuer le serpent « d'un coup de fusil, fut l'affaire d'une seconde. Je pensai que « j'étais trop près de l'animal pour qu'il eût pu me piquer ; il « attendait que je m'éloignasse. » J'assistais un jour, sur mon habitation du fond Canonville, à la coupe des cannes, lorsque tout à coup j'entends des cris perçants. C'était une négresse qui fuyait à toutes jambes, emportant un énorme serpent grimpé sur sa jupe et débordant sa tête de la sienne. Ce serpent paraissait aussi effrayé que la femme, et ne songeait certainement pas à mordre. Le commandeur put les joindre et tuer l'animal de son coutelas.

Autre historiette : — Le salon de la belle habitation de M. C***, à la Basse-Pointe, était fermé depuis longtemps. Une négresse y étant entrée sans lumière, sentit sous son pied un corps rond et froid ; l'héroïne, sans changer de position, appelle à son secours : on accourt, les fenêtres sont ouvertes, et l'on voit que cette femme tient sous son pied un énorme serpent ! Si j'étais peintre, je voudrais peindre cette Africaine, le pied ainsi posé sur le serpent. Certes, elle ne pensait point que le serpent était trop près d'elle pour la piquer. L'art ancien n'a pas trouvé de plus belle expression à donner à l'homme que celle d'Apollon quand il vient de tuer le serpent Python.

« Le Dieu a décoché sa flèche; de la hauteur de sa joie il con-
« temple sa victoire, etc., etc., etc. »

(Winkelman, *Description de l'Apollon du Belvédère.*)

Ce n'est pas tout. A quelque temps de là, mon ami M. de L***,
qui avait entendu cette histoire de la bouche même de M. C***,
eut occasion d'aller demander un gîte sur l'habitation de la
Basse-Pointe. Un nègre le conduisit dans une chambre obscure,
évidemment inhabitée depuis longtemps, et dont l'une des
portes ouvrait sur un salon. « N'est-ce pas, dit M. de L***, le
salon où l'on a tué ce serpent? — Oui, maître, répondit le
nègre, *pas fini encore.* » L***, qui est un homme résolu et in-
capable d'aucune lâcheté, comprit qu'il fallait s'exécuter, mais
il ne s'endormit pas sans songer au serpent et à la brave négresse. Tout à coup, vers le milieu de la nuit, voilà qu'il entend un grand fracas et sent en même temps tomber sur sa
poitrine un corps lourd; c'était trop lourd et trop bruyant
pour être un serpent. Il suffit à M. de L*** d'étendre la main
pour reconnaître que c'était le ciel de lit. Réveiller les domestiques, appeler un secours quelconque, c'eût été courir le risque
d'être la fable de l'atelier. M. de L*** se dégagea comme il
put de dessous son ciel malencontreux; mais il m'a assuré
qu'il ne referma plus l'œil de la nuit et qu'il revit le jour avec
plaisir. Cette sorte de cauchemar doit être assez fréquent à la
Martinique : on doit souvent y rêver serpent, d'autant plus que
dans les courtes veillées du pays, il n'est pas rare d'entendre
raconter des *contes* de serpents qui ont été trouvés lovés sur
la poitrine de personnes endormies. On dit que, surpris par le
grand jour dans les appartements où il s'est égaré la nuit à la
poursuite de quelque proie, le *Fer de lance* se montre timide,
craintif, circonspect; il évite de mordre, pour n'être pas découvert : il est certainement moins hardi que lorsqu'il sent
derrière lui les halliers ou la falaise. J'ai entendu raconter
qu'un serpent avait passé la soirée dans un salon sous un ca-
napé, en compagnie de plus de vingt personnes. Aussi nos
pères, mieux avisés que nous, ne se servaient-ils que de meubles élevés sur de hauts supports bien dégagés; disposition
préférable, non-seulement contre le serpent, mais contre la
poussière, les insectes et les domestiques négligents, aux sou-
bassements massifs et plaqués contre le sol de nos meubles

modernes. Une bonne ménagère, en quelques coups d'œil, faisait l'inspection de la case.

Dans la notice sur Sainte-Lucie, publiée en 1841 par M Beaucé, on lit le fait suivant : « Le serpent ne se sert de ses crocs et « de son venin que pour sa défense ; car sur l'habitation Tout-« massé, une négresse nourrice eut les deux seins successive-« ment tétés par un serpent pendant la nuit. Soit frayeur, soit « sommeil ou présence d'esprit, elle attendit que l'animal se fût « retiré, ce qu'il fit après avoir vidé les deux seins. Alors elle « appela son maître, qui vint à son secours et tua le serpent. Il « était réellement plein de lait ; la négresse n'eut point de mal.»

Voilà une concurrence pour les petits chiens, si utiles aux femmes qui ont trop de lait. La mode en viendra peut-être : — il serait pittoresque, et même mythologique de voir un *Fer de lance* suspendu au sein de nos belles compatriotes. Si Jupiter existait encore, Jupiter serait bien capable de prendre cette forme-là.

Cela s'est dit de la vipère d'Europe, qu'on l'avait plus d'une fois surprise au pis des vaches qu'elle tetait aussi bien que le ferait un veau. Un savant a même passé une thèse sur ce fait : *Vaccum serpens emulgens*, bien que le serpent n'ait point un appareil de succion, mais des crochets qui semblent contraires à cet acte. Je ne savais pas que le même goût eût été observé chez le *Fer de lance*. Du temps que j'avais pour voisin feu M. Monlleury Delhorme, d'ingénieuse mémoire, la présence d'un serpent nous ayant été signalée dans des masures qui environnaient notre maison, il fit placer du lait, dans le dessein de voir si le serpent se laisserait allécher ; mais celui-ci ne se laissa pas prendre. *Lacte, vino, aqua et ovorum vitellis delectantur* : Ils aiment le lait, le vin, l'eau et les œufs, dit un auteur latin. *Vini incontinentes esse Aristoteli proditum, ideo quidam vino circa sepes apposito viperas venantur.* Ainsi, suivant Aristote, le serpent serait un ivrogne! Si les nègres savaient qu'Aristote a dit cela, oh! la bonne excuse pour le vin, les liqueurs et le tafia qu'après quelque temps nous ne retrouvons plus dans nos greniers !

Pour moi, en parcourant toutes ces traditions, je ne vois que la prodigieuse tendance qu'anciens ou modernes, nous avons toujours eue à admettre des accidents bizarres, des observations précipitées, pour des lois naturelles et générales.

Dans une des lettres qui m'ont été adressées, je trouve ce renseignement : « Le serpent, dès qu'il est aperçu et qu'il est « poursuivi, s'il croit ne pouvoir plus se confier à la fuite, « s'arrête, se love en rond et, dressant de ce rond sa tête me- « naçante, il attend bravement son ennemi. Il suffit alors que « le nègre pose à une petite distance son chapeau ou une par- « tie de ses hardes roulés, le nègre aura tout le temps d'aller « quérir une arme ou d'appeler un aide pour tuer le reptile. « Celui-ci est tenu en arrêt et ne bouge pas ; il croit toujours « que c'est l'ennemi qui est devant lui. » Cette ruse de guerre nous est bien permise. J'ai été témoin d'un fait pareil. Ayant fait rencontre d'un serpent, pendant la nuit, je l'arrêtai tout court en plaçant devant lui une lanterne allumée, et nous eûmes le temps de prendre les précautions convenables pour e tuer. — Feu M. Auguste de Larochetière m'a assuré qu'il s'était préservé de l'atteinte d'un gros serpent en la parant avec un parapluie : la soie portait les traces de l'imbibition du venin.

Donc on peut dire que le *Fer de lance* est naturellement ti-- mide ; qu'en liberté, il fuit l'homme plus qu'il ne le recherche. Surpris ou éveillé en sursaut, il se jette sur le passant qui l'a éveillé, comme il se jette sur une branche d'arbre, ou sur un corps quelconque qui s'offre à sa portée et excite sa défiance. Mais il n'attaque ni ne poursuit jamais ; au contraire, lorsqu'il est captif et tenu en cage, il se montre très-irascible ; à la moindre démonstration hostile, il se replie sur lui-même, se met en garde, darde sa langue et s'élance contre les barreaux de sa cage. C'est peut-être cette attitude qui lui a fait supposer un caractère agressif.

Il n'y a pas un enfant qui ne sache ici que rien n'est plus fa- cile à tuer qu'un serpent. Cette tradition est-elle répandue pour maintenir les courages? On dit que le coup d'une simple baguette, par une main faible, suffit pour rompre l'échine au plus gros serpent. Quoi qu'il en soit, j'ai toujours reconnu que la mort des serpents qui m'étaient apportés était le résultat de coups violemment assénés ; on ne se croit jamais trop sûr de a mort d'un pareil ennemi ; il est permis de le fouler aux pieds. Lacépède dit que « la vie, dans les vipères d'Eu- « rope, est très-tenace, qu'on ne parvient à les tuer qu'avec « une certaine difficulté et qu'elles résistent aux coups et aux

« blessures plus peut-être que d'autres serpents. » Suivant une troisième opinion, le serpent, aussitôt qu'il se sent frappé, ferait le mort. *Arundine percussi, mortuorum instar jacent : si frequente ictu pelieris totis viribus mordere conantur.* J'ai ouï parler ici de nègres, preneurs de serpents, qui ont été piqués par des serpents qu'ils croyaient morts.

Lucrèce, au livre IV, rapporte, comme une chose très-connue, la manière suivante de tuer le serpent :

Est utique ut serpens hominis contacta salivis,
Disparit, ac sese mandendo conficit ipsa.

Crachez sur un serpent, sa force l'abandonne,
Il se mange lui-même, il se dévore, il meurt. (VOLTAIRE.)

Pline, Galien, Scaliger, ont aussi vanté contre la piqûre des serpents la salive de l'homme à jeun.

Voltaire, qui poursuit la crédulité humaine partout où il la trouve, combat ainsi cette opinion à l'article SERPENT de son *Dictionnaire philosophique* :

« Je certifie que j'ai tué en diverses fois plusieurs serpents,
« en mouillant un peu avec ma salive un bâton ou une
« pierre, et en donnant sur le milieu du corps du serpent
« un petit coup qui pouvait à peine occasionner une petite
« conclusion (10 janvier 1772. — FIGUIER, *chirurgien.*)

« Ce chirurgien m'ayant donné ce certificat, deux témoins
« qui lui ont vu tuer ainsi des serpents m'ont attesté ce qu'ils
« avaient vu. Je voudrais le voir aussi ; car j'ai avoué dans
« plusieurs endroits que j'avais pris pour mon patron saint
« Thomas Didyme, qui voulait toujours mettre le doigt
« dessus.

« Il se peut, en effet, que Dieu ait permis que la salive de
« l'homme tue les serpents ; mais il peut avoir permis aussi
« que mon chirurgien ait assommé des serpents à grands coups
« de pierre et de bâton. Il est même probable qu'ils en
« seraient morts, soit que le sieur Figuier eût craché, soit
« qu'il n'eût pas craché. »

Je recommande cet apologue à MM. ***.

L'horreur que le serpent inspire à tous les hommes est extrême. L'effet surtout que sa vue produit sur certains nègres est incroyable. Il ne faudrait pas beaucoup pour leur persuader que le diable y est encore caché. Un jour que

M. Gandelat et moi nous nous amusions à suivre en canot un serpent que nous faisions nager dans la mer, un des rameurs du canot de M. G*** paraissait tellement impressionné chaque fois qu'on approchait du reptile, qu'il fallût le débarquer. Lorsque le serpent fut près d'aborder la plage, ce fut une émeute dans la foule accourue pour le voir. On se rua sur lui avec pierres et bâtons, il fut impossible d'empêcher qu'on l'assommât; c'était à qui se ferait gloire de porter au moins un coup à cet *ennemi du genre humain.* Il a été remarqué que les négresses en avaient plus peur que les nègres. Dans la coupe des cannes, on alterne les sexes autant que possible : une négresse est placée entre deux nègres. L'atelier travaille sur la même file et de temps en temps la voix du commandeur rappelle de songer aux serpents :

Discite justitiam moniti non temnere divos!

Sitôt qu'un de ces animaux est aperçu, l'atelier reflue en arrière, et le plus hardi, ou le plus habitué d'entre les nègres, sort des rangs et tue le serpent. Mais il faut voir la fuite que prennent les négresses et entendre les clameurs qu'elles poussent. Tout le monde a éprouvé le saisissement involontaire que fait éprouver la rencontre soudaine de la couresse, si innocente qu'on la sache; mais elle a la forme du serpent. A la Guadeloupe, à la vue d'une couresse, les nègres se débandent, quoiqu'ils sachent qu'il n'y a pas de serpents dans cette île; mais à la Guadeloupe on craint plus les serpents qu'à la Martinique, *major e longinquo reverentia!* On m'a dit qu'à la Dominique les nègres reculent devant la *Tête de chien,* qui n'est aussi qu'une couleuvre et qui n'a jamais fait de mal à personne. En France la répulsion s'étend non-seulement aux couleuvres, mais jusqu'aux plus innocents orvets. Il y a peut-être en ceci quelque chose de providentiel; que le lecteur me permette d'expliquer mon idée. Le nombre des espèces de serpents répandus sur la surface du globe, ainsi que je l'ai dit au commencement de cette histoire, est considérable; mais, dans ce nombre, quelques-uns seulement sont venimeux. Or, c'est la renommée de ces quelques venimeux qui protége les autres; car ceux-ci, sans armes, sans défense, deviendraient facilement la proie de tous les animaux carnivores; mais ils sont défendus par l'ombre de leur terrible famille. Grand cependant est toujours mon étonnement chaque fois que je songe à l'impassibilité du nègre tous les jours en face des redoutables effets de la piqûre du serpent. Un travailleur est-il piqué : *Je suis pris!* s'écrie-t-il, *moi pris!* Il saute hors des rangs ; à peine ses voisins se dérangent-ils pour lui porter secours ; quelquefois c'est sa femme ou son fils qui le viennent soutenir. On tue ou on ne tue pas le serpent. Le blessé gagne sa case, le travail recommence, comme si de rien n'était. Vingt-quatre heures après, l'homme est mort ou dévoré par un phlegmon diffus. Ce drame se répète cinq ou six fois l'an, sur une même habitation, sans exciter plus d'émotion. L'honneur militaire ne maintient pas mieux le soldat, qui voit tomber son camarade à ses côtés, serre les rangs et va de l'avant. Est-ce courage, indifférence, grâce d'état, fatalisme? que sais-je?

Il est certain que sans connaître Mahomet et ses dogmes le nègre offre dans ses croyances et dans ses actions un grand fonds de fatalisme. J'hésitais un jour à pénétrer dans une pièce de cannes, très sale dont il fallait disposer le *travail à la tâche.* Le nègre qui m'accompagnait vit et comprit mon hésitation : « N'ayez pas peur, maître, me dit-il, il faut avoir du malheur pour être piqué du serpent; et si vous devez l'être, vous le serez aussi bien dans votre chambre qu'ici. » L'Arabe atteint du choléra qui s'enveloppe dans son manteau, se couche par terre, et repousse tous les secours de la médecine, est-il plus fataliste?

La manière dont marche le *Fer de lance,* son mode de progression, comme nous disons en physiologie, n'est pas beaucoup mieux connu que les autres parties de son histoire. Je crains que le simple énoncé d'une pareille proposition ne paraisse quelque peu paradoxal ; car c'est là une de ces questions qui, pour être résolues, n'ont besoin, on le dirait, que d'un seul regard. Mais qui a regardé le *Fer de lance* dans l'intention de voir comment il marche? C'est ce que le lecteur décidera s'il veut entrer avec moi dans un examen un peu attentif.

Le serpent rampe, c'est même de là que lui vient son nom de *serpere,* qui veut dire *ramper.* Il s'avance en traçant des sinuosités horizontales, parallèles au sol et non perpendiculaires, ainsi que le représentent beaucoup d'images qui en sont faites (1). *In a havy undulating manner*, dit un auteur anglais.

Sa croupe se recourbe en replis tortueux.

Il forme des ondes ou plutôt une suite d'arcs de cercles latéraux, dont l'un sert de point d'appui à l'autre, de telle sorte que si l'on voulait remonter au principe du mouvement, à la force impulsive qui anime le reptile, il semble qu'il faudrait descendre jusqu'à sa queue ; car, dans ce système de mouvement, cette queue paraît être le point de départ ou d'impulsion. *On ne saurait dire où gît le principe de ses déplacements* (CHATEAUBRIAND). *Occultis accessibus, non occultis passibus animal hoc progreditur* (ARISTOTE). On voit par ces citations que dans tous les temps le mode de progression du serpent a excité l'étonnement des hommes.

Si, comme on n'en peut douter, la cause première du mouvement chez le serpent, comme chez tous les autres animaux, part du système nerveux, c'est-à-dire du cerveau et de la moelle épinière, il faut que le *fluide, l'influx, le je ne sais quoi nerveux* descende jusqu'à sa queue et remonte ensuite, afin que le reptile soit animé et poussé en avant ; je ne veux pas dire que le serpent est obligé de s'avancer droit et roide devant lui ; il est au contraire fort souple, il peut remuer séparément toutes les parties de sa longue échine, tantôt sa tête, tantôt son cou, sa queue, son dos, de même que nous pouvons mouvoir nos bras et nos jambes. Cependant on peut dire que le serpent ne se meut point comme la plupart des autres animaux ; car il n'a ni nageoires, ni pieds, ni ailes. Au premier coup d'œil, sa progression semble se rapprocher de celle du ver de terre, c'est pourquoi quelques-uns la qualifient de *vermiculaire ;* mais lorsqu'on vient à comparer de plus près ces deux reptiles, on voit qu'il existe entre leurs mouvements de grandes différences. Le serpent a une colonne

(1) Je me suis assuré qu'il en était ainsi en faisant marcher devant moi les serpents qu'on m'apportait et que j'excitais soit avec une baguette, soit en approchant du feu près de leur corps. Cependant, même sur un fait aussi facile à vérifier, il y a dissentiment. Un auteur anglais s'exprime ainsi : « On earth their windings are perpendicular to the surface, in water they are parallel to it. »

vertébrale composée de pièces mobiles résistantes et qui
sont jointes par de nombreuses articulations ; le ver n'a rien
de semblable ; il est tout chair et tout d'une pièce. Le serpent
*se jette en orbe, monte et s'abaisse en spirale, roule ses anneaux
comme une onde*, dit un poëte ; il peut enfin se tourner, se
virer et se diriger dans tous les sens, mais il ne peut s'allonger ni se raccourcir. Le ver, qui n'est qu'une suite d'anneaux
charnus, élastiques, s'allonge et se raccourcit à volonté :
c'est dans cette sorte d'élasticité que gît tout le principe de
sa locomotion ; c'est, en un mot, un ressort qui marche. Le
rampement est plus ou moins rapide ; les serpents l'exécutent en décrivant des sinuosités de gauche et de droite, et
vice versa, prenant un point d'appui sur la queue, lorsqu'ils
veulent porter la tête en avant, et sur la partie voisine de la
tête, lorsqu'ils veulent approcher la queue.

Les moyens de progression du serpent consistent dans ses
côtes qui sont très-nombreuses (250 pour un serpent de taille
ordinaire, et dans les écailles de sa face inférieure 275), qui
sont imbriquées les unes sur les autres, mais dont chacune
reste à moitié libre et parfaitement indépendante. C'est par là
qu'il a prise sur le sol et qu'il s'y fait des points d'appui. Ce
sont ses pieds et ses jambes, comme le dit ingénieusement
Aristote. *Squammis quasi unguibus et costis quasi cruribus
innituntur*. Il marche comme marche une roue à engrenages.

Mais ce qu'il y a de sûr, ce qu'il est important de connaître,
c'est que, quel que soit le secret de la progression du serpent,
cet animal, lors même qu'il fuit, fuit comme le lion : il marche
lentement et ne procède point par longues traites. Cela se voit
surtout lors de la coupe des cannes ; l'approche des travailleurs, et sans doute aussi le bruit qu'ils font, donnent l'éveil
au serpent, mais il ne se lève que pour aller se remiser ou
plutôt se *relover* à quelques pas. C'est pourquoi, lorsqu'on est
à la poursuite d'un serpent qui vient d'être aperçu, il ne faut
pas aller le chercher bien loin.

M. Darrigan m'a dit avoir vu de ses yeux que dans la des-
cente d'un morne, le serpent avait la vitesse d'un trait, mais
que dans la montée il s'élevait difficilement. Je ne trouve dans
son organisation rien qui rende compte de cette différence.
D'autres disent qu'il peut aller *à reculons* ; je ne l'ai pas vu.

Lorsqu'il marche, le serpent porte la tête haute ; la partie antérieure de son corps, que l'on peut considérer comme son cou, se détache du sol : *Incedens recta cervice*, dit Acrell, *reliquo corpore irrepens.* Cette attitude est pleine de grâce et de fierté ; c'est ce que Virgile représente si bien par la fameuse coupe du vers :

> Pectora quorum inter fluctus arrecta !
>
> (Épisode de Laocoon, lorsque les deux serpents nagent de Ténédos vers la ville de Troie.)

Mais dire, comme quelques-uns, qu'en certains moments, surtout lorsqu'il est furieux, le serpent se redresse de toute sa longueur, qu'il marche droit, *debout sur l'extrémité de sa queue, dans une attitude perpendiculaire et comme par enchantement* (CHATEAUBRIAND),

> Longa trabe rectior adstat.
>
> (OVIDE.)

l'image peut être poétique, mais elle n'est pas naturelle pour un anatomiste. Nous ne concevons guère un équilibriste de cette force, surtout avec une colonne vertébrale si longue, si flexible, entièrement cartilagineuse, et un système musculaire destiné à ramper. *They entirely want a* FULCRUM, *the whole body being composed of insupported muscles and joints that are yielding : all formed to give play, none to give power.* (*Encyclopédie anglaise*, art. SERPENT.) Cependant beaucoup de témoins déposent avoir surpris le serpent ainsi debout.

Magna se mole ferentem.

Je veux citer un de ces témoins, afin qu'on s'adresse à lui pour plus amples renseignements : c'est M. Esparvier, dont la réputation comme bon habitant est incontestable ; il m'a dit avoir tranché en deux, avec son coutelas, un serpent qui se présentait à lui dans cette roide attitude. Pour peu que le serpent eût cinq pieds, ô Jupiter, quelle rencontre!

Je ne sais si, comme Pline l'enseigne, le serpent dort les yeux ouverts, *apertis dormit oculis* (il est vrai qu'il n'a pas de paupière supérieure); mais je ne crois pas qu'il y ait eu personne d'assez hardi pour être allé observer son sommeil (1)

(1) Le sommeil du serpent, ainsi que l'attestent plusieurs personnes, paraît être un sommeil profond; pendant qu'il est en cet état, on peut porter sur lui la main impunément et sans le réveiller. Un fait qui m'est pour ainsi dire personnel sert à confirmer cette observation. Il est très-vrai, comme le bruit s'en est répandu dans le public, que samedi dernier un serpent de 3 pieds 7 pouces a été trouvé logé sur l'une des fenêtres du premier étage de ma maison de ville, rue Pessel. Il était probablement endormi. Une servante, qui était allée pour fermer la fenêtre, prit le serpent pour une pierre et y porta la main; elle s'aperçut de sa méprise au froid que lui fit sentir le contact. On accourut à ses cris, et ce ne fut que lorsque le serpent fut frappé qu'il commença à se mouvoir. J'ai constaté que son estomac était vide et qu'il ne pouvait être endormi. Un serpent dans ma maison, à point nommé, au moment où je m'occupe des serpents! n'est-ce pas là une de ces rencontres fortuites où l'on serait tenté presque de prêter au hasard une intention? ou pour parler comme Montaigne, « semble-t-il pas que ce soit un sort artiste? Mes domestiques sont convaincus que ce serpent m'a été envoyé. Par qui? par un conciliabule de serpents? ou par quelque être plus fabuleux encore? Aucun ne veut coucher dans la chambre où le serpent a été trouvé: ils me prient de renoncer à couper les serpents, c'est-à-dire à les disséquer. Je suis menacé de la terrible colère des serpents! En des temps de ténèbres, c'est de faits semblables que les superstitions prennent naissance; j'ai déjà noté la manière vraiment remarquable dont les nègres parlent du serpent. C'est toujours pour eux un être intelligent et malicieux, une sorte d'esprit aux aguets pour nuire à l'homme et dont il faut se garder d'encourir la colère, c'est toujours compère serpent. Le serpent dont je parle est venu des halliers qui sont dans le voisinage de ma maison et qui communiquent avec le morne Miral. J'avais fait, les jours précédents, tailler ces halliers, prévenu de la présence d'un serpent par la rencontre d'une peau. Il se peut encore que l'animal ait été apporté dans les herbes de mes chevaux. D'autres personnes, d'un jugement plus raffiné et qui ne se contentent point d'explications simples et naturelles, veulent que ce serpent ait été attiré par l'odeur des serpents morts, et dont je fais dessécher les squelettes dans ma cour. Mais tous les animaux fuient devant les cadavres de leurs semblables, c'est contre eux le plus sûr épouvantail: le cheval recule à passer devant l'abattoir des boucheries; j'ai entendu les bœufs, à cette approche, pousser de longs gémissements; ce n'est pas sans une sorte d'effroi que nous voyons le cimetière. Le serpent serait donc, après l'empereur Vitellius, le seul être pour qui l'odeur d'un frère mort sentirait toujours bon. Le fait me servira encore à constater que le serpent peut grimper le long des murs (ce que j'avais énoncé précédemment d'une

de près ; on aurait crié à celui-là plus prudemment qu'à propos du chat : *Ne réveillez pas le serpent qui dort.* Lors même qu'il paraît reposer, le serpent est toujours en garde, toujours prêt à s'élancer sur qui le surprend. C'est sans doute à cause de cette vigilance continuelle qu'on en a fait l'emblème de la Prudence, dont il entoure le miroir. Il est alors *lové* ou *louvé* (c'est un terme de marine) ; *lover* est le mot local dont on se sert pour représenter la position où le serpent se tient. Roulé plusieurs fois sur lui-même, il forme alors, dit M. Blot, *quatre cercles égaux superposés et appuyés sur sa queue ;* mais le plus souvent ces cercles sont plutôt concentriques que superposés. Tout son corps est ramassé sous sa tête ; celle-ci est placée au sommet et au centre de cet enroulement, retirée un peu en arrière, comme une vedette toujours en observation et comme un trait toujours prêt à partir. Lorsque l'animal veut s'élancer, il se débande comme un ressort, allonge sa masse avec une telle vitesse, qu'on le perd de vue dans cet instant. L'éclair n'est pas plus prompt.

Les poëtes de toutes les nations se sont extasiés sur cette pose du serpent (je ferai remarquer, en passant, que de tous les animaux le serpent est celui qu'ils se plaisent le plus à comparer avec l'homme). Les descriptions du serpent *lové* abondent ; le lecteur me saura gré peut-être de lui remettre sous les yeux la plus célèbre de toutes par rapport à nous, celle du serpent lové près de madame Ève dans le paradis terrestre :

> Circular base of rising folds, that tower'd
> Fold above fold, a surging maze !
>
> . . . .
>
> His head the midst, well stored with subtle wiles.

« Base circulaire de replis superposés qui montaient en
« forme de tour, orbe sur orbe. Labyrinthe croissant !
« Sa tête élevée au milieu est remplie de fines ruses !

> « As when of old some orator renown'd
> « In Athens or free Rome, etc., etc.
>
> (MILTON, Paradise lost.)

manière très-indécise), car pour atteindre le point où était logé celui qui a été trouvé chez moi, il a fallu qu'il montât le long d'un mur de 18 à 20 pieds de hauteur.

« Il se tenait comme au vieux temps, dans Athènes et dans Rome libre, un orateur renommé chargé de quelque grande cause, etc., etc. »

Mais il est maladroit à moi de rappeler les beaux vers de Milton au milieu de mon humble prose : c'est vouloir détourner l'attention du lecteur et égarer ses souvenirs.

Revenons au *Fer de lance*. Ce qu'il y a de positif, c'est que lorsqu'il s'élance, il ne franchit qu'un espace tout au plus égal à sa longueur. Quelques-uns prétendent qu'il peut atteindre plus loin, s'il est placé sur une élévation. « Il est certain, dit Lacépède, que l'espace qu'il parcourt est généralement peu étendu. » Il faut considérer que le serpent, lancé, ne perd jamais le sol, qu'il ne bondit point; c'est-à-dire qu'il n'y a pas un moment où il reste suspendu dans l'air, entièrement dégagé de la terre ; il conserve toujours par sa queue un point d'appui et de retour : c'est ce qui lui laisse la possibilité de revenir sur lui-même avec tant de vitesse et de se relever. Je suis confirmé dans cette opinion par M. Duchâtel qui m'écrit : « Un serpent ne peut guère atteindre plus loin que le tiers de sa longueur, parce qu'il faut qu'il se replie sur lui-même, ou, pour parler le langage du pays, qu'il se remette en demi-love. »

Donc le serpent n'est pas toujours complétement lové ; le plus souvent il se tient dans une demi-love, c'est-à-dire à moitié et irrégulièrement roulé ; il forme alors des nœuds bizarres. J'ai pu en examiner un à mon loisir dans cette position. On faisait tout autour de lui les préparatifs pour l'attaquer, il était impossible qu'il ne s'en aperçût pas ; mais lui, insouciant, sans déceler la moindre inquiétude, la tête tournée en sens inverse de ceux qui cherchaient à l'approcher, comme un duelliste consommé, ne semblait pas même y prendre garde. On eût dit qu'il avait la conscience de la force de son redoutable venin, tant son regard était assuré. Jamais je ne vis regard plus hypocrite et plus féroce à la fois, quand tout à coup, s'élançant par le côté, il *voya* sur ses agresseurs (*voyer* est encore un mot local pour exprimer le bond que fait le serpent qui s'élance); mais heureusement celui-ci n'atteignit personne et fut tué par un nègre avant qu'il eût eu le temps de se relever. « J'ai plusieurs fois assisté à l'attaque de serpents lovés, dit M. Duchâtel ; les nègres cher-

chent vainement à les tourner et à les prendre par les flancs
ou par les derrières; mais le serpent ne perd aucune de leurs
manœuvres, il les suit de l'œil, et, par un mouvement imper-
ceptible, toujours il leur présente sa redoutable tête. »

En général, on croit qu'il est nécessaire que le serpent soit
lové pour qu'il puisse piquer; mais je ne vois pas pourquoi il
ne piquerait point même en marchant, si on se trouve à sa
portée. On cite des nègres preneurs de serpents qui ont été
piqués par l'animal lors même qu'ils le tenaient allongé et
par un simple détour de la tête. C'est pourquoi il est de précepte, lorsqu'on veut prendre un serpent, de le saisir très-
près de la tête, derrière la mâchoire. Il est vrai que le serpent se love avec une si grande rapidité que ce mouvement
est pour lui instinctif. Toujours est-il qu'il faut se méfier du
serpent dans toutes les positions. Dans les expériences que
j'ai eu occasion de faire, lorsque je jetais au serpent un chien
ou tout autre animal pour être piqué, j'ai toujours vu que le
serpent ne s'élançait point immédiatement dessus. Il lui faut
prendre quelque temps pour remuer sa langue, brandir sa
tête, et pour viser son coup; souvent il n'atteint point du
premier jet : il fait deux ou trois jets *à blanc* avant de piquer
l'animal : cela me fait penser que lorsqu'on passe au pas de
course devant un serpent, c'est une chance pour n'en pas
être atteint.

Mais rien n'est plus léger que la progression du *Fer de lance*,
l'oiseau qui fend les airs fait plus de bruit; jamais il ne se
révèle par le retentissement de sa marche. Aucun organe,
comme la sonnette du crotale, n'avertit de sa présence. Si le
long du chemin vous entendez frémir les feuilles desséchées
ou s'ébouler quelques mottes de terre, soyez sûr que c'est un
anolis et non pas un serpent. Vainement vous chercheriez
quelques traces de son passage, il n'appuie point sur le sol, il
l'effleure, il glisse, il coule et ne laisse aucune empreinte; tout
est mystère en lui, tout est perfidie; il n'attaque point, il surprend. Sa couleur même favorise sa méchanceté; car elle se
confond avec celle de la terre, avec celle des feuilles et des
troncs d'arbres qui servent à le cacher à tous les regards : c'est
un assassin toujours en embuscade! C'est pourquoi je ne conçois pas qu'il existe un homme qui puisse n'avoir pas peur du
serpent.

On dit qu'après avoir frappé sa victime, le serpent cherche le ruisseau le plus voisin pour y laver sa gueule encore pleine de sang et de venin ; c'est pour lui une nécessité, sous peine de périr des restes de sa fureur. On ne sait qui a vu cela : *cela*, comme toute l'histoire du reptile, est dans l'air du pays. Aucun nom ne se présente à ma plume pour contre-signer le fait. Dans un procès criminel, la découverte d'une circonstance pareille ferait honneur à la sagacité du *poète des assises*, M. l'avocat général ; il en pourrait tirer un grand parti d'éloquence et de moralité, car la tradition est vraiment belle, c'est la grande idée de l'expiation : elle montre le besoin que nous éprouvons, dans notre mystérieuse existence, de placer toujours à la suite du mal un petit bout de châtiment, même en ce monde. Hélas! serpents et bien d'autres choses, tout ce que nous voyons proclame la nécessité d'une autre vie, pour l'honneur de la Providence !

On ne peut douter que le *Fer de lance* ne soit un animal nocturne. S'il n'a pas la membrane clignotante, il a la pupille ovalaire et longitudinale des animaux nocturnes. Sur dix personnes piquées, à la Martinique, cinq le sont pendant la nuit, ou aux premières heures de la nuit, alors que les noirs regagnent l'habitation, ou sortent sans lumières de leurs cases. C'est à la faveur des ténèbres que le serpent se met en chasse et poursuit les rats et autres petits animaux dont il fait sa proie. On a constaté à la ménagerie du Muséum que c'est pendant la nuit qu'il faut présenter aux serpents venimeux qui y sont en captivité les aliments dont ils se nourrissent et qui sont des rats ou des souris. Pendant le jour ils ne se servent contre eux de leurs redoutables crochets que comme armes défensives, mais ils ne les mangent pas. Je n'ai jamais entendu dire qu'on ait rencontré des *Fers de lance* étalés au soleil et s'y complaisant, comme on dit qu'on rencontre les vipères en Europe. Beaucoup de chasseurs m'ont affirmé qu'ils avaient pendant nombre d'années parcouru, à la Martinique, les plus grands bois et les plus épaisses broussailles sans avoir jamais rencontré un *Fer de lance*. J'ai été toujours étonné des excursions que j'ai pu faire pendant le jour, à travers les pièces de cannes et les plus grands halliers, sans mésaventure, tandis qu'en descendant le soir le grand chemin du morne d'Orange, j'ai rencontré maintes fois de très-gros serpents.

Le *Fer de lance* nage-t-il? tous les serpents nagent. Je suis
étonné que le savant Daudin prétende le contraire ; je me souviens d'avoir vu des bandes de vipères qui traversaient en
toute liberté le lac de Lugano dans le Tessino, et le petit lac
de Lourdes au pied des Pyrénées : rien n'était plus pittoresque à voir que cette flottille. Je pensai donc que le *Fer de
lance* devait nager; quelques personnes m'avaient dit l'avoir
surpris traversant des rivières. Une expérience que j'ai faite
en vue de tout Saint-Pierre a montré le serpent aussi rapide,
aussi élégant nageur que le font les poëtes. Du bord d'un bâtiment mouillé à une portée de fusil du rivage, j'ai jeté dans la
mer un serpent de quatre pieds; aussitôt l'animal a mis le cap
à terre,

Laocoonta petunt !

Il gagnait le rivage avec une prestesse, avec une grâce
qu'il me serait difficile de vous dire. Comme nous le suivions
en canot, chaque fois que nous en approchions, il s'arrêtait et
se lovait au milieu des flots aussi lestement que s'il avait eu l'appui du sol. Sa redoutable tête dominait toujours, et, roulé en anneaux, il se laissait flotter au gré des courants. Puisqu'il est aussi
bon nageur, on ne conçoit pas que le *Fer de lance* ne tente
aucune excursion à Saint-Vincent qui est si proche de Sainte-
Lucie, non plus qu'à la Dominique qui n'est séparée de la Martinique que par un canal de sept lieues, canal que franchissent
les ramiers et autres oiseaux (1). Le *Fer de lance* serait-il écarté
de ces terres par quelque mystérieuse antipathie ? La plupart
même des flots qui sont semés autour de la Martinique et qui
ne sont éloignés que de deux à trois cents mètres n'ont point

---

(1) J'ai déjà parlé de l'introduction des serpents à la Guadeloupe, les
faits qu'on a cités à ce sujet sont peu authentiques. D'ailleurs quelque intérêt de curiosité scientifique qu'il puisse y avoir dans une pareille tentative,
je dirai que, pour n'être pas criminelle, cette tentative aurait besoin de ne
pas réussir. Par une expérience contraire, on parle d'introduire à la Martinique la couleuvre *Boa* dite *Tête de Chien*, qui préserve, dit-on, la Dominique de la présence du *Fer de lance*. On me cite notre compatriote
M. Delaroche comme devant en faire venir quelques individus ; il est
vrai qu'on ne signale à la *Tête de Chien* d'autre inconvénient que de
manger les poules. Cet essai serait du moins innocent; mais on peut dire
aussi d'avance qu'il serait inutile, car à Sainte-Lucie il existe des *Têtes
de Chien* et beaucoup de *Fers de lance*. On verra plus loin que cette
expérience a été faite par moi.

de serpents. La surface de ces îlots est évaluée à cent hectares
de terres (dans des notes qui m'ont été remises par MM. Brière
de l'Isle et Monerot); ces îlots sont couverts de roches et de
broussailles qui offriraient de sûres retraites au serpent. Il faut
pourtant en excepter l'îlot Delavigne situé à une enjambée de
l'habitation de ce nom et où l'on trouve beaucoup de ces animaux. J'ai ouï dire à M. de Tascher que les îlots du Vauclin
en avaient aussi, et je tiens de mon ami le docteur Cornette de
Saint-Cyr qu'il a pansé une personne qui avait été piquée dans
l'îlot Villarson, vis-à-vis Sainte-Anne. On dit que le propriétaire de ce dernier îlot a pu y former cependant une colonie
de lapins.

Comme dans tout le cours de cette biographie il nous a toujours fallu combattre l'exagération entée sur le fait simple, sur
cet article encore de la natation du serpent, nous avons trouvé
des personnes qui nous ont donné cet animal non-seulement
pour un animal nageur, mais pour un animal pêcheur, icthyo-
phage amphibie; il se tiendrait à l'affût sur le bord des
rivières, ou sur les rochers qui en encombrent le lit, et hap-
perait les poissons au passage (sachez, en attendant, que les
poumons du serpent ne sont point organisés comme les poumons des animaux amphibies. Ce ne sont pas des branchies).
Si le serpent plonge, tout au plus doit-il plonger comme l'homme
pour revenir à l'air presque aussitôt. Cependant M. Merlande
m'a assuré qu'on lui avait apporté un serpent encore en vie et
qui avait été trouvé dans un de ces paniers à pêche dont se
servent les nègres et qu'on appelle *nasses :* l'animal avait été
surpris là en flagrant délit de vol. Cicéron (*Cicero noster*)
m'a décrit dans les plus grands détails une merveilleuse pêche
aux écrevisses qu'il avait vu faire par un serpent : le reptile,
placé sur un rocher, harponnait les écrevisses, comme de la
poupe d'un navire un adroit matelot harponne les marsouins.
Le même auteur donne de la vitesse de la natation du serpent
une idée que je ne sais si le lecteur acceptera : un jour il
aperçut un serpent qui traversait le *cohé* du Lamentin à la
nage. Ne pouvant l'atteindre avec un canot de poste forçant
de rames, il se décida à lui tirer un coup de fusil ; mais l'animal allait plus vite que la balle, et il avait gagné le rivage avant
que d'en être atteint : c'est pourquoi le chasseur, pour la première fois de sa vie, manqua son coup. Il y a dans la Caroline,

dit Lacépède, un serpent appelé *Piscivore;* « il est très-agile et très-adroit à prendre le poisson. On le voit, pendant l'été, étendu autour des branches d'arbres qui pendent sur les rivières; il s'élance sur les poissons, les poursuit en nageant et en plongeant avec beaucoup de vitesse, en prend d'assez gros qu'il entraîne sur le rivage et qu'il avale avec avidité. » Après cela, il est possible que le *Fer de lance* soit un animal pêcheur, et que Cicéron ait dit vrai.

Le sifflement du serpent est un lieu commun de la poésie.

Sibila lambebant, linguis vibrantibus, ora,

dit Virgile; j'aime tant à croire Virgile, que je ne doute pas que dans la Grèce, berceau de la poésie, les serpents sifflaient; presque tous les poëtes de l'antiquité le disent aussi. Il n'est pas possible qu'une fiction ait été adoptée avec autant d'unanimité; néanmoins, je ne croyais point que le serpent de la Martinique sifflât.. trop de personnes me l'avaient représenté comme un *sourd-muet;* déjà même j'avais trouvé une explication à la chose (1); le mutisme du serpent me semblait en

(1) L'observation des faits, voilà le seul guide fidèle pour mener à la vérité dans les sciences physiques. On ne peut aller d'un fait à un autre que par l'intermédiaire d'un autre fait. Ni l'analogie ni aucune autre forme de raisonnement ne peuvent suppléer à cette grande voie de la vérité, sous peine de tomber dans les plus étranges erreurs. A ce propos, je livre à la malignité du lecteur le fait suivant : En 1840, je fus appelé par mon confrère, le docteur C***, en consultation auprès de M. de L***, inspecteur des finances, récemment arrivé de France, et qui était malade de la peur de la fièvre jaune. il se plaignait de vives démangeaisons qui lui avaient occasionné une grande insomnie. Assis près de son lit, M. C*** et moi nous nous livrions à de belles dissertations sur le travail du sang et sur la force médiatrice de la nature, qui s'apprêtait à une éruption salutaire, lorsque par hasard je soulevai les draps du lit, et mes yeux, se portant sur les jambes du malade, je vis qu'elles étaient couvertes de *fourmis rouges;* et malade et médecins, je vous laisse à penser combien nous rîmes de la découverte. Oui, je le répète, aucune déduction, aucun raisonnement, aucune habitude, aucun tact, ne peuvent nous dispenser de l'observation directe. Si j'étais poëte, je dirais que l'observation est le fil, le léger fil que Dieu nous a remis entre les doigts pour nous diriger dans le dédale des choses humaines : gardons-nous de le laisser tomber, sous peine de nous égarer dans les espaces imaginaires. A quelles erreurs n'expose point la précipitation! Qui de nous n'a point par devers lui les plus humiliantes confessions! «La nature, dit Fontana, ne se laisse point deviner; nous ne savons presque rien au delà de l'expérience, et il semble encore peut-être interdit de raisonner sur les expériences mêmes. »

harmonie avec le système de notre nature intertropicale. Nos fleurs, me disais-je, ont en partage la beauté des couleurs, mais elles sont sans parfums; nos forêts ont une luxuriante végétation, mais elles sont sans échos; nos oiseaux sont brillants par le plumage, mais ils ne chantent pas: on ne peut avoir tous les dons à la fois. Ainsi le serpent a la force du venin, mais il est muet. J'en étais là de ma croyance, lorsque j'ai trouvé dans le général R*** (auteur d'un voyage à la Martinique en 1765) les lignes suivantes: « Dans l'accouplement, « où tous les êtres paraissent animés d'une âme nouvelle, « ses yeux brillants et pleins de feux et une agilité de corps « surprenante annoncent plutôt un tourment qui le persécute, « qu'un plaisir qui l'agite. *Des sifflements horribles et perçants,* « *touchants sans doute pour sa femelle mais effrayants pour les* « *hommes,* paraissent être plutôt la langage de la fureur que « celui de l'amour. » A moins que les *Fers de lance* ne se soient enrhumés depuis 1765, ou qu'ils aient eu une extinction de voix par toute autre cause, j'en demande pardon à l'épée qu'il portait, mais il faut que le général R*** ait eu des oreilles bien extraordinaires pour avoir ouï les sifflements dont il parle! Depuis que j'ai connu ce passage, je suis revenu sur cette partie de l'enquête: j'ai multiplié mes questions, et toujours il m'a été répondu que le serpent n'avait aucun cri de guerre ni d'amour; que lors même qu'il expire sous nos coups, il ne laisse échapper aucune plainte. Quelques personnes, cependant, disent qu'il fait entendre un son particulier. Les unes comparent ce son au bruit que fait le choc de la langue contre le palais lorsqu'on veut exciter un cheval, les autres disent que c'est un gloussement semblable à celui de la poule lorsqu'elle rappelle ses poussins. On suppose que, toujours trompeur, le serpent imiterait ce bruit pour attirer les poussins, les rats et les poules elles-mêmes. Nous le faisons peut-être plus rusé qu'il n'est; nous le calomnions en lui prêtant les sentiments de l'homme.

Le serpent pique-t-il ou mord-il? Cette question ainsi posée ne peut être qu'une question de mots. En effet, il suffit de considérer que le serpent n'a de crochets venimeux qu'à sa mâchoire supérieure; qu'il ne saisit point sa proie entre ces crochets comme avec des dents. Lorsqu'il s'élance, il renverse sa tête en arrière, ouvre largement sa gueule qui paraît toute

blanche et hideuse à voir, redresse ses crocs, les place dans
la direction du but qu'il veut atteindre, les enfonce par le
mouvement de sa tête qui lui sert comme d'un marteau, et
puis les retire instantanément. Il est vrai qu'il rapproche
aussi en même temps la mâchoire inférieure, et paraît s'en
servir, mais c'est seulement comme d'un appui pour faciliter
l'action de la supérieure ; car on ne trouve jamais sur les objets piqués l'empreinte des dents dont cette mâchoire inférieure
est armée. Celles-ci sont de véritables *dents*, destinées, comme
nous le dirons, à un tout autre usage que les crochets. Re-
marquez, en outre, que les crochets sont à leurs extrémités
libres aussi affilés que l'aiguille la plus fine : ce sont bien là
toutes les conditions de la piqûre. A mesure que les crochets
s'enfoncent, le poison est poussé dans le canal qui les traverse,
par la contraction des muscles, par les mouvements que fait
l'animal pour fermer la bouche, et le venin est injecté avec
d'autant plus de force, que le serpent est plus vigoureux, qu'il
mord avec plus de colère et qu'il abonde davantage en venin. Je ne mentionne ici cette question qu'en vue de M. ***,
ce grand interrogateur, l'O'Connell de l'interrogation. Cette
question paraît l'embarrasser, car il me l'a faite plus de vingt
fois ; je crois même qu'il incline à croire que le serpent mord
plutôt qu'il ne pique. Or, voici une troisième opinion qui
nous accordera peut-être, mon interrogateur et moi: c'est
que le serpent ne pique point, ne mord point, mais qu'il
accroche ; il lance ses crocs et les retire en ramenant à lui, ou
en déchirant la partie dans laquelle ils ont pénétré. Je laisse
le lecteur parfaitement libre de choisir laquelle de ces trois
manières lui paraîtra la plus exacte. Quant à mon interrogateur, je le sais trop homme de bien et trop homme d'esprit
pour souhaiter qu'un *Fer de lance* me pique, me morde ou
m'accroche, pour me montrer la différence.

    Le plus ordinairement le serpent se contente de frapper
une seule fois l'objet sur lequel il s'élance, et puis il revient
sur lui et se relove; mais je l'ai vu quelquefois, surtout sur
les chiens qu'on lui présente, répéter ses coups avec fureur,
envelopper sa victime de ses replis et ne l'abandonner qu'avec
peine. On m'a cité un nègre qui portait à la jambe les mar-
ques de six piqûres faites à coups redoublés. Le serpent
s'était entortillé autour, et il n'avait lâché prise que lorsqu'il

fut tué sur la place même. Cet animal m'est odieux ! Je ne supporte pas l'idée qu'il soit consacré à Esculape.

En résumé, s'il faut croire les renseignements qui me sont parvenus, la population de la Martinique serait beaucoup plus considérable en serpents qu'elle ne l'est en hommes ; le serpent abonde partout, dans les quartiers plats du sud comme dans les montagnes du nord, dans les cannes de l'intérieur comme dans celles des bords de la mer. M. Cornette de Saint-Cyr m'a assuré qu'à Sainte-Anne et au Marin il y en avait une pépinière indestructible dans les bois qui couvrent le rivage. M. Auguste Hayot en tue au Diamant trois ou quatre par pièce de cannes. « Au Saint-Esprit, m'écrit M. Duchatel, cela « varie beaucoup ; souvent je coupe cinq ou six carrés de « cannes sans tuer un seul serpent, et, cette semaine, dans « nviron un carré, j'en ai tué vingt-deux. » Cette réponse résume celle de la plupart des habitants dont j'ai pu avoir l'opinion. M. Filassier en dit autant du Prêcheur, M. E. Cotrelle autant du Macouba, mon oncle Rufz de Lavison autant de Saint-Lucie, M. de Turpin autant du Lamentin, M. Vergeron autant du Trou-au-Chat, M. Brière de l'Isle autant du François. Suivant les années et suivant les lieux, le nombre des serpents est très-variable par pièce de cannes. Voici une autre sorte de document un peu plus précis : M. le docteur Guyon, qui a tenu note des vipères prises au fort Bourbon et dépendances, en porte le nombre, de 1818 à 1821, à trois cent soixante-dix, sans compter les vipereaux, et, en comptant les vipereaux, de 1822 à 1825, à deux mille vingt-six : total pour une localité très-bornée, 2,396 en huit ans. On se souvient qu'à peu près vers la même époque, l'administration de M. *Donzelot* avait établi une prime de 50 centimes par tête de serpent. M. Vianès, qui était l'une des personnes chargées de payer cette prime et qui en tenait état, a bien voulu me communiquer une note dans laquelle il élève le nombre des têtes de serpent apportées par les nègres pour les environs du Fort-Royal seulement à sept cents par trimestre. Généralement, les hauteurs de Saint-Pierre passent pour la partie de l'île qui contient le plus de serpents à cause des bois et des ravines qui leur offrent des retraites inaccessibles (1). « M. Lalaurette

_____

(1) Ceux qui ne connaissent point les colonies ne sauraient se faire

m'a affirmé que dans le nettoyage des savanes de l'habitation
Pécoul (environ 40 carrés de terre), on a tué, la première année
de sa gestion, six cents serpents, et la seconde année trois cents. »
J'ai tenu compte des serpents tués sur mon habitation en 1851,

une idée de ce que nous appelons ici un *grand bois* ou une *profonde
ravine*. Qu'ils n'aillent pas se figurer la forêt de Compiègne ou d'Orléans,
avec leurs routes royales et communales, avec leurs taillis en coupes ré-
glées et dont chaque baliveau est enregistré chez M. le garde forestier du
canton. Il faudrait pouvoir les mener en cet endroit où le sentier que
nous nommons *chemin de la trace*, passant sur la crête d'un morne, se
rétrécit à la largeur d'une corde tendue, et laisse voir à droite et à
gauche ces deux immenses nappes de verdure qui couvrent d'immenses
abîmes et se déroulent à perte de vue jusqu'à l'horizon. La mer, la mer
seule, parce que c'est le plus grand spectacle de ce monde, la mer seule
peut ici servir de terme de comparaison, encore la mer, en un jour de
tempête, surprise et immobilisée tout à coup dans l'expression de sa
plus haute furie ; car la cime de ces grands bois retrace les inégalités du
sol qu'ils couvrent, et ces inégalités ce sont des montagnes de 7 à 800
toises et des vallées d'une non moindre profondeur. Tout cela est caché,
fondu, nivelé par la verdure, en de molles et immenses ondulations. On
dirait des vagues de feuillage. Seulement, au lieu d'une ligne bleue à l'horizon, c'est une ligne verte ; au lieu de reflets bleus, ce sont des reflets
verts ; toutes les nuances, toutes les combinaisons que peut donner le
vert : le vert foncé, le vert clair, le vert jaune, le vert noir. L'homme
qui se trouve sur la crête du sentier peut se regarder comme un navire
au milieu de l'Océan. Lorsque votre œil sera fatigué, si jamais on se fa-
tigue à contempler la superficie de ces grands bois, essayez d'en pénétrer
l'épaisseur. Quel inextricable chaos ! Les grains de sable sont moins
pressés que les arbres ne le sont ici ; les uns droits, les autres courbes ;
ceux-ci debout, ceux-là penchés en travers, tombés, appuyés, entassés
les uns sur les autres. Des lianes grimpantes, qui vont de l'un à l'autre,
comme des cordages aux mâts des navires, achèvent de boucher les vides de
ce treillage ; des parasites, non point des parasites timides comme la mousse ou
comme le lierre, mais des parasites qui sont des arbres entés sur des arbres,
dominent les troncs primitifs, les accablent, usurpent la place de leur feuillage, et retombent sur le sol en formant des *saules pleureurs* artificiels. Ce n'est
point, comme dans les grandes forêts du Nord, l'éternelle monotonie du
bouleau et du sapin ; ici est le règne de la variété infinie : les espèces les
plus diverses se coudoient, s'entrelacent, s'étouffent, se mangent ; tous
les rangs, comme dans une foule d'hommes, sont confondus. Le mol et
tendre balisier étale son parasol de feuilles à côté du gommier, qui est le
cèdre des colonies ; c'est l'acomat, le courbaril, l'acajou, le tendre à
caillou, le poirier, le mapou, le bois de fer (autant vaudrait nommer par
leurs noms les soldats d'une armée). Notre chêne, le balata, force le
palmier à s'allonger pour aller recevoir quelques rayons du soleil ; car il
est là aussi difficile aux pauvres arbres d'avoir un regard de ce roi du
monde qu'à nous autres, sujets d'une monarchie, d'avoir un regard du
monarque. Quant au sol, il n'y faut pas songer ; il est aussi loin peut-

il y en eut deux cent quatre. M. l'abbé Gobet m'a dit que dans l'enclos très-borné du presbytère du Fort, pendant l'espace de sept ans, on en avait tué vingt-neuf; suivant M. Winter-Durenel, lorsqu'il était chargé de l'habitation Méat-Desfournau,

être que le fond de la mer; depuis longtemps il a disparu sous un immense monceau de débris, espèce de fumier entassé depuis la création ; on enfonce là dedans comme dans de la vase ; on marche sur des troncs pourris, sur une poussière qui n'a pas de nom. C'est vraiment ici qu'on peut prendre une idée de la décrépitude végétale : une lumière luride, *lurida lux*, verdâtre, semblable, en plein midi, à celle de la lune à minuit, confond tous les objets et leur donne une forme vague et fantastique ; une humidité méphitique s'en exhale, une odeur de mort s'y fait sentir, un calme qui n'est pas du silence (car il semble toujours à l'oreille qu'elle ouït le grand mouvement de composition et de décomposition qui s'accomplit là) achève d'imprimer cette secrète horreur que les anciens ressentaient dans les vieilles forêts de la Gaule et de la Germanie.

Arboribus suus horror inest.

Seulement, de temps en temps, l'oiseau appelé *siffleur des montagnes* fait entendre sa gamme chromatique de trois notes, dont les reprises monotones disposent l'imagination à l'attente des plus étranges choses. On dit que la mer, en un jour d'ouragan, est une magnifique horreur ; je crois que ce jour-là les grands bois ne doivent lui céder en rien.

Une profonde ravine n'est souvent qu'un grand bois étagé, perpendiculaire, qui s'élève sur votre tête, au lieu de se déployer à vos pieds : telle est la ravine dite *la Falaise*, qu'il faut traverser en allant de Saint-Pierre à la Basse-Pointe. Une belle prairie d'Europe, émaillée des plus belles fleurs, au plus beau jour du printemps, est moins riante à voir que ce rideau de verdure qui semble tomber du ciel. Il y a là, dans le feuillage, une magnificence de formes et de couleurs qu'il faut désespérer de décrire. Au fond coule la Rivière-Falaise, entre des voûtes de bambous dont les ogives végétales feraient presque croire que l'ogive gothique des plus vieilles cathédrales n'a pas eu d'autre modèle. Il n'est pas de voyageur, je parle des plus pressés, qui n'éprouve, en traversant ces lieux, un enchantement inexprimable, un besoin secret, religieux, involontaire, de courber la tête et de payer à l'ouvrier de cette belle chose son tribut d'admiration. J'ai toujours aimé le spectacle de la nature, c'est moins cher que l'Opéra. Jeune étudiant, il me prit fantaisie de voir la Suisse. Un beau matin, je suis allé en parcourir tous les coins et recoins, mon sac sur le dos et mon bâton à la main : ce furent mes plus belles vacances. J'ai attendu trois jours sur le Wissenstein, couché sur la paille, que le soleil voulût bien se lever sans nuages pour me montrer les cimes neigeuses des Alpes éclairées de ses reflets. Beaucoup de mes jeudis et de mes dimanches se sont passés dans les bois des environs de Paris, Ville-d'Avray, Chaville, Vincennes et dans la forêt de Fontainebleau, dont toutes les fleurs et tous les lapins me connaissent. Je me suis assis sur les roches des Pyrénées pour en contempler les sites célèbres, la vallée d'Ar-

dans les pièces dites *la Batterie*, à cause de leur voisinage de
la batterie Sainte-Marthe, on tua soixante serpents ; au contraire
sur l'habitation Venancourt qui est voisine de l'habitation
Méat, et dans tout le quartier *Monsieur*, je tiens de M. Desaint
qu'on tue peu de serpents. Il faut attribuer leur rareté dans
ce quartier à la disposition des terres qui en favorise la culture. Diverses autres circonstances doivent aussi influer sur
le rassemblement des serpents en un lieu plutôt qu'en un
autre. Sans doute il en est de la multiplication de ce reptile
comme de celle de l'homme : elle est plus ou moins considérable, en raison de la quantité des aliments que le lieu peut
offrir à l'animal ; on conçoit aussi que si une femelle, à l'é-

gelés et celle de Campan, la brèche de Roland et Gavarnie. Je confesse
que tout cela ne me paraît point plus beau que la Falaise.

En d'autres lieux, une ravine est quelque chose de plus sauvage ; c'est
une fente profonde, une fissure faite à la terre, et dont l'œil ne peut voir
le fond. Quand on se penche sur les bords escarpés, le vertige vous prend.

> Non secus ac si qua penitus vi terra dehiscens,
> Infernas reseret sedes et regna recludat
> Pallida, dis invisa, superque immane barathrum
> Cernatur, trepidentque, immisso lumine, Manes !

On dirait, en effet, une des voies de l'enfer ; les bords en sont encore au
vif, noirs, rocailleux, sans un brin de verdure ; au fond gronde toujours
un torrent, comme le ressentiment au fond d'un cœur blessé. Mais que
parlé-je de ravines ?

> Cytheron ! Cytheron !

O ravine du Prêcheur ! ô journée du 20 novembre ! orage, fatal orage !
horret animus meminisse ! Si, lorsque vous êtes au fond de ce gouffre, la
sensation d'un tremblement de terre vient à traverser vos nerfs, si vous
ne hâtez point le pas, si vous récitez avec toute votre mémoire la prière
d'Horace :

> Justum ac tenacem
> Si fractus illabatur orbis
> Impavidum ferient ruinæ?

vous êtes l'homme le plus courageux du monde.

C'est dans ces sombres retraites, c'est dans ces grands bois, dans ces
profondes ravines que règne le *Fer de lance*. Ce sont là ses Tuileries et
son Louvre, et voilà pourquoi j'ai essayé de les décrire. Il règne là seul,
dans la paix des tyrans, *pacem appellant ubi solitudinem faciunt;* il ne
souffre autour de lui ni grosses ni petites bêtes, ni loups, ni cerfs, ni
lièvres, ni lapins : c'est là qu'il atteint son plus grand développement,
c'est là qu'il est inexpugnable, c'est de là qu'il bravera éternellement,
peut-être, toute l'industrie humaine.

poque du rut, entraîne plusieurs mâles à sa suite (ce qui paraît certain d'après plusieurs faits qui m'ont été communiqués depuis mon premier article), ceci peut faire trouver dans un lieu plus de serpents qu'en un autre. Enfin, d'autres causes accidentelles font aussi varier ce nombre : ainsi la pièce de cannes où M. Duchâtel en a tué vingt-deux était auprès d'une rivière; il y avait eu des débordements les jours précédents. « Il se peut, dit M. D***, que les serpents, emportés par les eaux et déposés dans les cannes, se soient établis là où ils abordaient. » En un mot, il est certain que le défrichement des terres, leur culture, les envahissements de l'homme, la civilisation enfin, détruisent les serpents. A Sainte-Lucie, que M. Beaucé nous dépeint comme n'étant bientôt plus bonne qu'à être abandonnée aux nègres et aux serpents, le nombre de ces derniers est plus considérable encore qu'à la Martinique. M. Juge, qui a longtemps géré des habitations à Sainte-Lucie, est aussi de cette opinion. Si nous remontons à des époques autres que la nôtre, nous voyons qu'au dire de nos premiers historiens, les pères Dutertre et Labat, le nombre et la grosseur des serpents étaient tout autres que ce que nous voyons aujourd'hui. Le *Grand Dictionnaire des sciences naturelles*, s'appuyant sur des appréciations plus récentes fournies par MM. Bonodet et Moreau de Jonnès, porte le nombre des serpents tués par pièce de cannes, à la Martinique, terme moyen, à soixante. Il est évident que ce terme moyen a diminué beaucoup aujourd'hui. M. de Humboldt affirme que, lors de son voyage dans le continent de l'Amérique, quand les indigènes mettaient le feu à des broussailles, il en sortait des armées formidables de serpents qui s'échappaient en toutes directions par rangs pressés de trente à quarante mille et qui mettaient tout en fuite devant eux. C'est ainsi que l'homme est condamné à une surveillance continuelle, sous peine d'être remplacé dans le commandement du monde par le serpent!

Quoi qu'il en soit de cet essai de statistique sur la population des serpents à la Martinique, il en résulte qu'ils existent partout et en grand nombre. Un seul coin de terre, heureux coin de terre!

Ille terrarum mihi præter omnes
Angulus ridet,

l'îlot Duchazel, dans le cohé du Lamentin, jouit du privilége de n'être point visité par cet hôte redoutable. De mémoire d'homme, il n'y a pas été vu. Cependant, à certaines époques de l'année, cet îlot devient, par le retrait des eaux, une véritable presqu'île. Tous les animaux y passent à pied sec, excepté le serpent. Par quelle propriété magique ce coin de terre est-il préservé ? est-ce la nature *barytique du sol?* sont-ce les feux de la poterie, qui en est le principal établissement? est-ce quelque herbe salutaire ? cela serait bien digne des recherches de quelque savant. Jenner, l'immortel Jenner, découvrit la vaccine en remarquant que les vachères, qui contractaient la pustule du cowpox en trayant les vaches, n'étaient point atteintes de la petite vérole, même pendant les plus fortes épidémies de ce fléau. Mais, jusqu'à ce que le problème ait eu une solution plus scientifique, je croirai que l'îlot Duchazel a été préservé des serpents par le don de quelque fée touchée de l'aimable hospitalité du propriétaire, M. d'Henriville Duchazel (1).

(1) On m'a signalé aussi une pièce de cannes de 10 carrés de l'habitation Séguin, à Sainte-Marie, où il est transmis par tradition que jamais un serpent n'a été rencontré. Le bourg même de Sainte-Marie paraîtrait jouir de cette immunité : les serpents, dit-on, y sont rares. Ce fait n'est pas sans analogie dans la science. Voici ce que Baglivi a dit de la tarentule : *Tarentula, ut diximus, venenifera duntaxat est in Apulia, nam quæ in montibus Apuliæ vicinis reperitur vel nullo, vel non pernicioso pollet veneno.* (Dissertation de la Tarentule.) « La Tarentule n'est venimeuse qu'en Apulie ; dans les montagnes voisines de l'Apulie, elle cesse de l'être, ou du moins son venin est peu dangereux. » On trouve des vipères dans tout l'ancien monde, jusqu'en Sibérie ; l'île de Malte seule en serait préservée ; la tradition attribue ce privilége à saint Paul, qui, piqué d'un serpent à l'époque où il convertit Malte à la religion chrétienne, la délivra pour toujours de ces dangereux animaux. Suivant Plutarque, on n'en trouverait pas non plus dans l'île de Chypre. (*Traité de l'utilité des ennemis.*) Peut-être Plutarque a-t-il confondu Malte avec Chypre. Malte passe pour l'ancienne Orygie, île de Calyso d'Homère ; mais ce fait même de l'absence de serpents venimeux à Malte est, dit M. Auguste Duméril, encore à vérifier. Ce qui n'est pas moins curieux, ce serait aussi l'absence totale de serpents venimeux, au dire de certains voyageurs, dans les nombreuses îles de l'océan Pacifique, phénomène d'autant plus singulier que les îles voisines qui composent le grand archipel Indien sont les régions de la terre où se trouve le plus de reptiles venimeux. Il paraît certain qu'il y a des pays où la rage n'a jamais été observée sur les chiens. « Ici, dit Bernardin de Saint-Pierre en parlant de l'île de France, les chiens n'enragent jamais. » Je n'ai entendu citer que deux cas de rage qu'on se souvient d'avoir vus à la Martinique.

Ici se termine tout ce que j'ai pu apprendre de la vie et des mœurs du *Fer de lance*. Ce qu'il y a de sûr, ce qu'il y a de positif en tout cela, ce qui pourra passer de cette enquête dans la science est bien peu ; je crains que le lecteur n'ait fait avant moi cette réflexion. Mais il n'en est pas de l'histoire des animaux sauvages comme de celle des animaux domestiques. « L'histoire d'un animal sauvage, dit Buffon, est bornée à un « petit nombre de faits émanés de la simple nature, au lieu « que l'histoire d'un animal domestique est compliquée de « tout ce qui a rapport à l'art que l'on emploie pour l'appri- « voiser ou pour le subjuguer. » Or, je crois qu'on peut dire qu'à la tête des animaux sauvages marche le serpent. Cet ani- mal nous fuit au moins autant que nous le fuyons, ce n'est pas là une condition pour le connaître ; aussi a-t-il été souvent imaginé, interprété, expliqué, plutôt qu'observé. Ce sont les poëtes qui ont fourni la plupart des détails qui le concernent. L'imagination populaire est le trou, s'il est permis de parler ainsi, d'où il a fallu tirer notre serpent pour l'offrir au pu- blic, trou plein de chimères et de superstitions. C'est un ani- mal auquel, en d'autres temps, à la Martinique, on aurait élevé un temple pour le conjurer. Beaucoup de faits que j'ai rapportés se ressentent de la source où je les ai puisés ; c'est pourquoi j'ai dû les rapporter avec doute, avec critique. Ainsi, lorsqu'il m'a été raconté des particularités telles qu'elles m'ont semblé n'avoir pu être saisies que par une attention patiente, réfléchie, en quelque sorte scientifique et de sang- froid, telle qu'on en peut avoir dans une expérience de cabi- net, lorsqu'il a fallu regarder le serpent des heures entières pour comprendre ses actions, entrer pour ainsi dire dans son intimité, cette précision même m'a mis en défiance ; car il n'est pas possible d'observer ainsi le serpent : ou il nous voit, je le répète, et il nous fuit, ou bien à sa vue nous sommes pris d'un mouvement convulsif qui nous porte nous-mêmes à le fuir ou à l'exterminer. Le hasard seul complétera cette histoire. J'ai cité des noms propres, on m'en a fait le re- proche ; mais n'est-ce pas d'une enquête qu'il s'agit ici ?

En vingt ans je n'en avais vu aucun moi-même ; il y a cependant beau- coup de chiens vagabonds dans les villes de la colonie. Une carte géogra- phique des maladies spécifiques ne serait pas sans curiosité.

Qu'est-ce que des témoins anonymes? quelle foi pourrait-on
y ajouter? N'était-il pas convenu, dès la première page,
que nous ferions cette histoire en commun, et que je ne serais qu'un secrétaire? Mais, je le dis sans flatterie, j'ai regardé
ces noms comme les ornements de mon travail, comme la
preuve, comme la garantie du soin que j'ai mis à chercher la
vérité, chacun pouvant réclamer contre ce que j'avance.
Lorsque j'ai rencontré des hyperboles démesurées, fantasti-
ques, provoquantes, qui ne peuvent qu'entretenir la crédulité
du vulgaire, je me suis laissé aller à leur opposer une plaisan-
terie, douce je crois, permise, ou ma plume m'aurait bien
mal servi. J'ai toujours eu soin de les adresser à des hommes
dont la réputation d'esprit m'autorisait à espérer qu'ils seraient les premiers à en rire ; d'ailleurs, je ne suis pas si
présomptueux, ni si ignorant des hommes pour ne pas savoir
que je m'expose à souffrir la peine du talion : tout ce que je
désire, c'est que personne ne puisse dire avec raison que j'ai
rapporté de la méchante compagnie du *Fer de lance* quelque
chose de son venin.

PARTIE PATHOLOGIQUE.

Nous allons parler maintenant de la piqûre du serpent,
c'est-à-dire de la partie de son histoire qui nous intéresse le
plus ; car c'est le seul rapport qu'il ait avec nous, rapport
d'hostilité continuelle. Tous les animaux nous payent un tribut : ceux-ci, leur chair, leurs forces ; ceux-là, leurs peaux,
leurs dents, leurs os ; l'éléphant nous donne l'ivoire, le lion
et le tigre mettent à nos pieds leurs belles fourrures, le serpent ne fournit rien à l'homme ; il est dans la création notre
plus grand rival, il nous dispute l'empire du monde ; après
l'homme, et peut-être avant l'homme, c'est l'être le plus redouté des autres animaux. Il n'en est pas qui fassent autant
de carnage, pas un qui immole autant de victimes humaines,
il lui en faut chaque année des hécatombes. On le trouve,
comme l'homme, sous toutes les latitudes, dans tous les climats, sous les glaces de la Laponie aussi bien que sous le soleil des tropiques ; seulement, comme nous, il varie de

forme : ici *Fer de lance*, là *Vipère* ou *Boa* ; suivant le ciel, Lapon ou Patagon ; c'est une des espèces collatérales à la nôtre, il semble suivre l'ordre de notre développement. Dans les pays où il existe, il règne comme nous, il est autant le maître que nous ; on peut purger une contrée de toutes les bêtes féroces, excepté du serpent. A la Martinique, il força les premiers colons qui voulurent s'y établir à se rembarquer.

C'est donc à cause de la piqûre du serpent que l'homme a dû s'occuper de cet animal. Il existe là-dessus quelques écrits et un plus grand nombre de traditions populaires. Je puiserai à l'une et à l'autre de ces sources, je profiterai de ces deux sortes de documents ; car, je répète ici ce que j'ai déjà dit ailleurs, je n'enseigne rien, je ne professe rien, je ne fais qu'écrire ce que me disent les uns et les autres ; je n'ai pour but que de constater, pour ceux qui s'occuperont plus tard du même sujet, ce que généralement on savait en l'année 1843 sur le serpent *Fer de lance*.

Chez l'homme, ce sont les membres inférieurs qui sont les plus exposés à la piqûre du serpent. Cela a lieu surtout chez le nègre, dont les pieds et les jambes ne sont protégés par aucune chaussure.

Les autres parties du corps sont aussi vulnérables, mai moins souvent. On dit vulgairement que les piqûres de la tête sont les moins graves, quoiqu'elles soient suivies d'un gonflement considérable, *parce que le venin ne descend pas*. Je ne sais jusqu'à quel point le fait est vrai, mais l'explication est absurde ; il faut être étranger aux moindres notions de la physiologie pour ignorer que l'absorption se fait également à la tête comme aux membres, et qu'il n'est pas nécessaire, pour qu'il agisse, que le venin éprouve aucun mouvement d'ascension. Si le fait est vrai, il n'y a pas à discuter, il faut se rendre ; mais je dis que, *a priori*, les piqûres de la tête, de la face et du cou, paraîtraient au contraire avoir une gravité plus grande, parce que le gonflement qu'elles déterminent doit gêner l'action des sens, la circulation cérébrale et les mouvements de la respiration et de la déglutition, qui sont des fonctions indispensables à la vie.

M. Guyon cite le cas d'une piqûre à l'œil qui fut mortelle en moins d'un quart d'heure. Quelques personnes peuvent encore se souvenir du blessé : il s'appelait M. Monplaisir.

D'autres croient que les piqûres du tronc sont plus à redouter à mesure qu'elles sont plus voisines du cœur ; c'est
encore un fait qui ne peut être décidé en dernier ressort que
par l'observation directe. Mais, à s'en tenir au raisonnement,
le voisinage du cœur ne fait rien à l'affaire ; la circulation du
sang, ainsi que l'indique le mot, suppose un cercle, et qui
dit cercle entend une circonférence dont tous les points
aboutissent à un centre. Or, dans la circulation du sang, il
faut que le sang passe par tous les points de cette circonférence avant d'arriver au centre, qui est le cœur. La circonférence, c'est la périphérie des organes, c'est tout l'extérieur
du corps ; peu importe que le venin soit déposé sur tel ou tel
point de cette circonférence, il sera partout pris par le sang
à son passage, c'est-à-dire *absorbé*. La plus ou moins grande
facilité de l'absorption dépend du nombre des vaisseaux absorbants de la partie et non de son voisinage du cœur. Aucune partie ne communique directement avec le cœur, mais
toutes par le détour de la circulation. Or, il y a telle partie
des membres où l'absorption est beaucoup plus facile qu'en
beaucoup d'autres parties du tronc. Ces notions physiologiques sont élémentaires ; je ne les rappelle ici que parce que
je parle à des personnes auxquelles il est permis de les
ignorer, etc.

Je croirai par analogie que les piqûres des doigts, de la
paume de la main, celles des orteils et de la plante des pieds,
doivent être les plus dangereuses ; c'est en général le sort de toutes les piqûres qui intéressent ces parties, de quelque nature
qu'elles soient et avec quelque instrument qu'elles soient faites. Le danger vient autant de la partie que de la piqûre ; les
doigts et les orteils aussi, comme organes du tact, ont été pourvus d'une trame nerveuse très-serrée et toute particulière, dont
les lésions sont extraordinairement sensibles à l'économie du
corps. Les différentes parties du corps ne se ressemblent pas
sous le rapport de la conformation. Il y en a que le serpent
ne peut saisir avec ses deux crochets à la fois, ou bien les
crochets ne peuvent entrer profondément, parce que la gueule
même de l'animal s'y oppose. La peau peut être frappée très-
obliquement ou percée de part en part. On conçoit combien
ces diverses circonstances doivent influer sur la nature des
blessures ; il en peut résulter une légère maladie, la mort ou

rien du tout. C'est ce qui explique les grandes variations qu'on observe dans la gravité des piqûres du *Fer de lance*, et la réussite d'un grand nombre de remèdes.

Est-ce toujours avec ses deux crocs, ou bien quelquefois avec un seul, que pique le serpent? Cette question préliminaire n'est point indifférente et de pure curiosité. On conçoit que, pour le pansement, il importe de reconnaître toutes les voies par lesquelles le venin a pu pénétrer, car la négligence d'une seule de ces voies peut rendre inutiles les soins les mieux administrés. L'inflammation et l'enflure qui surviennent très-promptement dans la partie piquée doivent rendre souvent fort difficile la recherche des petites plaies faites par les crocs ; cependant, toujours dans mes expériences sur les animaux, j'ai pu reconnaître les piqûres qui leur étaient faites, et cela malgré le poil, et par le sang qui en découlait. Beaucoup de *panseurs* m'ont assuré que dans un grand nombre de cas on ne trouvait qu'une seule piqûre. En effet, il est possible que cela vienne de ce que le serpent n'ait piqué qu'avec un seul de ses crocs, soit à cause de la position où il se trouvait lorsqu'il s'est élancé, soit parce que l'un de ses crocs était cassé et que le croc de rechange n'était pas encore solidifié, soit enfin par une autre cause qui nous échappe. Mais comme dans le plus grand nombre des cas le serpent doit se servir de ses deux crocs, si, par hasard, on ne voyait qu'une seule piqûre, je dis qu'il ne faudrait pas s'y arrêter aussitôt, mais qu'il faudrait procéder à la recherche de l'autre piqûre avec la plus grande minutie. Comme on a vu quelquefois des animaux être piqués à plusieurs reprises, à coups redoublés, il sera toujours prudent, dans les cas dont toutes les circonstances ne nous seront point connues, de s'assurer qu'il n'y a pas de piqûres multiples. Pendant que j'étais interne à l'Hôtel-Dieu de Paris, lorsqu'on nous apportait un individu qui venait d'être mordu par un chien enragé, il nous était prescrit de ne négliger aucune morsure, si légère qu'elle fût, que présentait le corps de la personne. Il fallait les cautériser toutes. Je me souviens d'un jeune enfant, à peine âgé de quelques mois, qui avait été criblé de morsures par un petit épagneul de salon. Les petites dents aiguës de l'animal avaient produit de véritables piqûres. Il y en avait une cinquantaine. On les brûla toutes avec un stylet rougi au feu.

5

L'animal mourut de la rage, mais l'enfant guérit. Ce fait a été publié dans les journaux du temps.

C'est ici qu'il faut se *hâter lentement*, ne point perdre le temps, afin que l'absorption du venin ne se fasse pas, mais agir avec méthode, mettre bien toutes les piqûres à découvert, afin de les panser convenablement et sans précipitation ; regarder à deux et trois reprises son pansement, le repasser pour ainsi dire, afin d'être bien sûr qu'aucune des précautions du traitement n'a été négligée. J'insiste sur ceci, parce que j'ai lieu de croire que la légèreté et la négligence du panseur peuvent être une cause d'insuccès.

Lorsqu'il y a deux piqûres, elles ne sont point côte à côte ; la distance qui les sépare est en raison de la grosseur de l'animal qui les a faites. Si c'est un petit serpent, on conçoit que la gueule de l'animal étant très-petite, les piqûres seront rapprochées ; mais si l'animal est de grande dimension, les piqûres pourront être à plus d'un pouce l'une de l'autre. Chez le malheureux M. L*** dont le souvenir est encore douloureux pour tant de monde, il y avait quinze lignes entre les deux piqûres, près du genou. On m'a cité des cas où le mollet et même le jarret ont été embrassés dans leur demi-circonférence par la gueule de l'animal. Car on retrouvait les piqûres en dedans et en dehors, séparées par toute l'épaisseur des parties. Ordinairement les piqûres ne sont point de niveau sur une même ligne, ce qui a fait penser que, pour piquer, le serpent devait un peu pencher sa tête et frapper de côté. J'examinerai dans la partie anatomique si, comme le dit Fontana, le serpent peut piquer avec quatre crochets, et non toujours avec deux seulement.

A la Martinique, on se sert du citron pour faire ressortir les piqûres. On prétend qu'aussitôt qu'elles en sont frottées, elles se mettent à saigner, ce qui les fait reconnaître. Cette pratique est générale ; je ne saurais affirmer qu'elle soit aussi infaillible qu'on le dit, car je n'ai jamais eu occasion de la mettre en usage.

A quelle profondeur pénètrent les crocs ? Évidemment, cela doit encore dépendre des dimensions du serpent, un gros serpent ayant un croc plus long et plus fort que celui d'un petit serpent. « Ces crocs, suivant le père Dutertre, sont « longs, pour l'ordinaire, d'un pouce ; j'en ai vu, dit-il, et

« apporté en France de longs comme la moitié du doigt. »
Il est vrai que tout nous porte à croire qu'au temps du père
Dutertre il y avait des *Fers de lance* beaucoup plus gros que nous
n'en voyons aujourd'hui. Pour moi, le plus long croc que j'aie
mesuré sur un serpent de cinq pieds dix pouces, conservé
dans l'officine de M. Peyraud, avait 11 lignes. Cette longueur répond, chez la plupart des personnes, à l'épaisseur de
la peau et du tissu cellulaire sous-cutané, surtout si l'on
tient compte que le serpent ne doit point enfoncer son dard
jusqu'à la garde, *capulo tenus*. Dans deux cas où j'ai pu examiner le fait anatomiquement, les piqûres n'avaient point
percé l'aponévrose de l'avant-bras ni celle de la cuisse. Ce
n'est donc point par la profondeur de la plaie d'introduction
que le venin agit. La simple inoculation suffit. Ceci est parfaitement d'accord avec d'autres faits bien connus : ainsi,
quand on vaccine, ce ne sont point les plus forts coups de
lancette qui produisent les pustules vaccinales, et le simple
contact du sang d'un animal malade avec la peau de l'homme,
lors même que la peau est recouverte de l'épiderme, suffit
pour y développer la grave maladie connue sous le nom de
pustule maligne. C'est pourquoi nous pouvons supposer qu'un
escarre de 1/2 pouce d'épaisseur, fait avec un caustique, doit
neutraliser la piqûre du plus gros serpent, en atteignant le
venin aussi loin qu'il a pénétré.

Donc, il n'importe guère de savoir très-exactement à quelle
profondeur le croc a pénétré. Il suffit qu'il ait pénétré assez
pour inoculer le venin de l'animal. L'absorption en sera tout
aussi prompte et tout aussi mortelle. Lorsque l'on examine
un croc, ainsi que nous le ferons plus tard, on voit que le venin en sort par une petite fente longitudinale qui en occupe
l'extrémité libre, c'est-à-dire environ la cinquième partie de
sa longueur ; il suffit que cette cinquième partie du croc pénètre sous la peau pour que tout le venin de l'animal y pénètre aussi. Ce n'est pas de la longueur du croc, mais de la
nature du venin que dépend la gravité de la blessure. Le
serpent ne tue point physiquement par un coup de poignard,
mais chimiquement avec du poison.

Quand je considère combien le croc du serpent est friable
et facile à se casser, et de combien de crocs de rechange la
nature prévoyante l'a pourvu, j'imagine aisément qu'en beau-

coup de rencontres le serpent laisse l'un de ses crocs dans les blessures qu'il fait. En effet, j'ai entendu citer quelques cas dans lesquels des crocs cassés ont été retrouvés. « Il faut, dit M. Beaucé (ouvrage déjà cité), retirer avec des pinces les crocs du serpent qui se cassent dans la plaie par l'effet du saisissement qu'éprouve la personne mordue. » Je tiens de M. A. Thouron qu'il a vu sortir d'un abcès un croc dont la présence avait dû contribuer à la formation de cet abcès. Il circule dans la science un fait assez singulier et qui trouve ici sa place, quoiqu'il n'appartienne point à l'histoire du *Fer de lance* : un homme fut mordu à travers ses bottes par un crotale, et ne tarda pas à succomber. Ces bottes furent vendues successivement à deux autres personnes qui moururent pareillement, parce que l'extrémité d'un des crochets à venin était restée engagée dans le cuir. Ce fait est imprimé dans le *Dictionnaire des sciences naturelles*, dans le *Dictionnaire des sciences médicales*, dans l'*Encyclopédie*, dans tous les écrits sur le venin du serpent ; mais je n'en garantis pas la vérité. « Comme il est naturel, dit le père Labat, de retirer le bras « ou la jambe où l'on se sent mordu, il est ordinaire d'attirer « à soi le serpent, parce que ses dents courbes, par suite de la « posture où il s'est mis pour mordre, ne se dégagent pas faci- « lement des chairs où elles sont entrées, et il arrive qu'on « arrache les dents par le violent effort qu'on fait en le « relevant » (LABAT, page 164.)

On dit même que des serpents sont restés accrochés aux personnes qu'ils avaient piquées, et, avant de pouvoir se dégager, soit en retirant leurs crocs, soit en les laissant dans la plaie, ont été traînés à la distance de plusieurs pas.

Quoi qu'il en soit, si un croc, ou une portion de croc, est engagée dans la plaie de l'une des piqûres, cela doit se reconnaître aisément : il suffit de promener légèrement le doigt sur la plaie. Il n'est personne qui ne sache par expérience de quelle douleur on est saisi lorsqu'une épine ou la pointe d'une aiguille étant engagée dans les chairs, on vient à passer le doigt par-dessus. Cette pression arrache des cris, et révélerait infailliblement la présence d'un croc,

On répète journellement que la piqûre d'une artère est une des circonstances les plus graves ; qu'alors la blessure est sans miséricorde. Non-seulement cela se dit, mais encore

cela s'écrit. « En trois ou quatre jours au plus, dit le père
« Labat, lorsqu'un homme est bien pansé, il est hors d'affaire,
« supposé que la dent du serpent n'ait pas percé quelque
« *artère* ; car en ce cas, les remèdes sont inutiles, en douze
« ou quinze heures on paye le tribut à la nature. » Ceci est
un langage entièrement vulgaire. Comme on entend dire
souvent par les chirurgiens que les blessures des artères sont
fort à redouter, il est probable qu'on a pensé qu'il en devrait
être ainsi, à plus forte raison lorsque au danger ordinaire
de la blessure viendrait s'ajouter celui de l'introduction du
venin. Par ce simple énoncé, les médecins verront d'où vient
l'erreur. Aussi n'est-ce pas à eux que j'adresserai aucune
explication; mais comme j'écris aussi pour des personnes qui
ne sont point de l'art, j'espère que l'on m'excusera d'entrer
dans les détails que l'on va lire. Les artères ne sont point dis-
séminées par tout le corps, mais elles occupent des places
particulières ; aucune ne se trouve immédiatement sous la
peau, toutes sont plus ou moins profondément placées. Or,
nous avons constaté déjà que les plus longs crocs ne pénétraient guère au delà d'un demi-pouce. Excepté l'artère radiale au poignet, l'artère brachiale au pli du coude, la temporale à la tempe, et peut-être la crurale au pli de l'aine, la
poplitée au creux du jarret, et la tibiale au-dessous de la malléole interne, il n'y a pas d'artère, même chez les personnes
amaigries, qui ne soit placée à plus d'un demi-pouce dans
l'épaisseur des chairs. Le premier phénomène auquel donnerait
lieu la piqûre d'une artère serait une hémorragie ; c'est par
là que cette blessure serait redoutable. Les artères étant composées d'un tissu très-rétractile, sitôt qu'elles éprouvent une
solution de continuité, les deux bords de la plaie se rétrac-
tent et laissent un orifice béant par lequel coule le sang
jusqu'à ce que mort s'ensuive, si l'art de la médecine n'y
porte remède. Or, ceux qui disent que la piqûre d'une artère
par le croc d'un serpent est mortelle, n'entendent point
qu'elle est mortelle par l'hémorragie qui en est le résultat.
Si j'ai bien compris leur pensée, ils croient que c'est par l'absorption du venin qui se fait plus promptement par cette voie.
Mais je leur dirai qu'aujourd'hui, après l'étude minutieuse, que
l'on fait depuis des siècles, des propriétés de toutes les parties
de notre corps, il est bien constaté qu'entre les divers vais-

seaux, les artériels sont les moins propres à l'absorption. En effet, par les artères le sang est poussé vers la périphérie des organes, et pour peu que la texture de ces organes offre une solution de continuité, le sang est chassé au dehors. Ainsi, loin de s'imprégner du venin et de le reporter au cœur, le sang artériel le repousserait au dehors et laverait la surface de la plaie où ce venin serait déposé. La blessure d'une artère serait donc une circonstance plutôt contraire que favorable à l'absorption du venin.

Pour que la piqûre d'une artère fût accompagnée de l'absorption du venin, il faudrait que le venin jouît de la propriété de coaguler le sang et de boucher, par cette coagulation, la plaie qui résulte de la piqûre. Or, comme nous le verrons plus tard, c'est tout le contraire qui a lieu, et, loin de coaguler le sang, le venin le rend extrêmement liquide, à tel point que le sang s'extravase à travers les pores naturels des vaisseaux qui le contiennent.

Il y a, je crois, en tout cela erreur de mots, et ce que l'on dit des artères est plutôt applicable aux veines : ce sont des veines que l'on voit à la main, où elles portent le nom de *salvatelles*, et aux pieds et aux jambes où on les nomme *saphènes*. Ces veines, visibles à l'œil, sont par conséquent à la portée des crocs du serpent. En effet, on a vu quelquefois des hémorragies résulter de la piqûre de ces veines. Dans ces cas, loin d'être une circonstance funeste, la sortie du sang peut être favorable à la guérison. Une hémorragie venant des veines n'est point ordinairement dangereuse, la moindre compression suffit pour l'arrêter. Il serait possible cependant qu'il n'en fût pas toujours ainsi, à cause de la décomposition qu'éprouve le sang. J'ai déjà remarqué qu'après la mort, le sang était très-liquide. Je crois que cette liquidité existe déjà pendant la vie; car les petites piqûres saignent beaucoup, et donnent une quantité de sang que certainement ne donneraient point des plaies de la même dimension et qui seraient produites par une autre cause. Dans certaines épidémies de fièvre jaune, on a vu les petites piqûres de la saignée donner lieu à des hémorragies incompressibles. Suivant Fontana (page 113), les animaux de la blessure desquels sort un sang rouge meurent plus tard que ceux qui répandent un sang noir et livide ; cela est parfaitement d'accord avec l'induction que la piqûre des veines doit être plus grave que celle des artères.

Je tiens de M. Juge que dernièrement, sur l'habitation de M. Buée, au Fond-Canonville, un nègre qui portait un ulcère considérable à la jambe, fut piqué par un serpent, à trois pouces environ au-dessus de cet ulcère : la piqûre du serpent fut pansée ; mais, quelques moments après, la surface de l'ulcère se mit à saigner, sans que rien pût arrêter cette hémorragie, et le malade y succomba. J'ai vu sur la même habitation un jeune nègre qui avait un large ulcère être piqué un pouce au-dessus, mais ne pas présenter d'hémorragie ; il est vrai qu'il fut bien pansé, moins d'une demi-heure après l'accident.

Il ne serait donc pas impossible que l'hémorragie veineuse, par suite de la piqûre du serpent, donnât lieu à de graves embarras ; mais je dis que ce n'est point encore cet accident qui est à redouter ; c'est plutôt l'absorption du venin qu'on suppose devoir se faire plus rapidement par cette voie. En effet, les veines sont des vaisseaux de retour, elles rapportent au cœur le sang qui en est exporté par les artères. Les expériences physiologiques ont constaté que les veines rapportaient au cœur, non-seulement l'excédant du sang artériel qui n'a point servi à la nutrition du corps, mais encore toutes les substances qu'elles ont pu absorber sur leur passage. Les veines sont donc de véritables vaisseaux absorbants. Des expérimentateurs distingués ont constaté que des substances putréfiées, injectées dans les veines, déterminaient promptement tous les accidents des fièvres putrides. Il en est de même de l'introduction des médicaments : leur action par cette voie est plus rapide que par toute autre. Rien ne serait donc moins étonnant que la plus grande activité du venin, s'il arrivait qu'il pénétrât directement par les veines ; le trouble de l'économie en pourrait être instantané et irrémédiable ; mais je dis que, tel que je le présente ici, ce fait n'est encore qu'à l'état d'induction et d'analogie ; personne ne l'a encore constaté de visu, régulièrement, et par un examen anatomique. C'est pourquoi j'engage tous les médecins, lorsque l'occasion se présentera à eux d'examiner la piqûre d'une veine par le croc du serpent, à bien constater si la paroi de la veine a été percée, en quel état se trouvent les tissus, et quelles sont les altérations que présentent le calibre de la veine et le sang qui y est contenu.

Il ne serait pas impossible que la piqûre de la veine fût cause aussi des vastes phlegmons que l'on observe souvent à la suite de la piqûre du serpent : ce qui serait le résultat de la phlébite, c'est-à-dire de l'inflammation de la veine. Tout cela a besoin de la vérification anatomique. Dans trois autopsies que je publierai, on verra que les veines du membre piqué étaient parfaitement saines.

Jusqu'ici nous avons examiné quelle influence pouvaient avoir sur la piqûre : 1° la partie piquée, 2° le nombre des piqûres, 3° la profondeur, 4° la présence d'un croc dans la plaie, 5° si c'est une artère ou une veine. Mais, outre ces conditions, il en est d'autres encore qui peuvent rendre les piqûres mauvaises. En première ligne nous rangerons la peur.
« En général, dit M. Guyon, les personnes qui viennent d'être
« mordues par la vipère et qui en connaissent le danger sont
« pâles, froides, avec les yeux hagards, les traits décomposés.
« Chez elles, le pouls est petit, concentré, la respiration lente,
« courte. Il en est qui éprouvent des défaillances, des syn-
« copes, des sueurs froides et abondantes. Ces accidents se
« dissipent dès que le malade est pansé et qu'il se croit à l'a-
« bri du danger. »

En peut-il être autrement quand on songe à l'horreur que l'idée seule du reptile imprime à toutes les imaginations! C'est à tel point, qu'il n'est pas rare d'entendre dire aux hommes les plus fermes : si j'étais piqué par un serpent, je crois que j'en mourrais.

Dans les cas où la mort a eu lieu subitement, je crois que la peur a dû y contribuer plus encore que le venin. Le lecteur en jugera par l'un des exemples suivants, rapporté par M. Blot:
« M. Fonteny Gachet chassait sur les terres de Lorrain. Un
« des nègres qui l'accompagnaient tomba tout d'un coup en
« poussant un cri épouvantable ; on s'approche pour le rele-
« ver, il n'était déjà plus, et le reptile, qu'on aperçut aussitôt
« se sauvant dans les broussailles, indiqua assez quelle pou-
« vait être la cause d'un pareil accident. L'examen du corps
« ne fit découvrir que deux légères piqûres sur le trajet du
« tendon d'Achille, sans la moindre trace de gonflement. »

Est-il concevable que le venin ait eu une action aussi instantanée, aussi foudroyante? Cela dépasserait tous les faits connus de l'absorption la plus prompte.

On m'a cité plusieurs cas de personnes qui sont tombées évanouies à côté même du serpent qui venait de les piquer; ce qui a été, pour le reptile, une occasion de répéter ses piqûres.

Il y a encore d'autres circonstances défavorables : tel est l'âge. Dans les expériences que j'ai faites, plus les animaux, poulets ou chiens, étaient jeunes, plus vite ils succombaient. Je ne sais s'il en est de même chez l'homme. J'ai rarement entendu parler d'enfants piqués du serpent.

Il faut aussi tenir compte de la constitution des individus. Les chairs du nègre sont éminemment lymphatiques, prêtes à tomber en suppuration et à produire des abcès. Il y a des individus d'une susceptibilité morbide vraiment malheureuse.

Tout leur est aquilon !

De la part de l'animal, on conçoit que certaines dispositions doivent rendre son venin plus ou moins actif. Quelques-uns soutiennent que les piqûres des petits serpents sont presque insignifiantes; que la plupart du temps elles passent inaperçues et déterminent tout au plus de petits abcès dont les nègres qui en souffrent ne soupçonnent même pas la cause. Pour d'autres, la piqûre de très-gros serpents est toujours mortelle, quoi qu'on fasse; je crois ce dernier pronostic beaucoup trop désespéré.

Sans doute encore la piqûre doit se ressentir de certains états où se trouve l'animal :

1° S'il est à l'époque du rut : cela n'est appuyé sur aucune observation ni sur aucune expérience *ad hoc*, mais l'analogie est si générale qu'elle peut passer pour une preuve complète. C'est en ces moments que tous les animaux sont au *summum* de leur puissance ; même les plus doux et les plus timides deviennent redoutables.

2° Si l'animal est irrité. Les chiens qui sont piqués dans les expériences, après que le serpent a été excité par toutes sortes d'attaques, succombent plus souvent que lorsqu'ils l'ont été dans les bois, à l'improviste, et pour ainsi dire par surprise, avant que la colère de l'animal eût échauffé le venin. Le serpent irrité doit mordre plus fortement et plus longtemps, par conséquent il doit exprimer de sa vésicule et ins-

tiller dans les chairs de l'animal mordu une plus grande
quantité de venin. Pendant longtemps ç'a été une opinion dans
la science que la gravité des piqûres des vipères dépendait
de leur état d'irritation plutôt que de la nature même du
venin. La fausseté de cette opinion, vainement soutenue par
le médecin Charras, est aujourd'hui démontrée.

On dit qu'en Europe le venin de la vipère perd de sa force
pendant l'hiver. A la Martinique, on croit avoir remarqué que
c'est vers la fin de l'hivernage qu'on cite un plus grand
nombre d'accidents par suite de la piqûre du serpent. Cette
saison est la plus chaude de l'année et c'est aussi, comme
nous l'avons déjà dit, celle du *part* de ces animaux.

On dit encore qu'en certaines années, les piqûres sont
plus graves qu'en d'autres. Je ne sais jusqu'à quel point cette
observation est vraie.

Mais ce qui est sûr, c'est que le danger est d'autant plus
grand, qu'il y a plus longtemps que l'animal n'a piqué; que
par conséquent le venin est plus anciennement sécrété, plus
cuit, plus *cohobé*, et aussi plus abondant. Ce fait est parfaitement constaté, et les nègres preneurs de serpents le savent
bien. Aussi, avant de saisir l'animal, ont-ils soin de le faire
voyer plusieurs fois en lui présentant un corps quelconque :
c'est afin qu'il se décharge d'autant de son venin.

Dans l'une de mes expériences, deux poules et un chien
ayant été piqués par un gros serpent de 5 pieds, je fis piquer un troisième poulet auquel on n'appliqua aucun traitement. Les trois premiers animaux avaient été pansés par divers moyens, ils succombèrent en moins de quinze heures;
le dernier poulet, dont la blessure était près de la tête, eut un
gonflement assez fort, mais ce gonflement se dissipa et le
poulet ne mourut qu'au sixième jour.

Je tiens de M. Roques, pharmacien de cette ville, que, s'a-
musant un jour à jeter de gros rats à un serpent, les quatre
premiers qui furent jetés furent piqués et moururent presque
instantanément; le cinquième se défendit vaillamment contre
le reptile, et, quoiqu'il eût été piqué à plusieurs reprises, il
parvint à s'échapper.

Lacépède rapporte les expériences suivantes faites sur le
Boiquira :

« Le capitaine Hall fit attacher à un piquet un serpent à

« sonnettes d'environ 4 pieds. Trois chiens en furent
« mordus Le premier en mourut en quinze secondes; le se-
« cond, mordu peu de temps après, périt au bout de deux
« heures dans des convulsions; le troisième, mordu après
« une demi-heure, n'offrit d'effets visibles du venin qu'au
« bout de trois heures. Quatre jours après, un chien mourut
« en une demi-heure, et un autre ensuite en quatre minutes.
« Un chat fut trouvé mort le lendemain de l'expérience. On
« laissa s'écouler trois jours, une grenouille mordue mourut
« en dix minutes, et un poulet de trois mois en trois minutes. »

Il est certain que le venin s'épuise par les morsures; ce
fait est conforme à la théorie de toute sécrétion et confirmé
par l'expérience. Il est certain aussi que l'appareil venimeux est disposé de telle sorte que tout le venin ne se verse
pas dans une seule morsure; c'est pourquoi deux morsures
sont plus graves qu'une seule. Mais quelle quantité de venin
actif la vipère peut-elle fournir à jets continus sans pour
ainsi dire désemparer ? C'est ce qu'il n'est pas facile de constater. Fontana a vu une même vipère donner la mort à cinq
pigeons, ce ne fut qu'au sixième que l'animal piqué ne parut
pas s'en ressentir. Nous voulûmes éprouver, dit Charras, si
une même vipère pouvait faire mourir de sa morsure, en un
même temps, divers animaux, les uns après les autres, et si
le venin était inépuisable, en sorte que les animaux mordus
les derniers en pussent être exempts. Pour en savoir la vérité,
nous fîmes mordre cinq pigeons l'un après l'autre par une
même vipère que nous irritions toutes les fois qu'elle mordait : tous ces pigeons moururent bientôt, et même nous re-
marquâmes que le dernier mordu mourut le premier. Un
pigeon mordu par une vipère à qui nous avions fait mordre
du pain et même jusqu'au sang, afin que le venin fût bien
sorti, mourut néanmoins.

Rapprochez ces faits de ceux observés par le capitaine
Basil Hall et par nous, il est évident que la quantité comme
les qualités du venin doivent être relatives, non-seulement à
l'espèce, mais à chaque individu de l'espèce. On voit combien
il faudrait de nombreuses expériences pour s'arrêter sur ce
point à des moyennes; bornons-nous présentement à constater que le venin ne s'épuise pas en un seul coup.

Il est probable que si la piqûre, avant d'atteindre la peau

de l'individu, passe à travers les bottes ou le pantalon, une
partie du venin sera absorbée et détournée par ces corps intermédiaires. Mais on conçoit que cette circonstance soit
plus préservatrice dans les cas de morsures d'animaux enragés. Les dents, trempées dans la salive de l'animal et for-
cées de traverser une certaine épaisseur de vêtements avant
d'arriver aux chairs, y laissent une partie du poison ; tandis
que les crochets ont beau être essuyés, dès lors qu'ils pénètrent les parties vivantes, ils y inoculent le venin qui n'est
point à leur surface, mais renfermé dans leur intérieur et
qui n'en sort que par leurs extrémités. On conçoit cependant
que les crochets, dans certains cas, peuvent être arrêtés
par les vêtements, qui font alors office de bouclier, et empêchent le venin ou du moins la totalité du venin d'arriver jusqu'à la peau; alors les blessures, si elles ont lieu, sont
moins graves. J'étais un jour sur l'habitation Rivière-Blanche,
avec mon confrère de Luppée, lorsqu'on vint nous avertir qu'un
nègre était piqué du serpent. Nous allâmes le visiter. Après
avoir bien examiné le bas de la jambe qu'il nous présentait
comme ayant été atteint par l'animal, et ne trouvant aucune
trace de piqûre, nous passâmes à son pantalon de bure, dont la
trame était visiblement imbibée de venin. L'homme était très-
effrayé; nous nous efforçâmes de le rassurer, en lui démon-
trant comment il avait été heureusement préservé. En effet, il
y avait près d'une heure que l'accident avait eu lieu, et aucun
symptôme ne se manifestait. Cela n'empêcha pas qu'à peine
nous eûmes le dos tourné, notre homme envoya chercher un
panseur qui lui fit ses *simagrées* et en retira 8 gourdes
(43 fr. 20 c.). Je rirais de ce noir, si depuis je n'avais vu à Paris
des gens, réputés à bon droit à la tête de la civilisation, se
faire aussi ridiculement exploiter par des charlatanismes tout
aussi grossiers.

« Quelques chasseurs, qui les appréhendent le plus, pren-
« nent de grandes bottes, lorsqu'ils vont à la chasse, pour se
« garantir de leurs morsures. Mais cela leur sert fort peu,
« puisqu'elles ne garantissent que la jambe et ne les défen-
« dent que des serpents qui sont à terre et non pas des autres
« qui sont perchés sur les branches des arbres ou sur l'émi-
« nence de quelque rocher, lesquels se dardent indifféremment
« sur toutes les parties du corps. Les deux derniers qui fu-

« rent mordus pendant mon séjour dans l'île le furent à l'é-
« paule et au bras. » (DUTERTRE.)

Je ne saurais dire si c'est par insouciance ou parce que
l'expérience en a réellement prouvé l'inutilité ; mais il est
certain qu'aujourd'hui personne, dans la colonie, même à
la chasse dans les grands bois, ne songe à s'entourer la jambe
de bottes, chaussures, ou autre chose qui préserve de la piqûre du serpent.

Tant est grande la misère de notre condition ! Tant sont
étroites les limites de notre prévoyance, qu'il paraît aussi
sage de se laisser aller au sort, que de s'ingénier à prévoir et
à prévenir tous les accidents qui peuvent nous menacer et
qu'à considérer le peu de bonnes chances que met de son
côté la prudence humaine, elle ne vaut pas les peines qu'elle
entraîne. *Plus vitam regit fortuna quam sapientia!*

Suivant les expériences de l'abbé Fontana (au nombre de
plus de six mille), la morsure d'une vipère suffit pour tuer
une souris ou un pigeon; mais il faudrait les morsures de
plusieurs pour donner la mort à un bœuf ou à un cheval.

Nous n'avons point expérimenté à quelle dose le venin du
Fer de lance peut tuer; mais il est certain qu'il est mortel,
même pour les plus gros animaux.

Observation rapportée par M. Guyon. — « Une vache, ap-
« partenant à Mlle Tinon, est mordue à l'un des pieds dans la
« matinée du 15 mai. L'animal éprouve bientôt les plus graves
« accidents et avait cessé de vivre treize heures après.

« Le reptile fut apporté au fort Bourbon pour en recevoir
« la prime : c'était un individu de grande taille et dont le
« ventre était plein de vipereaux qui n'auraient pas tardé à
« voir le jour. »

Mais cet accident n'est pas fréquent. On entend rarement
parler de gros animaux morts de la piqûre du serpent, quoiqu'on les laisse paître en liberté partout, et dans les plus
épais halliers. J'ai même trouvé de vieux habitants qui croient
que la piqûre du serpent est toujours sans effet sur le bœuf,
sur le cheval et surtout sur le mulet. Cette fausse opinion sur
l'innocuité de la piqûre du serpent chez les gros animaux est
certainement l'une des causes qui ont contribué à accréditer
cette énorme chimère des *empoisonnements organisés à répétition ou en masse des bestiaux*, opinion qui est, à mon sens,

un des fléaux de ce pays, et que j'ai cherché à combattre ailleurs. Il ne doit pas être difficile de vérifier si un animal a succombé à la piqûre du serpent ; dans tous les cas où j'ai eu l'opportunité de faire cette recherche, soit sur l'homme, soit sur les poules ou sur les chiens, il y avait un gonflement considérable, *caractéristique*, emphysémateux, c'est-à-dire contenant du gaz, gonflement verdâtre et presque noir par suite de l'infiltration d'un sang décomposé dans les tissus cellulaires et musculaires. Je ne connais aucune substance dont l'introduction dans les chairs produise un pareil désordre ; mais ce n'est pas le lieu de nous étendre là-dessus davantage. J'ai vu quelquefois des mulets qui présentaient sous l'abdomen un fort gonflement, et qu'on disait piqués du serpent. Suivant l'usage, je payais des honoraires au muletier qui pansait ces animaux, ils guérissaient toujours. Je soupçonnai quelque supercherie, je supprimai le pourboire et je n'eus plus d'accident. J'ai perdu un cheval piqué à la tête ; il eut un gonflement très-considérable et mourut vingt-quatre heures après, asphyxié par la gêne que l'enflure apportait à l'exercice de la respiration ; il avait été cependant pansé par mon fameux panseur. Paulet a fait mourir un cheval en le faisant piquer par une vipère.

On peut établir, en thèse générale, que le venin du serpent est mortel pour tous les animaux. M. le docteur Guyon a fait, pour démontrer ce fait, des expériences fort curieuses, non-seulement sur les mammifères (bœufs, chevaux, chiens), mais encore sur les oiseaux et sur les reptiles. Nous allons faire connaître ces expériences. Suivant M. Guyon, les accidents produits chez les animaux ne diffèrent de ceux produits chez l'homme que par des circonstances qui tiennent à des différences d'organisation. « Je me rappelle, dit-il, une vache qui, par suite « de plusieurs morsures, se trouvait tellement ballonnée, « qu'on eût dit qu'un boucher l'avait soufflée. Parmi les phé-« nomènes généraux, l'assoupissement est celui qui frappe le « plus. On observe, comme chez l'homme, des congestions et « des hémorragies pulmonaires. L'animal dont je viens de « parler *respirait difficilement et rendait par le museau une* « *écume sanguinolente et parfois du sang pur.* » Avec un examen superficiel et un esprit prévenu, n'aurait-on pas pu croire, dans ce cas, à un empoisonnement ?

On dit que les cabris sont très-sensibles à l'action du venin du serpent, et qu'ils en meurent promptement. Les moutons le sont un peu moins, mais ils succombent aussi. On m'a cité nombre de cas de chiens, de chats qui sont morts de la piqûre du *Fer de lance*.

Il n'est pas vrai, dit M. Guyon, que la piqûre du reptile soit, comme on le prétend dans le pays, sans action sur le cochon. Cette opinion s'est établie d'après la considération de l'enveloppe graisseuse qui entoure cet animal. « En effet, la graisse « du cochon est différente de celle de tous les autres animaux « quadrupèdes, non-seulement par sa consistance et sa qua- « lité, mais aussi par sa position dans le corps de l'animal. La « graisse de l'homme et des animaux qui n'ont point de suif « (comme le chien, le cheval, etc.) est mêlée avec la chair « assez également. Le suif, dans le bélier, le bouc et le « cerf, etc., etc., ne se trouve qu'aux extrémités de la chair ; « mais le lard du cochon n'est ni mêlé avec la chair, ni ra- « massé aux extrémités de la chair : il la recouvre partout et « forme une couche distincte, épaisse, et contenue entre la « chair et la peau ; cette couche peut avoir plusieurs pouces « d'épaisseur. » (BUFFON.) On a donc pensé que cette couche devait être inerte, impropre à l'absorption, et capable d'arrê- ter et de neutraliser les effets du venin ; mais on n'a pas songé que, pour arriver à cette couche, il faut traverser la peau qui est parfaitement organisée, très-vasculaire et éminemment absorbante. Quoi qu'il en soit, M. Guyon a fait appel de tous ces raisonnements à l'observation directe, et voici ce qu'il a vu :

« J'ai fait passer, le 20 février, à huit heures du matin, dans « la fesse gauche d'un cochon, par sept ou huit piqûres, tout le « venin contenu dans les vésicules de deux vipères de 5 pieds, « dont une femelle jaune encore pleine d'œufs. La quantité du « venin était considérable, et j'avais fait pénétrer les crocs « dans l'épaisseur des muscles. Peu après l'expérience, légère « tuméfaction des parties piquées, semblable à celle qui avait « suivi l'expérience du matin ; l'animal a un peu de peine à « marcher.

« 21, à six heures du matin, gonflement de toute la fesse « gauche, au-dessus et au-dessous des piqûres, jusque sur « l'abdomen et la poitrine ; point de gonflement bien sensible

« à la fesse droite ; derme des parties tuméfiées tout noir ;
« l'épiderme et le poil s'en détachent, une odeur infecte s'en
« exhale ; extrémités froides ; pupille dilatée ; mouvements du
« cœur fort lents.

« L'animal mourut à sept heures. » (Suivent les détails de
l'autopsie, page 57.)

M. Blot rapporte que Russel a vu périr un cochon qu'il avait
fait piquer par un *cobra de cappello*. C'est sans doute en raison de cette analogie que Bajon a prétendu que la piqûre
du serpent était plus mortelle sur une personne grasse que
sur une personne maigre.

Suivant les uns, le venin du serpent est si subtil qu'il agit
sur le serpent lui-même. On dit que, pressé par quelque danger inévitable, poussé dans ses derniers retranchements et
réduit au désespoir, il se perce de son croc, s'empoisonne,
se suicide aussi résolûment que Caton d'Utique (1). Il y a encore, à ce propos, une autre histoire : c'est que le serpent
n'a pas de plus grand ennemi que la fourmi ; celle-ci s'intro-
duirait sous les écailles du reptile, et, par ses morsures continuelles, l'irriterait tellement que le serpent, furieux, se
piquerait lui-même, croyant atteindre son ennemi et s'en
débarrasser. C'est, sous une autre forme, la fable du *Mouche-
ron vainqueur du lion*. Notre imagination se complaît dans
cette antithèse de la faiblesse venant à bout de la force.

Mais, lors même que la fourmi pénétrerait dans les écailles
du serpent, celles-ci sont disposées de telle sorte, que la fourmi
ne peut jamais être en contact qu'avec l'épiderme et qu'elle
ne touche point aux chairs du reptile. On trouve, il est vrai,
assez souvent de petits serpents rongés par les fourmis : cela
prouverait que la fourmi est un des animaux destructeurs des
petits serpents, comme elle l'est de presque tous les jeunes
animaux ; car on trouve de jeunes chats, de jeunes cochons,
de jeunes chevaux dont les yeux ont été dévorés par les
fourmis ; mais cela ne dit point que les gros serpents vivants
soient attaqués par les fourmis ; que si parfois on rencontre

---

(1) Cette tradition existe aussi pour le scorpion. Lorsqu'on l'entoure
d'un cercle de feu, et qu'il ne peut fuir, on dit qu'il se perce de son
dard et se tue. M. Théophraste Raynal m'a dit en avoir fait l'expérience ;
mais qu'il n'a pas vu que le scorpion se soit tué ou piqué.

le cadavre de gros serpents couvert de ces petites bêtes, il est probable que l'animal avait été tué préalablement par une autre cause. Les fourmis n'envahissent point les corps vivants des gros animaux; mais elles ont un admirable instinct pour reconnaître quand la vie a abandonné ces corps. A peine le corps a-t-il expiré que les fourmis s'en emparent : leur présence dans ce cas est même un des signes de la mort.

Suivant une autre opinion toute contraire, le venin du serpent serait sans action sur l'animal lui-même. On cite pour preuve que les gros serpents se battent entre eux, et probablement se piquent sans se tuer.

Rien n'est moins démontré que cela. Qui a vu les serpents se battre? qui les a vus se piquer sans se tuer?

D'autres m'ont cité cette observation aussi contestable comme une des raisons qui leur expliquent comment, dans le combat de la couresse contre le serpent, la couresse restait vainqueur ; étant un animal à sang froid, la couresse, disent-ils, résisterait à l'action du venin, dont les effets ne seraient sensibles que sur les animaux à sang chaud.

Mais tout cela est encore dans les hypothèses. On voit dans l'expérience de la couleuvre de Sainte-Lucie et du *Fer de lance* de la Martinique mis en présence que la couleuvre avait été piquée jusqu'au sang, mais qu'elle ne parut éprouver aucun mauvais effet de cette piqûre.

M. Guyon a entrepris de vérifier par l'expérience quelle pouvait être l'action du venin sur les animaux à sang froid, et particulièrement sur le reptile lui-même. Des *anolis*, des *anguis lombricoïdes*, un *scinque*, ont succombé; mais le reptile seul a résisté à l'action de son venin. Voici l'expérience :

« Le 23 août 1823, à deux heures de l'après-midi, j'enfonce successivement dans la queue et dans le dos de deux vipères les crocs pleins de venin d'une vipère de 5 pieds de longueur, tuée depuis quelques instants. Deux heures et demie : trois incisions sur la plus forte des deux vipères, dont deux sur le dos et l'autre sur la queue. L'animal était furieux, il voulait s'élancer sur ma main à travers le vase de verre où il était renfermé.

« 24, matin, la piqûre et les plaies rendent une sérosité excessivement abondante qui a mouillé tout le sol sur lequel sont les reptiles.

6

« 25, les plaies faites par le bistouri tendent déjà à se ci-
catriser : les deux reptiles paraissent ne pas souffrir. Aucun
accident n'est survenu depuis. »

D'autres expériences n'ayant pas eu plus d'effet, M. Guyon
arrête cette conclusion : que le venin de la vipère FER DE LANCE
*exerce une action délétère sur tous les animaux vertébrés des
trois premières classes, excepté sur le reptile lui-même.*

Mais, à ce résultat des expériences de M. Guyon, je crois
devoir opposer les faits suivants, rapportés par Lacépède :
« Le capitaine Hall (le même dont il a été déjà parlé, ayant
« mis auprès du *Boiquira* un serpent blanc sain et vigoureux,
« ils se mordirent l'un l'autre; le *serpent à sonnettes* répandit
« même quelques gouttes de sang; il ne donna aucun signe
« de maladie ; mais le serpent blanc mourut en moins de
« huit minutes. On agita le *Boiquira* assez pour le forcer à se
« mordre lui-même, et il mourut en douze minutes. Ainsi, ce
« furieux reptile peut tourner contre lui ses armes dange-
« reuses et venger ses victimes. »

Voilà des témoignages bien contraires. Il est vrai que dans
les deux sortes d'expériences il y a eu des conditions différentes qui peuvent expliquer la contradiction. M. Guyon a
expérimenté sur le *Fer de lance*, et le capitaine Hall sur le
Boiquira. M. Guyon s'est servi du croc et du venin pris sur des
serpents morts, le capitaine Hall a fait piquer le *Boiquira*
pendant qu'il était encore en vie. Or, la diversité est tellement infinie dans les productions de la nature, qu'il n'est pas
possible de conclure très-exactement de la ressemblance d'une
espèce à une autre, et qu'entre des analogies très-rappro-
chées, il y a encore place pour que l'erreur se glisse. « *Nature*, dit Montaigne, *s'est obligée à ne rien faire qui ne fût dis-
semblable.* » C'est pourquoi je crois qu'il faut laisser cette
question dans le doute jusqu'à ce qu'un troisième expérimentateur nous apprenne si le venin du serpent agit ou n'a-
git point sur l'animal lui-même.

On disait aussi que le venin du serpent était mortel même
pour les végétaux. Voici la tradition telle qu'elle est rapportée par M. Blot : « Un nègre tranche d'un coup de coutelas
« la tête d'une vipère; cette tête, dont les mâchoires sont
« ouvertes et menaçantes, va implanter ses crocs dans l'é-
« corce d'un cafier qu'elle presse avec force; le cafier meurt

« en peu de jours. » C'est en effet une tradition très-répandue que celle de cette tête de serpent qui, après avoir été séparée du tronc, conserve l'impulsion qu'elle a d'abord reçue, et peut ainsi faire des blessures mortelles, même à des hommes.

M. Guyon a enfoncé des crocs de serpents et les a laissés à demeure dans de jeunes orangers, dans des jasmins, dans des grenadiers, etc. ; il n'a jamais observé qu'un effet délétère ait succédé à ces expériences : les arbres ont continué de fleurir et de porter leurs fruits.

Plusieurs personnes m'ont affirmé qu'en faisant piquer par un serpent un bout de canne, d'autres m'ont dit même une tige de bananier, on voyait le venin monter comme par aspiration jusqu'au nœud le plus voisin, ou jusqu'à plusieurs pouces le long de la tige du bananier, à peu près comme l'eau monte dans un morceau de sucre qu'on met en contact avec elle. M. Cornette Saint-Cyr m'a assuré qu'il avait répété l'expérience pour le morceau de canne et qu'il n'avait pas vu le phénomène signalé se produire.

Malgré le proverbe : *Morte la bête, mort le venin*, beaucoup de monde persistait à croire que le venin du serpent, recueilli après la mort de l'animal et administré à un individu par la bouche et par l'estomac, était un violent poison. Les savants n'étaient point d'accord sur ce point. Fontana soutenait que le venin ne perd point sa qualité vénéneuse, d'autres combattaient Fontana. M. Guyon a constaté, à n'en pouvoir plus douter, que le passage du venin dans les voies digestives est sans danger aucun, qu'il y est digéré. Mes expériences sur ce point sont tout à fait confirmatives des siennes.

Au contraire, M. Guyon reconnaît, comme beaucoup d'autres, que le venin, recueilli et introduit dans le tissu cellulaire sous-cutané par une solution de continuité, peut encore être très-délétère. Mais toutes les expériences qu'il a faites là-dessus l'ont été sur des animaux de petite dimension, tels que poules, pigeons, anolis, chiens ou chats. J'ai constaté, moi, que chez les gros animaux : bœufs, mulets, chevaux, introduit dans le tissu cellulaire sous-cutané, le venin ne donnait lieu qu'à des symptômes locaux peu prononcés : gonflement et douleur de la partie piquée, et qu'il n'avait jamais occasionné la mort. A la Martinique, on a grand soin d'enterrer les têtes de serpents qui viennent à être tués, de peur que la piqûre des crocs venimeux ne détermine des accidents, ce qui pourrait avoir lieu fréquemment à cause de l'habitude qu'ont les noirs de marcher nu-pieds.

Serait-il vrai encore, comme on a osé l'écrire, qu'une première piqûre habitue le corps à l'action du venin et nous met à l'abri des accidents que produiraient les autres piqûres, de même que l'inoculation préserve de la variole? *Remediis liberati, periculo vacant si postea admorsi fuerint* (ALDOVRANDE). Je puis assurer qu'il n'y a point d'observation plus fausse. On voit fréquemment ici des nègres qui ont été piqués plusieurs fois, et chaque fois la piqûre a déterminé de graves accidents. Il y a des vérités mères d'une foule d'erreurs : telle est cette belle vérité de la vaccine; à combien de fausses analogies n'a-t-elle pas donné naissance!

Après avoir exposé les différentes circonstances qui rendent la piqûre du serpent plus ou moins grave, après avoir reconnu que cette piqûre est grave pour tous les êtres de l'échelle animale, nous allons entrer dans le détail des effets qu'elle produit principalement chez l'homme, c'est-à-dire dans la *symptomatologie* déterminée par cette piqûre. Quoique j'exerce la médecine dans la colonie depuis neuf ans, et que j'y aie acquis quelque confiance pour la pratique des opérations chirurgicales, il ne m'est jamais arrivé d'avoir été appelé pour panser un individu piqué du serpent; on en verra plus tard la cause. Aussi, à défaut de mon expérience personnelle, j'ai eu recours à des écrivains oculaires ; c'est des travaux de MM. Blot et Guyon que j'ai emprunté les choses que l'on va lire.

En général, une douleur vive et subite annonce au blessé l'accident qui vient de lui arriver, à moins toutefois, comme je l'ai déjà dit, que le serpent ne soit si petit que sa piqûre passe inaperçue. L'animal piqué par un serpent pousse un cri très-aigu et manifeste une vive douleur. Cette douleur est-elle due au venin? C'est ce que l'on pourrait croire d'après l'expérience de Mead, qui piqua un chien avec une aiguille en fer ayant la forme d'un crochet, sans que l'animal poussât un cri ; tandis que, piqué par un véritable crochet de vipère, il fit entendre immédiatement un hurlement plaintif.

Tout récemment, M. B***, excellent panseur pour les piqûres
du serpent, s'éveille un jour avec le pied enflé : il croît à un rhu-
matisme ou à une *faiblesse*, et fait tremper son pied dans un courant d'eau froide ; mais l'enflure augmente. Alors M. B*** se souvient que la veille au soir, au moment où il entrait dans sa
sucrerie, il s'était senti piqué, mais si légèrement qu'il en
avait perdu le souvenir. Un examen plus attentif des parties a
lieu ; on reconnaît les piqûres de deux crocs, dont les dimensions indiquaient un petit animal. M. B*** se panse avec son
remède et guérit promptement (1).

D'autres fois, la douleur qu'on éprouve à l'instant où l'on
est piqué est si vive, que les personnes se trouvent mal. Mais
je croirai volontiers avec M. Guyon que, dans ces cas, la
syncope résulte autant de la frayeur que de la douleur.

Dans deux cas où M. Guyon vit des blessés presque au moment où ils venaient de l'être, il reconnut du *venin* qui sortait
des plaies sous forme de petites gouttes de rosée.

Dans la grande majorité des cas, les premiers accidents
sont entièrement locaux : la partie piquée enfle, se refroidit,
prend une teinte livide. Suivant M. Guyon, sa sensibilité s'é-
mousse et finit même par s'éteindre tout à fait ; mais les accidents, arrivés à ce point, peuvent s'arrêter. Le gonflement,

_____

(1) Je suis étonné que la piqûre de la *bête à mille pieds*, scolopendre
d'Amérique (*scolopendra morsitans*, Cloquet), n'ait pas été prise plus
souvent pour la piqûre du serpent. Cette piqûre est quelquefois extrêmement douloureuse. Entre plusieurs exemples que je pourrais citer, en
voici un assez remarquable. La femme d'un jeune magistrat, récemment
arrivée de France, se promenait, vers les huit heures du soir, sur la place
Bertin, lorsqu'elle se sentit piquée au pied. La douleur fut si vive qu'elle
lui arracha des cris, et M*** s'évanouit. On la porta chez elle ; tous les
moyens ordinaires furent employés sans aucun soulagement. Je fus appelé à minuit. La souffrance paraissait intolérable ; j'essaie divers moyens :
éther, huile, laudanum, indigo, etc., sans succès. Il y avait une rougeur
érythémateuse sur le cou-de-pied, très-sensible au toucher, diffuse, avec
un gonflement dont le siége paraissait être plutôt dans la couche superficielle du derme que dans le tissu cellulaire sous-cutané. Ce ne fut que
vers trois heures du matin que je parvins à engourdir la douleur, en tenant le pied aussi rapproché que possible d'un brasier de charbons ar-
dents. La malade eut un mouvement fébrile pendant les trente-six heures
qui suivirent. J'avais produit ainsi empiriquement une anesthésie locale,
longtemps avant les grandes études dont ce phénomène a été l'objet. On
sait aujourd'hui que l'anesthésie peut être déterminée par l'application du
gaz *oxyde de carbone*.

quoique considérable, se résout sous l'influence des moyens de traitement en peu de jours, sans laisser aucune trace de suppuration, et dès le quatrième ou cinquième jour, les nègres peuvent retourner au travail. Ce sont-là les cas légers, heureusement assez ordinaires. Ces cas légers peuvent s'expliquer par la petitesse de l'animal, par le peu de venin introduit dans la plaie, l'animal n'en ayant pas assez de sécrété, lorsqu'il fit la blessure. En effet, le serpent, comme à demi engourdi, se jette aveuglément sur tous les objets, pierre, feuille, branche, qui viennent à l'éveiller en tombant près de lui. Il dépense aussi son venin à tort et à travers, et se trouve souvent pris au dépourvu sans venin, ou bien le venin est en partie arrêté et absorbé par les vêtements qu'il lui a fallu traverser, ou bien il a existé toute autre circonstance favorable qui a diminué la gravité de l'accident.

Mais, avant d'aller plus loin, arrêtons-nous pour fixer un point important. Après combien de temps le venin donne-t-il des signes de son action et commence-t-il à produire les premiers accidents? En d'autres termes, le venin agit-il instantanément avec la rapidité de l'affinité des sels entre eux et des acides pour les alcalis, ou bien, comme toutes les substances délétères introduites dans le corps, exige-t-il un certain temps d'incubation avant que d'être absorbé? On conçoit qu'il faut ici abstraire les individualités, que l'apparition des premiers symptômes ainsi que l'intensité de leur développement varient suivant les combinaisons infinies qui résultent des dispositions particulières, soit de l'animal, soit des personnes piquées. Il faut prendre un terme moyen.

Suivant Fontana, les effets de la piqûre de la vipère sont visibles au bout de quinze ou vingt secondes; celles du *Boiquira* donnent la mort en moins de huit minutes; ses premiers effets doivent être en raison de cette rapidité de la mort. L'absorption du venin du *Fer de lance*, dans la plupart des cas, a lieu aussi très-promptement. Dans les expériences que je faisais sur les chiens, le gonflement de la partie piquée était très-sensible au bout de cinq ou six minutes : j'ai vu de jeunes poulets mourir en moins d'une minute. Les moins clair-voyants voient déjà la conséquence de ce fait, c'est qu'il n'y a pas de temps à perdre, et le premier précepte du pansement sera de panser le plus promptement possible.

Voici une autre catégorie d'accidents : les choses ne se passent plus aussi bénignement. Le gonflement, d'abord pâle et borné aux environs de la piqûre, devient livide et s'étend à tout le reste du membre, au-dessous comme au-dessus de la piqûre ; une sensation pénible s'étend jusqu'à l'épigastre ; il y a un malaise indéfinissable, trouble général, et bientôt commencent des nausées qui sont suivies de vomissements ; lassitude inexprimable ; fréquents étourdissements ; les idées s'embarrassent et le malade tombe dans une somnolence ou coma fort remarquable, ce qui peut aller jusqu'à la mort. Suivant Fontana, dans la piqûre de la vipère, ces accidents internes sont sensibles en quinze ou vingt secondes, aussi promptement que les externes, et cette action générale est d'autant plus prononcée que la maladie locale l'est moins.

Cette somnolence a été signalée depuis longtemps. En 1694, le père Labat dit, en parlant d'un nègre piqué du serpent : « Je le confessai et j'en fus fort content ; il est vrai que pour « l'empêcher de dormir je lui tenais une main que je remuais « souvent. »

Et, en 1785, Bonodet : « Ceux qui meurent ne paraissent « pas éprouver une agonie bien cruelle, et ils périssent dans « une sorte de léthargie qui commence aussitôt qu'on est « mordu. »

C'est pour combattre cette tendance au sommeil que quelques panseurs nègres, dans toute la naïveté africaine, n'ont imaginé rien de mieux que de faire battre du tambour jour et nuit autour du malade, afin de le tenir éveillé.

Mais, en même temps que les symptômes précédents, le pouls se ralentit, la respiration aussi, il y a injection de la face, teinte plus ou moins sombre, plus ou moins bleuâtre de toute la surface cutanée, coloration que M. Guyon compare à celle du choléra dans la période algide, ou bien avec celle de la fièvre jaune dans sa dernière période.

Les extrémités se refroidissent, le corps se couvre d'une sueur froide et visqueuse, les syncopes se répètent, et les malades succombent. J'ai ouï dire que dans ces cas la mort avait eu lieu deux ou trois heures après la piqûre. Il est certain que la mort de M. Picherie eut lieu en moins de six heures, et celle de M. Labat en moins de neuf heures. Des médecins, qui ont eu l'occasion de voir les malades à ces derniers mo-

ments, m'ont assuré que, sans les circonstances commémo-
ratives, ils les auraient crus en proie aux derniers phénomènes
d'une fièvre pernicieuse algide.

Il y a des malades qui accusent une chaleur extérieure parfois très-vive, et c'est alors, surtout, qu'ils se plaignent de
cette soif dont on a tant parlé et qui bien souvent paraît être
moins un produit du mal lui-même que du traitement suivi
par le panseur. « D'un côté, dit M. Guyon, ils font suer le ma-
« lade à outrance, et de l'autre, ils ne leur permettent pas
« de boire, prétendant que les liquides sont contraires au
« mal. »

Quelquefois les phénomènes dont nous venons de parler
n'entraînent point si rapidement la mort.

On a vu même des malades en revenir, je ne saurais dire en
quelle proportion. « Dans ces cas de guérison, c'est ordinai-
« rement le quatrième jour, suivant Blot, que le bien se ma-
« nifeste; il s'établit des sueurs abondantes, l'assoupissement
« diminue et le malade semble revenir à la vie. » D'autres
fois, les phénomènes se prolongent; une fièvre plus ou moins
aiguë persiste, et bientôt apparaissent tous les signes d'une
congestion pulmonaire : oppression, expectoration sanguine
plus ou moins abondante. « Telle est même, suivant M. Guyon,
« la fréquence de cet accident, qu'il est généralement reçu
« parmi les habitants que la morsure a toujours pour résul-
« tat une *fluxion de poitrine*. Nous l'avons observée trois fois :
« une fois, le troisième jour, une fois, le cinquième ; sur quoi
« je remarque que les panseurs ne fixent l'époque de son ap-
« parition que du huitième au neuvième jour, ce qui tient à
« ce qu'elle n'existe pour eux que lorsqu'ils voient apparaître
« des crachats sanguinolents. » (GUYON, page 10 et suivantes.)

Les malades dont parle M. Guyon, et qui ont présenté ces
signes de congestion pulmonaire, ont guéri; suivant la tradition populaire, la fluxion de poitrine, suite de la piqûre du
serpent, serait le plus souvent mortelle.

Ce passage de l'ouvrage de M. Guyon est tout ce que nous
possédons de scientifique sur cette fameuse pneumonie, suite
de la piqûre du serpent. Je ne sais si ceux qui ont écrit sur
la piqûre du *Boiquira* et des autres serpents en ont dit davantage; mais, pour le *Fer de lance*, je suis sûr que c'est le seul
document *écrit* et *positif* que nous ayons. Le sujet devient de

plus en plus technique. Je prie ceux des lecteurs étrangers à la médecine, et qui ont eu la curiosité de me suivre jusqu'à ce moment, de m'excuser si je ne puis plus trouver aucune explication qui mette les choses à leur portée. Il s'agit ici d'une question d'*anatomie pathologique* : c'est affaire à régler entre les médecins. Je demanderai donc à ceux-ci si les signes rationnels rapportés par M. Guyon, l'expectoration sanguine entre autres, leur paraissent suffisants pour admettre qu'il y a dans ces cas, *pneumonie véritable,* c'est-à-dire cet état caractérisé par la lésion anatomique désignée sous le nom d'*hépatisation pulmonaire?* Je dis, moi, qu'il faudrait la vue directe de cette hépatisation pour en pouvoir admettre l'existence, c'est-à-dire l'autopsie des malades qui succombent, ou bien s'ils guérissent, il faudrait au moins la perception des signes physiques (râle crépitant sec, souffle bronchique, bronchophonie, matité du son) établie par une auscultation consciencieuse ; car c'est aujourd'hui la seule formule symptomatique bien exacte de la pneumonie et qui fasse foi : l'expectoration sanguine peut provenir de la bouche ou de la gorge, comme dans l'hydrophobie, ou bien d'une exsudation bronchique, ainsi qu'on le remarque dans certaines maladies et particulièrement dans l'affection typhoïde. Il y a alors un état particulier qui tient plutôt de l'*engouement* que de l'*hépatisation* et que les *anatomo-pathologistes* modernes ont désigné sous le nom de *splénification.* Or, autant qu'on peut parler *a priori,* je croirais que c'est plutôt à cet engouement qu'à l'hépatisation véritable qu'il faut rapporter la fluxion de poitrine ou expectoration sanguine observée chez les personnes qui sont piquées par le *Fer de lance.* Ce sujet est donc entièrement neuf, digne d'être signalé à l'attention, et ce serait une gloire pour un médecin de donner là-dessus à la science une belle série d'observations. Quels enseignements ne tirerait-on pas de cette étude, puisqu'on pourrait suivre la maladie d'un bout à l'autre, depuis le moment où elle naît de quelques gouttes de venin jusqu'à celui où elle se terminerait soit en bien soit en mal? On sait que jusqu'à présent il a été impossible à la médecine de déterminer artificiellement l'inflammation spécifique de tel ou tel organe.

J'ai ouï préciser, par des personnes il est vrai qui croient que tout est explicable, les cas où cette fluxion de poitrine aurait lieu : c'est, disent-elles, le cas où l'ammoniaque ou tout

autre remède chaud a été donné et que les malades ont éprouvé
un refroidissement ; or voici l'explication qu'elles tirent de ce
fait : l'ammoniaque détermine une transpiration abondante,
et cette transpiration venant à être arrêtée, de là pneumonie.
On conçoit combien cette explication est donnée en l'air ; je
n'en parle aussi que comme d'une tradition populaire.

Jusqu'à présent nous avons vu que les malades piqués du
serpent mouraient, 1° par le cerveau, c'est-à-dire à la suite
d'accidents nerveux dont le cerveau est le point de départ ;
2° par les poumons. Voici un cas où le principe du mal paraîtrait avoir agi sur l'abdomen ; la congestion se serait établie
sur le tube digestif.

Le soldat Hautbois, piqué à la main, fut passé tant à l'extérieur qu'à l'intérieur avec l'ammoniaque. Quelques heures
après, il est pris de fortes douleurs à l'abdomen, avec sensibilité sur tous les points de cette cavité. Ces douleurs s'étendent
jusque dans la régions épigastrique ; elles sont intolérables.
Malgré des applications de sangsues, bains, cataplasmes, le
malade ne cesse de crier : *Mon ventre ! mon ventre !* Il meurt
trente-six heures après la piqûre. A l'autopsie, on trouve que
l'intestin grêle présente une teinte livide des plus foncées qui
ne s'étend ni à l'estomac ni au gros intestin.

M. Guyon est disposé à attribuer la phlogose intestinale aux fréquentes doses d'ammoniaque que prenait le malade, doses qui
n'ont pas été déterminées. Ce fait n'est pas unique ; dans plusieurs
observations de la piqûre des vipères communes que la science
possède, on trouve des exemples de ces douleurs abdominales.

Je n'ai jamais observé l'ictère, à la suite de la piqûre du
Fer de lance ; il est vrai que chez le noir, ce symptôme frappe
moins l'attention que chez le blanc ; il est cependant encore
assez appréciable par l'état des conjonctives ; en outre, les cas
graves de la piqûre du *Fer de lance* entraînant promptement
la mort, il se peut qu'on n'ait pas le temps de reconnaître
l'ictère, ou même qu'il n'ait pas eu le temps de se former.
Quoique dans les cas où il existe par une autre cause, l'ictère
se forme quelquefois instantanément. Ce symptôme paraît
avoir été assez souvent observé, après les piqûres de la vipère.
Fontana le rapporte aux cas où les malades ont beaucoup
vomi ou bien ont eu beaucoup de nausées. La bile, sécrétée
par l'excitation du foie et ne pouvant se dégorger dans les

intestins par la crispation du canal cholédoque, est résorbée et passe dans la masse des humeurs. Dans ces derniers temps, M. Gubler (Mémoire de la Société de Biologie) n'a voulu voir dans ces ictères à la suite de la piqûre des serpents, qu'un effet de la peur. S'il en était ainsi, tout porte à croire que ce symptôme serait plus commun qu'il ne l'est ; car la frayeur est toujours très-grande, lorsqu'on est piqué du serpent.

Quant à l'ictère local mentionné par Bernard de Jussieu sur les deux avant-bras du jeune étudiant auquel il administra l'ammoniaque au troisième jour de l'accident, ce ne peut être que l'un de ces changements de coloration par où passent les extravasations sanguines, au fur et à mesure que la résorption s'en opère.

Dans le plus grand nombre de cas, il semble que l'action du venin porte directement sur le cœur ; c'est du moins ce qu'on en peut augurer par la promptitude de la mort. « Le venin, dit le père Dutertre, lui gagne le cœur, les syncopes le prennent, et il tombe pour ne jamais se relever, avant même qu'aucun phénomène local ait eu le temps de se manifester. »

J'ai cité un de ces cas de mort subite rapporté par M. Blot ; en voici un autre, extrait du même auteur :

« Une négresse, appartenant au sieur Caunes, orfévre à « Saint-Pierre, aperçoit une énorme vipère en sarclant des « cafés sur l'habitation de son maître ; saisie d'épouvante, elle « fait précipitamment un pas en arrière pour l'éviter, mais « le reptile s'élance aussitôt sur cette femme et l'atteint au « côté droit de la poitrine. La malheureuse profère un seul « cri en tombant ; des nègres s'empressent de la transporter « à la maison distante d'une vingtaine de pas ; elle expire « dans le trajet. »

J'ai déjà dit quelle part devait être attribuée à la peur dans des cas pareils.

Mais, pour être subite, la mort n'a pas besoin d'être instantanée, c'est-à-dire de succéder immédiatement à la piqûre. Il est venu à ma connaissance plusieurs cas de personnes piquées chez lesquelles aucun accident, même local, ne s'était d'abord manifesté et qui, quelques jours après, sont tombées mortes tout d'un coup au moment où on les croyait guéries : tel est le cas d'une négresse qui m'a été tout récemment communiqué par M. Blot. Je tiens encore de M. Eugène Degage qu'un nègre de l'habitation de M. son père fut piqué sur les deux heures de l'après-midi, au moment où il travaillait dans son jardin, par un serpent de très-moyenne dimension. Ce nègre vint se faire panser chez son maître, n'eut presque pas d'accidents pendant deux jours, et se trouvait si bien qu'il voulait retourner au travail, lorsque, dans la nuit du troisième jour, il fut pris subitement d'accidents convulsifs, et mourut avant qu'on eût eu le temps de lui porter des secours. M. Auguste de Venancourt m'a parlé d'une *hématurie* (pissement de sang) observée par lui sur un nègre, au lendemain d'une piqûre de serpent qui ne fut pas mortelle.

Tels sont les accidents généraux déterminés par la piqûre du serpent, lorsque le venin agit sur l'un des principaux appareils organiques de l'intérieur.

Mais souvent cette action est entièrement locale, c'est-à-dire bornée à la partie piquée. J'ai déjà dit qu'elle déterminait un gonflement prompt à se dissiper.

Le plus souvent l'irritation est assez forte pour produire un abcès plus ou moins considérable.

Souvent aussi, la suppuration, au lieu de se limiter en un abcès, s'étend à tout le membre, et de là phlegmon diffus, érysipélateux, affection si redoutable que Dupuytren, dans ses salles de chirurgie, la considérait comme ne le cédant en gravité à aucune des maladies internes les plus aiguës. Voici alors comment se passent les choses.

· Le gonflement de la partie piquée s'étend de proche en proche, même à une grande distance de la partie mordue; le membre devient triple de son volume ordinaire ; on y sent un empâtement mollasse, gazéiforme; des phlyctènes se multiplient sous l'épiderme. « Il faut avoir vu, dit M. Blot, ces membres « tuméfiés et couverts de placards violets pour s'en faire une « idée; on dirait qu'il se fait une énorme infiltration sanguine, « semblable à celle qui résulterait d'une contusion violente. (On verra, dans deux autopsies que nous rapporterons, combien était juste cette induction de notre confrère.) La suppuration « s'établit en moins de deux ou trois jours, la peau se dé- « colle, et, si elle n'est convenablement incisée, tombe en gan- « grène. Alors des portions de tissu cellulaire se détachent « avec une sanie roussâtre, les tendons, les os sont mis à nu, « les articulations sont ouvertes, le sphacèle s'empare des

« parties, principalement des doigts ; tout le membre, ainsi
« que je l'ai vu plusieurs fois, est disséqué vivant. La colli-
« quation succède, et si le malade ne succombe pas aux ac-
« cidents de la résorption purulente, ou de la gangrène, il
« faut amputer le membre. »

Quand la mort résulte des désordres produits par le phlegmon, elle a lieu de quinze jours à un mois après la piqûre.
Chez les malades qui guérissent, il n'est pas rare qu'il reste
des trajets fistuleux, des nécroses, des ulcères dont la guérison est interminable, ou des cicatrices et des déformations
hideuses, ou des gonflements œdémateux éléphantiasiques. Il
est peu d'hôpitaux d'habitations qui n'offrent un ou deux de
ces invalides de la piqûre du serpent.

Quelques personnes m'ont parlé de faits qui pourraient
faire croire à des gangrènes partielles, spontanées, semblables à celles que l'on dit avoir été observées à la suite de
l'introduction dans le corps de certaines substances (du
seigle ergoté par exemple). M. Jouques père m'a raconté qu'un
jeune nègre africain, nouvellement débarqué, croyant retourner dans son pays, s'était enfoncé dans les bois de la montagne Pelée ; il fut retrouvé quelque temps après avec le bout
d'un doigt de moins, et fit entendre que cela résultait de la
piqûre d'un serpent. J'ai vu à l'hôpital de Saint-Pierre un fait
semblable. Un nègre se présenta avec l'extrémité d'un doigt
noir, desséché ; je n'eus qu'à le toucher pour faire tomber la
première phalange. Il nous assura que c'était l'effet d'une
piqûre de serpent qui n'avait pas agi au delà. Mais il ne fut
pas prouvé qu'une ligature trop serrée n'avait pas contribué
à produire cet accident.

· Je trouve dans la lettre d'un anonyme déjà cité cet autre
fait : « J'ai connu, il y a plus de quarante ans, un des MM. de
« la Motte-Groust, habitant du Gros-Morne ; il avait alors
« une soixantaine d'années. Depuis son enfance, il s'était ac-
« coutumé à saisir les serpents de la main droite par la queue,
« en glissant rapidement la main gauche le long du corps du
« reptile ; il s'arrêtait tout près de la tête qu'il comprimait,
« sans pourtant abandonner la queue, et finissait, après ce jeu
« étrange, par tuer le serpent. Mais voici ce qu'un jour il lui
« arriva : sa main gauche ne s'étant pas portée avec assez de
« promptitude sur la tête du serpent, celui-ci put la retour-

« ner et mordit M. de la Motte-Groust au pouce de cette
« main : il fut pansé, se crut guéri. Il avait employé l'alcali.
« Mais, au bout de peu de temps, il éprouva au gros orteil du
« pied droit une douleur intolérable ; une plaie venimeuse se
« déclara, résista à tous les remèdes ; la gangrène s'y mit, et
« M. de la Motte mourut au Lamentin, chez M. Soudon, de
« Sainte-Marie. Je vous cite ce fait pour en avoir vu toutes
« les suites. »

Passons à d'autres faits plus singuliers encore et surtout
plus authentiques.

Ce sont ces paralysies, ces amauroses, qu'on observe assez
fréquemment pour qu'il n'y ait point de médecin dans la colonie qui n'en ait un ou deux cas dans sa mémoire. MM. Blot,
Guyon, Noverre, en citent plusieurs ; moi-même j'en ai observé cinq ou six, et un grand nombre d'autres m'ont été
rapportés. Ces singuliers accidents se dissipent quelquefois ;
quelquefois aussi ils persistent toute la vie. Le même M. Guyon
rapporte qu'en 1820 il a vu chez Mme Gaubert, mère du
médecin de ce nom, une négresse aveugle depuis de longues
années par suite d'une piqûre de serpent.

Deux cas d'amaurose, rapportés par M. Blot, sont d'autant plus remarquables qu'ils ont eu lieu à l'instant même de
la piqûre.

Cette amaurose, comme je l'ai dit, peut se dissiper ; M. Duchatel m'en avait fait voir une dont il m'a depuis appris la
guérison.

On cite des cas d'hémiplégie complète, ou bien seulement
d'un bras ou bien de l'un des membres inférieurs seulement.

Feu le docteur Charles Seisson me fit voir, à mon arrivée
en ce pays, un cas de *mutisme* (perte de la parole) qui avait
succédé à la piqûre du serpent. La langue jouissait de tous
ses mouvements, et la perte de la parole ne pouvait être
rattachée à aucune lésion appréciable. On verra plus loin
l'observation détaillée d'un fait semblable recueilli par moi.

J'ai vu pendant longtemps, sur l'habitation Beauséjour, appartenant à Mme Desguerre, une négresse qui se plaignait
d'une hémicranie, suite d'une piqûre de serpent. Cette femme
avait essayé de tous les panseurs et de tous les remèdes ; elle
avait fini par tomber dans un état d'hypocondrie. J'ai su
qu'elle était guérie depuis.

Chose remarquable, je n'ai jamais ouï dire qu'aucun malade fût mort du tétanos à la suite de la piqûre du serpent.
Que des esprits aventureux n'aillent pas induire de là que l'un
de ces redoutables accidents pourrait être le remède de
l'autre ! Il y a quinze ans que j'écrivais ceci. J'ai lu depuis,
dans l'*Union medicale* du 23 décembre 1856, que le *curare* était
proposé théoriquement comme l'antidote du tétanos, parce
que ce poison détruit la contractilité musculaire. Or le
curare est considéré par beaucoup de voyageurs comme étant
composé avec le venin du crotale !!!

Ce tableau symptomatique terminé, nous voyons que la
piqûre du serpent peut occasionner : 1° la mort subite, instantanée; 2° la mort subite quelques jours après l'accident,
mais sans manifestation de symptômes primitifs préalables ;
3° la mort à la suite d'un trouble nerveux considérable, développé dès les premiers moments; 4° la mort par une congestion pulmonaire; 5° la mort par une action sur les intestins; 6° la mort par suite du phlegmon ; 7° que lors même
que cette piqûre n'est pas aussi grave, elle peut donner lieu
à des gonflements, à des abcès, à des gangrènes partielles, des
fistules, des nécroses, des paralysies des sens, des paralysies
du mouvement, à la névralgie, au trouble de l'intelligence, à
l'hypocondrie.

Quelle multiplicité, quelle diversité d'effets pour une seule
cause, et si petite encore! deux gouttes de venin! Quelle moralité tirerez-vous de tout cela, vous, ami lecteur, qui n'êtes
pas obligé d'y voir que des choses naturelles? La singulière
et piteuse machine, n'est-ce pas, que ce corps qui, né de deux
gouttes de liquide, se trouble, se décompose, se détraque et
meurt pour deux gouttes d'un autre liquide introduites sous
son épiderme! Et voilà la force de cette organisation à tant
de rouages, à tant de ressorts, si artistement compliquée !...
O merveille des merveilles! n'est-ce pas à déconcerter, à
révolter notre sagesse humaine! encore si c'était une exception; mais c'est la règle. Autant en font cent autres maladies,
cent autres poisons; et moins encore; car qu'est-ce que les
influences épidémiques? Au moins nous voyons, nous tou-
chons ici les deux gouttes de venin; mais ces influences im-
palpables, invisibles, impondérables! quelque chose, qu'avec
nos sens, nos microscopes, nos réactifs, nous ne pouvons sai-

sir, que nous sommes réduits à nommer par des mots vagues, qui laissent entendre plus que nous ne pouvons concevoir, par des mots jetés dans l'inconnu. Un *miasme*, une *influence*, un *je ne sais quoi* qui ne se révèle à nous que par le mal qu'il nous fait, et dont le seul réactif est notre vie ! Le ciel est bleu comme par les plus beaux jours ; les vents sont doux comme des zéphirs ; l'air, analysé par les plus savantes mains, n'offre aucun changement dans ses éléments ordinaires, c'est partout 79 azote et 21 oxygène ; le sol est frais sous nos pieds ; tout est riant dans la nature, la fleur continue à s'épanouir, les feuilles à verdir, l'oiseau chante, tous les animaux s'ébattent dans la plaine et sur les monts ; l'homme seul meurt en ces temps d'épidémie, et, par sa mort, il atteste que ce beau ciel, ce beau jour, cette belle nature, sont pour lui un ciel, un jour, une nature empoisonnés.

En vérité, lorsqu'on arrête sa pensée sur ces infiniment petits de la nature, sur ce *maximus in minimis*, c'est à croire toutes les billevesées de l'homœopathie. Car ce qu'il y a d'insensé dans l'homœopathie, ce ne sont point ses atomes, ses billionièmes de grain ; vous venez de voir qu'elle peut nous renvoyer à la nature pour ces procédés-là : ce qu'il y a d'insensé dans l'homœopathie, c'est que, née d'hier, elle est venue, la tête levée, la parole haute, plus dogmatique que le vieillard de Cos, ayant solution pour tout et tranchant des questions que vingt siècles d'observations n'ont pu débrouiller. Mais où vais-je ? grand Dieu ! dans les rapprochements théoriques, dans les ironies philosophiques, dans les espaces imaginaires ! Revenons, revenons à la pure et simple observation.

Quoi qu'en puissent dire certains esprits pour excuser leur répugnance à ce genre de recherches (répugnance que dompte aisément un peu de goût pour la vérité), il est aujourd'hui généralement reçu que l'histoire d'une maladie n'est complète qu'autant qu'elle est accompagnée de la vérification anatomique ; si la relation des symptômes aux lésions organiques n'est point toute la maladie, elle en est du moins un point capital, indispensable à connaître (1). Certainement il n'est

---

(1) Il n'est anatomo-pathologiste si exclusif qui ne convienne que lors même qu'on a d'une part les symptômes et de l'autre les lésions anatomiques, on n'a pas encore toute la maladie, il reste quelque chose d'in-

personne dont la curiosité ne soit éveillée à l'idée qu'elle va
voir les désordres que le venin du serpent produit dans les
corps qu'il frappe de mort si rapidement ; c'est pourquoi nous
avons dû nous mettre en quête des *autopsies* que les annales de
la science pouvaient avoir recueillies à la suite d'accidents
pareils. Nous n'avons trouvé qu'une seule observation qui soit
entrée là-dessus dans quelques détails, et nous sommes sûr
qu'il n'en existe pas d'autres. Celle-ci est due à notre confrère
M. Pouvreau qui l'a communiquée à M. Guyon.

C'est l'observation du soldat Hautbois (qui a été déjà citée),
lequel est mort au commencement du troisième jour, après
avoir éprouvé dans le ventre des douleurs intolérables. Voici
ce qu'on trouva chez lui : « *Crâne* non examiné ; *thorax* : les
« poumons n'offrent rien de remarquable ; *abdomen* : à l'exté-
« rieur, l'intestin grêle présente une teinte livide des plus
« foncées et dont le siége est tout à fait dans son plan muscu-
« leux. Cette teinte ne s'étend ni sur l'estomac ni sur le gros
« intestin ; la muqueuse de l'estomac offre quelques rougeurs
« qu'on peut considérer comme normales ; celle de l'intestin
« grêle, du jejunum surtout phlogosée sur différents points ;
« le foie, la rate et les autres viscères *abdominaux* sains ; tissu
« cellulaire de l'avant-bras (où l'homme avait été piqué)
« gorgé de sang noir ; même état des muscles de ce mem-
« bre. »

M. Guyon regrette que cette observation soit aussi écour-
tée. Pour suppléer aux détails qui lui manquent, nous ajoute-
rons les deux suivantes, qui ont été recueillies par nous :

connu : le *nescio quid divinum* d'Hippocrate, pour former l'appoint de
ce qu'il faudrait savoir. Cela est frappant, surtout dans ces affections, où
le principe du mal, portant sur toute l'économie, il n'est pas nécessaire
que le désordre se concentre sur un seul organe et en suspende assez le
jeu pour expliquer la cessation de la vie (par exemple, dans la piqûre du
serpent). Mais on demande souvent *le plus* pour se dispenser *du moins ;*
on voudrait des solutions absolues. Quelques-uns ont même l'air de dé-
daigner les *autopsies*, parce qu'elles ne disent pas tout, parce qu'elles ne
donnent pas le dernier mot de la maladie. A quoi bon, disent-ils, tant de
peine ? mais comme dans l'hypothèse où nous arriverions à connaître la
vérité parfaite touchant les maladies, les résultats anatomiques doivent
faire partie de cette connaissance. En attendant, sachons ce que nous pouvons savoir et sachons-le bien. Dans l'état actuel, les autopsies forment
la moitié de la science médicale.

7

PREMIÈRE OBSERVATION.

Un jeune nègre de vingt-cinq ans, de l'habitation Desguerres, d'une constitution très-forte, fut piqué le 21 juin 1839 par un gros serpent, au moment où il coupait du bois, entre trois et quatre heures de l'après-midi. Le siége de la piqûre était à la partie antérieure et moyenne de l'avant-bras.

Le nègre s'empressa de revenir chez son maître ; en passant sur une habitation voisine, il prit une infusion alcoolique de plantes reputées bonnes pour la piqûre du serpent ; mais le panseur n'arriva qu'à sept heures du soir.

La piqûre du serpent fut élargie et convertie en une plaie d'un demi-pouce de long sur 1 ligne 1/2 de profondeur ; puis on fit plus de soixante scarifications sur tout le membre, qui était dès lors très-tuméfié. Ces scarifications très-légères, faites avec la pointe d'une lancette, ne dépassaient pas l'épiderme : la tuméfaction augmenta ; le nègre se plaignait d'y éprouver d'insupportables douleurs ; vers huit heures, il éprouva un léger frisson, auquel succédèrent des sueurs froides très-abondantes : du reste, aucun autre symptôme bien notable. L'intelligence resta toujours nette, point de toux ni de selles, aucune lypothimie. Vers onze heures de la nuit, le malade vomit ; à minuit il mourut sans presque d'agonie préalable. Ce sont là les détails que j'ai pu recueillir sur son compte dès le lendemain, n'ayant pas vu moi-même le malade.

J'obtins d'en faire l'autopsie, le 22 à trois heures de l'après-midi : roideur cadavérique assez marquée, mais pas trop forte : aucune tuméfaction de la face ni des autres parties ; le bras et l'avant-bras droit sont le siége d'un gonflement considérable ; les incisions qui ont été pratiquées ont fait diparaître les traces primitives de la piqûre des crocs que je n'ai pu retrouver ; çà et là l'épiderme est soulevé par de rares phlyctènes. *Le tissu cellulaire sous-cutané* de tout le membre est infiltré par une sérosité noirâtre sans odeur fétide. Je constate, à ne pouvoir en douter, que *l'aponévrose* antibrachiale est saine et n'a point été pénétrée par la piqûre : j'avais eu soin de racler tout le tissu cellulaire sous-cutané, les *veines* sous-cutanées sont ouvertes dans toute leur étendue ; elles contiennent un sang noir fluide, point de pus ni de caillots ; il en est de même de la *veine* brachiale profonde et de l'*artère brachiale*, dont les parois ont seulement une légère coloration verdâtre.

Le *tissu musculaire*, dans ce membre, offre une coloration foncée; mais il a aussi cette même coloration dans toutes les autres parties du corps ; aucune infiltration dans le *tissu cellulaire intermusculaire*.

Le *cœur* est d'un tissu ferme; il contient dans ses cavités un sang noir et fluide, sans caillots, ayant l'aspect et la fluidité d'un vin un peu foncé. On trouve une cuillerée de sérosité dans le péricarde; l'*aorte* et les gros vaisseaux n'offrent rien de remarquable; leurs parois n'ont aucune coloration particulière : le sang est partout fluide comme dans le cœur, et offre le même aspect.

Les deux *poumons* sont parfaitement sains; les lobes inférieurs présentent à leur partie postérieure un peu d'engouement formé par la présence d'un sang noir; mais il n'y a rien là que de normal, et surtout rien qui ressemble à de l'*hépatisation pulmonaire*; les *bronches* sont rouges, mais sans aucune exsudation sanguine ; les *plèvres* sèches, sans épanchement dans leur cavité. L'*estomac* est distendu par un liquide abondant, qui exhale une forte odeur alcoolique; la membrane muqueuse est d'un gris sale près du pylore; il existe des plis dans le grand cul-de-sac, ramollissement bien marqué dans la membrane muqueuse ; mais partout ailleurs celle-ci a une bonne résistance ; aucune rougeur anormale.

La membrane muqueuse des *intestins grêles* offre çà et là, surtout dans le *jejunum*, des plaques d'une injection blafarde lie de vin ; injections irrégulières au niveau desquelles le tissu de la tunique muqueuse est ferme. Les *gros intestins* sont remplis par des matières dures.

L'appareil des glandes de Peyer et de Brunner n'a rien d'anormal. Les *glandes mésentériques* sont doubles de leur volume ordinaire, mais fermes et ayant leur coloration et leur consistance naturelles.

Rate tout à fait saine ; *reins* sains; *vessie* distendue à moitié par de l'urine un peu trouble.

Foie, volume ordinaire, contient dans ses vaisseaux du sang noir; consistance un peu molle ; *bile* verdâtre, peu fluide, peu abondante.

Cerveau, contient un sang noir dans les vaisseaux arachnoï-diens, aucune infiltration séreuse ; pas de sérosité dans les ventricules; les deux substances fermes un peu injectées, *sinus longitudinal* supérieur vide.

DEUXIÈME OBSERVATION.

M. ***, d'une bonne constitution, étant à la chasse le 3 novembre dans les grands bois qui couronnent les hauteurs de Saint-Pierre, fut piqué par un très-gros serpent, vers midi environ. Il se traîna comme il put jusqu'à la case la plus voisine; mais plus d'une heure s'était écoulée avant qu'il pût être pansé : ce fut, comme dans l'observation précédente, M. Beausoleil qui appliqua son pansement. Jusqu'alors on s'était contenté de faire prendre au blessé quelques cordiaux alcooliques. M. Beausoleil multiplia les scarifications, ainsi que nous le dirons plus tard en faisant connaître son pansement, et donna des soins assidus à l'infortuné M.***; mais ses soins furent sans succès. M.*** mourut à neuf heures du soir. Je n'ai point vu le malade; j'ai appris des personnes qui étaient auprès de lui qu'il s'était refroidi graduellement, était tombé dans des sueurs froides et abondantes, s'était beaucoup plaint du membre qui était le siége de la piqûre, qu'il avait eu un malaise épigastrique et précordial fort insupportable, des nausées et un ou deux vomissements, des lipothymies vers la fin assez fréquentes; il disait qu'il lui semblait que le venin lui montait au cœur. Point de selles, pas de toux, point de convulsions, aucune douleur autre que celle que nous avons indiquée. Il avait conservé jusqu'au dernier moment toutes ses facultés intellectuelles.

M. Beausoleil m'a assuré que lorsqu'il pansa le malade, une heure après l'accident, le gonflement était considérable. Il avait constaté trois piqûres : 1° deux assez rapprochées; 2° une troisième, distante des autres de près de 15 lignes. Ces piqûres saignèrent beaucoup; cependant le malade, qui était d'un grand courage et qui n'avait pas perdu ses sens au moment où il avait été piqué, assurait que le serpent ne s'était élancé sur lui qu'une seule fois.

Le 4 novembre, à midi, l'autopsie fut faite par moi et par

MM. les docteurs Fazeuille et Lagrange. La roideur cadavérique est très-prononcée ; mais la face et presque toute l'habitude extérieure du corps sont parfaitement naturelles ; les
ecchymoses du dos et des parties déclives ne sont pas plus
marquées qu'à la suite d'une mort ordinaire.

On reconnaît au premier coup d'œil le membre qui est le
siége de la piqûre, c'est la cuisse gauche ; elle est énormément
tuméfiée et présente une teinte bleuâtre sous-cutanée ; çà et
là il y a des plaques plus foncées que d'autres. Je constate
soixante scarifications très-superficielles ne dépassant pas l'épiderme, faites dans tous les sens, au-dessus comme au-dessous de
la piqûre, et toutes longues d'un pouce environ. M. Beausoleil,
présent à l'autopsie, me désigne les piqûres, lesquelles ont été
aussi scarifiées, mais très-légèrement ; ces piqûres se trouvent à
trois travers de doigt au-dessus du genou, à la partie interne
de la cuisse : c'est d'abord une scarification un peu plus
béante que les autres et emplie par un caillot noirâtre.
(M. Beausoleil me dit que par cette scarification il a réuni les
deux piqûres, qui n'étaient distantes que d'une ligne ou deux.)
A quinze lignes de là, dans une direction oblique, se trouve
l'autre piqûre ; il en découle encore un sang fluide. Un stylet,
introduit par cette ouverture, pénètre à un demi-pouce environ
et semble suivre une direction oblique et courbe, qui retrace
la forme d'un croc. La peau du membre enlevée, tout le tissu
cellulaire sous-cutané mis à découvert est le siége d'une infiltration sanguine, depuis deux pouces au-dessus de l'arcade
crurale jusqu'à la racine des orteils. Le sang infiltré est plutôt
noir que rouge, très-fluide, ayant l'aspect et la consistance
d'un liquide vineux ; l'infiltration s'étend à tout le contour du
membre, excepté à la plante du pied. L'*aponévrose crurale*,
ainsi que la jambière, mise à découvert avec le plus grand soin
en raclant avec la lame d'un scalpel, nous constatons, au
niveau des points piqués, qu'il n'existe aucune piqûre qui
puisse faire croire que cette aponévrose ait été pénétrée ; cependant le *tissu cellulaire intermusculaire* offre une infiltration
pareille à celle du tissu cellulaire sous-cutané ; mais l'infiltration est moins forte à mesure qu'on pénètre profondément
vers l'os du fémur. Beaucoup des fibres musculaires super-
ficielles participent à l'infiltration ; mais le centre même des
muscles est rose et intact. Il n'est pas facile de distinguer les

glandes de l'aine, qui sont noyées au milieu de cette infiltration : leur volume n'est point augmenté. La *veine saphène,* bien disséquée partout, évidemment n'a pas été pénétrée, quoique les piqûres soient placées sur son trajet; elle est vide à l'intérieur; ses parois sont blanchâtres, on n'y trouve aucun caillot : en un mot, du haut en bas elle est parfaitement saine. L'*artère* et la *veine* crurales offrent un sang fluide noir, sans caillots; leurs parois sont aussi saines.

Le membre, dans son aspect général, paraît être le siége d'une vaste et profonde contusion : mais toutes ces altérations s'arrêtent d'abord à deux ou trois pouces en avant dans le tissu cellulaire de l'abdomen, au-dessus de l'arcade crurale et en arrière dans la partie inférieure de la fesse gauche. Le scrotum même du côté malade est intact, et l'autre membre est parfaitement naturel.

La *cavité crânienne* n'a pas été examinée. Le *péricarde* offre environ une cuillerée de sérosité claire : le cœur est flasque, mou; il contient du sang noir, sans aucun *coagulum,* liquide, ayant l'aspect déjà décrit : sa membrane interne est naturelle et n'offre sous elle aucune ecchymose. L'*aorte* et tous les gros vaisseaux n'offrent rien de particulier. Les *poumons* sont rosés, crépitants, sans adhérences; leurs lobes inférieurs sont légèrement engoués par un sang fluide; mais cet engouement n'est pas plus considérable que celui qu'on observe dans une foule d'autres cas. Les *plèvres* vides et sèches; les bronches vides, naturelles; les *glandes bronchiques* infiltrées de sang, molles; les *glandes mésentériques,* au contraire, sont saines. Le *foie,* flasque, contient beaucoup de sang noir et fluide; la substance jaunâtre prédomine sur la rouge. *Bile* ordinaire assez claire et poisseuse; membrane interne de la vésicule biliaire saine.

Rate et *reins* sains; *vessie* vide.

Estomac très-dilaté, contient beaucoup de liquide, reste des boissons administrées au malade. La membrane muqueuse offre une coloration générale d'un rouge vineux, résultant d'un pointillé très-fin et très-serré, semblable à une éruption de *purpura.* Aucune arborisation distincte des vaisseaux : point de ramollissement, même dans le grand cul-de-sac.

L'intestin grêle offre quelques plaques d'un pointillé rouge, semblable à celui qui a été décrit dans l'estomac; il n'y a aucune trace d'hémorrhagie interne : l'appareil des glandes de

Peyer et de Brunner est à l'état normal : les *gros intestins* sont médiocrement distendus par des gaz, contiennent des matières fécales dures ; leur membrane interne est sans aucune altération.

Si, revenant sur nos pas, nous arrêtons notre attention sur les faits principaux contenus dans ces deux observations, le premier, et pour ainsi dire le seul qui nous frappe, est la lésion du sang. Ce sang est véritablement un sang décomposé ; il a une couleur semblable à celle d'une solution de vin ou de rouille; il est plus fluide qu'il n'est ordinairement; il a perdu sa force de cohésion, et de là vient probablement qu'il s'est extravasé dans les tissus voisins, soit qu'il se soit échappé des pores des vaisseaux, ou qu'il ait coulé de leurs extrémités capillaires, il s'est mêlé au tissu cellulaire par une sorte d'imbibition, et il a produit ces énormes infiltrations dont les membres piqués sont le siége. Un pareil état du sang repousse toute idée de coagulation ; on ne saurait donc dire, comme l'abbé Fontana, que l'action du venin sur le sang consiste à le *coaguler* ; c'est plutôt un effet contraire, état de *dissolution*, ainsi que le fait observer M. Guyon : car on ne trouve même pas de ces *caillots*, de ces *coagulum* qu'on trouve dans le cœur et dans les gros vaisseaux sur la plupart des cadavres, à la suite d'une foule d'autres maladies.

C'est cette fluidité de sang qui rend inutiles et dangereuses les amputations des membres pratiquées à une époque trop rapprochée de la piqûre du *Fer de lance*, à cause des hémorrhagies consécutives qui ont lieu.

Personne ne regrettera plus que nous de ne point trouver ici *l'analyse de ce sang*, suivant les derniers procédés de la chimie médicale; nous aurions été curieux de le comparer avec les divers *sangs* analysés par MM. Andral et Gavarret, afin de voir quelle quantité de *globules* il contient, ou bien si sa fibrine est augmentée ou diminuée. Il nous semble que, dans ce cas, tenant pour ainsi dire la cause en main, les résultats seraient encore plus curieux à connaître ; mais il n'a pas été possible de nous livrer à cette recherche; il a fallu nous contenter d'un examen fait avec l'œil seulement. J'ai inoculé de ce sang à un chien et à un jeune chat: ni l'un ni l'autre ne s'en sont mal trouvés. On pouvait très-bien se passer de cette expérience et être sûr que le sang des animaux vénéneux n'a point de qualité délétère, en se rappelant que les animaux tués par la flèche des sauvages peuvent servir à l'alimentation. Sans cela, à quoi leur servirait d'avoir des armes empoisonnées pour la chasse?

Après l'altération du sang, la modification anatomique la plus remarquable qu'aient présentée les organes, était une consistance moindre que celle qui leur est ordinaire, un état de ramollissement ou plutôt de flaccidité visible, surtout dans le cœur et dans le foie, mais qui ne dépassait pas le degré où l'on observe ces altérations dans un grand nombre d'autres maladies. — Suivant M. Guyon, le cadavre des animaux morts de la piqûre du serpent se putréfie facilement.

Maintenant, si quelqu'un me demande pourquoi, dans les deux observations citées, l'infiltration se borne aux membres piqués, et ne s'étend pas au reste du corps, je répondrai que j'ai fait la même observation sur les animaux comme chez l'homme; mais excepté la raison de proximité, qui fait que les parties les plus voisines du point où est déposé le venin en doivent éprouver la première force, je ne trouve aucune autre explication de ce fait, d'autant que le sang, dans les autres membres et dans les autres cavités splanchniques, m'a présenté les mêmes apparences que dans le membre piqué.

Du reste, comme il n'y a aucun organe capital assez altéré pour que son trouble rende compte de la cessation de la vie, nous sommes amenés à admettre qu'il y a un empoisonnement du sang ; que c'est le sang qui est frappé de mort. Mais quelle impression particulière le sang reçoit-il de son mélange avec le venin ? quelle combinaison en résulte-t-il ? est-ce une action *sceptique*, une action *putréfactive* ? Cette action porte-t-elle sur les fluides ou sur les solides ? le sang frappé de mort paralyse-t-il les organes du premier abord par son simple contact, au moment où il leur arrive, ne leur fournissant pas leur stimulant physiologique, de sorte que la mort, promenée sur tous les organes, s'étendrait de la partie lésée au centre de l'organisation ? ou bien le venin agit-il par intussusception en présentant à la nutrition, en guise de particules animées et vivantes, des particules paralysées et mortes ? On peut résumer les faits dans l'une et dans l'autre hypothèse ; on peut s'égarer dans ce dédale physiologique ; on peut raisonner là-dessus sans fin et sans mesure. Pour nous, nous dirons comme

M. Blot : « Nous connaissons les effets du venin comme nous
« connaissons ceux des autres substances vénéneuses ou mé-
« dicamenteuses : nous savons que l'opium fait dormir, que
« la noix vomique produit des convulsions ; mais nous ne sa-
« vons pas quelle impression immédiate en ressentent nos or-
« ganes. Nous énonçons le fait, nous ne l'expliquons pas. » Il
n'est pas donné à l'œil de l'homme de pénétrer dans cette
chimie profonde et mystérieuse ; nous ne suivrons pas jusqu'au
bout ces dernières opérations : c'est le secret de la nature,
ou, pour parler sans équivoque, c'est le secret de Dieu. *Melius
est sistere gradum quam progredi per tenebras.*

Une autre remarque, c'est que les deux autopsies que nous
avons recueillies se rapportent seulement à la forme symptomatique, dans laquelle le système nerveux paraît être principalement affecté. Combien ne serait-il pas à désirer qu'on eût
d'autres autopsies qui nous montrassent l'état anatomique des
poumons dans les cas ou la piqûre entraîne une fluxion de
poitrine ! l'état du cerveau, dans ces cas d'hémiplégies ou d'a-
mauroses si singuliers, etc., etc. Le manque de toutes ces autopsies est une lacune considérable et qui laisse aux observateurs futurs un beau champ de recherches. L'histoire de
la piqûre du serpent, reprise et refaite non point vaguement
comme je viens de la faire avec des *ouï-dire*, des traditions et
des généralités, mais avec une belle série d'*observations* bien
exactes, bien détaillées, bien échelonnées, qui s'éclaireraient,
se compléteraient l'une par l'autre, dont l'une dirait ce que
ne dit pas l'autre, qui montreraient le sujet sous toutes ses
faces et qui mèneraient à des conclusions fixes et certaines :
une pareille histoire serait un monument qui vaudrait bien
des monuments de marbre ou d'airain.

M. Moriceau-Beauchamp, ayant appliqué six sangsues, sur
une plaie résultant de la blessure d'une vipère, a vu les cinq
premières mourir successivement, tandis que la sixième a
survécu, après avoir tiré plus de sang que les autres, et le
blessé n'a éprouvé aucun accident d'empoisonnement.

Si nous essayons de suppléer à ce qui n'a pas été vu chez
l'homme par ce qui a été expérimenté sur les animaux, nous
voyons qu'à la suite des expériences faites par M. Guyon, « les
« viscères étaient d'une grande mollesse ; que les gros vais-
« seaux internes paraissaient presque vides de sang, tandis

« que le membre piqué en était rempli ; que partout ce sang
« était fluide, évidémment altéré ; qu'excepté cette altération
« du sang, il n'y avait rien de particulier ; que M. Guyon n'a
« jamais vu l'hépatisation ni aucune autre lésion du poumon. »
Dans l'examen d'un grand nombre de cadavres de chiens et
de poules que j'ai eu aussi occasion de faire. à la suite de
mes expériences, j'ai fait les mêmes remarques que M. Guyon :
c'est toujours le siége de la piqûre et l'altération du sang qui
ont attiré mon attention. Je répète que ces deux lésions sont
sui generis par leur aspect et ne permettent de confondre la
piqûre du serpent avec aucune autre lésion. Ceci peut être
capital dans certains cas de médecine légale, car beaucoup
de prétendus empoisonnements de bestiaux par *piqûres* peuvent n'être, je le répète encore, que des piqûres de serpent.

Dans les rats, que E. Home a fait piquer et qu'il a disséqués
après la morsure du bothrops de Sainte-Lucie, il a trouvé des
épanchements de sang, le tissu cellulaire détaché des muscles
et détruit comme à la suite de l'application de l'arsenic sur
les muscles de la cuisse d'un chien. (*Transact. philos.*)

C'est assez parler en médecin. A la vue de ces deux hommes
à terre, renversés morts par un si vil animal, il me revient une
pensée qui se présente souvent à mon esprit dans l'exercice de
ma sombre profession : avec quelle prodigalité la nature répand la peine de mort ! pour la plus minime infraction à ses
lois, la mort ! et il ne faut pas toujours pour cela des coups
de tonnerre; un reptile! un peu d'eau bue trop froide! et voilà une
pleurésie ou quelque autre furieuse maladie; une joie trop vivement éprouvée amène l'apoplexie. La mort, partout la mort...
Elle souffle sur nous des quatre points cardinaux; nous ne pouvons rien regarder sans la voir, car elle est au fond de toutes choses; elle sature l'atmosphère où nous vivons, nous la respirons,
nous l'avalons ; elle entre en nous par tous les pores, si bien
qu'au milieu de tant de causes de destruction, mourir n'est
pas ce qui est difficile, mais vivre, vivre sans cesse en lutte
avec une législation physique aussi impitoyable. Les malheureux qui avaient imaginé d'inscrire sur tous les murs la me-
nace de la mort : *La fraternité ou la mort*, *l'humanité ou la
mort*, semblaient en cela avoir voulu imiter le code pénal
de la nature.

Demens, qui nimbos et non imitabile fulmen
Ære et cornipedum pulsu simularat equorum!

Et avec quelle répartition se distribue cette terrible justice !
Aucune circonstance atténuante ; égalité, égalité pour tous.
La vertu et le mérite, ces deux exemptions les plus concevables, n'y font rien. Celui-là par son œuvre a reculé les bornes
du génie humain, il en prend une fièvre cérébrale; cet homme
bienfaisant, au sortir d'une maison où il vient de porter sa générosité et ses consolations, fait un faux pas sur quelque planche d'un escalier délabré et se casse la jambe : il a manqué aux
lois de l'équilibre. L'assassin couvert de sang et poursuivi par
la justice humaine, qui saute d'un toit dans la rue, s'il a observé ces lois de l'équilibre, s'enfuira tout aussi vite après et
échappera à toute poursuite ! Que signifient, ô mon Dieu ! ces
jeunes époux séparés au plus fort de leur tendresse, au plus
doux moment de leur union ? ces mères arrachées aux enfants
qui tiennent encore à leurs mamelles ? cet homme nécessaire
à un peuple d'orphelins et retranché comme s'il n'était bon à
rien ? O mystère de la justice divine ! ô profondeur infinie !
et nous osons vous comparer avec la justice humaine, et nous
osons dire que l'une est à l'image de l'autre. Mais, au taux de
la justice humaine, tous ces actes et bien d'autres seraient
des crimes, des barbaries, des monstruosités. Non, j'ai trop
vu les souffrances des hommes pour convenir que la vie humaine est une chose bonne en soi, parfaite en soi, quelque
chose de complet et de définitif, un présent du ciel. Cet op-
timisme stupide est un contre-sens avec l'idée d'une sagesse
infinie, c'est insulter Dieu. Si tout était dit ici-bas, il n'est
homme si borné qui n'arrangeât les choses mieux qu'elles ne
sont. Non, cette vie présente, cette vie que nous voyons,
n'est qu'une des phases de la grande existence humaine. La
misère, l'incertitude, les inégalités, les injustices de notre
condition actuelle, sont des preuves criantes qu'il y a quelque chose ailleurs : le désordre du monde est aussi éloquent
que son bel ordre. Tout réclame le complément d'une autre vie.

PARTIE THÉRAPEUTIQUE

DU TRAITEMENT DE LA PIQURE DU SERPENT

« Lorsque j'arrivai à la Martinique, en 1814, avec le 26ᵉ de
« ligne, dit M. Guyon, le traitement des morsures de vipère
« était abandonné, comme il l'est sans doute encore, à des
« nègres connus sous le nom de *panseurs de serpents*, ou seu-
« lement *panseurs* (il en était de même à Sainte-Lucie, où j'ai
« fait un assez long séjour en 1816). C'était à ces *psylles* du
« Nouveau-Monde que la garnison anglaise, à laquelle nous
« succédions, avait recours, toutes les fois qu'un militaire
« venait à être frappé par la vipère. Les médecins du pays, à
« qui je m'adressai pour avoir des renseignements sur ce
« genre de blessures, ne purent m'en donner que d'incom-
« plets, la plupart n'en ayant vu que par hasard. Ceci n'éton-
« nera point, lorsque j'aurai dit qu'il est des habitants qui
« sembleraient craindre que la présence d'un médecin ne fût
« préjudiciable au malade, en rompant ou dérangeant le
« charme sous lequel ils supposent que le *psylle* l'a placé. »
(GUYON, *Thèse inaugurale*, p. 23.)

Depuis que M. Guyon a écrit ces lignes, aucun changement,
ainsi qu'il le prévoyait, ne s'est fait dans les esprits : ce
sont toujours les nègres, et surtout les *vieux nègres*, qui jouissent du privilège de panser la piqûre du serpent. On les appelle toujours des *panseurs*. J'ai déjà dit que je n'avais jamais
été appelé pour donner mes soins dans cet accident. Quand
j'en ai manifesté le désir à quelque habitant de mes amis,
ma demande a été accueillie avec cette urbanité qui caractérise le Martiniquais ; mais, pour toute réponse, je n'ai obtenu
qu'un sourire plein d'incrédulité et de malice, et un silence
qui disait ouvertement : « Brisons là-dessus ; c'est une affaire
« réglée ; cela est hors de la compétence des médecins ; cela
« appartient aux nègres. »

Or, dans le cours de cette ENQUÊTE, ainsi qu'on l'a vu, il
m'a fallu souvent entrer en rapport avec ces *vieux nègres*
pour y chercher des renseignements. J'ai causé avec eux, je

les ai questionnés, interrogés, examinés, et j'avoue qu'à chaque fois les bras m'en sont tombés ; j'ai été saisi d'un profond découragement, car j'avais une preuve de plus de l'espèce d'insouciance et d'abandon que la Providence laisse percer en tant de rencontres pour la vie humaine. Plaisante, terrible, inconcevable antithèse ! plus le nègre repousse les sens, plus il attire l'imagination, plus il inspire de confiance. Qu'il soit couvert d'ulcères, hideux de malpropreté, déjà fétide, les plus délicats se laisseront toucher par lui. Moins il a de soins de sa personne, plus il semble en devoir prendre pour celle des autres. Qu'il n'ait pu apprendre aucun langage, qu'il ne sorte de sa bouche qu'un grognement sourd et informe, qu'on n'ose qualifier par crainte de la philanthropie ; qu'il soit impropre à toute œuvre intellectuelle, qu'il ne puisse retenir deux idées, qu'on n'ose lui confier la plus simple commission à rendre, qu'il soit ivrogne, fourbe, repris de justice, ce sont autant de degrés de plus ; avec cela s'il est borgne, bossu ou boiteux, s'il s'appelle compère, *compère Tabac, compère Bouliqui* ou *compère Ginga*, et s'il est Africain (1), *omne tulit punctum*, il est complet, il ne laisse plus rien à désirer ; qu'il se déclare *panseur* de serpents, on lui confiera sa vie, et la vie plus chère encore de ceux que l'on aime. La croyance aux *vieux nègres* est quelque chose d'approchant la croyance aux *esprits malins*. C'est une superstition aveugle, susceptible comme toutes les superstitions, intraitable, sourde à tous les raisonnements.

Il y en a qui m'ont laissé voir au fond de leur opinion une certaine crainte, motivée du moins : c'est la crainte du poison.

(1) C'est une grande erreur de croire que l'Africain saura mieux qu'un autre panser la piqûre du serpent, parce qu'il a rapporté de l'Afrique, pour cet accident, quelque secret particulier. Je tiens de plusieurs Européens (M. Dutpoid de Guitard entre autres), qui ont beaucoup chassé dans les environs de Saint-Louis du Sénégal, qu'on ne s'y inquiète guère de la piqûre des serpents. Ce fait m'a été confirmé par le capitaine Julian, un des hommes qui connaît le mieux l'Afrique, par un séjour de quinze années et par les recherches d'histoire naturelle auxquelles il s'est livré. L'Afrique n'étant point arrosée par de larges rivières, ni couverte d'une végétation abondante, il n'est pas étonnant que les serpents n'y soient pas nombreux, parce que ces conditions sont nécessaires à l'existence de la plupart des reptiles. L'Afrique, dit M. Schlegel, est beaucoup moins riche en serpents que l'Asie et l'Amérique.

Si nous enlevons cette industrie aux nègres, disent-ils, nous aurons chez nous le poison : entre deux maux, il faut choisir le moindre : cent serpents chez soi sont moins à redouter qu'un seul empoisonneur. J'ai essayé ailleurs de combattre cette opinion qu'on a des empoisonneurs, opinion que je ne crains pas d'appeler en toute rencontre *une chimère*. Parviendrai-je à éveiller quelque doute, à provoquer quelques réflexions? je l'espère. Quand on défend la vérité, un peu plus tôt, un peu plus tard, on est sûr de réussir; il suffit d'avoir la conscience de la pureté de ses intentions. C'est une de ces questions que la publicité réduira à ses dimensions véritables; mais je ne me dissimule pas que le préjugé a de profondes racines. — Un de mes confrères, homme d'un mérite incontestable et qui a fait ses preuves, interrogé par moi sur la piqûre du serpent, me répondit qu'il ne s'en était jamais occupé. — Et pourquoi? lui dis-je. — Pourquoi? parce que je n'aurais pu avoir un seul cheval; les nègres me les auraient empoisonnés. Et comme je lui témoignais ma surprise :—On voit bien, ajouta-t-il, que vous ne pratiquez point à la campagne.

Quoi qu'il en soit, on peut donc dire que c'est aux nègres, ou bien à l'imitation de leurs pratiques (car, ainsi que nous le verrons, plus d'un blanc se pique là-dessus de rivaliser avec eux) qu'appartient encore, aux colonies, le pansement de la piqûre du serpent. Voyons donc sous le règne de ces panseurs comment se passent les choses, c'est-à-dire quels sont les résultats de leurs pansements, quels en sont les avantages, les inconvénients; combien de morts, combien de guéris; car c'est là qu'il faut toujours en venir, à la reddition des comptes. Comptons donc sans plus de discours.

Mais, dans une société rudimentaire comme la nôtre, son *bilan*, le livre de la vie et de la mort, le registre de l'état civil (pour l'appeler par son nom) n'est point tenu avec assez de perfection pour qu'il réponde à toutes les questions; les sociétés les plus accomplies n'en sont pas encore arrivées là. Ce n'est donc pas à cette source qu'il nous sera possible de puiser notre statistique; mais peut-être que par d'autres voies détournées, par inductions, par approximations, que nous soumettrons toujours au jugement du lecteur, peut-être parviendrons nous à approcher de la vérité, et suppléerons-nous autant que possible à des réponses directes et positives.

Ainsi, MM. les curés, dans chaque paroisse, sont des points centraux auxquels doit aboutir la connaissance des accidents occasionnés par la piqûre du serpent, soit à cause des sacrements qu'il faut administrer aux malades, soit à cause de la sépulture des morts. La particularité des faits éveille la curiosité et en rend la mémoire plus sûre et plus distincte. J'ai donc interrogé plusieurs de ces messieurs ; je leur ai demandé à combien ils portaient, dans leurs paroisses, la mortalité par la piqûre du serpent. Quelques-uns l'ont estimée au moins à une personne par année, la plupart à deux, d'autres même à trois, d'après leurs souvenirs des années les plus rapprochées.

J'ai aussi consulté des maires, des habitants propriétaires, des gérants d'un bon jugement dans leur profession ; leurs réponses ont été à peu près les mêmes que celles de MM. les curés.

Si donc nous nous arrêtons au minimum de cette approximation, à une personne par année et par paroisse, et si nous comptons vingt-cinq paroisses dans l'île, nous serons conduits à admettre que la piqûre du serpent coûte au moins vingt-cinq personnes par an à la colonie.

Je dis *au moins*, car, pour mon opinion particulière, d'après le détail des renseignements que j'ai recueillis, je suis porté à croire que ce nombre est double ; et un respectable habitant avec qui je causais de cette approximation, m'a assuré que M. Boutarel, chirurgien distingué, qui a laissé de bons souvenirs au Lamentin, estimait que la piqûre du serpent, de son temps, enlevait soixante personnes à la colonie. C'est aussi l'opinion de M. Edmond Fabrique, qui s'est occupé avec le zèle le plus louable de ce sujet, et qui m'a fait parvenir la copie de plusieurs mémoires adressés par lui à diverses époques à MM. les gouverneurs, pour la destruction du serpent.

Voici une note qui m'a été communiquée par M. Brière de l'Isle : « Quant au nombre des victimes, il est vraiment effrayant. Le comte d'Ennery, gouverneur de la Martinique et de Sainte-Lucie, en 1765, avait recommandé aux commandants et aux curés des différentes paroisses des deux colonies de tenir un registre exact des mortalités causées par la piqûre du serpent. Ehbien ! le chiffre a été si haut, qu'il jugea prudent de le cacher, pour ne pas trop effrayer les esprits. »

« La vipère *Fer de lance*, dit M. Guyon, est une véritable
« calamité pour les îles qui en sont affligées ; car il ne se
« passe pas un jour qu'elle n'y fasse des victimes. Les nègres
« qui succombent à sa morsure donnent annuellement un
« chiffre assez élevé. Ainsi sa destruction serait, pour ces
« contrées, un bienfait non moins grand, je ne crains pas de
« le dire, que la découverte de Jenner pour le monde
« entier. »

Mais arrêtons-nous à vingt-cinq morts par année. Je dis
que ce chiffre est assez effrayant pour qu'on y prenne garde ;
car ce sont ordinairement des adultes qui sont exposés à cet
accident, c'est-à-dire des hommes faits et en plein rapport
pour la société.

Maintenant, si l'on prend en considération que la mort n'a
pas toujours lieu immédiatement, mais qu'elle arrive quelquefois vingt jours et plus après l'accident, par le phlegmon, par
la gangrène, etc. (voyez un des articles précédents), alors
que toutes les curiosités sont calmées, et celle du curé et celle
du maire, et celle de toutes les personnes qui peuvent fournir des renseignements, à l'exception pourtant de celle du
médecin, qui se rappelle plus d'un malheur de ce genre ; si,
dis-je, on considère que la cause première des accidents, la
piqûre du serpent étant perdue de vue, ce n'est plus elle que
l'on accuse au cimetière ou dans le public, alors on m'accordera que le chiffre de la mortalité par la piqûre du serpent,
étant porté à vingt-cinq, a été coté au plus bas.

Le lieutenant Tyler, qui a publié dans les *Procedengs of the
zoological Society* un bon article sur le *Fer de lance* de
Sainte-Lucie, estime que dans cette île cent quatre-vingts
personnes sont piquées par an, que de ce nombre il en meurt
vingt, le neuvième environ. Il faut tenir compte de la population de Sainte-Lucie, qui n'est que de vingt-cinq mille âmes
au plus, tandis que la Martinique en a cent vingt-cinq mille.
On voit alors combien mon appréciation est modérée pour la
Martinique.

Pour bien faire, il faudrait pouvoir donner ici le chiffre général des personnes qui sont annuellement piquées du serpent ;
mais on conçoit que cela est impossible. En portant la mortalité à une mort sur cinquante personnes piquées, je crois approcher de la vérité. Mais les piqûres les plus légères exigeant

trois ou quatre jours de repos, quelle perte de temps pour le travail, et, par conséquent, pour le bien-être du pays !

Lors même que les accidents consécutifs n'entraînent point la mort, ils laissent assez souvent de graves désordres : des ulcères, des fistules, des nécroses, maladies interminables qui exigent souvent des amputations, c'est-à-dire la perte d'un membre, l'annulation d'un homme, quand surtout cet homme est un ouvrier qui ne vaut quelque chose pour la société que par ses membres. J'ai pratiqué neuf fois de grandes amputations pour cette cause; et dans la seule année 1852, je connais trois amputations de membres pour des cas pareils dans le seul ressort de l'arrondissement de Saint-Pierre.

Si, enfin, à ce tableau nous ajoutons les amauroses, les paralysies des membres ou de la langue, les céphalites opiniâtres, accidents qui, quoique moins communs, ne laissent point que d'ajouter au chiffre total du mal, on conclura que la piqûre du serpent, traitée comme elle l'a été jusqu'à présent, est un des plus redoutables fléaux qui pèsent sur cette colonie.

Les résultats obtenus par le pansement des nègres ne sont donc pas si satisfaisants qu'on ne doive plus y toucher et qu'ils ne soit pas permis de rechercher une manière de panser autre et plus efficace. L'esprit humain, en toute chose, ne se perfectionne qu'à la condition de remettre sans cesse en question les choses en apparence les mieux établies. Rien n'est fixe sous le soleil : *Deus tradidit mundum disputationibus*. La meilleure définition qu'on ait encore donnée de notre nature est celle d'une perfectibilité indéfinie. Les vieux nègres ne se fâcheront donc point si nous en usons avec eux comme on en a usé avec Newton, avec Descartes, avec Cuvier; si nous remettons leurs œuvres en question, et si nous osons soumettre à l'examen leurs *pialles* et leurs *kimbois*.

En regard des résultats obtenus par les *vieux nègres*, plaçons maintenant ceux que peut fournir la science; osons courir le danger de cette comparaison. M. Guyon est le seul médecin que sa position ait mis à même de panser le serpent sur un assez grand nombre de sujets pour que son expérience puisse être mise en regard de celle des *vieux nègres*.

« Des instructions, dit-il page 23, furent données pour que « tout militaire qui serait atteint par la vipère se rendît « chez moi sur-le-champ, après s'être appliqué, la nature de

8

« la partie le permettant, une forte ligature sur la blessure.
« C'est ainsi que j'eus occasion de voir la plupart des mili-
« taires qui ont été mordus par la vipère pendant mon séjour
« aux Antilles. J'ajoute que j'ai été assez heureux dans le
« traitement de ce genre de blessures pour n'avoir perdu au-
« cun des malades à qui j'ai donné mes soins, et chez la plu-
« part desquels les accidents locaux ont même été prévenus. »

Ainsi, les résultats de M. Guyon ont été positifs, incontestables; *tous ses malades ont guéri*. Ordinairement, dans l'appréciation des moyens de guérir, dans le choix à faire entre
deux remèdes également préconisés, ce qu'il y a de difficile,
c'est que l'un et l'autre offrent des succès et des insuccès. Il
faut établir une balance, une comparaison; le rapport du
plus ou moins n'est pas toujours très-distinct; l'esprit reste
incertain. Ici point d'hésitation possible; je le répète, tous les
malades ont guéri. Les accidents locaux ont été prévenus, on
n'a été obligé de faire aucune amputation, il n'est resté ni
ulcères ni fistules incurables; un, même, qui fut atteint d'a-
maurose, guérit aussi. Ce compte est clair; quelle preuve plus
décisive veut-on donc encore?

Je dois ajouter que les médecins qui ont eu l'occasion, par
hasard, de panser dans les premiers moments les personnes
piquées du serpent, m'ont affirmé qu'ils avaient eu le bonheur
de les sauver. Je suis heureux de pouvoir m'appuyer, dans
l'attaque audacieuse que je me permets aujourd'hui, du nom
et de l'autorité de mon spirituel et savant confrère le docteur
Girardon, de la Basse-Pointe, dont voici quelques lignes :

« Mon cher confrère,

. . . .

« Ne nous étonnons donc pas si l'obscurité la plus complète
enveloppe tout ce qui concerne l'histoire du serpent. Il est si
aisé, si commode de croire tout ce qu'on débite; expérimenter
serait trop pénible. Vous attaquez des préjugés enracinés :
vos preuves, vos raisonnements seront regardés comme non
avenus, et la parole d'un nègre sur cette matière aura l'importance d'un article de foi.

« N'ayant rien de positif à vous répondre, ma première
lettre ne pouvait être que très-insignifiante : je ne voulais pas
vous écrire toutes les absurdités dont on m'avait régalé.

« Depuis, il m'est arrivé de panser deux nègres mordus à la main gauche, par un serpent gris de la même grosseur, le même jour, sur la même habitation Pécoul, dans la même pièce de cannes.

« Par elles-mêmes, ces observations n'offrent rien de bien remarquable; mais comme il est rarement donné au médecin de traiter de semblables morsures, je n'ai pas négligé de les consigner dans mes notes. Ce qui suit est l'expression de l'exacte vérité. Vous en tirerez les conséquences selon votre manière de voir.

« Un nègre d'assez chétive apparence, âgé de cinquante ans environ, fut mordu à l'indicateur de la main gauche, le 23 janvier 1844, en ramassant des pailles dans une pièce de cannes qu'on coupait. Un messager me rencontra en route, en sorte que le malade reçut mes soins vingt ou trente minutes après son accident.

« Le nègre, assis dans sa *cabane*, s'agitait, se lamentait, parlait de sa mort prochaine et certaine. Il me montra sa main tuméfiée, engourdie, froide; du sang coulait par les deux ouvertures que les crocs du serpent avaient faites. Au pli du bras je vis une ligature d'un effet puissant (deux brins de *pied-de-poule*), et cependant le patient n'était rien moins que rassuré.

« Je lui conseillai d'abord de sucer fortement son doigt mordu, et de rejeter la salive ; puis j'incisai sur les morsures. Quand le sang eut coulé en abondance, je frictionnai la plaie avec un citron, ensuite avec de la charpie imbibée d'alcali : sur tout le membre on pratiqua des frictions avec du tafia, de l'huile d'olive, de l'alcali et du jus de citron. Ce même liniment fut pris à l'intérieur par petits verres à liqueur, six en deux fois, à une heure de distance. On lui donna pour boisson une décoction d'écorce de quina. Les progrès de la tuméfaction furent lents, et deux ou trois jours après le membre était revenu à son état naturel. En un mot, le nègre ne courut aucun danger.

« Un autre nègre plus jeune, plus robuste, plus grand, fut mordu presque au même moment par un serpent irrité qui s'élança et l'atteignit à l'annulaire de la main gauche. Ce nègre affectait un grand courage, mais au fond sa frayeur était extrême ; il regardait son camarade comme un homme perdu pour avoir été pansé par un blanc, et surtout par un blanc médecin.

« Il était mordu depuis près de quatre heures quand je le pansai ; sa main, son avant-bras, étaient tuméfiés énormément. Depuis le moment de son accident, il avait son membre lié fortement avec un mouchoir de poche.

« Son pansement fut le même. De plus, il lui fut donné trois petits verres d'une liqueur spécifique dont M. Duchamp, de la Rivière-Blanche, vous donnera la recette, si vous en êtes désireux.

« Les suites furent autrement graves ; car malgré le remède infaillible, la main, l'avant-bras, le bras, le cou et le côté gauche de la poitrine se tuméfièrent d'une manière effrayante. Le malade en fut quitte pour une belle peur. Au bout de deux jours, l'empâtement diminua, et aujourd'hui la tuméfaction est à peine sensible : on pouvait craindre des abcès. Cette terminaison fâcheuse a peut-être été prévenue par les frictions longtemps continuées et répétées.

« Observez que le serpent était plus animé que le premier qui avait mordu, et que de plus il y avait quatre heures d'écoulées avant l'administration des secours.

« Dans tout ce qui précède, je ne vois rien de plus que dans la morsure de la vipère d'Europe. Le traitement est celui qu'on emploierait en France. Les deux serpents avaient environ 1 mètre de longueur ; ils étaient plus gros que le goulot d'une bouteille, et pour vous donner une idée de la véracité du nègre, il le croyait gros comme son bras, tant la peur grossit les objets !

. . . .

« Lundi 20 du mois dernier, une vieille négresse de M. Pécoul fut encore piquée dans sa case, avant que d'aller au travail. Elle ne vit pas le serpent, resta pendant huit heures sans se plaindre et exposée à une pluie continuelle. Enfin son pied se tuméfia tellement que la malheureuse fut obligée d'entrer à l'hôpital. Pour ne pas me déranger, le géreur pansa lui-même, comme il m'avait vu faire, et la femme allait au mieux deux jours après, quand on me la montra. Il faut dire aussi que le serpent retrouvé et tué n'était pas long de plus d'un pied et gros comme le canon d'une plume de cygne.

« Si je voulais vous ennuyer plus longtemps, je vous raconterais l'étonnement de chacun en apprenant que j'avais pansé des morsures de serpent. Je vous dirais aussi avec quelle curiosité on me demandait des nouvelles de mes malades, s'attendant à apprendre qu'ils étaient morts. On me demandait où j'avais appris, si j'avais un secret, et alors chacun de me donner un conseil, un mode de pansement qui réussissait toujours. »

Nous allons maintenant entrer dans l'exposition des différents modes de pansement en usage dans le pays, et en donner le formulaire. (Ce sera une autre manière de les juger.) Par déférence pour les lieux et pour les temps, nous commencerons par les pansements dits *des vieux nègres*, quoique la main qui les applique ne soit pas toujours noire.

J'ai conservé ces formules dans cette édition, quelque ridicules qu'elles pourront paraître à beaucoup de lecteurs, parce que, à mon départ de la Martinique, quinze ans après la première publication de l'enquête, ces formules n'avaient rien perdu de la confiance dont elles jouissaient, et comme j'ai écrit surtout pour les Martiniquais, je ne désespère pas qu'à la longue, ils ne finissent par ouvrir les yeux à la vérité, et à trouver un meilleur mode de traitement contre la piqûre du *Fer de lance*. Je sais qu'il faut en toutes choses beaucoup de temps pour obtenir un peu de bien.

N° 1.

Poivre de Guinée, racine de trèfle, pour boisson ; poivre de Guinée, sel, racine de l'envers pour pansement externe ; scarifications, bois immortel, pour les pansements subséquents ; racine de citronnier, de verveine bleue, malnommée rouge pour tisane des jours suivants ; cataplasme de pain bouilli, vin et suif contre le phlegmon ; bois immortel et eau de Luce contre la fluxion de poitrine ; mouron contre la gangrène ; lotions avec une décoction d'herbes grasses et de feuilles de bananes sèches contre l'enflure.

« D'abord, faites boire dans un petit verre de tafia, 7 à 8 grains de poivre de Guinée pilé et un demi-dé à coudre de racine de trèfle grugée. Ensuite vous pilerez ensemble un demi-pouce racine de trèfle, 5 grains de poivre de Guinée, 2 gros grains de sel blanc et de l'envers. Vous ferez bouillir le tout, infusé dans du bon tafia, dans un vase plat (1). Quand le remède aura acquis un degré de chaleur supportable, vous frictionnerez, toujours du haut en bas, la partie enflée, qui aura dû d'abord être incisée, autant que faire se peut, sur toute l'enflure. Pareil pansement se renouvellera vingt-quatre heures après, en ayant soin d'inciser encore, non-seulement la partie incisée la veille, mais celle qui sera nouvellement enflée. A ce second pansement, au lieu de racine de trèfle, vous mettrez un morceau d'écorce de bois immortel long et large comme deux doigts, qu'on pilera avec le poivre de Guinée (5 grains) et les 2 gros grains de sel blanc. Les pansements qui suivront, et qui seront continués tant qu'il y aura de l'enflure, ne seront composés que de l'envers, du sel et du tafia, à chacune des incisions qui auront été pratiquées ; on aura soin de tenir un réchaud allumé auprès de la partie malade pour entretenir une chaleur convenable.

« *Tisane.* — Long comme le doigt de racine de citron fendue en quatre, mais dont on n'emploiera que trois morceaux ; long comme le doigt de racine de verveine bleue fendue en quatre, mais dont le quatrième morceau ne sera pas non plus employé ; un demi-pouce racine de trèfle, long et large comme deux doigts d'écorce de bois immortel et une bonne poignée de malnommée rouge ; sur le tout vous viderez de l'eau bouillante. Les mêmes ingrédients serviront trois et quatre jours, temps que l'on doit prendre cette tisane, en vidant tous les jours de l'eau bouillante dessus : cette tisane doit se prendre chaude. En cas de dépôt, vous emploierez la moitié d'un pain bouilli dans une demi-bouteille de vin avec du suif et un gros grain de sel blanc.

« En cas de fluxion de poitrine :

« Large comme la main d'écorce de bois immortel dépouillé de sa première peau que vous faites bouillir dans une quantité d'eau suffisante pour pouvoir donner deux ou trois

(1) Si vous êtes appelé après le vomissement survenu, il faut, aussitôt que le malade aura vomi, lui donner à boire le remède ; il arrêtera le vomissement.

Un traiteur, qui a exercé avec succès, enseigne que si l'on n'a pas ce qu'il faut pour composer la boisson ci-dessus, il suffira de faire boire, aussitôt qu'on aura été piqué, du tafia avec du jus de citron.

tasses de quart d'heure en quart d'heure. Dans chaque tasse vous mettez deux doigts de tafia et deux gouttes d'eau de Luce, et vous ferez boire toujours chaud, en ayant soin de bien couvrir le malade pour le faire suer.

« Dans le cas où l'on aurait à panser un malade quelques jours après la piqûre, et qui aurait déjà la gangrène, on emploierait une bonne poignée de mouron, pilé avec de l'envers, qui servirait pour le cataplasme et la friction.

« Si, après la guérison, la partie blessée conservait de l'enflure, vous la laveriez avec de l'herbe grasse bouillie avec de la feuille de figue banane sèche et un peu de tafia, le tout chaud. »

Ce remède est le remède du pays par excellence, car il n'y entre que ce qu'on appelle ici des *simples*. C'est un mélange d'herbes tirées de familles très-différentes : le poivre de Guinée (*Amomum grana paradisi*), et l'envers (*Maranta arundinacea*), le bois immortel (*Eryhtrina ciratodendrum*), et le trèfle (*Aristolochia triloba*).

Pour en admettre l'efficacité, il faut se contenter de l'expérience brute : *Il guérit.* Cette explication est sans doute la meilleure, et ce n'est pas moi qui irai contre. Mais je ferai observer que ce mélange de *simples* est fort *composé*. Aujourd'hui, pour bien apprécier les vertus d'une drogue, on tâche, autant que possible, de l'isoler, de l'employer seule ou bien unie avec des congénères, de la *simplifier* véritablement. On craint non sans raison que dans ces *farragos*, qui étaient fort dans le goût de la médecine ancienne, il ne se glisse des éléments hétérogènes contraires, et qu'une chose ne combatte l'autre.

Mais cette forme de remèdes composés d'ingrédients divers plaît partout à l'imagination populaire. C'est toujours le *vulnéraire suisse* tel qu'il est débité en Europe par les charlatans : *recueilli des herbes balsamiques sur les montagnes des Alpes.* Pour nous, nous n'y voyons que l'application de l'axiome homœopatique : *similia similibus,* simples traités par d'autres simples. Depuis que le monde est monde, aucun bon remède n'est sorti d'un pareil assemblage. Notons déjà en passant, pour y revenir plus tard, que le tafia est l'excipient de tous les les infusions prescrites dans ce pansement, même dans le cas de *fluxion de poitrine. Dans chaque tasse vous mettez deux doigts de tafia et deux gouttes d'eau de Luce.* Notez encore qu'il faut donner deux ou trois tasses de ce tafia de quart d'heure en quart d'heure. J'avoue qu'une telle médication fait frémir un médecin, et je ne crains point de trop m'avancer en affirmant qu'une telle ordonnance est contraire aux principes enseignés dans n'importe quelle faculté de médecine.

Je me hâte de prévenir que dans l'exposition de ces remèdes, j'ai pris le parti de conserver la rédaction originale des formules telles qu'elles m'ont été transmises, ne corrigeant que les obscurités de langage qui pourraient en altérer le sens. Cela entraînera à quelques longueurs, mais je préviendrai ainsi les réclamations des auteurs qui conservent une sorte de superstition pour certains détails sacramentels, tels que la nécessité de faire l'infusion dans *un vase plat,* de *pratiquer les frictions de haut en bas,* de *fendre la racine de citron en quatre, mais de ne pas employer la quatrième partie,* détails que j'aurais pu omettre involontairement, ne leur accordant point toute l'importance qu'on leur prête.

Dans ce mode de pansement, les scarifications sont prescrites d'abord dès le début. La partie enflée doit être incisée, autant que possible, sur toute l'enflure : et, comme l'enflure occupe souvent tout un membre, nous avons déjà vu, dans les observations citées, à quelles pratiques barbares cette prescription a donné lieu.

Vingt-quatre heures après, on recommande encore de revenir aux scarifications, *ayant soin* d'inciser non-seulement la partie incisée la veille, mais celle qui sera encore récemment enflée.

Scarifier encore vingt-quatre heures après l'accident ! Mais à quoi bon ? Ce ne sont plus les accidents primitifs, mais les consécutifs, c'est-à-dire la suite de la résorption et le phlegmon qui sont à craindre. Comme j'ai l'intention de revenir plus tard sur cet article des scarifications, je n'en parlerai pas plus longuement ici.

Ce remède, tel que je l'ai rapporté, m'a été donné par M. Gravier Sainte-Luce, qui le tient de M. Germon. Il est complet et contient non-seulement le pansement immédiat, mais les modifications qui sont nécessaires pour les suites de la piqûre.

Ainsi, lorsque l'enflure persiste les jours suivants, on continue les frictions excitantes avec le sel, le tafia et l'envers. On tient des réchauds autour des malades. Je crois cette pratique mauvaise : j'aimerais mieux employer alors les huileux, les émollients, afin de calmer la douleur ou de circonscrire, autant que possible, l'inflammation. Ce sont ces excitations qui favorisent le développement du *phlegmon*, accident aussi à redouter que la fluxion de poitrine.

. « Il m'a paru, dit Fontana, y avoir un avantage réel à tenir la partie *venimée* dans l'eau bien chaude. La douleur diminue notablement. Il paraît que l'inflammation est moins grande et la couleur beaucoup moins changée et beaucoup moins livide. J'ai obtenu les mêmes résultats avec l'eau de chaux, avec l'eau chargée de sel commun ou d'autres substances salines. L'avantage m'a paru plus ou moins grand, quoique cette immersion ne soit pas un spécifique ni un remède assuré contre le venin ; et je suis dans l'opinion que l'avantage qui se trouve dans ces cas est dû à la simple fomentation avec l'eau chaude. » (*Piqûre de la vipère.*)

Ce remède est fort en usage sur les hauteurs de Saint-Pierre et dans les quartiers du Carbet et de la Case-Pilote. Après la critique que je me suis permis d'en faire, je dois ajouter que les personnes qui en font usage citent des milliers de guérisons obtenues par son administration.

Parmi les plantes employées dans la composition de ce remède, il faut remarquer le mouron, déjà recommandé par le père Dutertre. *Les malades prendront*, dit-il, *le poids d'un écu de mouron dans du vin blanc ou dans de l'eau et la malnommée rouge*, dont il dit des choses admirables. Voici ses paroles :

« Il croist dans toutes les habitations de ces isles une herbe
« qui a quelque rapport avec la pariétaire, mais elle est plus
« trapue et plus basse ; ses feuilles sont petites, dentelées, ve-
« lues, d'un vert luisant, deux à deux le long de leurs petites
« branches ; entre deux feuilles il croist un petit umbel de
« petites fleurs vertes et rouges, toutes velues ; et c'est ce qui
« lui a fait donner un vilain nom : les plus discrets l'appel-
« lent poil-de-chat, d'autres l'appellent la malnommée ; elle
« se sème de soi-même et perd entièrement les jardins, si l'on
« n'est soigneux de la sarcler. C'est un thrésor qui n'a été que

« trop longtemps caché, particulièrement aux habitants de la
« Martinique, dont plusieurs sont péris faute de secours, fou-
« lant tous les jours aux pieds l'antidote contre le venin qui les
« fesait mourir; car cette plante est toute remplie d'un lait qui
« coule à la rupture de ses branches et qui tue les serpents.
« Le R. P. Feuillé m'a assuré qu'il en avait vu faire l'épreuve
« sur un petit serpent, qu'une seule goutte de ce lait fit mourir
« à l'instant. La plante broyée et appliquée avec son suc sur la
« morsure, attire le venin et guérit absolument la playe ; et
« si le cœur était atteint du venin, un peu de poudre de
« cette plante sèche le fortifie et lui rend les forces qu'il a
« perdues par le venin. »

N° 2.

Poivre de Guinée, trèfle, liane à serpent, pistache bâtarde, mouron-
pigeon, émétique.

« Prenez une bonne cuillerée de poivre de Guinée pulvérisé, — long et gros comme le pouce de racine de trèfle ou
racine de liane à serpent pulvérisée. Ces deux objets seront
ajoutés à la bouteille après que la décoction des simples ci-
après y aura été mise : — Bonne poignée de pistache bâtarde, racine et feuilles ; bonne poignée de mouron-pigeon,
racine et feuilles ; bonne poignée de pirète, racine et feuilles,
le tout pilé séparément. Mêlez ensuite dans un vase, faites infuser vingt-quatre heures dans une bouteille de bon tafia ou
tout autre alcool. Vous remuerez le tout avec les mains plusieurs fois durant ce délai, afin de bien détacher le suc de
ces plantes ; après quoi vous presserez et vous retirerez le
gros marc et viderez le reste dans la bouteille.

« Un verre à madère de ce remède sera donné au malade
de quart d'heure en quart d'heure, dans le cas où le pouls
serait faible. Dans le cas contraire où il serait ordinaire ou
fréquent, vous ne donneriez le second coup qu'après une
heure d'intervalle du premier, et un troisième une heure après
le second.

« Après le premier coup de ce remède, vous frictionnerez
la plaie, sans inciser, avec le remède, et vous la couvrirez du

marc, et ensuite d'une feuille de tabac vert passée au feu, ou bien d'une feuille de palma-christi.

« Trois heures après le troisième coup, vous donnerez quatre cuillerées d'huile d'olive; et vingt-quatre heures après la piqûre, vous purgerez avec de l'huile de palma-christi.

« Si, après ce traitement, le malade se trouvait plus mal, se tracassait et n'avait pas de position, vous lui passerez de l'émétique comme seul et dernier moyen.

« L'enflure, dans ce cas, n'est pas un mauvais symptôme : vous la faites disparaître avec de la feuille de figue sèche bouillie, dont vous enveloppez la partie, et vous faites suer par le moyen d'une fumigation faite avec la racine de trèfle. Il faut éviter tout contact avec l'air.

« Au préalable et au moment même, s'il se peut, de la piqûre, vous mettrez sur la langue du blessé une bonne prise de racine de trèfle pulvérisée avec du poivre de Guinée, dans le cas où vous manqueriez de tafia pour les dissoudre.

« Vous donnerez deux autres prises de cette poudre une heure après, si ce délai s'écoulait avant de pouvoir se servir du précédent remède. »

Ce pansement n'est qu'une variété du précédent, mais il n'est pas aussi compliqué.

Il contient deux herbes qui ne se trouvent point dans l'autre : l'*arachis hypogea*, dite ici *pistache bâtarde*, et l'*aristolochia anguicida*, autrement dite *liane à serpent*.

Les scarifications n'y sont pas jugées nécessaires. Sous ce rapport, ce remède serait préférable au précédent, car il permettrait une guérison plus prompte. Les scarifications, pour être efficaces, doivent être faites sur les piqûres mêmes un peu profondément, et pénétrer au moins au delà de la peau. Par conséquent, elles condamnent au repos le malade sur lequel elles sont pratiquées, surtout si elles sont faites aux jambes, siége le plus ordinaire des piqûres. C'est à la suite des pansements sans scarifications que les malades peuvent retourner au travail dès le lendemain ou le jour même de la piqûre. Cet avantage est considérable. Si donc il venait à être prouvé que les pansements sans scarifications sont aussi efficaces que les

autres, ils seraient, je le répète, de beaucoup préférables.
Mais n'oublions point un principe fondamental en thérapeutique, et qu'il faut avoir sans cesse présent à l'esprit, lorsque
l'on essaye un remède quelconque : c'est que tout semble concourir quelquefois à nous induire en erreur ; que pour établir un jugement définitif sur l'efficacité d'un remède, il faut
en multiplier, en varier, en surveiller attentivement l'emploi
et ne jamais se hâter de fermer l'expérimentation. Ainsi il
paraît résulter de l'observation qu'une certaine rencontre de
circonstances est nécessaire pour que chez l'homme la piqûre du serpent ait de la gravité, que beaucoup de piqûres
guérissent par tous les moyens, et quelquefois, suivant l'opinion de quelques vieux habitants, sans l'emploi d'aucun. Il n'y
a donc qu'une longue expérience qui puisse faire juger de la
bonté d'un remède, et si l'on s'en tenait aux deux ou trois
premiers cas venus où le pansement est appliqué, notre jugement dépendrait du hasard, suivant que ces cas auraient été
favorables ou défavorables.

La présente recette a pour elle une expérience séculaire ;
elle m'a été fournie par M. Darrigan, qui la tenait de M. Cour-
tois, respectable vieillard, habitant les hauteurs de la Case-
Pilote, où ce remède est en usage de temps immémorial.

Les personnes étrangères à la médecine croient en général
que rien n'est plus facile que de constater l'efficacité d'un
remède, qu'il suffit de l'administrer, et que l'effet bon ou mauvais qui suit cette administration doit lui être attribué, *post
hoc, ergo propter hoc*. Mais en toutes choses cette manière de
raisonner est une des plus fréquentes causes d'erreurs. Notre
organisation est si compliquée, tant d'influences agissent sur
elle, influences d'ailleurs inconnues pour la plupart, qu'il est
impossible d'analyser ce qui revient à chacune. Il n'y a donc
peut-être pas, dans les sciences humaines, de problème plus
complexe que l'essai des remèdes. De là vient qu'il y en a
tant qui, après avoir été vantés, préconisés, exaltés, sont
tombés dans le plus profond oubli. Une dame demandait au
médecin Bouvart ce qu'il pensait d'un remède très-vanté par
les gazettes, les vieilles femmes, les compères et les com-
mères, toutes ces voix de la renommée médicale. — Hâtez-
vous de le prendre, lui dit Bouvart, pendant qu'il est à la
mode.

O peuple ! sachez que les bons remèdes sont aussi rares que les bons amis, et que le soin, la patience, le temps, que Sydenham appelait le plus grand de tous les médecins, l'amour de l'ordre et de la règle, la résignation et l'horreur de toutes les extravagances, sont les meilleures drogues que Dieu nous ait données contre ces affreuses épreuves que l'on nomme les *maladies*.

Parmi les plantes qui entrent dans cette formule, nous trouvons la pistache bâtarde, qui ne fait partie d'aucune autre tisane du pays ;

Le poivre de Guinée et le trèfle, sur lesquels nous reviendrons plus tard.

J'ai retrouvé dans quelques autres formules la recommandation de l'émétique, qui est ici prescrit comme moyen extrême. *Si, après le traitement, le malade se trouvait plus mal, se tracassait et n'avait pas de position, vous lui passerez de l'émétique.* L'emploi de l'émétique dans des cas pareils n'est point le résultat d'une induction rationnelle ; c'est plutôt l'une de ces inspirations désespérées sur la valeur desquelles il faut s'en rapporter entièrement à l'expérience. Ce remède a été employé en Europe contre la piqûre des vipères. Acrell en vante les bons effets (*Amœnitates academicæ*). « J'avais observé, dit Fontana, que les chiens et les chats guérissaient d'autant plus facilement qu'ils vomissaient davantage. J'ai voulu suivre cette indication de la nature, et j'ai fait un grand nombre d'expériences sur les chiens. J'ai été bien souvent porté à croire que l'émétique était un bon remède ; cependant ce n'est pas un spécifique infaillible. » (Tome II, page 9.)

Toujours du tafia, et en quantité !

N° 3.

Liane à serpent.

La liane à serpent, qui entre aussi dans la formule précédente, a été ainsi nommée parce que, depuis les premiers temps de la colonie, elle a toujours passé pour un des meilleurs remèdes contre la piqûre du *Fer de lance*. Voici ce qu'en dit le père Labat :

« Cette liane est trop utile pour ne pas la connaître : elle
« vient en quantité et sans culture dans toutes les haies, li-
« sières et halliers de nos îles, et surtout de la Martinique.

« On pile la racine et le bois de cette liane, et on en fait
« une tisane avec deux tiers d'eau-de-vie, que l'on fait pren-
« dre à celui qui a été mordu d'un serpent, et on applique le
« marc sur la blessure. Le marc attire le venin au dehors, et
« la tisane a la vertu d'empêcher qu'il ne gagne et qu'il ne
« corrompe les parties nobles. »

C'est sans doute de cette même liane à serpent que le
père Dutertre a écrit ces merveilleuses lignes. « Le *bois-des-*
« *couleuvres* est si utile dans ces îles, à cause de la quantité de
« serpents, que je ne puis me dispenser d'en parler. La plupart
« des arbres lui servent d'appui, comme le chêne fait au
« lierre : cette plante se plaît dans les lieux humides, et
« lorsqu'elle y rencontre des arbres, elle s'y attache par de
« petites chevelures de racines et s'élève en serpentant jus-
« qu'au haut. Son bois, qui n'a pour l'ordinaire qu'un pouce
« ou deux de grosseur, est vert en quelques endroits; en
« d'autres, il est gris mêlé de noir, tortu, et si semblable à
« une couleuvre, que ses tronçons jetés dans un lieu obscur
« font peur, parce qu'on les prend pour des serpents. Ses
« feuilles sont grandes comme celles de la serpentine, elles
« n'ont au commencement aucune découpure ; mais il s'y fait
« de petites cicatrices, comme si on les avait percées d'un
« couteau, lesquelles, venant à s'augmenter, divisent les bords
« de la feuille. Son nom seul, *bois-des couleuvres*, témoigne
« assez des propriétés admirables dont Dieu l'a douée.
« Tous les auteurs qui ont écrit sur cette plante assurent
« qu'il y a une telle antipathie entre elle et les serpents, qu'ils
« la fuient et qu'ils ne mordent jamais ceux qui la portent en
« la main ou sur eux, et qu'ils crèvent et meurent sitôt qu'ils
« en sont touchés; que sa racine, broyée et bue avec de l'eau-
« de-vie, est un remède prompt et assuré contre les morsures
« de toutes sortes de serpents.

« En effet, il me souvient d'avoir vu au pied d'un arbre
« tout couvert de cette plante, sur le bord de la rivière du
« Fort (Saint-Pierre), dans l'île de la Martinique, sept ou
« huit serpents de différentes grandeurs, dont quelques-uns
« étaient aussi gros que le bras, morts sur les tiges de cette

« plante: ce que je fis voir à un chirurgien nommé l'Auver-
« gnat et à quelques autres personnes, qui depuis en ont fait
« telle estime, que non-seulement ils en conservaient dans
« leur maison, mais même en portaient toujours sur elles
« pour s'en servir au besoin. »

J'ai rapporté les paroles mêmes du père Dutertre, ainsi que
celles du père Labat: le lecteur en croira ce qu'il voudra.
Mais ne se pourrait-il pas que l'arbre dont parle le père Dutertre, et sur lequel il a vu *sept ou huit serpents morts*, fût un
de ces arbres comme on en trouve sur presque toutes les
habitations, et sur lesquels on se plaît à suspendre en épouvantail tous les serpents tués dans le voisinage? c'est un usage
assez général dans l'île. On m'a cité un de ces arbres sur
l'habitation Pécoul, et qui est couvert de plus de trois cents
serpents. Cela est hideux à voir. Si le lecteur adopte mon explication, celle du père Dutertre serait curieuse. Mais ce n'est
pas la seule fois que les voyageurs ont ainsi parlé des colonies. A Dieu ne plaise que je sois assez maladroit pour m'attaquer à la gloire de l'Hérodote des Antilles! On ne saurait
avoir trop de vénération pour ces hommes vraiment extraordinaires qui, au milieu des labeurs de la colonisation, trouvè-
rent assez de liberté d'esprit et assez de courage pour songer
à la postérité et pour lui conserver des souvenirs qui sans
eux auraient été perdus. Oui, sans le père Dutertre et sans le
père Labat les premiers temps civilisés des Antilles seraient
couverts des mêmes ténèbres que leurs temps de sauvagerie.
Ce sont des historiens pleins de bonne foi et de bonne volonté, qui écrivaient sincèrement pour instruire. Mais si
nous rendons justice à leur mérite, il faut aussi reconnaître
qu'ils se montrent souvent d'une crédulité singulière. Ils ont
admis les choses telles qu'on les leur présentait dans la conversation, sans s'inquiéter qu'elles fussent vraies ou fausses ;
ils semblent ne tenir qu'au talent du conteur et au mérite de
voyageur qui a vu des contrées lointaines. Mais il faut dire à
leur décharge que cette crédulité est en rapport avec le temps
où ils vivaient et peut-être aussi avec l'habit qu'ils portaient.

Au dix-septième siècle la critique historique était inconnue ;
d'ailleurs, surtout dans les sciences physiques ; le progrès est
incontestable. On a eu le temps de voir et de revoir, d'éclair-

cir bien des points; un premier défrichement ne pouvait avoir
la perfection des cultures successives.

Mais peut-on dire : les remèdes rapportés par nos premiers
historiens doivent être les bons, car de qui les tenaient-ils ?
des premiers colons : et ceux-ci ? des Caraïbes ; et les Caraïbes ? de l'instinct, c'est-à-dire des mains de la Providence qui
pourvoit à la conservation de son œuvre en mettant partout
le remède à côté du mal. Je sais que ce raisonnement est sans
réplique pour certains esprits ; après qu'ils vous l'ont jeté à
la tête, ils tournent le dos et ne veulent plus rien entendre.
Mais il est hasardeux pour l'homme de se mettre ainsi au
point de vue de la Providence, et de dater ses décisions du
ciel. Ces sortes de solutions par les *causes finales*, ainsi qu'on
les appelle, sont rejetées comme trop ambitieuses et impos-
sibles à vérifier. Mais appliquez à la réalité des choses exis-
tantes cette antithèse de l'instinct du sauvage avec la raison
des peuples civilisés, et voyez ce qui en sort. La rareté des
populations sauvages, leur diminution journalière, leur aspect misérable, attestent la faiblesse de leurs moyens de défense contre les causes de destruction qui nous assaillent.
Qu'est-ce que des peuplades éparses comparées avec ces nations civilisées si denses dont les habitants se comptent par
milliers ! Je sais tout ce que l'on a dit de la découverte du
quinquina ; mais sans remonter à la question d'origine toujours ténébreuse, toujours falsifiée par l'imagination d'un
chacun, prenons les faits tels qu'ils sont aujourd'hui. Les Indiens de la région moyenne des Cordillières, au milieu des
forêts de quinquina, continuent à être rabougris, infiltrés,
décimés par les fièvres intermittentes. Les sauvages du Pérou
achètent des Européens le sulfate de quinine. (Voyez Le-
blond.)

Quant à cette autre banalité qui se débite pour emplir les
vides de la conversation, à savoir que dans la nature le remède est à côté du mal, j'ai déjà dit que c'était peut-être une
des illusions de l'homme. En effet, il suffit de jeter les yeux
autour de soi pour voir combien l'expérience a peu justifié
cette assertion. Les fièvres intermittentes désolent toutes les
parties de la terre, autant l'Asie que l'Afrique, autant l'Europe que l'Amérique, et le quinquina n'existe qu'au Pérou ;
la syphilis infecte le monde, il n'y a de mercure qu'en cer-

tains lieux ; c'est de l'Orient qu'est venue la petite vérole, et c'est en Angleterre que la vaccine a été découverte. C'est rapetisser l'homme que de le réduire, comme un végétal, aux avantages d'une localité ; la terre est le domaine de l'homme, il y fouille, il y puise, il prend et déplace tout à son gré. La nature fournit la matière première, peu importe où ; au génie de l'humanité appartient la main-d'œuvre.

La liane à serpent est aujourd'hui bien déchue de son ancienne réputation ; elle ne constitue plus à elle seule un remède spécifique, mais elle entre comme ingrédient dans plusieurs composés. Voici une formule que j'ai trouvée dans un vieux cahier de recettes de l'habitation Decasse :

De la liane à serpent. — « Le remède à serpent se compose d'autant de liane à serpent que peut contenir la main, infusée dans un poban de tafia. Plus le remède est vieux, meilleur il est.

« Lorsque le nègre a été piqué, on commence par lui faire boire un petit verre de cette liqueur, dans laquelle on ajoute une bonne pincée de poivre de Guinée bien pulvérisé. On scarifie la piqûre, que l'on frotte avec du citron rôti, et on met dessus un emplâtre de thériaque. On continue toutes les heures à donner un petit verre du remède, dans lequel on ajoute toujours une forte pincée de poivre de Guinée. Si l'enflure gagnait, on récidiverait les doses toutes les demi-heures, surtout si des vomissements survenaient ; on peut aller jusqu'à un poban et demi. Il faut tenir le malade bien chaudement ; s'il a soif, on lui fait boire une décoction de malnommée : on a bien soin de ne pas le laisser dormir. Après les vingt-quatre heures, s'il y a beaucoup d'enflure, on fait des fumigations avec toutes sortes d'herbes aromatiques ; après quoi on enveloppe bien la partie enflée avec du petit mouron bien pilé et des herbes à femme passées au feu. On purge le quatrième ou cinquième jour avec une prise de jalap ou des poudres d'Aillaud. Il faut surtout porter la plus grande attention aux dépôts, et s'il en survenait, avoir sur-le-champ recours à un médecin expert. »

N° 4.

Remède de M. Beausoleil.

« Je fais boire aussi promptement que possible une infusion

de trèfle femelle et de poivre de Guinée dans environ un petit verre de tafia.

« Je fais des scarifications sur toute l'étendue de la partie
enflée, je les multiplie autant que je les juge nécessaires ;
j'en ferais deux cents si deux cents me semblaient nécessaires.

« Je maintiens la partie piquée constamment chaude, avec
un grand réchaud allumé et placé au-dessous. J'applique sur
les piqûres des crocs et sur les parties voisines des cataplasmes faits avec la racine de l'envers, les feuilles de semen-contra, l'écorce de bois immortel et un pied-de-poule, le tout bien
chaud, et je fais frictionner la partie, toujours en descendant,
avec cette décoction.

« On continue ce pansement jusqu'à parfaite guérison.

« Au bout de six jours, s'il y a enflure, posez un cataplasme
avec pain, vin et suif.

« S'il survient une fluxion de poitrine, donnez une tisane
faite avec de la malnommée rouge et des écorces de bois immortel, en ajoutant une cuillerée de tafia et six gouttes d'eau
de Luce dans chaque tasse. On donnera une tasse tous les
quarts d'heure et l'on mettra des vésicatoires au côté.

« S'il survient de la paralysie, écrasez trois gousses d'ail
dans une tasse de vinaigre et faites rincer trois fois la bouche
sans avaler.

« S'il y a de la gangrène, pansez avec le mouron, l'arada
et la racine de citronnier. »

Ce traitement m'a été dicté par M. Beausoleil, panseur très-
enommé sur les hauteurs de Saint-Pierre. On en a vu l'application dans les deux observations du nègre de l'habitation
Deguerre et de M. ***, citées précédemment.

Ce pansement est à peu près le même que ceux des nᵒˢ 1
et 2, seulement on y trouve quelques changements dans
les herbes.

Le pied-de-poule, l'arada, le semen-contra, la malnommée
rouge, sont ajoutés ; d'autres ingrédients, au contraire, sont
supprimés ; mais au fond ce sont les mêmes principes.

On ne saurait trop réprouver, je le répète, ces scarifica
tions faites à tort et à travers. Le moindre bon sens suffit pour

en faire sentir, non-seulement l'inutilité, mais la barbarie. C'est un précepte médical mal compris, mal exécuté. On conçoit qu'il est nécessaire de scarifier la piqûre des crocs pour favoriser la sortie du venin; mais à quoi sert de picoter, par conséquent d'irriter tout un membre de haut en bas? Par l'irritation de ces incisions, si légères qu'elles seront, n'est-ce point provoquer l'afflux des liquides, par conséquen souffler sur le feu, et augmenter la matière du phlegmon érysipélateux, qui est un accident très-redoutable?

D'ailleurs, la multiplicité de ces piqûres chez un sujet nerveux peut déterminer une excitation extrême. On trouve dans la science des exemples de morts survenues à la suite de piqûres multipliées faites par des guêpes ou par des abeilles.

Cependant M. Beausoleil m'a assuré que sur plus de deux cents personnes pansées par lui, il n'avait perdu que les deux que j'ai citées, et il faut ajouter encore que ces deux personnes avaient été pansées tardivement, ce qui est, pour quelque pansement que ce soit, la circonstance la plus défavorable.

N° 5.

Remède de M. Duchamp.

« Prenez : *Mouron, une once.* — *Poivre de Guinée, une once.* — *Chardon bénit, demi-once.* — *Bon tafia, une bouteille.*

« Pilez le mouron et le chardon bénit dans un mortier de marbre; introduisez-les dans la bouteille de tafia avec le poivre de Guinée réduit en poudre, bouchez bien la bouteille et conservez pour l'usage. Avant d'employer le remède, il faut avoir soin de bien remuer la bouteille.

« La dose est, pour la morsure d'un gros serpent, de trois petits verres à liqueur administrés de demi-heure en demi-heure.

« Pour la morsure d'un serpent ordinaire, d'un à deux petits verres.

« Lorsque la morsure est grave, on applique à trois pouces au-dessus de la plaie un vésicatoire d'un pouce et demi de large et d'une longueur convenable pour entourer le membre. »

La grande estime dont jouit M. Duchamp rejaillit sur tout ce qui s'attache à son nom. Ce remède est très-recherché dans les environs de Saint-Pierre. Je tiens de M. Duchamp lui-même qu'après l'avoir employé pendant longtemps et sur un grand nombre de personnes, à peine s'il se souvient de quelque mortalité.

Ce remède ne diffère de ceux des n°s 1, 2 et 4, que par la présence du chardon bénit, qui est considéré dans le pays comme un puissant sudorifique.

M. Duchamp recommande aussi l'usage d'un vésicatoire au-dessus de la piqûre. L'expérience seule peut prononcer sur la valeur de cette pratique.

N° 6.

Remède employé sur l'habitation Lejus, au Carbet, communiqué par M. Baquié.

« Prenez : *Trèfle mâle.* — *Bouton d'or* (pyrèthre du pays). — *Mouron* : de chaque plante entière trois onces. — *Poivre de Guinée, une once.* — *Bon tafia, une bouteille.*

« Après avoir nettoyé les plantes, réduisez-les en pâte dans un mortier, introduisez-les dans un vase avec le poivre de Guinée, ajoutez le tafia, bouchez bien, laissez infuser pendant quinze jours, en ayant soin de remuer de temps en temps, passez à travers un linge serré, exprimez et conservez pour l'usage.

« La dose est de trois verres à liqueur pris de demi-heure en demi-heure. On frictionne la partie blessée avec la même liqueur plusieurs fois par jour, en ayant soin de ne cesser de frotter que lorsque la peau est redevenue bien sèche. Les frictions doivent être longues et fortes.

« On a soin de conserver dans un vase à part le marc, auquel on ajoute une once de poivre de Guinée en poudre et suffisante quantité de tafia. On s'en sert pour appliquer des cataplasmes sur la plaie. »

M. Baquié se loue extrêmement de l'usage de ce remède. Le soin qu'il porte à tout ce qu'il fait doit contribuer à ses succès.

<hr />

No 7.

Remède du nègre de M. Louis Lalung.

« Prenez : *une cuiller à bouche de poivre de Guinée pulvérisé.* — *Six vieilles pipes réduites en poudre très-fine.* — *Une once de racine de trèfle.* — *Six cuillerées de poudre à canon ou quatre cuillerées de poudre fine.* — *Une bouteille de bon tafia.*

« Coupez en petits morceaux la racine de trèfle, mêlez-la lorsqu'elle sera réduite en pâte, mélangez-la avec les autres substances, et introduisez le tout dans un vase avec le tafia. Après avoir bien bouché la bouteille, laissez infuser au soleil pendant quinze jours.

« La dose de ce remède est de six onces (ou douze bonnes cuillerées) à prendre par petits verres de demi-heure en demi-heure. Il faut avoir soin de tenir le malade chaudement; on applique sur la blessure une compresse imbibée de cette liqueur; on frictionne la partie blessée avec ce remède, en ayant soin de diriger les frictions de manière à ramener le venin vers la blessure, c'est-à-dire que les frictions supérieures à la blessure se feront de haut en bas, et celles au-dessous, de bas en haut.

« Quand la piqûre paraît dangereuse, on applique une ventouse et on fait frictionner la partie avec un liniment composé de : *Huile d'olive, trois onces.* — *Sel de cuisine en poudre très-fine, une once.* — Ce liniment s'emploie aussi chaud que le malade peut le supporter. »

Je tiens ce remède de l'obligeance de M. Peyraud, à qui M. Louis Lalung a bien voulu le communiquer. Le nègre qui s'en sert en a fait longtemps un secret. Ce nègre est très-recherché au Prêcheur pour le pansement des piqûres de serpent; il en faisait pour ainsi dire profession. On dit qu'il peut aussi les charmer et les prendre sans danger. (Je reviendrai plus tard sur ces sortes de psylles.)

L'emploi de la pipe culottée commence à paraître dans ce remède. Nous la retrouverons dans d'autres formules. Est-ce

un de ces ingrédients bizarres auxquels les nègres ajoutent foi
à cause de leur bizarrerie même, ou bien la pipe culottée agit-
elle par le tabac qui l'imprègne, c'est ce que je laisse à décider au jugement du lecteur.

———————

Je n'en finirais pas si je voulais rapporter toutes les variétés de ce genre de remède, variétés qui résultent de l'addi-
tion ou du retranchement de quelques plantes. Ainsi, M. de
Lagardelle ajoute la racine du papayer et lui croit des vertus
particulières ; d'autres l'ayapana, d'autres l'herbe à charpentier, ou le mahot, ou le gingembre, etc. ; beaucoup quelque autre herbe cachée et dont ils font un secret. Toute la flore des
Antilles y passerait.

Observons que le poivre de Guinée, qui est aujourd'hui la
substance en honneur, celle qui entre comme *principale* dans
toutes ces formules, n'est point indigène à la Martinique et n'y
vient même que difficilement. Ce n'est autre chose que la
maniguette, substance bannie de la matière médicale, et qui
n'est employée en Europe que comme épicerie.

Quant à la malnommée, au mouron, à la liane à serpent,
autrefois si préconisés, ce ne sont aujourd'hui que des succé-
danés. On ne se sert plus de chacun d'eux séparément, comme
de *spécifiques* : on les réunit, on les associe, pensant qu'ils
s'entr'aideront, et que la vertu de l'un ajoutera à la vertu de
l'autre. Ces amalgames sont assez dans le goût, et si je puis
parler ainsi, assez dans la marche de l'esprit humain. L'homme
commence par essayer des choses séparément, et souvent dès
les premiers essais s'y abandonne avec enthousiasme : revenu
de son premier entraînement, il tombe dans une incertitude
qui est encore un reste d'attachement pour l'objet de son abandon ; il ne peut pas croire qu'il se soit trompé du tout au
tout; à la longue, les mécomptes et les incertitudes s'amassant,
on les rassemble, on les mêle, on en fait un bloc qui est essayé de nouveau en masse. C'est alors dans la pensée que chacune des substances ayant un peu de vertu, toutes réunies
formeront un ensemble plus efficace, ou que la nature, mieux
instruite, choisira dans cette masse ce qui lui convient, de
même qu'elle sait puiser dans le fumier les éléments nécessaires aux végétaux. C'est toujours la théorie de la thériaque qui

était arrivée à se composer de 75 substances, et cela n'est qu'un acte de désespoir de la part de l'esprit humain. C'est sous une autre forme l'histoire de ce peintre qui, ne pouvant reproduire l'écume du chien, lança contre son tableau une éponge imprégnée du résidu de toutes les couleurs dont il s'était servi dans le jour, et réussit à représenter l'image qu'il n'avait pu obtenir jusqu'alors.

Voici une série de plantes autres que celles qui précèdent : c'étaient des excitants et des sudorifiques ; voici des émollients, des spécifiques, des acides, des purgatifs, etc., etc.

N° 8.

Du Tabac.

« Vous commencerez par interroger le malade pour savoir s'il y a longtemps qu'il a mangé, ce qui est indispensable, car le remède pourrait troubler la digestion, ce qui serait une complication. Il faut donc attendre pour donner la potion intérieure ; mais cela n'empêche pas de panser extérieurement avec le cataplasme indiqué ci-après.

« Vous prenez une poignée d'herbe grasse, une poignée d'herbe puante, une poignée de feuilles de tabac vert.

« Vous pilez le tout ensemble dans un mortier, vous en pressez le jus à travers un linge, vous mettez deux doigts de ce jus dans un verre ordinaire avec un peu de tafia, suivant l'habitude de l'individu ; s'il boit d'ordinaire, vous mettez au moins le tiers en sus du liquide. Dans le cas où le malade n'en userait pas, vous ajouterez fort peu de tafia, et vous ferez boire un seul coup pour tout remède.

Pansement extérieur. — « Prenez le marc de ces différentes plantes, mettez le tout dans un vase que vous arroserez de tafia pour bien humecter ce catasplame. Vous le mettrez entre deux linges que vous appliquerez sur la partie malade. De temps à autre vous arroserez avec un peu de tafia pour tenir le cataplasme humecté, car il se dessèche par la chaleur de la peau. Vingt-quatre heures après, vous ferez bouillir des feuilles de figues bananes sèches et des cordes et feuilles de patates de bord de mer. Lorsque le tout sera bien consommé, vous laisserez refroidir, et avant de mettre la partie malade dans ce bain, vous y ajouterez une bouteille de tafia en plus, suivant la quantité de liquide que le bain de la partie malade exige ; car s'il fallait tremper une main, il n'en faudrait pas plus d'une demi-bouteille.

« Je frotte la partie avec du citron pour bien connaître le mal.

« Je mets le malade à une diète rigide pendant un ou deux jours, et ne le laisse boire pour toute tisane que la malnommée adoucie avec du gros sirop.

« Cette recette contre la piqûre du serpent est efficace pour tous les endroits. Vous n'avez pas besoin de donner le remède chaud, lorsque vous ajoutez une partie spiritueuse : il convient de tenir la partie chaudement. Vous pouvez laisser dormir s'il convient au malade; en général l'inquiétude le tient éveillé.

« On répète plusieurs fois les bains.

« Si l'enflure est considérable, on peut employer un cataplasme, avec aloès à froid, battu dans du sel et coupé en tranches. Il suffit d'étendre ce cataplasme sur tout le membre enflé. »

Ce remède est un de ceux qui se présentent avec le plus d'autorité. Il m'a été envoyé par beaucoup de personnes dont le témoignage mérite la plus haute considération ; je tiens de source certaine que c'était de ce remède que faisait usage au. Vauclin, sur son habitation, le grand-père de MM. de Tascher; il est encore très en vogue dans ce quartier. M. Peter Maillet s'en sert au Saint-Esprit, MM. Brière de l'Isle et Monérot au François , M. Aubin au Simon ; M. Décasse l'employait sur son habitation du Carbet. Toutes ces personnes s'en louent extrêmement. M. P. Maillet, dont le bon esprit est apprécié par tous ceux qui le connaissent, m'a affirmé que sur un très-grand nombre de nègres pansés par lui-même, il n'en avait jamais perdu aucun, quoiqu'il y en eût qui fussent dans un état déplorable, et même des négresses en état de grossesse!

Ce remède est un composé d'émollients, à l'exception du tabac vert, et par là, il diffère un peu des précédents.

Il est vrai que dès l'origine de la colonie, le tabac a été

vanté contre la piqûre du serpent. *Il faut appliquer dessus*, dit le père Dutertre, *des feuilles de petun verd.*

Le tabac est considéré par quelques-uns comme répulsif du serpent. J'ai ouï dire par des nègres fumant sur les grandes routes, qu'ils le faisaient pour chasser les serpents. Peut-être la lumière autant que l'odeur du *bout* (espèce de long cigare) produit cet effet. J'ai tué un gros serpent en lui mettant quelques pincées de tabac dans la gueule ; d'après ces faits, je pensai que les serpents pouvaient fuir les champs plantés de tabac. J'ai fait prendre des renseignements à Sainte-Marie et au Macouba, où le tabac est cultivé ; j'ai appris qu'il n'en était pas ainsi, et que les pièces de terre où l'on cultive le tabac avaient des serpents.

On m'a assuré qu'un médecin du Lamentin ne traitait la piqûre du serpent que par l'usage des émollients ; je regrette de n'avoir pu me procurer son pansement.

N° 9.

Autre formule du même remède.

Recette pour le pansement de la morsure du serpent à la Martinique, telle qu'elle est pratiquée au quartier du Simon, en la commune du François.

« De tabac vert une poignée, d'herbe puante une poignée, d'herbe grasse une poignée. On écrase le tout ; on en exprime le jus, on en donne la moitié d'un verre (à toast), qu'on remplit de tafia. Si le malade vomit cette première dose, on lui en donne une seconde ; on arrose le marc de tafia, et on l'applique sur la plaie, qu'on a légèrement scarifiée et frottée de jus de citron et de cendre, pendant qu'on préparait le remède. Si la partie mordue est charnue, on y applique une ventouse. On laisse cet appareil sur la plaie pendant vingt-quatre heures, on fait alors un bain de feuilles de figues bananes sèches et de feuilles de patates du bord de mer ; on y ajoute une bouteille de tafia, on trempe la partie malade dans ce bain tiède, pendant le premier jour, et froid pendant les jours suivants, tant que durera l'enflure. Le troisième ou quatrième jour, on évacuera le malade par une dose d'huile de ricin, autrement dit palma-christi.

« S'il survient une inflammation aux poumons, on la traite comme il est d'usage; si le pouls devient plus faible, si les sueurs surviennent, on donnera au malade quelques doses de quinquina, avec quelques gouttes d'esprit volatil de sel ammoniac liquide, autrement dit alcali volatil, suivant que le cas l'exigera, jusqu'à ce que le pouls se soit relevé, et que les fonctions de la peau se soient rétablies et mises à l'état naturel.

« Certifié conforme à la recette à moi donnée par Mme Brière de l'Isle.

« Saint-Pierre-Martinique, le 29 avril 1844.

« AUBIN BELLEVUE. »

N° 10.

Remède indiqué par M. E. Tiberge, par le coton-pierre (Gossypium Guyanense vel Brasiliense.)

« Prenez : racine de coton-pierre 4 onces; bon tafia une bouteille.

« Broyez bien la racine de coton-pierre, introduisez-la dans la bouteille de tafia, bouchez avec soin et laissez infuser pendant quinze jours avant de vous en servir.

« La dose est d'un petit verre à liqueur à prendre de quart d'heure en quart d'heure, pendant la première heure; on continue à administrer la même dose d'heure en heure, jusqu'à ce que les symptômes inquiétants aient disparu.

« On applique sur la plaie un cataplasme fait avec de la patate du pays rôtie et de l'huile d'olive. S'il survient du gonflement, on frictionne la partie tuméfiée avec le liniment suivant : ail réduit en pâte fine deux gousses, huile d'olive deux onces.

« On donne à boire au malade, pendant le traitement, une tisane composée de malnommée rouge, fougère de murailles, pyrèthre. Une poignée de chaque plante entière, que l'on fait bouillir dans trois pintes d'eau, jusqu'à réduction du tiers.

« La racine de citronnier s'emploie de la même manière. »

Ce remède m'a été communiqué par M. Peyraud, qui le tient de M. Tiberge.

N° 11

Autre formule du remède précédent, par M. Prévoteau.

« Je panse en plein air, deux et même trois heures après la piqûre ; cela ne fait rien à la chose, mon remède réussit toujours.

« Prenez une racine du gros coton ou coton-pierre, d'un pied de long environ et d'un pouce de diamètre, grattez-en la première pellicule noire, absolument comme on gratte la pellicule du manioc. Pulvérisez ensuite le bois, et ajoutez trois doigts de tafia, mêlez et broyez bien le tout, et faites ensuite avaler au malade.

« Séparez ensuite le marc en deux, faites chiquer une partie, et avaler à mesure le suc qui en est exprimé, et avec l'autre frottez le membre de haut en bas et appliquez sur la plaie ; faites des frictions pendant deux heures, en ayant soin de renouveler ce tafia sur le marc à mesure qu'il est épuisé. »

M. Prévoteau m'a assuré qu'il avait pansé à la Rivière-Salée plus de 500 personnes, sans en perdre une seule, et que ce remède était fort en usage dans les communes de Sainte-Luce, de la Rivière-Salée et de leurs environs ; il tenait ce remède de M. Charles Chassin, ancien habitant, qui lui-même l'avait eu d'une Caraïbe.

Je ne sache pas que la racine du cotonnier, dans la médecine du pays, soit employée à d'autres usages.

N° 12.

Pansement par l'Acacia (Acacia Farnesiana).

« Vous faites des scarifications, vous appliquez des ventouses, ou vous faites sucer la plaie, comme dans tous les traitements ; puis on prend un morceau d'écorce d'acacia de six à huit pou-

ces de long, et d'un pouce à un pouce et demi de large à peu
près. On dépouille cette écorce de sa pellicule verte. Si le
malade a de bonnes dents, on lui donne cette écorce à mâcher
et on lui fait avaler le jus, et par-dessus, un bon coup de tafia;
ou bien on extrait le jus, on le mêle au tafia et on fait avaler
le mélange, d'environ un verre à toast. Si le serpent est gros, on
donne ainsi deux ou trois doses. On met ensuite sur la piqûre
le marc qui reste, mêlé avec du tafia et du sel.

« Pour tisane, si le malade a soif, eau et tafia. Quand le
malade est mordu à la jambe ou au pied, les nègres lui
mettent une jarretière avec l'écorce d'acacia.

« Le pansement se fait à froid. »

Ce remède m'a été envoyé par M. Duchatel, qui le désigne
sous le titre de traitement *Caplaou*, parce qu'il est en usage
sur son habitation parmi les nègres ainsi nommés : M. Duchatel ajoute qu'il en a toujours vu de bons effets.

L'acacia à fleurs jaunes est un arbrisseau fort commun à
la Martinique. M. Levacher, dans son *Guide des maladies de
Sainte-Lucie*, le donne comme un bon antiseptique qui déterge
la surface des ulcères les plus sordides, arrête la gangrène, etc., etc. Non-seulement quelques personnes s'en servent comme d'un remède curatif de la piqûre du serpent;
mais quelques-unes me l'ont vanté comme un préservatif
contre cet accident. C'est l'écorce d'acacia qu'employait cet
homme dont *les Antilles* ont parlé dans le temps, et qui se
donnait pour un preneur de serpents ; il savait, disait-on, les
charmer, les engourdir, s'en faire obéir, on en citait des
merveilles ; plusieurs fois il avait réclamé de l'autorité municipale une récompense en retour de son secret ; quelques-uns
s'indignaient qu'on attendît si longtemps pour faire une aussi
précieuse acquisition. Je fis venir cet homme, et en présence
d'un grand nombre de personnes, je le mis en face d'un
très-moyen serpent gris déjà affaibli par plusieurs jours de
captivité. G***, après s'être fait *arranger* par un camarade, se
présenta dans l'arène : il mâchait d'une herbe que nous re-
connûmes pour être l'écorce d'acacia ; il en cracha le jus à
plusieurs reprises sur le serpent (absolument comme au
temps de Lucrèce), cria, gesticula, fit enfin toutes sortes *de*

grands mouvements, mais n'osa jamais toucher à l'animal, malgré le rire de toute l'assemblée. Enfin, notre spirituel compatriote Auguste de Maynard, ennuyé de toutes ces jongleries, sauta sur le serpent, le saisit par le cou, et se tournant vers G**** qu'il fit reculer, il lui montra que de la hardiesse avec un peu d'adresse aurait pu le tirer d'affaire et pouvait être un très-bon talisman, même contre le serpent. *Ab uno disce omnes.*

L'acacia est très-employé à Sainte-Lucie.

<hr>

N° 13.

De l'épineux blanc.

Chardon bénit (Argémone mexicana). — *Ecorce épineux blanc* (clavalier des Antilles, Zanthoxylum.) — *Poivre de Guinée.* — *Tafia et vin rouge.*

« Prenez un gros 1/2 de graines de chardon bénit, un gros 1/2 de poivre de Guinée, un morceau comme le doigt d'écorce épineux blanc, le tout bien pulvérisé, et mis dans une bouteille de bon tafia. Vous donnerez un petit verre à liqueur, selon l'âge de l'individu mordu.

« S'il y a vomissement, on récidivera les doses jusqu'à ce que le vomissement soit entièrement passé, s'il y a du froid également; on donnera pour une piqûre ordinaire deux ou trois coups; pour appareil, on imbibera une compresse avec le remède, l'on aura soin de la mouiller de temps en temps, ou bien on se servira de l'alcali avec l'huile d'olive.

« Pour tisane, on mettra une cuillerée de tafia et un verre de vin rouge dans une bouteille d'eau. »

La base de ce remède est l'épineux blanc, plante que nous n'avons point vue figurer jusqu'à présent : mais le véhicule est toujours du tafia.

Ce remède m'a été communiqué par M. le pharmacien Bernard Carbouère comme étant fort en crédit au Lamentin. J'ai su aussi que depuis longtemps l'épineux blanc était employé au Gros-Morne par MM. Duvalon père et fils, et qu'ils y ont une grande confiance.

L'épineux blanc à feuilles de frêne, pour le distinguer de

l'épineux jaune, est un zanthoxylum de la famille des térébinthacées ; son écorce est aussi employée dans quelques tisanes comme fébrifuge et comme antisyphilitique.

N° 14.

Remède par le trèfle (aristolochia triloba), de M. E. Cottrell, du Macouba.

« Faites infuser une poignée de racines de trèfle du pays dans une bouteille d'esprit de tafia ; ajoutez des cendres de pipe.

« Faites prendre à la personne mordue un petit verre de cette infusion ; il est rare qu'on soit obligé de donner deux verres.

«Prenez du chardon bénit, des pavots du pays et de la malnommée, de chaque, une poignée ; un citron coupé ; faites bouillir le tout dans un vase d'eau, pilez et ajoutez un peu d'esprit de tafia ; faites avec ce mélange un cataplasme, et mettez sur la plaie.

« Je ne donne aucune tisane particulière ; je fais observer un régime sans sel, je tiens le malade couché, et lorsqu'il est sur le point de sortir de l'hôpital, je lui donne une médecine. »

M. E. Cottrell m'a assuré qu'il avait pansé ainsi un très-grand nombre de personnes, et qu'il n'avait perdu aucune d'elles. Non-seulement il considère le *trèfle du pays* comme l'antidote de la piqûre du serpent, mais il croit cette plante antipathique au serpent. « Ayant remarqué, me dit-il, que les lieux où le trèfle se trouve en abondance avaient peu de serpents, j'en ai fait planter dans le jardin potager qui entoure ma maison, et où j'avais habitude de tuer beaucoup de serpents : depuis que je suis ainsi gardé par le trèfle, je n'ai plus tué un seul serpent. »

J'ai trouvé cette opinion sur le trèfle chez plusieurs autres personnes. Je signale ce fait à l'attention des observateurs, mais je ne garantis rien.

N° 15.

Remède par la calebasse d'herbes.

« Il faut commencer par poser sept ventouses sur la partie piquée et plus haut, et dire à chacune d'elles : « Venin, arrête ton cours ! » — Comme Judas a trahi Notre-Seigneur, les sept ventouses sont en l'honneur des sept plaies qu'a souffertes Notre-Seigneur Jésus-Christ ; puis un *Pater* et un *Ave* à chaque ventouse.

———————

« Prenez de la poudre de pipe (un dé à coudre), — neuf feuilles de calebasse d'herbes, — neuf petits paquets de pied-de-poule, — neuf paquets d'herbe à couteau, — neuf paquets de bouton d'or, — neuf paquets de malnommée rouge, — un morceau d'écorce de la racine de bois immortel.

« Ceci fait, on y ajoute un *muce* de tafia, et l'on purge trois doigts de ce jus, que l'on fait avaler à la personne piquée. Ensuite, vous enveloppez avec grand soin toute la partie enflée de feuilles de calebasse d'herbes, que vous avez soin de faire passer au feu.

Pour tisane. — « Trois feuilles de calebasse de bois, — un morceau de lierre fendu en sept, — une poignée de malnommée rouge, — un morceau de la racine de bois immortel, que vous fendrez également en sept ; il ne doit être que de la grosseur d'un pouce et pas plus long, — sept brins de pied-de-poule, — sept brins d'herbe à couteau, le tout bouilli dans deux verres d'eau et un tiers de tafia. Le premier jour, on donnera de quart d'heure en quart d'heure une tasse de tisane au malade ; le second jour, on lui donnera une tasse par demi-heure.

« Si le malade n'a plus de fièvre après les vingt-quatre heures, ne lui donnez plus de tisane, mais continuez le traitement indiqué plus haut. »

———————

Outre deux plantes nouvelles, la calebasse d'herbes (*Cucurbita lagenaria*) et l'herbe à couteau (*Carex*), nous trouvons ici pour la première fois la recommandation d'une prière.

Ces pratiques superstitieuses accompagnent toujours le pansement, lorsque le pansement est fait par un nègre. Si je rapportais toutes les bizarreries qui m'ont été racontées à cette occasion, cette enquête dépasserait toute mesure. Ainsi, le nègre de M. L. Lalung, dont j'ai donné plus haut le remède, commence par s'informer si le nègre piqué du serpent s'est livré à certains actes, depuis vingt-quatre heures, et comme cela a lieu presque toujours, le panseur, avant de donner le remède, se rend à la rivière la plus prochaine, la passe et repasse à plusieurs reprises, y lave sa chemise, etc., etc., et tout cela de l'air le plus sérieux du monde, tout comme un homœopathe ou un magnétiseur, et ce n'est qu'après qu'il s'est livré à toutes ces momeries qu'il revient auprès du malade.

Le plus ordinairement le panseur n'opère que dans le secret, hors de la vue du maître, et surtout des médecins, dont la présence détruirait le charme. Un panseur ne doit point toucher au pansement fait par un autre panseur.

On m'a dit et je n'ose le redire, tant la chose me paraît une épigramme faite à plaisir, qu'il y a des panseurs qui ne touchent point à la piqûre même, mais qui se contentent d'*arranger*, c'est-à-dire de panser le membre du côté opposé.

La présente recette m'a été procurée par M. Henri Desrioux, qui la tient d'un nègre de son habitation du Prêcheur, Ce nègre était, il y a quelques années, très-renommé comme preneur de serpents. M. de Saint-Hilaire, qui l'avait vu opérer, en ayant parlé à M. le comte de Bouillé, alors gouverneur de l'île, celui-ci eut le désir de voir par lui-même. On fit donc venir notre homme avec ses serpents ; il les prit, joua avec eux, les passa autour de son cou, fit cent tours pareils avec une telle audace, que tout le monde en fut émerveillé ; mais un des assistants ayant tué un des serpents, on découvrit que les crocs que le nègre avait d'abord fait voir n'étaient pas les crocs *montés*, les crocs de service, les véritables crocs (ainsi que nous le verrons plus tard) ; que ceux-ci avaient été arrachés et que les serpents n'avaient que leurs crocs de rechange, crocs rudimentaires et sans action. Le fourbe reçut un châtiment, mais il ne perdit pas sa réputation, il en revint, comme reviennent les charlatans de toute publicité, avec un peu plus de renom. Mais ce qu'il y a de plus sérieux, c'est qu'il a été piqué deux fois du serpent, tout *psylle* qu'il est, et que de la dernière fois il conserve une ankylose du poignet.

La calebasse d'herbes employée dans cette formule est, suivant le père Labat, de la même espèce *que la calebasse d'herbes d'Europe, d'où selon les apparences on en a apporté des graines* (voyez tom. III, page 265); cette plante est administrée quelquefois comme purgatif. J'en ai moi-même fait usage et je lui ai trouvé des effets drastiques.

L'herbe à couteau est une graminée assez insignifiante.

Le pied-de-poule (*Elusine*), que nous avons vu déjà dans quelques formules précédentes, est aussi une petite graminée qui pousse entre les pavés des rues, surtout le long des ruisseaux. On lui croit à la Martinique des vertus très-puissantes; c'est un vrai *réveille-mort*, me disait une garde-malade: aussi est-il administré *in extremis* à tous les malades.

Quant à cette recette dans son ensemble, il faut qu'elle ait eu des succès; car ce n'est point au Prêcheur seulement qu'elle existe, elle s'est propagée dans différents quartiers de l'île, notamment à Sainte-Marie, ainsi qu'on le verra par la formule suivante.

N° 16.

Autre formule du remède précédent.

Premier pansement. — Pour boisson une cuillerée à café de thériaque dans un petit verre de rhum où il y a de la racine de trèfle. Si le malade se plaint, il faudra lui donner une seconde dose de la boisson susdite, mais ce ne sera qu'une heure après la première. Il faudra faire trois incisions de chaque côté de la piqûre et y appliquer les ventouses; après cela frictionnez l'endroit de la piqûre avec un peu d'huile tiède, toujours en descendant vers les extrémités des articulations; appliquez sur la piqûre un emplâtre de gingembre, de sel et de rhum un peu tiède, sur une feuille de calebasse d'herbes, et ensuite un vésicatoire au haut de la piqûre. Toutes les deux heures une prise de quinquina, pendant les premières vingt-quatre heures.

Second pansement. — Vingt-quatre heures après, levez l'appareil et mettez sur la plaie moitié écorce de bois immortel, moitié gingembre, un peu de sel et du rhum, le jus de six citrons, et cela après avoir bien frotté la plaie comme dans le premier pansement.

Tisane. — Deux racines de pied-de-poule, un petit morceau de bois immortel, quatre branches de malnommée rouge, toujours tiède. Si le malade se tourmente, il faut lui donner trois cuillerées d'huile de palma-christi, trois cuillerées de verveine, trois cuillerées d'ortie que l'on fait bouillir pour être clarifiée, et une cuillerée de vinaigre : cela se donne de quart d'heure en quart d'heure, à la dose d'une cuillerée. Quatre jours après la piqûre, une médecine d'huile.

Pour la gangrène. — L'herbe à blé dans l'huile d'olive un peu tiède; pour l'enflure, herbe mouron qui lève sur le fumier.

Pour les femmes enceintes : au lieu du rhum, on donne de la thériaque dans l'eau de gombo, mais on emploie les mêmes remèdes.

Pour la rétention d'urine. — Une tisane faite avec un petit morceau de la racine d'herbe à panache, dans laquelle on ajoute une pincée de sel de nitre.

———

Voici quelques lignes dont M. L. Littée a bien voulu accompagner l'envoi de cette recette :

« Mon vieux camarade,

« J'ai lu, dans le journal *les Antilles*, plusieurs recettes pour « le pansement de la piqûre du serpent consignées dans votre « *Enquête*; je vous en envoie une qui m'a été donnée il y a « plusieurs années par ma cousine, Mme Littée-Amelin, qui s'en « servait avec succès; elle la tenait du nègre Barthélemy, qui « jouissait au Gros-Morne d'une grande réputation pour la « piqûre du serpent. »

En effet, nous trouvons dans cette recette l'emploi de la calebasse d'herbes, mais il est combiné avec l'emploi de beaucoup de plantes précédemment indiquées; en outre, il y en a d'autres qui n'ont point encore paru, telles que l'*ortie*, l'*herbe à blé*, l'*herbe à panache*, etc. J'ai déjà dit que l'énumération de toutes les herbes employées dans les recettes contre la piqûre du serpent serait une flore complète de la Martinique. Non-seulement dans chaque quartier, mais dans chaque habitation, le pansement présente quelque modification. Je cherche à donner une idée de cette variété, en rapportant les formules qui offrent le plus de différences; mais on conçoit que j'ai dû négliger celles où la diversité ne consiste que dans un ou deux ingrédients différents. C'est pourtant à ces légères différences de leur remède que les auteurs d'ordinaire attribuent son efficacité.

N° 17.

Du Citron.

Vous donnez trois doigts de jus de citron dans un verre, une heure après, une pareille dose; ensuite on laisse un intervalle de deux heures pour la troisième dose; on continue les doses de cette manière jusqu'au moment où les douze heures sont écoulées.

On scarifie la plaie, ensuite on y met un cataplasme composé du marc des citrons, de poudre et de sel, l'on frotte doucement la partie mordue avec du citron, afin d'en faire entrer le suc dans les pores.

Si l'enflure continue quelques jours sans danger de dépôt, on la fera cesser en la bassinant avec une décoction d'herbes à charpentier bien bouillie, dans laquelle on ajoutera du tafia. Il faut que le bain soit tiède.

J'ai parfaitement réussi à enlever l'enflure avec le remède du docteur Havard, savoir : une grosse poignée patates du bord de mer, une *idem* feuilles figues bananes sèches, une poignée pied-de-poule ; faites bien bouillir le tout, laissez refroidir, trempez la partie enflée dans cette eau, après y avoir ajouté une bouteille de tafia, et faites tremper à froid trois fois le jour ; la même décoction sert pour trois ou quatre jours en y ajoutant du tafia tous les jours.

Si la fièvre, ou la fluxion de poitrine, ou enfin le dépôt, se manifestaient, il faudrait laisser de côté les remèdes pour la piqûre du serpent et s'occuper de la maladie.

Remède du docteur Havard, pour la fluxion de poitrine.

Si la fluxion de poitrine se fait sentir, faites vomir de suite avec l'émétique, posez un large vésicatoire sur le point, donnez beaucoup de lochs, d'huile de palma-christi et de kermès toutes les heures, pour tenir le ventre libre.

Remède pour faire tomber la chair morte et guérir la gangrène.

Une cuillerée d'huile d'olive, une *idem* gros sirop, deux *idem* vin, un jaune d'œuf, un peu de farine de froment pour donner de la consistance; passez le tout au feu pour le faire cuire et en faire une bouillie.

J'ai choisi cette formule entre un grand nombre d'autres dans lesquelles l'emploi du citron est recommandé. Elle m'a été donnée par M. le docteur Cornette de Saint-Cyr, qui la tient de M. Huyghes Deshetages, du Marin. De tous les remèdes indiqués jusqu'à présent, le citron est celui qui me paraît le plus répandu; tantôt il est général à tout un quartier, tantôt particulier à une habitation, quelquefois il est employé seul; d'autres fois il entre dans le remède comme élément, en même temps que d'autres plantes, ainsi qu'on l'a pu voir dans plusieurs des recettes précédentes; il m'est venu de tous les côtés, de Sainte-Anne et de la Basse-Pointe.

Voici ce que m'en écrit l'anonyme Jean-Joseph, déjà nommé (et qu'à sa malice de bonne compagnie j'aurais du déjà reconnaître pour M. de Curt): « Le but de cette longue lettre est « de vous parler du citron; c'est d'après mon expérience (l'au- « teur, si je ne me trompe, a bien près de quatre-vingts ans), « le premier de tous les remèdes de *serpent*. Je ne l'ai jamais « vu faillir et je l'ai employé pendant trente ans dans mon ate- « lier, dont près de la moitié a subi la morsure du serpent, « quelques-uns deux ou trois fois. Je n'ai vu d'accident qu'une « fausse couche. »

N° 18.

« Voici la manière de s'en servir : si l'on a le malheur d'être mordu du serpent, il faut aussitôt manger quelques citrons, graines et pulpe; frottez ensuite la plaie avec plusieurs autres, laissez faire des scarifications sur les piqûres des crocs, si vous vous en sentez le courage, et couvrez ces plaies avec des tranches de citron, puis d'heure en heure, pendant les premières douze heures, avalez un verre à toast de jus de citron, puis éloignez les verres de jus de citron de deux en deux heures.

de trois en trois heures; continuez de renouveler les tranches
de citron sur la plaie, et arrosez même tout le membre avec
du jus, le plus souvent possible. A moins de ces morsures
contre lesquelles tout remède est inutile, soyez sûr que le malade guérira.

« La plupart de mes nègres, ajoute l'auteur, savent administrer un remède aussi simple : un d'eux qui fait commerce
de vers palmistes, et qui, pour en avoir, est obligé d'aller couper les palmistes nains au milieu des bois, ne marche jamais
sans porter quelques citrons sur lui; et bien lui en prend, car
dans une de ces excursions, ayant été mordu par un serpent,
il se pansa sur-le champ et vint achever son traitement dans
sa case.

« Il y a cinq ou six mois, le même jour, un de mes nègres,
un nègre de la Grande-Anse, un de l'Ajoupa-Bouillon, et un
homme de couleur libre de mes environs, furent piqués du
serpent ; il y eut aussi un cheval du médecin M*** qui le fut
également. Le nègre de l'Ajoupa-Bouillon, celui de la Grande-
Anse, pansés par des remèdes différents, moururent; l'homme
libre resta longtemps paralysé, le cheval même du médecin
est mort; mon nègre, pansé avec le citron, était au travail après
dix jours : encore trois ou quatre jours avaient-ils été accor-
dés de générosité pour la convalescence.

« Vous n'êtes peut-être pas sans curiosité de savoir comment
le pansement par le citron s'est introduit à la Martinique?
Un jeune homme nommé M. Lartigues, qui depuis est mort de la
fièvre jaune, en causant au père Cairéti une frayeur épouvantable, avait habité Sainte-Lucie, où le citron était employé. Se
trouvant un jour chez Mme de T***, au moment où l'on portait
à l'hôpital une négresse piquée du serpent, il parla de l'efficacité du citron avec tant de conviction, qu'on lui confia la négresse sous la surveillance de M. Dariste aîné, médecin de
l'habitation. Celle-ci fut guérie, comme l'avait promis M. Lartigues, en peu de jours. Mais ce qui achève le triomphe du citron c'est que Mme de C***, aujourd'hui en France Mme de C***,
nièce de Mme de T***, vint, un livre à la main, nous montrer que
le remède n'était pas si nouveau qu'on le pensait, car le livre
qu'elle tenait de ses belles mains n'était autre que les *Géorgiques* de Virgile, traduites en vers par M. l'abbé Delille; et elle
nous fit lire dans la préface que sous l'empereur Auguste, des

condamnés à mort par la piqûre des vipères étant conduits
au supplice, un d'eux, tourmenté de la soif, mangea quelques
citrons. Or, celui-ci fut le seul qui résista à l'action du venin
des vipères. La chose ayant été rapportée à l'empereur, il or-
donna de répéter l'expérience sur d'autres criminels, et il fut
dès lors constaté que le suc de citron préservait des effets du
venin du serpent.

« M. de C***, père de Mlle de C***, était tellement pénétré de
cette vérité, qu'il avait soin de faire conserver du jus de citron
sur son habitation de la Basse-Pointe, afin d'en avoir sous la
main au moment du besoin, et même lorsque la saison ne
permettait pas d'en avoir de frais. »

———

Je n'ai point une traduction des *Géorgiques* de Delille, pour
vérifier le fait cité par M. C***; je prie le lecteur qui possède
ce volume d'en faire la recherche pour moi. Mais ce qui me paraît certain, d'après cette histoire, c'est que nos dames créoles
lisent Virgile. Or, d'après Quintilien : *Ille se profecisse sciat, cui
Virgilius valde placebit*. Que celle-là sache qu'elle est femme
d'esprit, qui se plaît à la lecture de Virgile. Comme j'ai l'honneur de connaître Mme de C***, je puis joindre mon sentiment à celui de Quintilien.

Voici en faveur du citron une autre grave autorité. Un habitant des gorges de la Montagne-Pelée, quatre-vingt-quatre ans
passés dans les bois ! mais une vigueur de corps, une vigueur
d'esprit à nous faire envie à tous, même aux plus jeunes, même
aux plus forts, le vers de Virgile droit et courant : *Cruda dei vi-
ridisque senectus* ! le doyen des hommes de cœur, le type du
vieil habitant créole, *du planteur* comme l'imaginerait un Wal-
ter Scott ou un Cooper, dans toute la poésie des souvenirs, au
temps qu'il fallait se battre contre les Caraïbes, les nègres, les
Hollandais, les Anglais, les serpents, les ouragans, contre la nature tout entière ; celui qui pourtant, dans sa longue vie, n'a
connu d'autre ennemi que le puceron destructeur des cafiers !
M. Filassier, cher à tous ses amis ! il est pour le citron. Voici
le pansement qu'il a bien voulu me dicter.

———

N° 19.

Pansement de M. Filassier.

« J'incise les emplacements des crocs fortement avec une lancette, je fais saigner mes incisions en meurtrissant les parties d'alentour. Je fais une ventouse avec une petite calebasse et du tafia, et je mets sur les incisions deux ou trois ventouses, si cela est nécessaire : je laisse ces ventouses tomber d'elles-mêmes, j'obtiens ainsi assez de sang.

« Je fais passer des citrons au feu, et je frotte quatre ou cinq citrons sur les plaies, après j'applique dessus une compresse imbibée d'alcali.

« *Pour tisane.* Trois feuilles calebasse des bois, deux brins malnommée, un pied de pied-poule, le tout bouilli dans environ deux bouteilles d'eau.

« Pour le lendemain, même tisane et frottez le membre avec huile, sel et tafia, et le marc des plantes qui ont servi à la tisane. Au troisième jour, purgez avec le jalap. Immédiatement en arrivant je donne un verre d'huile d'olives, dans lequel j'ajoute sept ou huit gouttes d'alcali. »

M. Filassier a pansé ainsi une foule de personnes avec le plus grand succès. Enfin ce que le citron a encore pour lui, ce qui doit le faire préférer à bien d'autres remèdes, c'est qu'il n'exige aucune préparation, qu'il est à la portée de tous; car c'est ici une plante des champs et des bois, qui vient sans culture. Il ne faut pas le chercher longtemps ; lorsqu'on est obligé de faire quelque course périlleuse, on peut s'en procurer sans embarras. Ce n'est pas un lourd fardeau dans la poche du chasseur ; et cependant telle est l'incurie humaine, que je ne connais personne ici qui prenne cette simple précaution !

Hors de cette colonie (si jamais ces lignes vont jusque-là) on s'étonnera de me voir répéter aussi souvent que tel remède est employé par M. un tel, que tel autre porte le nom de celui-ci, tel autre le nom de celui-là. On se demandera si ce peuple était un peuple de médecins, et que signifie cet étrange traité de matière médicale. Que l'étonnement s'accroisse encore, qu'on sache que ces noms sont les noms de riches habitants, de propriétaires, occupés de soins nombreux, de pères de famille, de belles dames, oui, de belles dames, qui souvent quittent affaires, plaisirs, sommeil, tout pour aller même au loin porter secours à quelque nègre souffrant! Rien de plus commun ici que ce rôle de la *dame de charité*, si respecté en Europe. On sait que dans une habitation le soin de l'hôpital est en première ligne. La maîtresse du logis en est la première et la meilleure hospitalière. Or, sous la hutte du nègre, il n'est pas rare de voir un homme superbe, une dame hautaine, qui fléchissent les genoux, qui oublient toutes les fausses délicatesses du salon et du boudoir pour se livrer aux soins les plus repoussants ; tout s'ennoblit sous leurs mains, on se croirait au temps d'Homère! C'est Nausicaa la princesse, ou Podalyre le héros: ni cette gangrène horrible, comme je vous l'ai dit, ni tous ces souffles de mort, ne leur font peur. C'est la main d'un ange et le nez d'un vieux médecin. Je dis que la Bible d'elle-même n'offre rien de plus beau. Est-il encore une scène plus touchante que cette scène journalière en ce pays, d'une dame préparant la layette de ses négresses ? Quelle sollicitude ! voyez comme elle compte toutes les pièces, comme elle craint d'en oublier une seule, même la plus superflue ; comme elle s'assure que tout est propre, que rien ne manque : on dirait que c'est elle qui va être mère. O vous dont je ne puis nommer les noms, vous que j'ai vues avec attendrissement livrées à ces nobles soins, recevez le tribut de ma respectueuse admiration. En vérité, en vérité, ceux qui rêvent pour cette terre une transformation meilleure, seront fort embarrassés à remplacer certains traits de sa vie patriarcale. Il y aura des souvenirs et des regrets.

N° 20.

Pansement de M. de Beaucé.

Le citron est le principal remède employé à Sainte-Lucie, suivant le lieutenant Tyler, qui sur trente soldats ainsi pansés, n'a vu qu'un seul mort, et, suivant M. de Beaucé, habitant qui a publié une notice sur Sainte-Lucie (parue en 1840).

« Voici, dit M. de Beaucé, la manière de panser la morsure du serpent ; je la donne comme l'ayant employée avec le plus grand succès.

« 1° Faire une ligature à deux ou trois pouces au-dessus de la blessure ;

« 2° Donner au malade un petit verre à toast, moitié rhum, moitié jus d'orties piquantes ;

« 3° Ouvrir verticalement les blessures avec un rasoir ou bistouri, les ventouser pour retirer le venin, qui sort ordinairement avec le sang. Si l'on ne peut appliquer une ventouse, il faut faire sucer les blessures par quelqu'un qui n'ait point de mal à la bouche ;

« 4° Retirer avec des pinces les crocs du serpent, qui se cassent souvent dans la plaie, par l'effet du saisissement qu'éprouve la personne mordue ;

« 5° Macérer dans du rhum de l'herbe pied-de-poule avec du sel et du piment, laver la plaie et y appliquer un cataplasme avec les mêmes matières ;

« 6° Envelopper le malade avec des laines pour le faire transpirer, et lui donner au besoin un second petit verre de rhum et de jus d'orties ;

« 7° Donner pour boisson ordinaire du grog, c'est-à-dire du rhum et de l'eau ; faire diète.

« Si le pansement est bien fait, aussitôt que le malade a transpiré, il est guéri, et peut travailler vingt-quatre heures après. Néanmoins il faut éviter de le faire sortir à l'humidité.

« Le venin du serpent pris intérieurement n'empoisonne pas, mais il s'inocule comme le vaccin. La personne qui suce la blessure et crache le venin n'a rien à craindre, à moins qu'elle n'ait mal à la bouche.

« On peut au besoin remplacer l'herbe pied-de-poule par des feuilles de plantain, ces deux plantes coupent parfaitement la gangrène. »

Enfin, comme autorité plus scientifique en faveur du citron, nous citerons Charras, qui fit donner à un gentilhomme mordu par une vipère, dans les expériences qu'il faisait chez lui, des rouelles de citrons saupoudrées de sucre, « car, ajoute-t-il, le citron a une faculté spécifique contre le venin de la vipère ; si on en veut croire les auteurs qui en ont écrit, il est fort ami du cœur et des autres parties nobles. »

N° 24.

Remède par la liane laiteuse (Père Labat).

« Voici encore un autre remède pour la morsure des serpents. C'est une liane qu'on appelle laiteuse, et qu'il ne faut
pas confondre avec le bois laiteux, dont j'ai parlé ci-devant.

Ceux qui ont été mordus d'un serpent sucent le lait de
cette plante ; bois et feuilles, tout est bon, et après avoir un
peu ratissé la première écorce, ils mâchent la seconde avec le
bois pour appliquer le marc en manière de cataplasme sur la
morsure qu'il faut avoir soin de scarifier légèrement. Ce marc
attire le venin que l'on voit comme une matière verdâtre et
virulente sur le cataplasme, quand on le lève pour en mettre
un autre, ce qu'il faut faire de six en six heures ; observant
que ce soit le blessé qui mâche l'écorce et le bois dont il est
composé. On fait encore, avec le même bois légèrement pilé,
une tisane dont on lui donne à boire à discrétion. J'ai remarqué que tous les remèdes qu'on applique sur les morsures des serpents peuvent être employés pour guérir les ulcères, de quelque nature qu'ils soient. On prétend que le suc de
cette liane est souverain pour ces sortes de maux.

(*Nouveau Voyage aux Iles, p.* 232.) *L'auteur ajoute une description de la liane laiteuse pour la distinguer des autres lianes.*

Outre le remède précédent, outre celui par la *liane à serpent* déjà indiqué et encore un autre que nous donnerons plus
tard en son lieu, le père Labat, dans un chapitre particulier,
résume ainsi la manière de panser de son temps la piqûre
du serpent.

N° 22.

Pansement rapporté par le père Labat.

« On vint me chercher pour confesser un nègre de M. Roy
à la Grande-Rivière, qui venait d'être mordu d'un serpent.
M. Michel eut l'honnêteté de m'y accompagner.

« Il faut que j'avoue que l'état où je trouvai le nègre me fit
compassion : il avait été mordu trois doigts au-dessus de la
cheville du pied, par un serpent long de sept pieds, et gros à
peu près comme la jambe d'un homme ; on l'avait tué, et on

me le fit voir. On espérait que le serpent étant mort, le venin agirait avec moins de force sur celui qui avait été
mordu (1). J'en demandai la raison qu'on ne me put dire. J'appris seulement qu'ils prétendaient avoir une longue expérience
de ce qu'ils me disaient, fondée sur la sympathie; je ne sais
s'ils connaissent cette vertu. Ce pauvre garçon était couché
sur une planche au milieu de la case, entre deux feux, couvert de quelques blanchets, c'est-à-dire de gros draps de
laine où l'on passe le sirop dont on veut faire du sucre blanc.
Avec tout ce feu et ces couvertures, il disait qu'il mourait de
froid, et cependant il demandait sans cesse à boire, assurant
qu'il sentait en dedans un feu qui le dévorait avec une envie
prodigieuse de dormir. Ce sont les symptômes ordinaires du
venin, qui arrête le mouvement et la circulation du sang, et
cause ainsi ce froid extraordinaire dans les parties éloignées
du cœur, et en même temps cet assoupissement involontaire,
pendant que tous les esprits retirés au dedans y excitent un
mouvement violent, cause de la chaleur intérieure et exces-
sive qui l'obligeait de demander si souvent à boire. Je voulus
voir sa jambe, que je trouvai liée très-fortement au-dessous
et au-dessus du genou, avec une liane ou espèce d'osier qui
court comme la vigne vierge; la jambe et le pied étaient hor-
riblement enflés, et le genou, malgré les ligatures, l'était un
peu; je le confessai, et j'en fus fort content; il est vrai que
pour l'empêcher de dormir, je lui tenais une main que je
remuais sans cesse; il était âgé de dix-neuf à vingt ans, et
assez sage. Son père, sa mère et ses autres parents qui en-
trèrent dans la case après que j'eus fini ma fonction, témoi-
gnaient bien du regret. Je fis appeler le nègre qui l'avait
pansé, et je lui demandai en particulier son sentiment sur
cette morsure: il me dit qu'il y avait du danger, et qu'on ne
pouvait rien décider qu'après vingt-quatre heures, quand on

(1) Le temps a dissipé cette superstition; à sa place, il en existe aujourd'hui une contraire. Quelques-uns des psylles, panseurs et preneurs
de serpents, croient qu'il est dangereux pour eux de tuer un serpent;
que leur charme et leur pouvoir s'en ressentiront, et qu'à la première
occasion ils ne manqueront pas d'être piqués. Ce préjugé existait aussi du
temps du père Labat, car on lit, dans une autre partie de son ouvrage,
que pour rassurer les esprits des nègres de sa paroisse, il voulut en leur
présence tuer lui-même un serpent et le fit brûler.

lèverait le second appareil; que cependant il en espérait bien, parce que la ventouse qu'il avait appliquée sur la morsure avait attiré quantité de venin.

« Je lui demandai de quelle manière il traitait ces sortes de plaies, et de quels remèdes il se servait, il s'excusa de ne pouvoir me dire le nom de toutes les herbes qui entraient dans la composition de son remède, parce que ce secret lui faisant gagner sa vie, il ne voulait pas le rendre public. Il me promit de me traiter avec tout le soin possible si je venais à être mordu; je le remerciai de ses offres, souhaitant très-fort de n'en avoir jamais besoin.

« A l'égard du traitement, il me dit que dès qu'on est mordu, il faut se lier ou se faire lier fortement le membre mordu sept ou huit doigts au-dessus de la morsure, et que quand il se rencontre quelques jointures, il faut encore lier au-dessus, et marcher au plus tôt pour se rendre à la maison sans s'arrêter et sans boire, à moins qu'on ne veuille boire de sa propre urine, qui dans cette occasion est un puissant contre-poison. Il est vrai, me dit-il, que quand on est mordu à une jambe, on a bien de la peine à marcher, parce que dans un moment elle s'engourdit et semble être devenue de plomb ; mais pour lors il faut tirer des forces de sa raison et rappeler tout son courage. Pour lui, la première chose qu'il faisait quand on lui présentait un blessé, c'était d'examiner si les deux crocs du serpent étaient entrés dans la chair, ou s'il n'y en avait qu'un.

« Quand les trous des deux crocs sont assez près l'un de l'autre, et dans un endroit où une ventouse les peut couvrir tous deux, on n'en applique qu'une ; quand cela ne se trouve pas, on en applique deux ; mais avant de les appliquer, on a soin de faire des scarifications sur les morsures. Après que la ventouse a fait son effet, on presse fortement et on comprime avec les deux mains les environs de la partie blessée pour expulser le venin avec le sang. Il arrive souvent que l'on réitère deux ou trois fois l'application des ventouses, selon que celui qui traite voit la sortie du venin abondante ou médiocre.

« On a soin sur toute chose de faire prendre au blessé un verre de bonne eau-de-vie de vin ou de cannes, dans lequel on a dissous une once de thériaque ou d'orviétan ; on broie cependant dans un mortier une gousse d'ail, une poignée de

liane brûlante, du pourpier sauvage, de la malnommée, et
deux ou trois autres sortes d'herbes ou racines dont on ne
voulut pas me dire le nom (1) ; on y mêle de la poudre de
tête de serpent avec un peu d'eau-de-vie, et on fait boire ce
suc au blessé, après l'opération des ventouses ; on met le marc
en forme de cataplasme sur la blessure, et on a soin de tenir
le malade le plus chaudement que l'on peut, et sans lui permettre de dormir au moins pendant vingt-quatre heures, sans
lui donner autre chose à boire qu'une tisane composée du suc
de ces mêmes herbes avec de l'eau, du jus de citron et un
tiers d'eau-de-vie.

« On lève le premier appareil au bout de douze heures, on
y met un second cataplasme semblable au premier, qu'on
lève douze heures après, et pour lors on juge de la guérison
ou de la mort du blessé par la diminution ou augmentation
de l'enflure, et par la quantité de venin que le cataplasme
a attiré (2). En trois ou quatre jours au plus on est hors d'affaire, supposé que la dent du serpent n'ait pas percé quelque artère, quelque tendon ou veine considérable ; car en
ces cas les remèdes sont inutiles, et en douze ou quinze heures on paye le tribut à la nature.

« Il a une autre manière de traiter les morsures de serpent,
qui est plus expéditive, et que j'approuverais fort si le danger était moins grand pour ceux qui s'exposent à guérir le
blessé. Elle consiste à se faire sucer la partie blessée jusqu'à
ce qu'on en ait tiré tout le venin que la dent du serpent y
aurait introduit.

« Ceux qui ont assez de courage ou de charité pour s'exposer à faire cette cure, se gargarisent bien la bouche avec de
l'eau-de-vie ; et après avoir scarifié la plaie, ils la sucent de
toute leur force, ils rejettent de temps en temps ce qu'ils ont
dans la bouche, et se la nettoient et gargarisent à chaque
fois, observant de caresser fortement avec les deux mains
les environs de la partie blessée. On a vu de très-bons effets

(1) On voit que dès le temps même du père Labat, on était déjà réduit
à mêler ensemble les prétendus spécifiques, dans l'espoir que la vertu
de l'un ajouterait à la vertu de l'autre. (Voyez ce que j'ai dit précédemment de ces analgames, page 134.)

(2) Cette observation est à vérifier ; elle peut servir à établir le pronostic sur la gravité d'une piqûre.

de cette cure, mais elle est très-dangereuse pour celui qui la fait; car s'il a la moindre écorchure dans la bouche ou qu'il avale tant soit peu de ce qu'il retire, il peut s'attendre à mourir en peu de moments, sans que toute la médecine le puisse sauver.

« Après que j'eus consolé ce pauvre nègre blessé, je dis à l'économe de l'habitation de m'envoyer avertir le lendemain matin de l'état où se trouverait le malade, afin que je pusse l'assister selon le besoin qu'il en aurait. »

N° 23.

Pansement recommandé par le père Dutertre. — Remède contre les morsures de toutes sortes de serpents.

« La première chose qu'on fait pour panser les personnes atteintes de ces vénéneuses morsures, est de lier promptement la partie blessée au-dessus de la plaie, prenant toutefois garde de ne pas trop serrer, d'autant que cela peut nuire au blessé. Puis on applique une ventouse sur la plaie, et l'ayant ôtée, on fait trois ou quatre scarifications dessus, après quoi on applique derechef la ventouse jusqu'à trois ou quatre fois, et cela attire le venin. Cela fait, on met un emplâtre de thériaque sur la plaie. Cependant il faut avoir soin de faire prendre de la thériaque ou quelque autre potion cordiale au malade, et de le tenir chaudement : car tous les esprits se retirent au cœur et laissent toutes les parties du malade très-froides et disposées à la corruption.

« Il faut prendre garde, en faisant la ligature au-dessus de la plaie, de ne pas serrer avec autant de force qu'on le peut, ainsi que le recommande le sieur de Rochefort, parce que la partie supérieure, s'enflammant, attire, nonobstant la ligature, le venin qui, trouvant une partie enflammée, y cause des désordres irrémédiables. Un avis qui est encore très-salutaire, c'est de dilater le plus que l'on peut la plaie, et d'en tirer beaucoup de sang : et si le sang n'en sortait pas, il y faudrait appliquer le feu, ou même couper l'endroit de la morsure, avant que le venin ait gagné plus avant. Quelque ardeur aussi que ressente le blessé, il ne faut pas qu'il passe dans l'eau ni qu'il

en boive , mais qu'il se serve de tisane faite avec de gros mil
et du jus d'orange.

« Quelques-uns se mêlent de sucer les morsures, et d'en tirer
le sang et le venin tout ensemble. Quoique cela soit bon, c'est
une chose si dangereuse, que je ne conseille à personne de
s'en servir qu'au défaut de tout autre remède, — car si celui
qui suce a la moindre égratignure autour des gencives ou
dans la bouche, ou qu'il avale la moindre goutte de sa salive
envenimée, il est certain qu'il en mourra sur-le-champ,
comme il arriva à un nègre de M. le gouverneur de la Martinique, qui, voulant secourir un sauvage mordu d'une couleuvre, en lui suçant le venin de l'épaule, s'envenima le cœur
et tomba mort à ses pieds en lui sauvant la vie. »

(Extrait du P. Dutertre, tome II.)

J'ai rapporté les textes mêmes du père Dutertre et du père
Labat. J'ai pensé que le lecteur me saurait gré de lui en
épargner la recherche et de lui faciliter la comparaison des
divers remèdes, en les plaçant à la suite les uns des autres.
D'ailleurs les ouvrages de ces deux historiens commencent à
être rares et ne sont pas sous la main de tout le monde.

Comme, dans des réflexions générales, je reviendrai sur les
scarifications, les ventouses et autres pratiques empruntées à
la médecine, je n'en dis rien ici. Quant aux *simples* recommandés, on voit que ce sont les mêmes que ceux énoncés dans
les remèdes précédents, à l'exception de la tête de serpent
et de la thériaque dont nous parlerons plus tard.

Mais un point sur lequel je désire arrêter un moment l'attention, c'est l'opinion qu'on doit avoir de la succion de la
plaie par une autre personne ou par l'individu lui-même. On
a vu que M. Beaucé donnait cette pratique pour être sans
danger. Le père Dutertre et le père Labat disent le contraire
et citent des faits incontestables à l'appui de leur opinion. « Il
faut bien, disent-ils, se garder de sucer les piqûres lorsque
l'on a quelque plaie ou ulcère à la bouche. » Mais comme les
personnes qui sont dans ce cas doivent être rares, je crois que
le précepte de sucer la piqûre, comme précepte général et
lorsque la chose est possible, est un excellent précepte : la
succion est la meilleure de toutes les ventouses ; il n'en est

aucune qui pompe et attire autant le venin ; en même temps
elle presse les parties voisines par le mouvement des lèvres
et lave la plaie par la salive. « Qu'on suce, sur ma foi, dit
Severino, je suis caution que celui qui sucera sera à l'abri de
tout mal et de tout accident. » A quoi Morgagni répond : « Je
croirai que le peuple agit sagement en n'ajoutant pas foi à
Severino, qui affirme que celui qui sucera la blessure faite
par le serpent, ne courra aucun danger. » Suivant Acrell,
la succion est nauséeuse et pleine de dangers, *nauseosa et
discriminis plenissima.* Fontana n'en est pas non plus parti-
san ; il dit que des sangsues appliquées sur la piqûre de la vipère
sont mortes, mais n'ont pas empêché de mourir ceux qui en
étaient piqués. Dans ces derniers temps, M. Brainard a élevé
aussi des doutes sur l'efficacité de la succion. Au contraire,
Charras a observé un chien qui, ayant pu lécher sa plaie, avait
guéri facilement : « Je puis dire, ajoute-t-il, avoir goûté
« moi-même du venin en des temps où j'avais quelques
« excoriations dans la bouche, et même je remarquai que
« ma salive était un peu teinte de sang, sans m'être aperçu
« d'aucune acrimonie ni chaleur extraordinaire. » L'innocuité de la succion n'est donc pas un fait acquis à la science
et sur lequel il ne faille plus revenir. (Combien y en a-t-il de
ceux-là dans la thérapeutique médicale !) C'est pourquoi je le
signale à l'attention des observateurs.

Quant aux effets du venin dans les voies digestives, j'ai déjà
rapporté les expériences faites par M. Guyon et par moi (page
85), et qui démontrent que ce passage est tout à fait sans danger. Le venin est décomposé et digéré par les sucs gastriques.
(Voyez la partie pathologique.) Beaucoup d'autres expérimentateurs sont d'accord avec nous ; c'est le fait, dans l'histoire
du serpent, sur lequel il existe le moins de dissentiments.

N° 24.

Remède recommandé par M. Thibaut de Chanvalon.
(Voyage à la Martinique, 1751.)

« On sait aujourd'hui dans toute l'île la façon de traiter
leur piqûre. Parmi divers remèdes, le plus simple de ceux que

j'ai éprouvés est celui du *caapeba*, que l'on connaît à la Martinique sous le nom de *liane a serpent*, ou mieux encore sous celui de *liane à glacer l'eau*. On lui donne ce dernier nom parce qu'elle est si mucilagineuse, qu'elle épaissit l'eau dans laquelle on l'écrase. Cette eau épaisse forme une espèce de gelée ; elle paraît alors figée. Il faut prendre cette plante, en faire boire le jus au malade de temps en temps et appliquer le marc sur la morsure, après en avoir frotté la plaie. Cette plante ne vient point dans tous les terrains ; à la Martinique on ne la trouve point dans cette partie de l'île appelée la Montagne-Pelée. »

Je ne sais si la liane à serpent dont il s'agit ici est la même dont nous avons déjà donné la recette, d'après le père Labat, ou si c'est l'*ophiorizza mungos* dont nous allons parler tout à l'heure, et qui signifie aussi, en grec, *racine de serpent*. Je serais tenté de croire que c'est de cette seconde plante qu'il s'agit ; car l'auteur, qui est postérieur au père Labat, ajoute : « Cette recette si simple est inconnue aux îles, quoique cette liane entre dans la composition de quelques-unes de celles qui sont usitées. Sur le témoignage de Marcgrave et de Pison, je l'appris à diverses personnes qui l'ont éprouvée avec succès. »

N° 25.

Autre remède du même auteur.

« J'ai sçu que les Indiens de la Guyane avaient appris aux habitants de Cayenne un remède à peu près semblable. Ils prennent des feuilles d'*ouanque* ou *ouangle*, après les avoir pilées, ils en font boire le jus au malade et en appliquent le marc sur la morsure.

« La plante que l'on connaît à Cayenne sous le nom d'*ouangue* est celle que l'on appelle *gigiri* à la Martinique. C'est le *digitalis sesanum dicta*, *rubello flore*, du père Plumier ; le *sesanum foliis ovato oblongis integris* (Linné).

« Je tiens ce remède de M. de Préfontaine, officier de

Cayenne. Comme le *caapeba* n'est pas très-commun à la Martinique, on aura plus facilement le gigiri. Les nègres le cultivent pour sa graine que l'on mange.

« THIBAUT DE CHANVALON. »

J'avoue que j'aurais été étonné de trouver le *gigiri* au nombre des plantes recommandées contre la piqûre du serpent, si je ne savais, comme je l'ai déjà dit, que quelques personnes traitent cette piqûre uniquement par les émollients, car le *gigiri* est une des plantes les plus douces et les plus mucilagineuses qu'on puisse avoir. Dans la thérapeutique du pays, on s'en sert contre les angines et contre les ophthalmies, c'est-à-dire dans les cas où il faut calmer une vive irritation.

N° 26.

Le sucre.

Un autre remède bien doux aussi, mais précieux surtout, parce que sur toutes les habitations il est pour ainsi dire sous la main, c'est le *sucre*. Le sucre a été vanté par le docteur Bajon contre les morsures des serpents de la Guyane, appliqué sur la partie mordue et pris à l'intérieur. On a observé, dit-il, que le sucre terré ou raffiné ne produit pas les mêmes effets que les sucres bruts, et que parmi ceux-ci, les plus gras et les plus mous sont les meilleurs (probablement parce qu'ils agissent comme purgatifs). Suivant Lacondamine, le sucre a la propriété de combattre les substances vénéneuses dont se servent les Indiens de l'Amazone pour empoisonner leurs flèches. Ricord Madiana le considère comme l'antidote du suc de mancenillier, et d'autres comme celui des sucs de manioc. En Europe, on l'a recommandé dans les empoisonnements par le sublimé corrosif. Je me suis servi du sucre brut comme hémostatique, dans un cas d'hémorrhagie de l'artère palmaire profonde, et je crois qu'on pourrait l'employer comme tel dans les cas d'hémorrhagie, à la suite de la piqûre du *Fer de lance*, dont on m'a cité plusieurs exemples et qui, en l'absence d'un médecin, inquiètent beaucoup MM. les habitants. Une poignée de sucre brut maintenue sur la plaie au moyen de quelques tours de bande médiocrement serrés pourrait être dans ces cas fort utile.

N° 27.

Remède recommandé par M. Levascher. (Guide médical des Antilles, 1840.)

« Il existe aussi dans les Antilles quelques plantes ignorées et qui nous offrent des principes d'une rare activité. La racine d'une de ces plantes, connue des anciens Caraïbes et maintenant de quelques nègres africains, possède la merveilleuse propriété d'enivrer ou de calmer à tel point la vipère de ce pays, qu'après s'en être frotté les mains, on peut aborder ce dangereux reptile, le prendre et le replier en tous sens sur lui-même, sans éprouver de sa part ni résistance ni colère.

« Une racine aussi précieuse, et que je suppose être celle de l'*ophiorizza mungos,* n'est malheureusement encore que le secret de quelques hommes, qui se refusent obstinément à nous le faire partager. »

Il est à regretter que M. Levascher, médecin à Sainte-Lucie, écrivant un très-bon Guide médical pour les habitants, n'ait dit que ces quelques mots sur la piqûre du *Fer de lance,* fléau particulier à cette colonie et à la Martinique. M. Levascher suppose que la racine dont les nègres font un secret est celle de l'*ophiorizza mungos* ; mais il est probable qu'il en a parlé d'après les auteurs et non d'après des recherches faites par lui-même. « Kempfer, dit Lacépède à l'article *Naja,* prétend que l'on a un remède assuré contre la morsure venimeuse de ce serpent dans la plante que l'on nomme *mungo* ainsi qu'*ophiorizza,* qui croît abondamment dans les contrées chaudes de l'Inde, et que l'on a employée non-seulement contre la morsure des reptiles et des scorpions, mais même contre celle des chiens enragés. L'on disait, suivant ce même Kempfer, que l'on avait découvert ses vertus antivenimeuses, en en voyant manger à des mangoustes ou ichneumons mordus par des najas, et que c'était ce qui avait fait appliquer à ce végétal le nom de *mungo* donné aussi par les Portugais aux mangoustes. »

Malgré les renseignements recueillis auprès des personnes qui s'occupent de la botanique locale, il ne m'a pas été possible de savoir si l'*ophiorizza mungos* est une plante indigène à la Martinique ; M. Artaud la croit exotique ; M. Eugène Cottrel dit qu'on la trouve dans les terrains gras du François et du Robert.

Comme nous ne sommes pas si pauvres en remèdes à serpent, ainsi qu'on a pu le voir par leur dénombrement, qu'il nous faille en aller chercher jusqu'au bout du monde, dans l'Inde ; comme l'analogie est un guide peu sûr dans la recherche de la vérité ; comme il est rare que deux choses se ressemblent par le côté qui veut qu'on en profite, et que bien d'autres remèdes réputés infaillibles contre la morsure des serpents exotiques ont été trouvés impuissants contre celle du *Fer de lance*, ne nous occupons pas plus longtemps de l'*ophiorizza*, malgré sa renommée dans les livres, et laissons-en les obscurités aux botanistes.

Quant aux prétendus secrets des nègres et des Caraïbes, ce sont des croyances qu'on a pu admettre dans leur nouveauté, alors qu'elles n'avaient été l'objet d'aucun contrôle, alors que les nègres, les Caraïbes et tous les sauvages du monde pouvaient jouir du prestige des choses inconnues, *omne ignotum pro magnifico est* : alors, en effet, on put soutenir, en pleine Europe, devant toutes les académies, que l'état sauvage est vraiment l'état de nature de l'homme, que l'instinct est au-dessus de la raison, et que c'est à retourner dans les bois que doivent tendre tous nos efforts. Mais aujourd'hui que les voyageurs ont porté partout les lumières de la civilisation, de pareils paradoxes seraient dangereux à soutenir et motiveraient l'admission dans une maison de fous de celui qui oserait les tenir sérieusement.

N° 28.

Voici un de ces fameux remèdes rapporté par Spix.
(Voyages, p. 65.)

« Les Indiens Charras, les Natchez et quelques autres nations sauvages, maintenant vagabondes, qui parcourent la Louisiane, et campent souvent dans les forêts de cyprès et de magnolias de la Nouvelle-Orléans, emploient contre la morsure de tous les serpents venimeux un moyen qui m'a paru assez singulier. Ces Indiens s'entortillent autour du prépuce un long fil de coton qu'ils ne détachent jamais, même pendant le coït, et auquel s'attache d'autant plus de segma (*sebum*) qu'ils ont le prépuce plus long, et ne se lavent jamais, ce qui ne peut manquer d'imbiber le coton de cette matière forte et caustique. Mordus par un serpent, ils portent de suite le doigt sous le prépuce, prennent de cette matière pou être appliquée sur la plaie, et nouent ensuite le fil de coton autour de la partie mordue. Les colons brésiliens ont une coutume semblable : lorsqu'ils sont mordus par des abeilles, guêpes ou fourmis, ils mettent le doigt dans certaine partie du corps de la femme et en frottent les piqûres. »

Sont-ce donc là des effets de l'inspiration divine ? Il semble que ce soit une conséquence assez naturelle de l'idée que nous avons de la toute-puissante bonté de Dieu, qu'ayant exposé l'homme sur la terre à tant de maladies, il lui fasse connaître, par une sorte de révélation intime que nous appelons instinct, les remèdes propres à combattre ces maladies ; et comme, dans l'ordre chronologique des choses, l'état sauvage paraît être l'état le plus voisin de la création et comme une sorte d'enfance de l'homme pendant laquelle il a besoin d'une protection plus immédiate de Dieu, il semble, dis-je, que la médecine des peuples sauvages doive émaner plus directement de Dieu, que c'est là qu'il faille chercher les inspirations divines dans leur pureté et non encore corrompues par les imaginations humaines. Cette opinion a existé chez la plupart des peuples. Mais l'observation ne la justifie pas ; en médecine comme en toutes choses, c'est de ses efforts, de son énergie, de ses recherches, que l'homme doit espérer le progrès, encore plus que de la libéralité divine.

Le dirai-je ? ce n'est pas sans quelque hésitation que je reproduis ici ces singuliers remèdes, et quelle que soit la moralité que j'en veuille tirer, car je ne suis pas sans crainte que ces remèdes ne soient préférés par certains esprits, précisément à cause de leur bizarrerie, aux traitements les plus

rationnels, je ne dis pas à la Martinique seulement, mais ici
même, à Paris, la capitale du monde civilisé! (témoin le docteur Noir!)

Pour cet autre remède rapporté encore par Spix, je suis
certain qu'il ne sera jamais du goût de mes compatriotes noirs.

Un habitant de la Louisiane, très-digne de foi, M. Lafon, in-
génieur en chef de cette province, m'a raconté en 1820 l'a-
necdote suivante. « Un de mes nègres qui travaillait dans
ma plantation, entre le lac Borgne et le lac Pontchartrain, sau-
tant un jour un fossé, fut mordu au-dessus du talon par un
crotale qui, étant resté accroché à la plaie, fut entraîné à plus
de vingt pas par le nègre. Ses camarades le débarrassèrent
du serpent et le forcèrent de s'évacuer ; ils appliquèrent de suite
les excréments sur la plaie et laissèrent le malade en repos. Celui-ci éprouva de la gêne pour respirer, des défaillances ;
mais une heure après il retourna à son travail. Jamais il ne
s'est ressenti de cette morsure ! »

On voit que l'homme a voulu essayer de tout contre la morsure du serpent : *Ne quid inausum extractatumve relinqueret.*

Mais, malgré l'efficacité et la commodité du remède, je
suis sûr que les noirs de la Martinique n'en voudront jamais ;
leur horreur pour tout ce qui est matière fécale est si grande,
qu'on n'a jamais pu les décider encore à faire usage des fu-
miers de cette nature.

N° 29.

De l'emploi du suc de bananier.

M. l'éditeur du *Palladium de Sainte-Lucie* a eu la bonté de
me faire parvenir quelques numéros de son journal, dans lesquels sont relatés quelques-uns des remèdes en usage à Sainte-
Lucie contre la morsure du serpent. De ces remèdes, les uns
ont été déjà donnés par nous, d'autres le seront plus tard.
Au nombre de ceux dont nous n'avons pas encore fait mention, se trouve le suc de bananier.

« Un des remèdes, dit l'auteur de l'article, que j'ai vu
maintes fois appliqué avec succès par un habitant de Sainte-
Lucie, qui pendant trente ans a fait profession de panser les

personnes mordues du serpent sans en perdre une seule (1), est le suc de bananier. Du moment que le blessé lui était amené, il scarifiait les plaies, prenait environ le tiers d'une grosse racine de bananier, la lavait pour en retirer la terre qui y adhérait, la broyait dans un mortier, en extrayait le suc et faisait prendre de ce suc au blessé environ un verre à *claret*, toutes les 10 ou 20 minutes, observant de faire boire chaud si le malade était en transpiration, autrement il laissait boire froid. Le marc de cette racine de bananier était appliqué sur la plaie, après qu'on avait eu le soin de frotter fortement et longtemps les scarifications; on laissait ce cataplasme pendant vingt-quatre heures; les pansements suivants étaient faits avec l'onguent suppuratif ordinaire. M. *** répétait la dose du suc de bananier cinq ou six fois, et après douze heures, il regardait le malade comme hors de tout danger. »

Dans la partie physiologique de cette enquête, j'ai déjà dit que le P. Feuillée avait guéri avec le suc du bananier son chien de chasse, mordu à plusieurs reprises et avec fureur par un énorme serpent. Le remède date de loin, car le P. Feuillé est antérieur au P. Labat.

Le suc du bananier est très-astringent au goût; cependant il ne paraît pas contenir de tannin. Les réactifs qui révèlent la présence du tannin n'y ont produit aucun effet: on sait vulgairement que ce suc laisse sur le linge qui en est imprégné des taches indélébiles qui peuvent simuler des taches de sang. Lucien, assassin du sieur Lapeyronie, avait voulu profiter de cette ressemblance pour cacher son crime ; il soutenait que les taches trouvées sur son linge étaient produites par le suc du bananier. Il suffit aux experts (MM. Fazeuille, Morin et moi) de démontrer que les taches de sang s'en allaient par le lavage ; et telles étaient celles qui se trouvaient sur le linge de l'assassin. Le suc du bananier ne paraît pas ren-

---

(1) C'est la prétention de tous les panseurs de ne perdre aucune des personnes pansées par eux. On sait ce qu'il faudrait croire d'un médecin qui, dans une épidémie, se vanterait de n'avoir perdu aucun malade : c'est qu'alors l'épidémie aurait été fort peu grave, et cela arrive plus souvent qu'on ne pense. Rien n'est plus variable que les épidémies d'une même affection sous le point de vue de sa gravité, témoin la rougeole, la scarlatine, la dyssenterie, etc., qui sont tantôt bénignes, tantôt d'une malignité désespérante.

fermer d'acide; il ne rougit pas la teinture de tournesol.

Traitement par l'huile d'olive.

Vers l'année 1707, un paysan anglais, ayant cru trouver dans l'huile d'olive ordinaire un spécifique contre la piqûre des vipères, fit sur lui-même et sur sa femme des expériences en présence de la Société royale de Londres. Ce fait ayant eu du retentissement, l'Académie des sciences de Paris chargea Hunauld et Geoffroy de répéter ces expériences. Ces savants publièrent dans les Mémoires de cette Académie (année 1732) un mémoire où ils démontrèrent que l'huile d'olive n'est en aucune manière un spécifique contre la piqûre de la vipère. Mead intervint aussi dans ce débat, et se rangea à l'avis de l'Académie de Paris. Fontana, plus tard, jugea de même et enseigna que la seule manière avantageuse de se servir de l'huile est d'y tremper la partie mordue. L'huile agit alors comme un bon émollient, surtout si elle est chaude.

A la Martinique, l'huile d'olive est aussi donnée à l'intérieur comme la donnait le paysan anglais, jusqu'à une livre et plus. C'est alors un éméto-cathartique.

Quelques expérimentateurs modernes, M. Dufour entre autres, se sont mis à repréconiser l'huile d'olive à l'intérieur contre la morsure des vipères, à la dose de 80 à 100 grammes, et en frictions sur la partie malade.

N° 30.

Traitement par l'arsenic.

A un accident contre lequel toute la matière médicale a été essayée pouvait-on omettre d'opposer un agent qui est aussi terrible dans son genre que le venin du serpent peut l'être dans le sien ? celui dont on peut dire comme Linné a dit de l'autre : *omnium venenatissimus.* Je veux parler de l'arsenic.

On lit dans les relations de la Société médico-chirurgicale plusieurs cas de morsure de la vipère jaune de la Martinique traités avec l'arsenic par M. Ireland, chirurgien de Sainte-Lucie. Il donnait deux drachmes de la teinture de Fowler, qu'on n'emploie qu'à la dose de quelques gouttes ; aussi appelle-t-il avec raison ce traitement *a bold treatment* (un hardi traitement).

M. Derivery, du François, m'a dit qu'il s'était toujours servi avec succès d'une pincée d'arsenic pour cautériser les piqûres. Mais l'arsenic est une substance difficile à manier ; c'est l'instrument ordinaire du crime ; on ne saurait trop en restreindre l'usage, surtout lorsqu'il existe tant d'autres moyens.

Les pilules de Tanjore, si renommées dans l'Inde, ont l'arsenic pour base.

Après les règnes végétal et minéral, le règne animal a été mis à contribution, à commencer par le serpent lui-même, comme si, semblable à la lance d'Achille, il devait guérir les blessures qu'il faisait. Sa tête, son cœur, sa rate et son fiel servent de base à un remède célèbre.

Suivant Charras, on retire de la distillation du corps des vipères des parties très-subtiles et très-pénétrantes, et en bien plus grande quantité que d'aucun autre animal : c'est le sel volatil de vipère (aujourd'hui sous-carbonate d'ammoniaque). A une certaine époque, les préparations dont la poudre de vipère était un des principaux ingrédients étaient réputées le meilleur antidote contre tous les poisons. « Par les dieux immortels ! s'écrie Hernandez, il n'est rien dont l'homme ne puisse tirer quelque utilité. La vipère elle-même lui sert d'antidote contre la vipère ; c'est le meilleur remède contre toutes les espèces d'empoisonnement. Là où les contre-poisons spécifiques manquent, la thériaque et le diascordium les remplacent. »

N° 34.

Tête, cœur et fiel de serpent. (Remède du P. Dutertre.)

« Le dernier et le plus assuré de tous les remèdes, selon l'avis des plus fameux médecins de la Faculté de Paris, auxquels je l'ai communiqué, est d'user tous les mois d'une poudre composée de rate et de cœur de serpent ou vipère, en prenant le poids de 15 ou 20 grains dans un bouillon ou dans quelque autre liqueur ; car s'il arrive que celui qui se sert de cette poudre soit mordu de ces dangereuses bêtes, le venin n'aura aucun pouvoir sur lui (1). Pour le regard de ceux qui pourront s'assujettir à user de ce souverain remède tous les mois, si par malheur ils viennent à être mordus, ils en doivent prendre incontinent le poids d'un escu, et c'est le plus assuré contre-poison qui soit au monde. » — Et ailleurs le même auteur dit : « Il faut couper la tête à la couleuvre, la broyer et l'appliquer sur la plaie. Ce remède est pour ceux qui sont mordus dans les bois ; il est si assuré que Mathiole le tient pour le plus certain. »

Voici une autre formule plus détaillée du même remède, qui a été longtemps très-recherché.

N° 32.

Recette pour la composition de la poudre des dames Ursulines de Saint-Pierre, pour panser la piqûre du serpent.

« Prenez la tête et le fiel d'un serpent ordinaire, placez la vésicule du fiel dans la gueule du serpent, afin qu'elle ne se crève pas, et opérez à feu lent la calcination de la tête et du fiel dans un vase vernissé. Quand la tête du serpent commence à répandre un peu d'odeur, que la calcination est à moitié opérée, ajoutez-y neuf morceaux de racine de lierre du pays, de la longueur d'un doigt et coupés en tranches, neuf morceaux d'égale longueur d'herbe à couresse hachés également, et neuf citrons de la grosseur d'une olive, aussi mis en tranches. Quand toutes ces substances sont à peu près calcinées, on y ajoute une cuillerée à bouche de sel de cuisine, et on achève de calciner le tout jusqu'à ce que l'on puisse facilement en obtenir une poudre très-fine, en pilant la tête du serpent et les autres substances dans un mortier de marbre. On passe la poudre dans une gaze. S'il restait quelque chose qui ne fût pas assez calciné pour être réduit en poudre dans le mortier, on repasse ce qui reste à une seconde calcination, jusqu'à ce

---

(1) Singulière opinion sur la vertu préservatrice du remède ! il agirait comme un talisman.

qu'elle soit complète. On conserve la poudre dans une fiole bien séchée et bouchée hermétiquement.

« On reconnaît que la poudre ne vaut plus rien quand elle se met en boules; alors elle a contracté de l'humidité. Elle peut se conserver quinze et dix-huit mois, mais il vaut mieux la renouveler plus souvent.

Manière de panser avec cette poudre.

« A l'instant où l'on opère le premier pansement de la personne qui a été piquée, il faut bien visiter la partie blessée et s'assurer autant que possible si l'une ou l'autre des extrémités des crocs du serpent ne sont point restées dans les piqûres en se rompant, ce qui arrive quelquefois. On s'en assure facilement en appuyant le doigt sur les piqûres et demandant à la personne blessée si elle ne sent pas une piqûre intérieure : si elle l'éprouve, on essaye alors d'extraire les morceaux de crocs qui sont restés dans les piqûres ; dans le cas contraire, il suffit de faire une légère incision sur chaque piqûre, pour faire écouler le sang et l'y fixer ; ensuite on y applique une pincée de la poudre que l'on y fixe par un bandage. On doit en faire prendre intérieurement et de suite au malade. La dose pour une personne ordinaire est ce que peut contenir un dé à coudre ; elle est moindre pour un enfant. On la délaye dans une quantité suffisante de tafia pour que le malade puisse en boire facilement. On renouvelle le pansement deux fois après ; cela suffit.

« Comme l'effet du remède est d'occasionner une transpiration très-abondante, il faut avoir soin de tenir le malade dans un lieu chaud ; il faut également l'empêcher de dormir dans l'intervalle du premier pansement au second.

« Il arrive quelquefois qu'après les deux pansements prescrits pour l'entière guérison du malade, la partie blessée conserve du gonflement; dans ce cas, on y applique un cataplasme de gombeaux et d'herbes grasses pilés ensemble et bouillis dans du tafia, que l'on renouvelle deux fois par jour, jusqu'à parfaite guérison. On donne pour tisane et pour boisson, après le second pansement, de l'eau et du vin. Le malade ne doit point manger pendant cet intervalle. »

Cette poudre était préparée et distribuée par les dames Ursulines, communauté religieuse établie à Saint-Pierre. On y avait grande confiance.

Galien dit (*au livre de la thériaque, ad Pisonem*) que « l'on « attire le venin d'une morsure à vipère en y appliquant une « teste de vipère sur la plaie ; autres y mettent la vipère entière bien pilée. » (Voir Ambroise Paré.)

Si l'on se reporte au temps où ce remède a été en vogue, on trouvera dans la matière médicale de cette époque, pour les autres maladies, une foule de prescriptions semblables. Le *pied d'Helland, l'album græcum*, ou fiente de chien, etc., etc., tout cela allait bien de compagnie : c'étaient les remèdes à la mode. L'esprit humain expérimentait dans ce sens; tous les détritus des animaux y passèrent. C'est ce qui avait fait de la matière médicale, suivant l'expression d'Alibert, *une étable d'Augias;* il a fallu tous les prodiges de la chimie moderne pour nettoyer cette étable et pour en faire le temple que l'on voit aujourd'hui. Lorsque l'on considère au milieu de quelles épaisses ténèbres l'homme est obligé de marcher, de combien d'obstacles et de retardements le fabricateur souverain a hérissé notre voie,

> Pater ipse colendi.
> Haud facilem esse viam voluit,

on ne s'étonne ni de la lenteur avec laquelle l'homme s'avance, ni des écarts qu'il fait à droite et à gauche, avant de marquer un pas dans le chemin de la vérité. Ce qui surprend plutôt, c'est qu'il finit toujours par se trouver en route, comme s'il devait un jour atteindre le but définitif.

Aujourd'hui, à la Martinique, la poudre des têtes et rates de serpents n'est employée que comme ingrédient et non comme substance principale. Pendant que j'expérimentais sur des chiens quelques-uns des remèdes en renom, M. A. B*** me pria de lui laisser essayer d'une poudre, — cadeau précieux, disait-il, — qui lui avait été donnée par un nègre marron, non-seulement comme un remède curatif, mais comme un moyen préservatif des piqûres du serpent. M. A. B*** ayant frotté de cette poudre un jeune poulet, le présenta au serpent qui servait aux expériences. Non-seulement le serpent piqua le poulet sans hésitation, sans répugnance; mais ce poulet, qui était fort jeune, mourut en moins de cinq minutes, quoiqu'il eût été imbibé de la poudre avant et après la piqûre.

J'ajoute ici deux formules qui me sont parvenues, comme étant encore aujourd'hui en usage.

N° 33.

Recette communiquée par M. Edmond.

« Prenez une tête de serpent, faites-la sécher et griller, puis réduisez-la en poudre. Prenez une poignée de piments dits *d'oiseaux*, faites-les sécher, pulvérisez-les. Prenez de petits citrons, faites aussi griller et pulvérisez, ainsi qu'une poignée de mouron.

« Infusez le tout dans du bon tafia, scarifiez les piqûres, donnez à boire de l'infusion, appliquez sur les plaies des compresses trempées dans cette infusion. »

M. Edmond est très-connu dans Saint-Pierre pour sa dextérité en toutes choses. Il tient ce remède d'un vieux nègre de Sainte-Marie, et lui-même a pansé un grand nombre de personnes sans en perdre une seule.

On voit, dans cette recette, l'emploi des piments dits *d'oiseaux*. *Les Antilles* ont, dans le temps, donné ce remède, envoyé par M. Bichet de la Grasserie, comme le meilleur qui fût employé dans les campagnes de la Nouvelle-Orléans contre les serpents à sonnettes.

N° 34.

Recette communiquée par M. Dussausay-Beaumanoir.

« Procurez-vous un gros serpent, auquel vous couperez la tête jusqu'au ras du cou, puis prenez le foie et le fiel, faites frire ces parties de l'animal dans une casserole qui n'aura point servi; vous introduirez dans cette friture la racine de lierre réduite en poudre. Quand toutes ces substances seront calcinées, vous les ferez broyer dans un mortier jusqu'à ce qu'elles soient réduites en poudre.

« La personne qui fait le traitement mettra cette poudre dans une fiole, pour éviter les inconvénients de l'humidité.

Elle prendra une bouteille de bon tafia dans laquelle elle ajoutera un morceau de cette même racine de lierre, de la grosseur du pouce. Elle laissera la bouteille exposée au soleil pendant vingt-quatre heures.

Pansement. — « On fera des scarifications à la personne piquée; on lui donnera, aussitôt la piqûre, un verre à madère de ce tafia, dans lequel on a laissé infuser le lierre. On prendra cette poudre, qu'on sèmera sur un linge imbibé de tafia, lequel on posera sur la blessure; de 24 heures en 24 heures on renouvellera le pansement.

« Avant l'expiration des neuf jours, on fera trois pansements par jour au malade, en lui faisant prendre trois petits verres du même liquide.

« L'auteur de ce remède prétend avoir traité plus de cinquante personnes piquées et qu'aucune n'y a succombé. »

N° 35.

agissent par capillarité   *snake stones*

Pierres à serpent.

C'est ici le lieu de parler de ces fameuses *pierres à serpent* qui à une certaine époque ont joui d'une si grande réputation, qu'on les achetait au poids de l'or. C'était, disait-on dans l'Inde, un spécifique assuré contre la morsure des serpents les plus venimeux. Mais Kempfer, le premier qui les fit connaître en Europe, doutait déjà de leur efficacité : *Stolidi sunt,* dit-il, *qui credunt talia et impudentes qui credi postulant.* Redi et Valisnieri confirmèrent par leurs expériences l'opinion de Kempfer. Malgré ces autorités, l'abbé Tecmayer ayant essayé de remettre les pierres à serpent en honneur, Fontana après avoir démontré que ces pierres n'étaient que de la corne de cerf calcinée, conclut que si ces pierres ont paru avoir quelque avantage, c'est que dans la très-grande majorité des cas, la piqûre des vipères est sans gravité pour l'homme; et à cette occasion il établit les règles à suivre pour juger de l'efficacité des remèdes préconisés contre la piqûre des serpents. « Pour décider, dit-il, si la pierre à serpent est utile ou non, il faut confronter avec elle les expériences faites sur d'autres animaux auxquels on n'aurait fait aucun remède, et il faut en faire en très-grand nombre.

Qu'on prenne cent animaux, comme pigeons, petits lapins, cochons d'Inde, et qu'on les fasse mordre par autant de vipères, aux mêmes parties et un nombre égal de fois ; qu'on médicamente la moitié de ces animaux avec des *pierres de Cobras* ou autres remèdes vantés, et qu'on laisse l'autre moitié sans y rien faire. Que l'on compte, après, les morts des deux côtés. Si la différence est extrêmement sensible et en faveur du remède appliqué, je dirai que le remède est probablement utile, et si l'on répète la même expérience deux ou trois fois sur le même nombre d'animaux et que les résultats soient toujours comme la première fois, je dirai alors que l'utilité du remède est une vérité démontrée par l'expérience ; mais ce ne sera pas encore pour cela un spécifique assuré. Il faudrait qu'aucun des animaux mordus ne mourût, ou du moins qu'il n'en mourût qu'un bien petit nombre. Mais ce spécifique, après tant d'expériences que j'ai faites, je le répute impossible, ou du moins je ne crois pas qu'on le trouve jamais. Je ne prétends décourager personne, ni détourner les autres de faire de nouvelles recherches ; mais souvent le trop d'espérance fait perdre inutilement un temps qu'on aurait beaucoup mieux employé. »

Assurément si ces règles si bien formulées, étaient suivies, nous n'aurions point tant de remèdes, je ne dispas contre la piqûre du serpent, mais contre toutes les maladies en général. « Si l'on examinait, ajoute le même Fontana, le grand répertoire des remèdes, à combien peu se réduiraient-ils ! C'est à cause de cela que le meilleur recueil de recettes est toujours le plus court. »

Tout cela n'a pas empêché qu'en l'année 1858 on a vu les *pierres à serpent* reparaître à l'Académie des sciences très-pompeusement, et il a fallu que M. Duméril prît encore la peine de les démentir.

N° 36.

De quelques autres remèdes.

« Voici les remèdes ordinaires, dit le P. Dutertre ; mais la charité m'oblige, pour la consolation des habitants de cette île et pour m'acquitter en partie des obligations extrêmes que je leur dois, d'en coucher quelques autres ici plus faciles, et desquels un chacun pourra se servir, sans avoir recours au chirurgien.

« Un autre, très-assuré, est de plumer le derrière d'un gros poulet, et après avoir fait l'incision, si l'on veut l'appliquer immédiatement sur la plaie, il attirera tellement le venin par le fondement, qu'il mourra entre les mains de celui qui l'appliquera; celui-là mort, il faut en remettre un second, et ainsi consécutivement jusqu'à ce que le poulet ne meure plus. »

(P. Dutertre.)

Ce singulier moyen, cette bizarre ventouse, n'est pas un fruit de l'imagination locale: l'honneur en doit être rapporté, comme pour beaucoup de nos préjugés, à la métropole, car on lit dans Ambroise Paré, à propos de la vipère : « On pourra « aussi mettre sur la playe, et entre autres, le cul des poulail- « les qui ponnes, ou en lieu d'icelle, prendre des coqs ou « poules d'Inde, parce qu'elles ont plus de vigueur d'attirer « que les communes, et si elles meurent, en remettre d'autres. « Si on veut, on pourra fendre lesdites volailles toutes vives, « lesquelles d'un discord naturel résistent au venin, parce « que les poulailles sont de nature fort chaude. Qu'il soit vray, « elles mangent et digèrent les bêtes venimeuses comme cra- « pauds, vipères, aspics, scorpions et autres, et consomment « pareillement les plus sèches graines qui soient, mesme des « petites pierres et sablons, parquoy appliqués dessus, ont « grande force d'attirer le venin en lieu d'icelles. On prendra « des petits chiens ou chatons, lesquels estant fendus, seront « appliqués tout chauds sur la playe et sur les scarifications, « les y laissant jusqu'à ce qu'ils soient refroidis; puis on en « remettra d'autres, tant qu'il en sera besoin. »

On conçoit que ce ne peut être qu'à la curiosité de mes lecteurs que j'offre aujourd'hui de pareils remèdes; ce ne sont plus que des pièces pour servir à l'histoire de l'esprit humain. Je ne sais si l'avenir aura un jour à relever dans le temps présent des bizarreries pareilles: il est vrai que le magnétisme, l'homœopathie et la phrénologie sont de belle force, sans compter bien d'autres merveilles vantées à la quatrième page des journaux.

Suite des remèdes. — 1° La chaux vive mêlée avec l'huile et le miel, et appliquée en forme d'emplâtre sur la plaie, est encore un excellent remède.

(DUTERTRE.)

La chaux vive peut être un bon remède; mais suivant la remarque de M. Blot, c'est en neutraliser l'action que de la mêler avec l'huile et le miel.

2° Il faut en dire autant de la cendre de sarment de vigne délayée dans l'huile mate, et vantée encore par le P. Dutertre.

3° Deux ou trois gousses d'ail pour manger, et quelques autres broyées et mises en forme d'emplâtre sur la morsure.

4° Le poids d'un écu de mouron, pris dans du vin blanc ou dans de l'eau.

5° Le feu de la bétoine, le bouillon de toutes sortes de pouliot ou de thym, les feuilles de moutarde broyées et appliquées sur la blessure.

D'Aléchamp, ajoute le P. Dutertre, donne plus de cent sortes de remèdes.

En voici d'autres encore tirés d'Ambroise Paré :

Et partant, les ails, ognons, poreaux, sont utiles, parce qu'ils sont vaporeux, fumieux et de ténue substance.

Autre : Prenez farine d'orge, délayée avec vinaigre miel, crottes de chèvre, et appliquez dessus en forme de cataplasme.

Autre : Tout promptement on doit laver et fomenter la plaie avec vinaigre et sel et un peu de miel, le plus chaud que l'on pourra endurer, et de ce on frottera la plaie assez rudement.

Autre : Pareillement la moutarde, délayée dans l'urine ou vinaigre, est bonne. De ma part, dit encore A. Paré, je conseille de prendre promptement de l'urine et en frotter assez rudement la plaie et y laisser un linge trempé dessus; il faut laver aussi fortement que le malade pourra endurer.

Je transcris patiemment tous ces remèdes, afin d'être complet et plutôt pour l'amusement que pour le profit des lecteurs; par là, ils verront à quels misérables tâtonnements l'homme est condamné, même lorsqu'il s'agit d'une chose aussi importante pour lui que la conservation de sa vie, puisqu'il lui faut aller frapper à toutes les portes de la nature, pour demander du secours. Jamais satirique, moraliste ou prédi-

cateur, ont-ils imaginé quelque trait plus poignant pour peindre la misère de notre condition que ce *cul des poulailles*?
O vicissitudes de l'esprit humain! c'est ce même homme
pourtant qui a trouvé tant de sciences, c'est lui qui s'appelle Homère, Newton, Bossuet! Encore si cette prescription:
*et il faut leur mettre un grain de sel dans le cul et leur clore
le bec,* était de quelque vieux nègre; mais elle est d'Ambroise
Paré, chirurgien de trois rois de France, espèce de demi-
dieu dans l'histoire de son art. O mystérieux assemblage de
bassesse et de grandeur!

En résumé, la multiplicité des remèdes prouve autant la
facilité que la difficulté de la guérison; car là où tout est
mauvais, il est indifférent d'employer tel ou tel remède; de
même que là où tout est bon, tout doit réussir. Dans l'espèce
présente, je dis que le grand nombre des remèdes doit nous
rassurer, parce qu'ils montrent la variété de nos ressources;
car pour avoir acquis quelque crédit, il a fallu que chacun de
ces remèdes ait réussi au moins quelquefois. Le soin que
l'on met à s'en servir, la promptitude surtout de l'application,
font autant que la nature du remède, et expliquent les al-
ternatives de succès et d'insuccès. L'emploi de l'urine doit
fixer notre attention. Ce liquide que nous portons en nous-
mêmes peut être toujours à notre service, immédiatement, à
volonté; nous savons qu'il entre dans sa composition de l'ammoniaque; ceci est assez pour expliquer son efficacité. Mais
n'oublions pas le conseil d'Ambroise Paré, qu'il faut frotter
rudement la partie, afin que l'urine s'insinue dans la piqûre, qu'elle délaye et décompose le venin.

Ayant épuisé les ressources de la botanique locale, malgré
l'axiome que le remède croît toujours à côté du mal, on s'est
adressé aux plantes étrangères; on a quitté l'observation directe pour l'analogie. On a pensé que les plantes réputées
bonnes contre la piqûre des reptiles exotiques le seraient
aussi contre celles du *Fer de lance.* Nous avons déjà vu ce
qu'il fallait croire des merveilles attribuées par Kœmpfer à
l'*Ophiorriza mungo*; nous allons maintenant examiner ce qu'il
est resté de toutes les espérances que firent concevoir,
l'annonce de leur découverte, le *Guaco,* le *Gombo-musc,* l

, *Nandhiroba* et le *Polygala Seneka*, quatre des plus célèbres plantes antiophiotiques.

N° 37.

Bejuco ou Vejuco de Guaco. — Mikania opifera, Mikania Guaco, Eupatorium Guaco.

Cette plante vient surtout dans la Nouvelle-Grenade, dans le Venezuela, à la Trinidad.

Je ne crois pas pouvoir mieux la faire connaître qu'en transcrivant ici les extraits, publiés dans le N° 73 des *Petites-Affiches* de Saint-Pierre, de deux ouvrages qui parurent lors de l'annonce de sa découverte; de ces deux ouvrages l'un est le *Traité de thérapeutique* d'Alibert, l'autre la *Notice* du docteur Vargas.

On a jeté, dit Alibert, beaucoup de merveilleux sur l'histoire des remèdes propres à combattre les accidents qui se manifestent après la morsure des serpents venimeux. Quoi de plus fabuleux que ce qu'on a écrit sur la pierre renfermée dans le corps du Naja, et à laquelle on attribue une telle sympathie pour le venin, qu'elle le suce à la manière des ventouses! Redi, du reste, a déjà démontré le ridicule d'une pareille assertion. Je ne reproduirai pas non plus ce que Kœmpfer a publié sur la plante appelée *Mungo*, laquelle croît avec abondance dans les contrées brûlantes de l'Inde. Je m'abstiendrai pareillement de prononcer sur les vertus attribuées au *Polygala Seneka* et à beaucoup d'autres plantes des pays chauds. Toutefois, la correspondance particulière que j'entretiens avec M. Zéa, naturaliste de l'Amérique méridionale, ne me permet point de passer sous silence les détails qu'il m'a communiqués relativement au *Guaco*. Cette plante forme un genre nouveau, auquel doivent se rapporter les *Cacalia Lauri folia* et *Cordi folia* de Linné.

« C'est surtout au Choco, si célèbre par le platine, dont il est la patrie, que se rencontrent les serpents les plus venimeux, et c'est là que depuis longtemps on employait le *Guaco* pour en guérir les morsures. Quelques nègres se transmettaient ce secret, auquel ils mêlaient des prières, des cérémonies et autres actes superstitieux. Aussi le vulgaire, frappé des effets dont il ignorait la cause, croyait qu'il y avait de la magie.

« M. Mutis, à force d'adresse, parvint à le découvrir. Il le communiqua à quelques amis qui étaient réunis à sa maison de campagne, à 80 lieues de Santa-Fé. On fit appeler le nègre Pio, esclave du cultivateur don Joseph Armero, pour tenter l'expérience. Celui-ci s'y rendit en portant avec lui un des serpents les plus venimeux du pays. Ce fut dans la matinée du 30 mai 1783 que l'esclave dont il s'agit, en présence de M. Mutis, dom Diego Ugaldo, aujourd'hui chanoine à Cordoue, en Espagne, dom Anselme Albarez, bibliothécaire à Santa-Fé, don Pedro Vargas, corrégidor de Zipaquira, et devant plusieurs autres savants et artistes, commença les essais. Le corrégidor Vargas, voyant que le nègre prenait le serpent entre ses mains, qu'il le tournait et l'agitait sans que l'animal marquât la moindre inquiétude et envie de mordre, soupçonna que ses dents venimeuses lui étaient enlevées et en fit lui-même l'expérience. Assuré qu'il les avait, et ne doutant plus de l'efficacité du *Guaco*, il voulut lui-même subir l'opération par laquelle le nègre s'était rendu invulnérable aux serpents. Son exemple fut suivi par plusieurs autres personnes parmi lesquelles on remarqua dom Francis Zavarain, secrétaire de M. Mutis, et don Francis Matis, un de ses meilleures peintres. Les nouveaux initiés, prenant tour à tour le serpent, le pressant et lui donnant des secousses, parvinrent à l'irriter : il mordit le peintre Matis jusqu'au sang. Tout le monde fut alors dans la consternation, excepté le nègre, qui rassura l'assemblée. Il frotta la morsure avec les feuilles du *Guaco*, et Matis alla, comme à l'ordinaire faire le dessin des plantes.

« Le corrégidor dressa procès-verbal, et rédigea un mémoire intéressant que M. Mutis fit imprimer dans le Journal de Santa-Fé. On en a donné un abrégé dans le *Semanario d'Agricultura* de Madrid. Feu M. Cavanilles fait aussi mention du *Guaco* dans ses annales de *Ciencias naturales*. La connaissance de cette plante s'est répandue rapidement dans le royaume de la Nouvelle-Grenade, et les curés secondant les efforts de M. Mutis pour en propager l'usage, on a réussi à rendre nul le seul fléau de ce pays charmant. *Personne ne meurt à présent de la morsure des serpents*, écrivait M. Mutis à M. Zea. En 1798 : « Les chevaux, les moutons, etc., guérissent tous comme les hommes, quand on est à portée de leur faire boire le sucdu *Guaco.* Les essaisque le hasard a misà même de fairesont si nombreux, ajoute M. Mutis, qu'on en remplirait plusieurs volumes. » Il est bien malheureux pour le genre humain que la Real Audiencia, ou haute cour de justice, siégeant à Santa-Fé, ait refusé à M. Mutis la permission de faire quelques tentatives, qui eussent été très-intéressantes, sur les criminels condamnés à mort, malgré les ordres répétés de S. M. Catholique le roi d'Espagne de ne rien épargner pour multiplier les observations et leur donner toute la certitude possible. M. Mutis voulait rechercher si l'inoculation du *Guaco* rend l'homme inaccessible à la morsure des serpents pour toute la vie, ou seulement pour quelque temps, comme les nègres le prétendent.

« Quand on veut se prémunir contre la morsure des serpents, et acquérir la faculté de porter impunément sur soi ces animaux, les nègres procèdent de la manière suivante : ils font six incisions, deux aux mains, deux aux pieds, et une à chaque côté de la poitrine. On exprime le suc des feuilles du *Guaco,* qu'on verse sur les incisions, comme lorsqu'on veut inoculer la petite vérole. Avant l'opération, on fait prendre deux cuillerées de suc à celui qui va être initié, on l'avertit qu'il doit prendre le même suc chaque mois, pendant l'espace de cinq à six jours ; car s'il néglige de le faire quelque temps, sa vertu s'évanouit, et il aura besoin d'une nouvelle inoculation. C'est à cette précaution que M. Mutis et le savant corrégidor de Zipaquira attribuent les effets préservatifs du *Guaco.* Toutefois, l'usage le plus ordinaire est de porter sur soi des feuilles de cette plante, dans les lieux infestés de serpents, pour s'en délivrer ; car l'odeur leur imprime un état de stupeur ou d'étourdissement. »

(ALIBERT, *Nouveaux éléments de thérapeutique et de matière médicale.*)

Le *Philosophical Magazine* (vol. 12, p. 36) rapporte quelques observations de dom Pedro d'Orbiès y Vargas sur cette plante précieuse, dont il assure que les Indiens d'Amérique se servent pour se garantir de la morsure des serpents venimeux ; voici ces observations :

« Le grand nombre de serpents venimeux qui abondent dans les parties brûlantes de l'Amérique, a mis les malheureux Indiens et les nègres qui fréquentent les bois, presque toujours les pieds nus, dans la nécessité de chercher les moyens les plus propres à combattre les effets funestes que produit la morsure de ces reptiles. De tous les remèdes connus, il n'en est pas qui puisse être comparé au suc de la plante rampante appelée *Vejuco* ou *Bejuco de Guaco*. En effet, ce suc guérit non-seulement les maux que cause la morsure des serpents, mais garantit encore de tout fâcheux accident ceux qui en avaient avant d'être mordus ; de là vient que les nègres et les Indiens, qui connaissent cette plante, saisissent les serpents les plus venimeux sans le moindre inconvénient. Ils en firent d'abord si grand mystère, qu'ils en acquirent beaucoup d'importance et retirèrent beaucoup d'argent, tant des personnes mordues par les serpents que de celles que la curiosité portait à les voir manier ces animaux dangereux.

« J'avais souvent entendu citer, dans le royaume de Santa-Fé, où j'ai pris naissance, la grande habileté de ces nègres, que mes compatriotes appellent *empiriques* ; mais élevé dans la capitale, située dans un district assez frais et qui ne fournit point de serpents venimeux, il me fut impossible de rencontrer de ces empiriques avant l'année 1788.

« Étant alors à la Mariquita, j'entendis parler d'un esclave invulnérable à la morsure du serpent, et qui jouissait en conséquence d'une grande réputation. Ce nègre appartenait à un habitant de l'endroit même où je me trouvais. Déterminé à m'assurer de la vérité du fait, je suppliai le maître de m'envoyer l'esclave muni d'un nombre suffisant de serpents ; ce qui me fut accordé sans difficulté.

« En mai de la même année, le nègre se présenta chez moi avec un des serpents les plus venimeux que fournisse le pays. L'animal était renfermé dans une calebasse : je témoignai à l'empirique combien je désirais qu'il me montrât un échantillon de ses talents, à quoi il répondit que ma curiosité serait bien vite satisfaite ; et, tirant le serpent de l'espèce de bouteille qui le renfermait, il le mania avec tant de confiance et de tranquillité que je ne pus m'ôter de l'idée qu'il avait préalablement dégarni la bouche de ce reptile de ses armes dangereuses ; mais, ouvrant celle-ci, il me la fit voir parfaitement intacte, et dès lors je ne doutai plus qu'il ne possédât le secret d'endormir, en quelque sorte, sa méchanceté ; car il paraissait aussi apprivoisé et aussi doux que l'animal le plus innocent.

« A la suite d'une longue conversation que j'eus avec le
nègre, qui répondit à toutes mes questions de la manière la
plus satisfaisante, je lui donnai à entendre combien je serais
flatté de posséder, ainsi que lui, l'art de manier les serpents
avec sécurité, et, le voyant peu éloigné de m'accorder cet
avantage, j'achevai de le gagner par l'offre d'une récompense,
dont il eut l'air d'être fort satisfait.

« Le jour suivant il se présenta devant moi avec les feuilles
de la plante de *Bejuco*, qu'il humecta et pila en ma présence
pour me faire avaler deux grandes cuillerées de leur suc
exprimé.

« Il introduisit ensuite le même suc dans trois incisions
qu'il pratiqua entre les doigts de chaque main; il répéta cette
espèce d'inoculation aux deux pieds ainsi que sur la partie
droite et gauche de la poitrine; puis, me présentant le serpent
il m'invita à le saisir sans crainte. Je crus devoir lui faire quelques observations sur les conséquences funestes qui pouvaient en résulter pour moi ; mais, le voyant toujours plein de
confiance en son art, je m'emparai hardiment du reptile, qui
ne fit jamais le moindre mouvement pour me nuire, quoique
je l'eusse alternativement lâché et repris plusieurs fois. Il arriva cependant qu'un des assistants, ayant voulu courir les
mêmes hasards, fut mordu par le serpent à la seconde épreuve ;
mais cette morsure ne produisit qu'une très-légère inflammation à la partie mordue.

« Deux de mes valets, qui avaient aussi subi l'inoculation,
encouragés par ces essais, parcoururent la campagne, et en
rapportèrent d'autres serpents non moins venimeux sans en
recevoir la moindre atteinte.

« En un mot, j'ai depuis cette époque pris dans mes mains
plusieurs de ces reptiles, après avoir simplement bu un peu
du suc exprimé du *Bejuco de Guaco*, et ces épreuves ayant
été souvent répétées, soit sur ma personne, soit sur mes domestiques, toujours avec le plus heureux succès, je résolus, en
1791, de publier sur cet antidote remarquable un mémoire,
qui fut inséré dans une feuille périodique publiée chaque
semaine à Santa-Fé. J'y joignis une description de la plante
et tout ce qui me parut propre à rendre publique et générale
une découverte qui promet de si grands avantages à l'humanité. On trouvera dans ce papier, en date du 30 septembre 1791,

le détail exact de toutes mes expériences, ainsi que le nombre et les noms des personnes qui y assistèrent.

« Je me permettrai de joindre ici la tradition répandue parmi les Indiens et les nègres de la vice-royauté de Santa-Fé, sur la manière dont fut faite la découverte des vertus de cette plante. Un oiseau de l'espèce du milan décrit par Catesby sous le nom de *Faucon-Serpent,* ne vit principalement que de serpents dans les régions chaudes et tempérées de cette partie du nouveau monde. Cet oiseau a un cri monotone, souvent très-désagréable par sa répétition, qui imite la prononciation du mot *guaco,* ce qui lui a fait donner ce nom par les indigènes, qui prétendent qu'il attire par ce cri les serpents, sur lesquels il exerce une espèce d'empire. Ils joignirent à cette tradition une infinité d'autres fables ; mais il est de fait que le *Guaco* poursuit ces reptiles partout où il peut les découvrir, et les Indiens et les nègres qui vivent presque entièrement dans les forêts et les champs assurent que pour s'en saisir avec plus de sûreté, cet oiseau commence par manger quelques feuilles de la plante de *Bejuco.* La chose est possible : ils peuvent avoir ainsi découvert et fait un heureux usage des propriétés de cette plante ; ici, comme dans bien d'autres circonstances, l'instinct des animaux nous a conduits à une découverte importante et utile. »

(*Notice sur le Guaco.* Orbies y Vargas.)

Dans un autre imprimé que j'ai sous les yeux, la fable de la découverte du guaco est rapportée tout au long sous forme de *nouvelle* : « Un esclave marron, dans les environs de Guyana, sur les bords de l'Orénoque, aurait vu l'oiseau appelé *guaco* livrer combat à un serpent des plus venimeux. (Suivent tous les détails du combat.) L'oiseau resta vainqueur, grâce aux feuilles de guaco qu'il allait becqueter à mesure qu'il se sentait blessé. L'esclave, ayant répété sur lui cette audacieuse expérience, n'hésita pas à se présenter au gouverneur de Caraças (il y a de cela, dit-on, environ cinquante ans) ; il fit des essais publics, et reçut pour livrer son secret une récompense de 50,000 dollars. »

Est-il possible de préciser davantage un fait ? Comment douter encore après une pareille publicité ? Mais cette historiette est probablement controuvée, c'est une invention de quelque journaliste pour remplir les colonnes de son journal.

Le docteur Vargas n'en dit aucun mot, et certes, il n'aurait
pas oublié une circonstance aussi solennelle, aussi favorable
au remède qu'il voulait préconiser. Suivant lui, cependant,
c'est toujours l'observation de l'antipathie d'un oiseau contre
le serpent qui aurait révélé les propriétés du guaco. Nous
avons déjà vu qu'une semblable origine avait été attribuée par
Kœmpfer à la découverte de l'*ophiorizza mungo*. Dans l'histoire de tous les arts, on trouve des traditions pareilles; et
sans sortir de la médecine, ne dit-on pas que l'usage de la
saignée nous a été appris par le cheval, qui, chaque printemps,
se frotte et s'écorche aux épines des buissons pour se tirer
un trop-plein de sang. C'est la cigogne qui nous aurait ensei-
gné les effets des clystères qu'elle s'administre elle-même. Une
foule de médicaments purgatifs nous seraient révélés par les
animaux, etc., etc. Est-ce humilité à l'homme de se mettre
ainsi en laisse de la bête pour trouver les choses qui lui sont
nécessaires, et de croire que l'instinct aveugle est un meilleur guide que la raison? Mais n'est-ce pas aussi un beau
spectacle de représenter l'homme au centre de la création,
l'œil et l'oreille aux aguets, interrogeant le moindre bruit, le
moindre mouvement, les étoiles du ciel, la feuille qui tombe,
le vent qui siffle, l'oiseau qui vole, le moindre pas des animaux, pour en tirer ces inductions hardies qui élargissent le
cercle où il est emprisonné et agrandissent son domaine?

Une découverte si précieuse ne pouvait rester bornée au
lieu où elle avait été faite. Comme la Martinique est connue
dans le monde pour être le repaire du *Fer de lance*, on s'empressa d'y apporter le guaco. La Gazette du pays répéta les
éloges d'Alibert et du docteur Vargas; chacun voulut avoir
du guaco chez soi, puisque, grâce à cette plante, *on ne mour-
rait plus de la piqûre du serpent.* MM. de Schack, Badollet et
Houdeleck en répandirent l'usage; on en plantait partout.
Je ne sais combien de temps dura cette vogue, mais déjà en
1823 le guaco avait perdu de sa renommée, et M. Blot écrivait ces lignes :

« On a donc naturalisé le guaco aux îles de la Martinique
« et de Sainte-Lucie; on a répété les mêmes essais contre la
« vipère *Fer de lance,* et malheureusement toujours sans
« succès. A quoi tient cette différence dans les résultats? A
« la différence des espèces de serpents, à des circonstances

« qu'on n'a pas appréciées. S'en était-on laissé imposer dans
« les premières expériences? les a-t-on faites dans des cas
« où les blessures ne devaient pas être graves? Cependant les
« témoins étaient des hommes difficiles à tromper ; ils s'é-
« taient assurés que l'animal avait ses crochets, que son ve-
« nin n'avait pas été épuisé. M. de Humboldt lui-même, dont
« on ne peut révoquer en doute ni la bonne foi ni l'attention
« nécessaire en pareille occasion, a vu un serpent très-veni-
« meux, le *Coluber corallinus*, détourner la tête à l'approche
« d'une baguette imprégnée de guaco. D'un autre côté,
« M. Guyon vient de me communiquer le fait suivant : Il a
« renfermé dans un cylindre de verre une jeune vipère, et lui
« a présenté, à l'extrémité d'un bâton, des feuilles broyées de
« guaco ; bien loin de détourner la tête, l'animal y enfonça
« ses crocs avec fureur. Répétée avec d'autres vipères, cette
« expérience a toujours eu le même résultat. »

(BLOT, page 27.)

En 1835, M. Guyon répéta dans sa thèse la même opinion
sur le guaco. Aujourd'hui, on peut dire qu'à la Martinique
personne ne se sert du guaco. Quelques personnes me
l'ayant pourtant signalé comme l'une des plantes les plus
efficaces contre la piqûre du serpent, j'ai fait venir d'Angos-
tura une fiole d'extrait de guaco, préparée par M. Vallée,
pharmacien de cette ville, et j'ai fait l'expérience suivante :

Un chien assez fort a été présenté à un serpent de 5 pieds,
qui l'a piqué à l'épaule. Immédiatement j'ai rasé les poils, j'ai
incisé toute l'épaisseur du derme, au niveau des piqûres des
crocs, et j'ai frotté les plaies avec de l'extrait de guaco ; j'en
ai fait boire quatre grandes cuillerées à l'animal. Une demi-
heure après, le chien était triste, tremblait, traînait la patte ;
l'épaule était le siége d'un gonflement considérable. L'animal
est mort à minuit. Le tissu cellulaire de l'épaule et du cou
offrait l'épanchement noirâtre dont j'ai parlé.

Une autre expérience n'a pas été plus heureuse.

M. Canezza, qui possédait un gros morceau de liane de
guaco, prépara lui-même une infusion avec du rhum, fit piquer vers midi un jeune chien, le pansa lui-même : à quatre
heures, l'animal était mort.

Je ne crus pas devoir poursuivre davantage mes expériences sur le guaco ; ma conviction était faite.

Quant à la propriété qu'on lui suppose d'écarter les serpents, aux faits déjà rapportés par M. Blot, j'ajouterai celui-ci : M. Touin, notaire en cette ville, m'a affirmé qu'au temps où le guaco était à la mode, M. son père en ayant planté au Morne-Rouge, quelque temps après, lorsque la liane était en pleine végétation, on tua sous son feuillage un serpent qui avait cherché cet abri pour s'y endormir paisiblement.

Je ne puis terminer cet article sur le guaco sans arrêter l'attention quelques instants sur cette autre propriété neutralisante ou même répulsive du venin des serpents qu'on suppose à l'inoculation de son suc dans le corps de l'homme. On a vu ce que le docteur Vargas dit de cette pratique : le guaco préserverait de la piqûre du serpent comme le vaccin de la petite vérole. Quelle précieuse découverte, si elle était vraie! Nous n'avons rien de mieux à souhaiter que des spécifiques comme le vaccin; c'est le dernier mot, le *nec plus ultra* de la médecine humaine! avec cinq ou six préservatifs comme cela, l'humanité changerait de face. Mais, hélas! au milieu des maux innombrables auxquels nous sommes en proie, la vaccine est unique en son genre; c'est une de ces vérités que la Providence nous jette à ronger de temps en temps pour nous faire prendre patience et nous empêcher de trop désespérer. Mais cette vérité a été la mère de beaucoup d'erreurs, de beaucoup de mécomptes, par les fausses applications auxquelles elle a donné lieu. Il est à craindre que la prétendue vertu préservative du guaco ne soit de ce nombre. Dans une des lettres qui m'ont été envoyées pour me vanter le guaco, je trouve le fait suivant :

« La Gazette officielle de Curaçao publiait dernièrement un « article relatif à l'inoculation du guaco. Un habitant de la « province qui s'était inoculé le guaco, avait un énorme ser- « pent à sonnettes bien apprivoisé. L'homme jouait avec l'ani- « mal comme avec un enfant, lui faisait des caresses qui lui « étaient rendues; au dîner, le serpent montait sur la table, « mangeait dans les plats; il faisait cent autres gentillesses « semblables qui montraient évidemment l'efficacité de l'ino- « culation du guaco, car on ne pouvait les attribuer au bon « naturel de l'animal. Cela dura six ans. Mais un jour on ou- « blia de donner à manger à ce serpent. Le maître, à son re- « tour des champs, voulut se livrer à son divertissement or-

« dinaire ; mais cette fois le serpent le mordit si fort qu'il en
« coula du sang, et cinq minutes après, le pauvre homme
« tomba comme frappé d'une attaque d'apoplexie foudroyante.

« *Signé* JAMMES, ayant habité longtemps différentes pro-
« vinces de la Côte-Ferme. »

À Sainte-Lucie, le guaco ne paraît pas avoir fait meilleure
fortune qu'à la Martinique ; car dans l'article du *Palladium*
de Sainte-Lucie déjà cité, l'auteur de cet article reproche aux
habitants de n'en pas faire usage : — *And yet tho this day we
are not aware that the least effort had been made to introduce it
here, where it is so greatly wanted.* — À la Martinique, malgré la première importation, le guaco manquait entièrement.
Un officier distingué de la marine, M. Bedel Dutertre, en a
rapporté dernièrement quelques plants de la Trinidad. J'en ai
planté dans mon jardin : il vient mal. Suivant le *Palladium*
de Sainte-Lucie, on trouverait encore du guaco dans cette colonie à l'anse Cleret, près la rivière.

Le lecteur a maintenant sous les yeux toutes les pièces relatives à cette plante, si vantée dans le temps. Qu'il juge.

N° 39.

N° 39. — Ambrette ou gombo-musc ou musqué (Hibiscus abel moschus ou moschatus).

C'est à Sainte-Lucie, en 1814, que le R. P. don Manuel Se-
dent y Badia, curé à la Soufrière, ancien missionnaire de la
Côte-Ferme, fit connaître le *gombo-musc*. Il avait appris des
Indiens de Venezuela et de Santa-Fé l'emploi de cet antidote.
« Un Indien vient-il, disait don Manuel, à être piqué du serpent, il se panse lui-même sur-le-champ, et continue sa course
et son travail sans accident. » Ce récit, fait par un ecclésias-
tique respectable par son âge et par sa qualité, encouragea
les habitants de Sainte-Lucie à en faire l'épreuve, et leurs
succès ont pleinement confirmé la vérité de l'assertion. De
1814 à 1821, plus de cent cures ont été obtenues par MM. H. de
Bernard, du Vieux fort, Mac-Dianet, de Laborie, et Taillasson,
du Grand-Cul-de-Sac de Castries, et par plusieurs autres habitants. (Extrait de la *Gazette de la Martinique*, du 29 septembre 1824.

Le remède fut apporté à la Martinique par un anonyme qui le fit connaître dans la gazette de cette époque, par des notes à la date des 12 mai 1821 et 29 septembre 1824. Voici la composition qu'il donne du remède, ainsi que la manière de s'en servir :

Composition du remède. — « Prenez des graines de *gombo musqué* (ambrette) bien sèches, pulvérisez-les et passez-les par un tamis très-fin ; mettez de cette poudre dans une bouteille de pinte jusqu'au tiers de ladite bouteille environ, puis remplissez-la de bon tafia ou rhum blanc : une livre de poudre, divisée en cinq doses égales, sert à faire cinq bouteilles de ce remède. Chaque bouteille étant pleine de la composition ci-dessus, on la bouche et la tient en réserve pour l'usage.

Pansement. — « Lorsqu'il arrive qu'un individu ou un animal a été mordu du serpent, on agite fortement le composé, et lorsque le liquide est bien mêlé avec le marc, on en fait de suite avaler au malade un verre à toast (environ 3 à 4 cuillerées à bouche). On fait ensuite quelques légères scarifications à l'endroit mordu, on frictionne la plaie avec un linge imbibé du liquide, ensuite on l'applique en compresse, et à mesure qu'elle sèche on l'arrose : six à huit fois suffisent. Demi-heure après le premier pansement, on administre une deuxième dose du spécifique, pareille à la première, et le traitement est terminé.

« S'il s'est écoulé quelque temps depuis que la morsure a eu lieu, le pansement se fait comme ci-dessus, si ce n'est qu'il faut activer l'action du remède en faisant avaler au patient trois verres de quart d'heure en quart d'heure. Si, par un plus long retard encore, le vomissement avait commencé ou survenait, on ne cesserait de faire boire au malade un verre du liquide immédiatement après chaque vomissement, jusqu'à ce qu'il soit arrêté, et dans ce cas, dès qu'il se serait écoulé 20 ou 25 minutes sans vomissement, on donnerait une dernière dose, et le traitement sera terminé : bien entendu que dans touts les cas possibles, il ne faut jamais négliger la scarification de la plaie et l'application des compresses imbibées du remède. »

Depuis cette époque, le gombo-musc est resté en usage à la Martinique : beaucoup d'habitans n'emploient pas d'autres remèdes, et la plupart des pharmaciens en vendent de tout préparé. Voici la recette que M. Morin joint à sa préparation :

Traitement de la piqûre du serpent par la liqueur du gombo-musc.

« Aussitôt qu'un individu aura été piqué du serpent, on lui fera prendre le plus tôt possible un verre à vin plein de liqueur de gombo-musc, on pratiquera une scarification cruciale sur la piqûre, après quoi on appliquera une ventouse. Immédiatement après, on bassinera avec la liqueur de gombo-musc, à laquelle on ajoutera une quantité égale d'alcali volatil, et on posera des compresses imbibées de ce même mélange qu'on renouvellera toutes les demi-heures. Toutes les heures on donnera un verre à liqueur de gombo-musc, qu'on alternera avec une tasse de café très-fort, dans laquelle on aura ajouté 5 à 7 gouttes d'alcali volatil. Le malade sera tenu très-chaudement, et on cessera l'administration du remède lorsque la transpiration sera devenue abondante.

« Durant quelques jours, on ne donnera qu'une nourriture légère, et ensuite on purgera avec une médecine de manne, sel et rhubarbe. »

On voit que dans cette formule on a jugé convenable d'ajouter à l'action du gombo-musc l'aide de l'alcali et du café. C'est qu'avec le temps le gombo-musc a perdu de son premier crédit, et il lui est arrivé ce qui est arrivé à tous les remèdes précédents, il est tombé dans les amalgames. C'est un fait remarquable dans l'histoire de la thérapeutique, que cette réussite des premiers essais d'un remède ; l'histoire des modes les plus frivoles n'est pas plus variable. On dirait que le sort conspire à nous induire en erreur, ou plutôt n'est-ce pas un effet de cette précipitation avec laquelle l'homme se jette dans le nouveau et se voue à l'inconnu ? Tant le point acquis reste toujours imparfait !

N° 40.

De la noix de serpent et du Nandhiroba.

« Je vais décrire un arbre dont le fruit guérit parfaitement les morsures des serpents les plus dangereux, et dont la vertu n'est contestée de personne. J'en puis parler comme témoin oculaire, m'en étant servi pour guérir un nègre de notre habitation de la Martinique, qui avait été mordu à la jambe par un serpent très-gros. L'arbre qui porte ces fruits vient de l'isthme de Darien. On trouve dans cet endroit-là des serpents extrêmement venimeux qu'on appelle serpents à sonnettes, parce qu'ils ont au bas de la queue une peau roulée, sèche comme un parchemin, qui fait du bruit pour peu qu'ils se remuent, ce qui sert à les faire découvrir. Nonobstant cet avertissement, plusieurs flibustiers qui traversaient cet isthme pour gagner la mer du Sud où ils allaient faire la course, furent mordus par ces serpents, et seraient péris infailliblement, si les Indiens qui les accompagnaient ne leur eussent fait connaître le remède unique qu'on peut apporter aux morsures de ces sortes de serpents, dont le venin est si puissant et si vif, qu'il tue en moins de trois ou quatre heures ceux qui en sont infectés.

« Je ne sais pas comment les Indiens appellent cet arbre, ni si le P. Plumier ou quelque autre botaniste l'a baptisé et enrôlé dans quelque régiment d'arbres supposés de même espèce. Pour nous autres qui ne cherchons pas tant de façons, sans nous embarrasser du nom de l'arbre, nous nous contenterons d'appeler son fruit *noix de serpent*. On ferait peut-être bien mieux de l'appeler *amande de serpent*. On verra par la suite de mon discours si j'ai raison.

« Je n'ai vu à la Martinique que deux ou trois arbres de cette espèce, dont les graines avaient été apportées par nos flibustiers. Ils étaient à peu près de la grandeur de nos abricotiers de France.

« Dès qu'on se sent mordu, il faut casser la coque pour en tirer l'amande, la mâcher, et appliquer le marc sur les trous que les dents du serpent ont faits, et s'ils sont éloignés, en mâcher deux et les appliquer sur les trous, après en avoir légèrement scarifié les environs. On enveloppe ensuite la partie blessée, et au bout de deux heures, on lève l'appareil et on met un second cataplasme mâché et accommodé comme le premier. Ce marc fait élever de petites vessies qui sont remplies de venin comme une eau claire et roussâtre. On les perce pour l'en faire sortir, et on applique ce même cataplasme jusqu'à ce qu'il cesse de faire élever des vessies. Pour l'ordinaire, il n'est pas besoin d'un troisième appareil. On met sur les scarifications un emplâtre d'onguent rosat ou divin pour

refermer les petites blessures, et on se trouve parfaitement
guéri. J'ai vu l'expérience de ce que je viens d'écrire, et elle
m'a été confirmée par tant de témoins oculaires, qu'il faudrait
être pyrrhonien déclaré pour en douter.

« J ai dit dans ma première partie qu'il fallait empêcher
de dormir ceux qui ont été piqués ou mordus des serpents. Le
remède que je donne ici exempte de ce soin ; car cette amande,
mâchée par le blessé, lui excite un si grand picotement dans
la bouche, avec une si abondante salivation, qu'il n'a pas le
temps de songer à fermer les yeux. Le nègre que je fis traiter
avec cette amande fut en état de travailler au bout de trois
jours. J'ai goûté de cette amande : la chair est blanche et
ferme, mais je doute qu'il y ait rien au monde de plus amer
et de plus cuisant. »

(P. LABAT, pages 234 et suivantes.)

Quelques botanistes ont cru reconnaître que la noix à serpent
était la même plante que le *nandhiroba* ou *randhiroba*. Ce nandhiroba a été vanté par le docteur Ricord-Madiana comme
un excellent contre-poison du jus de manioc, du suc du mancenillier et de quelques autres plantes toxiques.

Il y a quelques années, une polémique assez vive eut lieu
à la Guadeloupe entre le docteur Raiffer et M. Lerminier,
pharmacien, et M. Darboussier, habitant, pour savoir à qui
reviendrait l'honneur d'avoir découvert le nandhiroba dans
cette colonie. Je ne sais si cette plante existe à la Martinique,
je ne déciderai pas si c'est la même noix que la noix à serpent;
mais ce qu'il y a de certain, c'est que parmi le grand nombre
de remèdes en usage aujourd'hui, je n'ai trouvé ni nandhiroba
ni noix à serpent, malgré le passage du P. Labat.

Le grand nombre de synonymies du nandhiroba doit en
rendre la recherche très-difficile.

N° 41.

Du polygala seneka.

Cette plante existe dans quelques États du nord de l'Amérique. Tennent, médecin écossais, qui le premier le fit connaître en Europe (*Amœnitates exoticæ*, t. II), dit avoir guéri
avec des personnes mordues par le boiquira et déjà atteintes

de la fluxion de poitrine : il tenait ce remède des Indiens. Je ne
sache pas qu'on ait essayé de cette plante contre les piqûres du
Fer de lance. Comme la pneumonie est aussi désignée comme
un des accidents les plus redoutables de ces piqûres, et comme
il n'existe contre cette pneumonie aucune médication établie,
je crois qu'on pourrait, en pareils cas, essayer du *polygala,*
puisqu'il a un commencement de réputation.

Voici cependant le jugement qu'en portent MM. Delens et
Merat dans leur *Dictionnaire de matière médicale* : « Nous pensons qu'il n'est guère possible de croire à la prétendue vertu
de cette racine contre la morsure des serpents à sonnettes, qui
cause une mort si prompte, malgré les assertions des auteurs
dont la confiance explique celle des naturels qui en portent la
poudre dans leurs voyages pour en couvrir la morsure des
serpents. Le polygala pourrait être employé à la dose de 4 à
8 grammes en infusion dans 1000 grammes d'eau, ou à la dose
de 125 grammes dans une potion. »

QUELQUES RÉFLEXIONS SUR LES REMÈDES PRÉCÉDENTS.

J'ai fini, ou pour parler plus exactement, je m'arrête dans
cette énumération des plantes réputées bonnes contre la piqûre du serpent. S'il fallait ne rien omettre, je n'en finirais
pas; hier encore on me désignait comme étant dans le livre de
M. de la Cornillère, ce secret que je poursuis et qui m'a
échappé jusqu'à présent : ce serait la racine du citronnier !!!

N° 41.

Racine du Citronnier.

« Quelques noirs, dit l'auteur, les prennent à la main (les
serpents). Une simple précaution, que des faits nombreux sont
venus confirmer, leur donne cette assurance. M. B***, du Prêcheur, m'a expliqué ce fait par des aveux qu'il obtint d'un de
ses nègres, hardi chasseur de serpents : il prit de *la racine du
citronnier,* qu'il mâcha quelque temps, s'en couvrit les mains
et saisit plusieurs serpents, sans *qu'aucune piqûre détruisît
l'efficacité de ce préservatif.* M. B*** s'assura de la réalité de ce
fait par une expérience encore plus complète. Un chien, frotté

avec cette espèce d'enduit, fut enfermé dans un boucaut avec
un serpent, qui, plein d'horreur et de crainte, s'élançait dans
toutes les directions, frappant les parois de cette prison trop
étroite, pour fuir son compagnon empoisonné. Je livre à
toute discussion ce fait trop peu connu, que je me garderai
bien d'analyser ou d'expliquer. » (*La Martinique en 1842*,
par M. le comte E. de la Cornillère.)

Je dois prévenir que dans les nombreuses expériences auxquelles je me suis livré, j'ai été plusieurs fois surpris de voir
que des serpents, même les plus gros, refusaient de s'élancer
sur les animaux, n'importe lesquels qu'on leur présentait, et
qu'ils ne les piquaient point à quelque excitation qu'on les
soumît. Pareille observation a été faite par d'autres. Cela est
inexplicable, à moins que ce ne soit une hypocrisie de plus;
mais cela peut induire en erreur ceux qui arrêtent leur jugement après une seule expérience.

———

Mais me voici arrivé au bout, à l'endroit difficile. Il n'y a
plus moyen de reculer, il faut conclure, il faut faire un
choix : Qui, du poivre de Guinée, du trèfle, du citron, du
tabac, du guaco ou de quelque autre l'emportera? Je suis
dans la position de l'âne philosophique, placé entre des paquets d'herbes d'égale attraction, ne sachant où me porter. Je
crois voir plus d'un lecteur approuvant la comparaison, s'é-
lever devant moi impérieux comme un point d'interrogation,
et me crier : Oui, concluez! concluez! la clôture! la clôture!

Si du moins, dans le nombre de ces plantes, il en était une
ou deux qui réunissent l'unanimité des témoignages et sur la
vertu desquelles on s'entendît, qui n'eussent même qu'une
majorité relative; ou si toutes étaient de la même famille,
qu'elles eussent une action identique sur nos organes, ou
qu'elles fussent de familles analogues, de façon que les unes
pussent être prises pour succédanées des autres, on aurait un
motif de détermination, une raison pour incliner plutôt à droite
qu'à gauche. Mais la diversité est extrême : les unes sont toniques, les autres excitantes, émollientes, acides; les propriétés les plus opposées aboutiraient donc à un même effet, la
neutralisation du venin! Cela n'est point admissible.

Si enfin l'une de ces plantes se présentait avec une de ces
renommées thérapeutiques comme le quinquina, duquel on

peut tout attendre, et auquel on peut faire appel dans tous les cas désespérés ; mais aux plus efficaces à peine peut-on reconnaître une vertu légèrement diaphorétique.

Rappelez-vous encore que tous ces pansements, recettes, remèdes, traitements, se présentent avec l'autorité de noms recommandables, avec l'assurance de guérisons nombreuses, infaillibles, par centaines! Encore une fois, que résoudre? que choisir? J'avoue que si j'étais obligé de me prononcer d'ores et déjà, j'aimerais mieux me déclarer incompétent, et malgré les huées et les risées des lecteurs, rentrer dans mon obscurité en leur jetant pour toute conclusion :

Devine si tu peux et choisis si tu l'oses.

(Conclusion, refrain final qui terminerait avec autant d'à-propos bien d'autres énumérations thérapeutiques.)

Parlons plus sérieusement.

Une vérité, fâcheuse sans doute, mais qui ressort de cette enquête et qui est aujourd'hui démontrée pour moi, et, j'espère, pour plus d'un lecteur aussi : c'est qu'il n'existe point à la Martinique de spécifique contre la piqûre du *Fer de lance*, c'est-à-dire qu'il n'existe pas, ou qu'on n'a pas encore trouvé un moyen qui, dans tous les cas, à tous les instants, guérisse quels qu'ils soient, les accidents déterminés par la piqûre du serpent. Non que je nie la possibilité d'une pareille chimère. Après l'imprimerie, après la foudre expliquée et domptée, après les merveilles de la vapeur, de l'électricité, de la photographie, je conviens que le mot *impossible* est rayé du langage humain : *Nihil mortalibus arduum est;* mais je dis seulement qu'on n'a pas encore trouvé le contre-poison du serpent, et qu'aucune des plantes soumises à notre examen n'a présenté les caractères d'un spécifique.

La science n'est pas moins féconde que l'imagination populaire en remèdes contre la piqûre du serpent. Linné, dans trois dissertations soutenues sous sa présidence *de morsura serpentum*, a donné une longue liste des plantes préconisées contre cet accident. Avant lui, Gessner en avait dressé une qui dépassait cent formules. Fontana a expérimenté l'huile de vitriol, l'acide nitreux, l'acide marin, l'acide phosphorique, les alcalis caustiques et non caustiques, tant minéraux que végétaux, les sels neutres, les cantharides, le quinquina, la thériaque, la graisse de vipère, et ne leur a reconnu aucune vertu. Les observations de guérisons par tel ou tel moyen, rapportées dans les divers recueils scientifiques, sont innombrables, la bibliographie de cette sorte de médicaments fournirait à elle seule un gros volume.

« Il est très-rare, dit Morgagni, que quelqu'un réchappe de la piqûre de la vipère, sans avoir fait usage d'un grand nombre de remèdes, en sorte qu'il serait difficile d'établir auquel de ces moyens il doit sa guérison. »

Ce que voyant quelques-uns, et considérant néanmoins le grand nombre de guérisons obtenues par chaque moyen, ils sont prêts à admettre que le meilleur remède est celui qu'on a le plus promptement sous la main, dont on a l'habitude, et que le succès dépend de la promptitude et du soin de l'application; d'où ils tirent comme corollaire, que le meilleur panseur de serpent est *soi-même*, parce qu'on est plus que personne à même de se secourir sur-le-champ; que vieux et jeunes, hommes ou femmes, nègres ou blancs, tous doivent se pénétrer de cette vérité-là (1), qu'il ne faut pas perdre de

(1) M. Guyon (page 24) admet que les nègres *pourraient être utiles si leurs maîtres leur faisaient donner quelques instructions.* Je sais que la loi même leur reconnaît cette capacité (Déclaration du 1er janvier 1743), qu'ils sont *panseurs* de droit, qu'ils peuvent en cela aller de pair avec nous, et que personne ne pourrait les empêcher d'exercer leur industrie; la loi est pour eux, en voici le texte :

« Avons fait et faisons défense à tous esclaves de l'un et de l'autre sexe de composer et distribuer des remèdes en poudre, ou en quelque autre forme que ce puisse être, et d'entreprendre la guérison d'aucun malade, « *à l'exception de la morsure du serpent*; voulons même que les esclaves qui, sous prétexte de faire des remèdes pour la morsure des serpents, en auraient composé ou distribué qui n'y seraient pas propres, et qui ne pourraient servir que pour guérir d'autres maux, soient condamnés aux peines portées par ces présentes. » (Code de la Martinique, page 462.)

Ainsi cela est positif. Mais, moi aussi, je reconnais que les nègres peuvent panser la morsure du serpent, puisque je dis que tout le monde sans distinction doit y être apte; que je ne conçois pas qu'il en soit autrement dans ce pays. Ce sont les lenteurs, les négligences du pansement et les superstitions, causes de ces lenteurs, que je combats. Quelques habitants éclairés m'ont répondu : « Nous ne croyons pas, vous le sentez, « à toutes ces jongleries; mais nos nègres y croient, cela suffit, il faut s'y « prêter. En médecine, calmer l'imagination n'est pas un de vos moins « bons préceptes : en grande comme en petite politique, il faut respecter « les usages, les mœurs, les coutumes, cela est fondamental : on en a fait « un éloge classique pour les Romains. » Mais si sage que puisse paraître

précieusesminutes à attendre, *occasio præceps,* et souvent à
aller quérir au loin un *panseur,* lequel venu, au lieu de se hâter, au lieu d'éteindre le venin dans son foyer au point de départ, laisse l'absorption se faire, le mal se développer et perd
le temps à chercher des herbes, à les piler, à les faire bouillir dans un *canari neuf,* à les enchanter par des prières et autres singeries dignes de l'Afrique, mais non d'hommes civilisés.

D'autres, faisant abstraction des plantes, et trouvant au fond
de toutes les recettes, le tafia comme véhicule, inclinent à
penser qu'au tafia appartient tout l'honneur des guérisons ;
que par le lavage de la plaie, il décompose le venin, et qu'administré à l'intérieur, il réconforte le cœur, excite les organes,
est l'antidote de la peur, et produit une réaction salutaire
contre les effets de l'absorption. J'ai entendu de respectables
personnes professer cette opinion.

Je ne vais pas aussi loin, et je suis disposé à reconnaître
qu'une infusion de quelques-unes des plantes, soit le poivre
de Guinée, soit le trèfle, soit le guaco, peut ajouter aux propriétés excitantes du tafia ; mais je dis que cela n'est point
constaté comme il faut ; que là où une observation bien éveillée,
défiante, *ad hoc,* serait nécessaire, je ne trouve que des bruits
populaires, un engouement sans raison. En médecine, nous
avons malheureusement trouvé bien d'autres réputations in-
fidèles ; le doute laisse au moins le champ ouvert aux vérifications, tandis qu'une affirmation positive et dogmatique interdit toute recherche et clôt la science.

ce raisonnement, je ne m'y rends point, et je dis que si un homme ferme
donnait à son atelier (et il y en a plusieurs qui le font) l'exemple de faire
panser méthodiquement la piqûre du serpent, son atelier suivrait cet
exemple. Nous sommes ici les *moniteurs* de la civilisation, c'est notre
plus beau titre. D'ailleurs, il est certain que ces panseurs *premiers venus*
ne peuvent convenir que pour les premiers soins, les premiers pansements ;
trop souvent il ne tarde pas à se déclarer des accidents consécutifs, locaux ou généraux, qui exigent l'intervention du médecin. Or, je le dis
franchement, sans fausse modestie pour ma profession, la Martinique possède en ce moment une élite de jeunes chirurgiens presque tous ses enfants,
pleins de savoir, de zèle et d'humanité, qui justifient tous les jours sa
confiance dans le traitement de maladies aussi graves que la piqûre du
serpent et qui se font devoir et gloire de se rendre à tout appel. Il y a
peu de départements en France qui offriraient un personnel médical aussi
éclairé, aussi distingué que celui de cette colonie aujourd'hui. Pourquoi
donc ne pas leur confier le traitement de la piqûre du serpent ?

Quel nombre d'expériences ne faut-il pas pour s'assurer qu'une méthode de traitement doit l'emporter sur une autre ! Il en a fallu six cents à Fontana pour démontrer que la renommée dont jouissait l'ammoniaque contre la piqûre des vipères n'était pas méritée. Ce n'est pas là ce que l'on croit généralement; pour beaucoup de gens, rien n'est plus facile à faire que des expériences. Ce sont toujours *tours de gobelet*; c'est là toute l'idée qu'on a rapportée des cours de chimie où on les a vu faire. Voici un colloque entre un juge d'instruction et un médecin à qui celui-ci remettait, pour en faire l'analyse, cinquante fioles ou bouteilles trouvées dans la case d'un nègre prévenu d'être un empoisonneur : « Faites-nous cela vivement, dans vingt-quatre heures. — Vous voulez dire vingt-quatre mois. — Pour vous, médecin de la Martinique, à Paris cela se fait dans un clin d'œil. — C'est ce qu'il est permis de croire à un juge de la Martinique. » Mais on trouve partout des gens de a force de ce juge d'instruction.

Je crois que voici le lieu de répondre à diverses lettres où l'on me gourmande vertement de mon incrédulité sur la vertu des simples *en qui sont*, me dit-on, la seule médecine vraie et naturelle. Il faut s'entendre : ceux qui m'ont adressé ce reproche, sachant que je suis médecin et *médecin de Faculté*, accordent sans doute que je crois à l'opium, au quinquina et à d'autres remèdes encore; que s'ils me rangent au nombre de ces esprits forts qui se rient de la médecine et qui n'y croient pas, tout en la professant, ils me font une cruelle injure; je ne connais pas de qualification trop sévère pour un médecin qui se laisserait aller à la sottise d'une pareille opinion. Nier les effets de la médecine, c'est tout bonnement nier que le soin, l'attention, la concentration des esprits sur un même sujet pendant une longue suite de siècles, tout ce qui contribue au perfectionnement des autres connaissances humaines puisse servir à quelque chose, appliqué à la conservation de la santé. C'est nier la raison à l'endroit de la médecine. Que si, au contraire, on entend que je ne crois point indistinctement à toutes les plantes, que je ne reconnais point à chaque brin d'herbe une vertu médicale, que je voudrais modérer cette soif de tisanes qui ne font que fatiguer l'estomac, et négliger souvent des médications efficaces pour des formalités insignifiantes, on ne s'est pas trompé. Voilà ma pensée, et que j'avoue hautement. *Medicus sum,* disait Sydenham, *non vero formularum medicarum præscriptor.*

Je ferai observer en passant que les Anglais, les Allemands et d'autres peuples encore ne se servent point de tisanes sans nombre comme les Français; qu'ils vont droit aux médications établies. Si, comme on me le répète sans cesse, *là où est le mal, là doit être le remède,* les habitants des pays du Nord, du Spitzberg, par exemple, ou même ceux des hautes montagnes du centre du monde, ne devraient pas avoir beaucoup de maladies, car ils n'ont guère d'*herbes et de simples* chez eux. La considération sentimentale des causes finales est le romantisme de la science. Il faut en être très-sobre, c'est un abîme où glissent facilement ceux qui ne s'occupent des sciences naturelles pour ainsi dire que du bout de l'œil et en amateurs.

Cette prétention de ne traiter les maladies que par les simples, n'est pas nouvelle, il y a longtemps qu'elle tente l'esprit humain (et il faut avouer qu'elle est beaucoup moins dangereuse que la prétention contraire). Il y a eu en Europe dans les siècles passés des *simplicistes* comme il y a aujourd'hui des *hygiénistes.* Galien appelle Dioscoride le prince des simplicistes. *Terra medicas fundit,* dit Pline. Mais le temps a passé là comme ailleurs avec son crible, les bonnes choses seules sont restées. Sur cent mille plantes, total le plus approximatif, suivant le savant Decandolle, de la botanique du monde, deux mille au plus, prises par toute la terre, sont notées comme médicaments par MM. Merat et Delens, dans leur grand *Dictionnaire de matière médicale,* et encore dans ce nombre, combien de leur aveu ne figurent que pour mention !

En France, longtemps, le traitement de la piqûre des vipères a consisté et consiste encore, dans beaucoup de villages, dans l'emploi des simples. Une note citée par Lacépède nous apprend que la laitue, la casse, le castoréum, la rue, la graine de lin, la gentiane, les centaurées, les aristoloches, la feuille de frêne, toutes les herbes de la Saint-Jean, comme on dit, les espèces les plus disparates, exactement comme ici, étaient également vantées. Il a fallu les expériences de Fontana pour régulariser un peu le traitement de cet accident.

La principale cause de cette multiplicité indéfinie, de cette confusion inextricable, vient de ce que le traitement de la

piqûre du serpent étant abandonné aux inspirations des imaginations effrayées, on s'accrochait à tout ce qui tombait sous
la main, on se vouait à toutes les herbes. On peut dire ici de
la peur ce que les poëtes ont dit de la colère : *Furor arma mi-
nistrat*, tout devient arme pour la colère, tout devient remède
pour la peur; de là, aucune distinction des cas, aucune étude
préalable des indications; l'empirisme le plus aveugle, le plus
grossier, l'ignorance la plus absolue des circonstances qui
peuvent influer sur la gravité des piqûres, c'est-à-dire l'absence la plus complète de la vraie médecine.

. Ainsi, comme je l'ai déjà dit dans la partie pathologique,
mais j'y reviens parce que la chose est des plus importantes,
la grosseur des serpents influe singulièrement sur les suites
des piqûres, quoique j'entende répéter vaguement tous les
jours que les piqûres des petits serpents sont d'autant plus
traîtres qu'elles n'attirent pas l'attention, et peuvent passer
inaperçues sans provoquer aucun soin; depuis plus d'un an
que je tiens ce sujet en observation, que je le suis avec intérêt, j'ai interrogé toutes les personnes qui venaient à me parler de quelque cas de piqûre et surtout de piqûre mortelle;
jamais on ne m'a cité un cas de mort qui fût le résultat de
la piqûre de petits serpents; toujours le serpent assassin était
d'une certaine dimension. A quel point commence cette
dimension fatale (1), c'est ce que j'ignore et c'est ce qui est
digne d'être recherché. Si donc, pour apprécier un remède,
on se contente de dire qu'il a guéri cent ou cinq cents cas,
cela ne suffira point; il sera nécessaire de dire si les piqûres
ont été faites par de gros ou par de petits serpents. En général,
rien n'a plus contribué à embrouiller la thérapeutique que
l'indistinction des cas; le *distinguo* est aussi souvent de mise
en médecine qu'en philosophie.

Une autre circonstance bien constatée par tous les expérimentateurs pour son influence sur le danger des piqûres,

(1) Il n'est jamais difficile de distinguer les piqûres d'un petit serpent
d'avec celles d'un gros (voyez la partie pathologique) : les dimensions
des piqûres faites par les crocs, leur distance l'un de l'autre, l'écoulement
du sang, toujours très-abondant si le croc est fort, sont des mesures
d'appréciation qui ne trompent pas. D'ailleurs, dans le cas du plus léger
doute, agissez comme si le serpent était gros. Je ne parle pas de la vue
même de l'animal, la peur le fait voir souvent plus gros qu'il n'est.

c'est l'*âge* du venin. Je ne trouve point dans ce moment d'expression plus propre à rendre ma pensée ; je veux dire qu'il faut que le venin ait été préparé d'avance, tenu en réserve depuis quelque temps, et qu'il ne soit point de récente sécrétion. (voyez les expériences faites là-dessus page 82). Or, le serpent, très-craintif lorsqu'il est pris à l'improviste, dépense son venin à tors et à travers, aussi bien sur la branche d'arbre qui tombe à ses côtés, que sur l'animal qui le réveille et qui passe à portée de son jet. Cette circonstance est peut-être une de celles qui expliquent comment beaucoup de piqûres guérissent par tous les moyens, tandis qu'il en est quelques-unes contre lesquelles le traitement le mieux appliqué est sans succès ; c'est que, dans le premier cas, le venin trop *nouveau*, sécrété peut-être-sur-le champ, et lancé directement de la glande sans avoir séjourné dans la vésicule, n'est pas aussi actif qu'il pourrait l'être, tandis que dans les autres cas, vieilli, cuit, cohobé par son séjour dans la vésicule, il est porté pour ainsi dire à son plus haut degré toxique. Cela est assez conforme à la plupart des opérations physiologiques qu'on observe dans l'économie animale ; cela ne pourrait guère être prévu et pris en considération pour le traitement, mais j'en note l'observation, parce que cela est vrai (1).

La saison, l'année même, peuvent influer, ainsi que je l'ai dit, sur la piqûre. On me rapporte de tous côtés que, pendant l'année 1845, dans quelques quartiers de l'île, notamment dans le sud, les piqûres se sont beaucoup multipliées et sont plus graves qu'à l'ordinaire. Voici l'extrait d'une lettre de M. Auguste de Venancourt (2) :

(1) Quand on repasse la vie du serpent, quand on voit sa digestion si longue et si pénible, son sommeil profond, sa timidité extrême, on arrive à croire que sans ces circonstances le nombre des accidents, quoique considérable, le serait encore davantage. Qui de nous, dans les routes, dans les promenades, dans nos demeures même, n'a été plus d'une fois sans le savoir exposé aux atteintes de ce cruel animal ? L'autre jour, au centre de la ville, dans la boulangerie de M. Hyacinthe Fournier, quelqu'un va dans la cour, et se trouve face à face avec un serpent de 4 ou 5 pieds. Comment était-il là ? on a fait mille conjectures ; mais il était là.

(2) On se plaint aussi cette année, dans la campagne, d'une prodigieuse multiplication de rats, malgré l'antagonisme qui, dit-on, existerait entre eux et les serpents. Beaucoup de pièces de cannes, qui promettaient 12 et 15

« Dans le travail dont vous vous occupez sur le reptile qui
désole notre malheureux pays, vous avez porté, je crois par
approximation, le nombre des décès occasionnés par la morsure, à *deux* annuellement par commune. Or, voilà que, dans
l'espace de moins de sept mois, j'ai déjà, en ma qualité d'officier de l'état civil de ma commune, rédigé l'acte mortuaire
de *dix-huit personnes* qui ont succombé victimes des morsures du serpent.

« Depuis quelque temps, toutes les morsures sont mortelles
ici, et il en est de même dans les quartiers voisins. Le docteur Clerville disait ces jours derniers à mon beau-frère, A. de
Beauregard, qu'au Vauclin, presque toutes les personnes mordues succombaient aussi. Il semble que l'horrible reptile
veuille donner un démenti formel à tous ces remèdes prétendus infaillibles. A quelle cause attribuer les nombreuses mortalités de cette année? Jusqu'alors on avait remarqué généralement que le plus grand nombre de piqûres et les plus
graves avaient lieu aux époques de la canicule; cependant
cette époque est déjà loin de nous, et les mortalités continuent. »

C'est donc encore un point que j'indique à l'observation
publique, que cette influence des saisons et des années sur la
piqûre du serpent. Le venin aurait, comme une foule d'autres
causes morbifiques, rougeole, scarlatine, coqueluche, etc.,
des recrudescences inexplicables. Quelle analogie! quelle
perspective! Plus tard on pourra consulter de nouveau l'opinion du pays et avoir sur ce point-là des données plus positives. Il est certain qu'en Europe les piqûres de la vipère sont
moins graves en hiver que pendant l'été. Dans les expériences
faites par Fontana, outre que les vipères étaient si faibles en
hiver, qu'il avait de la difficulté à les obliger à mordre, leurs
morsures étaient aussi beaucoup moins dangereuses. Les expériences faites en Angleterre lui ont paru moins graves
qu'en France et en Italie. Dans nos régions intertropicales,
quoique les saisons soient en apparence confondues, qu'il

---

barriques au carré, n'en rendront que 3 et 4, tant les cannes sont *ratées*.
Où serait donc l'utilité des serpents? En vérité, la présence du *Fer de lance*
à la Martinique est un problème bien fait pour exercer les esprits qui se
plaisent dans la considération des causes finales.

semble régner un été perpétuel, que la feuille ne soit pas plutôt tombée qu'elle repousse, que les arbres soient toujours verts, les jours égaux, le soleil toujours chaud, toujours radieux, que le thermomètre ne descende jamais au-dessous de 17 ou 18 degrés Réaumur, on peut dire que tout ceci n'est qu'un masque : au-dessous, les opérations de la nature restent les mêmes. Le principe, le fond de la vie universelle est modifié et non pas changé. Je tiens d'un jeune botaniste qui est venu faire ici des expériences, qu'à certaines époques la séve s'endort dans les végétaux tout comme en Europe. Les fleurs comme les fruits ont leurs mois : mai est toujours *floréal* par toute la terre ; les cannes de mars ne sont plus comme celles d'août; les animaux ont aussi leurs amours fixes ; les maladies même suivent la loi universelle et ont des retours déterminés, périodiques.

Comme dit le poëte :

Non animum mutant qui trans mare currunt.
Ceux-là ne changent pas d'esprit qui vont au delà des mers.

Et moi, comme médecin, je dis :

Non animum, non corpus mutant.
Ils ne changent ni d'esprit ni de corps.

La nomenclature pathologique est la même partout ; la vallée des larmes et des maladies s'étend de Paris au Japon et du Japon à Paris, et la Martinique est au beau milieu de cette vallée. C'est pourquoi le *Fer de lance* doit être soumis aux mêmes changements que la vipère de France.

Je n'ai cité jusqu'à présent que quelques circonstances qui peuvent exercer de l'influence sur la piqûre du serpent ; il en est d'autres relatives au serpent et à la personne piquée, par exemple l'époque de changement de peau ou de *mue* de l'animal, la brisure accidentelle des crocs et leur remplacement encore non achevé, quelques maladies de l'animal et d'autres choses encore que l'observation révélera. (Voir la partie pathologique.) Outre toutes les circonstances appréciables, dit M. Michel Levy, qui peuvent diminuer ou empêcher l'action des venins introduits dans l'économie animale, il faut qu'il y en ait d'autres qui ont aussi la même influence, mais qui nous échappent, puisque, d'après les expériences de M. Renault (d'Alfort), les deux tiers des animaux que l'on fait mordre par les animaux enragés ne contractent pas la rage. Cette proportion est encore plus grande dans le tableau de M. Heat, de Berlin, elle est seulement de 1 sur 8. Dans ces expériences, tant sur les animaux qui ont été réfractaires à la rage que chez ceux qui l'ont contractée, les circonstances appréciables étaient les mêmes. »

Le pansement surtout est capital. Il est certain qu'un pansement fait trop tard ne peut arrêter aussi efficacement le développement du mal, le venin étant passé dans le torrent de la circulation. L'omission de panser toutes les piqûres, lorsqu'il y en a plusieurs, peut entraîner ce danger. On sait que c'est une omission pareille qui a contribué à la mort de M. A*** de P***. Piqué dans sa cour, il fut pansé par un panseur des environs, qui ne pansa que la piqûre d'un seul croc. Le blessé continua de souffrir à l'endroit de l'autre piqûre ; on négligea de relever l'appareil, on remit au lendemain de nouvelles recherches. Au lendemain ! mais quelques heures après, le mal était fait, et trente-six heures après, le malade succomba.

En résumé, à défaut de spécifique, je dis que la médecine rationnelle, la médecine tirée des indications nous reste, et c'est ce qu'on verra dans le chapitre suivant.

Traitement médical ou rationnel de la piqûre des serpents.

La recherche des spécifiques est un des buts de la médecine, un des meilleurs sans doute, un des plus souhaitables à atteindre; mais ce n'est pas toute la médecine. Lorsque l'homme n'a pas trouvé le spécifique d'une maladie (1), il n'y a pas encore lieu pour lui de se désespérer, car il lui reste la médecine rationnelle, la médecine proprement dite, la médecine

(1) J'entends par *spécifique* ce que peut entendre un médecin : un médicament qui, à certain temps d'une maladie, abstraction faite des complications, guérit cette maladie ou bien en arrête les progrès par une vertu particulière, inexplicable, et que n'ont point les autres médicaments. Loin de nous d'entendre ce mot dans son acception la plus étendue, et par conséquent de courir après cette chimère, poursuivie par le vulgaire, d'un médicament *absolu*, dans lequel on peut avoir une confiance illimitée pour guérir sûrement et toujours une maladie, sans que cette

fondée sur l'étude des maladies, sur les indications curatives qu'on en peut tirer, et sur les tâtonnements de l'expérience pour remplir ces indications.

Voyons donc quelles sont les indications qui ressortent de l'étude de la piqûre du serpent.

1° Après que le venin a été injecté dans les chairs par la piqûre de l'animal, il est reconnu qu'il y a un certain temps durant lequel ce venin ne révèle sa présence que par les si_ gnes de toute lésion de continuité : douleur et écoulement de sang. Le mal est circonscrit au point piqué; c'est ce que l'on appelle son temps d'incubation. Il était bien important de déterminer la durée de ce temps d'incubation : nous avons vu que chez les animaux il était de cinq à six minutes ;

2° Dans la grande majorité des cas, les effets du venin s'é-

puissance curative puisse être diminuée par aucune circonstance. La réflexion et l'expérience repoussent l'existence de pareils spécifiques.

Mais, hélas! aux meilleurs raisonnements, le peuple répondra toujours comme le coq de la fable :

Un bon spécifique ferait mieux mon affaire.

Voilà pourquoi il est toujours la dupe des charlatans.

Nous savons que, même en connaissant la nature d'un poison et des effets qu'il produit, ce n'est pas une raison pour en connaître le remède ; et cette étude que nous faisons du venin du *Fer de lance* nous fait craindre que l'aide que l'on espère de la connaissance des causes étiologiques des maladies pour leur guérison, ne soit pas aussi grand qu'on l'imagine. La cause et les effets sont ici bien connus. Mais à quoi servent-ils pour le choix du remède? Est-ce l'étude théorique des fièvres intermittentes qui a fait découvrir le quinquina? On reconnaît cette impossibilité de conclure de la pathologie à la thérapeutique, en réfléchissant combien peu nous connaissons le mécanisme animal et combien nous sommes dans l'obscurité et dans l'incertitude sur les qualités et les vertus des corps. Cependant, même dans l'état actuel de la science, on ne saurait dire que la découverte des spécifiques tels que l'entendent les médecins soit le résultat du hasard; c'est une conséquence de l'esprit de recherche naturel à l'homme. Que fait l'homme? Il va sans cesse s'appliquant, se mesurant à toute la nature ; il essaye la combinaison de son corps avec les autres corps, à peu près comme les chimistes qui, pour connaître une substance, la combinent avec les autres substances. Les corps encore non essayés offrant plus de chances de quelque découverte, ceux-là ont pour l'homme plus d'attrait; c'est à eux qu'il s'adresse de préférence, au fur et à mesure qu'ils se présentent. C'est pourquoi on peut dire du quinquina que lorsqu'il a été découvert, ce n'a pas été l'effet du hasard; c'est que son tour était arrivé d'être essayé. L'observation, aidée du raisonnement, nous sert beaucoup dans cette *fouille* de la nature.

tendent de proche en proche, on en peut suivre la marche par la rougeur, la tuméfaction et la sensibilité des parties, à mesure qu'elles en ressentent l'atteinte. Mais on peut encore considérer le mal comme local, comme étant borné aux chairs ; l'économie entière n'est pas infectée, et le pis qui peut arriver est un phlegmon diffus.

3° Enfin l'absorption est faite, le venin a passé des chairs aux organes ; un trouble plus ou moins varié se déclare, les grandes fonctions se dérangent, la mort est menaçante.

De là trois indications :

1° Agir le plus promptement possible, ne pas attendre plus de cinq à dix minutes, chercher à neutraliser, à éteindre le venin dans le lieu même où il a été déposé, de même qu'on prévient un vaste incendie en mettant le pied sur l'étincelle qui le produirait.

2° Arrêter le venin là où il est parvenu, empêcher l'absorption de s'étendre aux organes essentiels de la vie, et combattre les effets produits par l'infection des chairs déjà atteintes.

3° Employer les remèdes que l'expérience ou que l'analogie nous apprennent être les meilleurs pour combattre les effets du venin sur le sang et sur l'économie entière.

Nous allons maintenant passer en revue les différents moyens propres à remplir ces trois indications, et nous les présenterons dans l'ordre pour ainsi dire naturel de leur emploi.

I. — MOYENS DE REMPLIR LA PREMIÈRE INDICATION.

De la ligature.

Aussitôt qu'on vient à être piqué du serpent, la première chose à faire est d'appliquer une ligature au-dessus de la partie piquée, afin de gêner l'absorption du venin. La meilleure ligature est celle qui se présente la première : elle ne doit être ni trop forte ni trop légère. Il ne faut pas serrer le membre avec une corde ou bien avec une ficelle, au point d'arrêter la circulation et de produire une gangrène par strangulation des parties. Les cas de sphacèle, à la suite de ligatures trop serrées, ne sont pas rares. Il ne faut pas non plus pratiquer la ligature avec un brin de *pied-de-poule* ou tout autre lien aussi dérisoire ; la nature de la ligature ne fait rien à l'affaire. Les

meilleures ligatures, quand la forme des parties en permet
l'application, seraient un mouchoir plié en cravate ou bien une
bretelle en tissu élastique. On peut alors serrer convenablement. Si la piqûre a lieu au tronc ou à la tête, une forte pression avec les deux mains autour de la piqûre peut suffire.
Dans tous les cas on pourra ajouter quelques frictions dirigées
vers la plaie, comme si l'on voulait en exprimer le venin et les
liquides avoisinants. « Quel que soit le mode de compression,
« dit M. Guyon, il faut en continuer l'emploi durant le pan-
« sement, et même quelque temps après, sans perdre de vue
« les inconvénients qui peuvent en résulter. »

Kempfer est le premier qui ait vanté les bons effets de la
ligature. Ses avantages ont été reconnus par la plupart des médecins, et notamment par M. le professeur Bouillaud. Paulet
est le seul qui l'ait combattue, comme pouvant congestionner
les parties et favoriser la formation des phlegmons.

De la succion.

La ligature mise, on sucera ou l'on fera sucer les piqûres.
(Voir ce qui a été dit de la succion, page 159.) Par précaution, la personne qui se livrera à la succion devra, à différentes reprises, se rincer la bouche avec un peu de tafia.

La ligature et la succion doivent être pratiquées pour ainsi
dire simultanément, sur-le-champ, en un clin d'œil. Ce ne
sont que des moyens préparatoires et auxiliaires, dans l'attente
du moyen principal et vraiment efficace, qui est la cautérisation (1).

De la cautérisation.

Cautériser une partie, c'est la brûler, la désorganiser, afin
d'être sûr de détruire le venin en détruisant avec lui les parties qui en sont imprégnées et qui pourraient servir de récep-
tacle à la moindre particule suspecte. Il y a diverses maniè-

(1) C'est aussi en attendant la cautérisation qu'on pourra employer en
frictions ou en lotions quelques-uns des remèdes du pays, soit l'urine,
le citron ou quelqu'une des infusions indiquées. (Voyez chacun des articles
qui leur ont été consacrés.) L'emploi préalable de ces remèdes ne s'oppose
point à l'emploi de la cautérisation ou de tout autre moyen; car une erreur répandue par les panseurs, sans doute à dessein, c'est que le panse-

res de cautériser : on cautérise avec les métaux chauffés jusqu'au rouge blanc, qui est le dernier degré de calorification à l'état solide ; c'est ce que l'on appelle le cautère actuel. Parmi les métaux, on préfère le fer et le cuivre, qui sont les plus usuels et qui entrent le plus difficilement en fusion. Un excellent cautère actuel serait un de ces petits cautères dont se servent les dentistes : c'est celui que je choisirais. Mais ici le précepte de prendre le corps le plus tôt prêt doit encore trouver son application ; c'est pourquoi on pourra se servir de l'extrémité d'une clef, de tout morceau de fer un peu long et pointu qui peut s'accommoder à la forme de la piqûre. L'instrument si commun ici appelé *fer à tuyotter*, pour plisser le linge, réunit toutes les conditions des cautères dont l'art fait usage.

Quel que soit l'instrument dont on fasse usage, il faut se rappeler les préceptes suivants :

1" Le cautère doit être toujours incandescent.

2° Il vaut mieux cautériser un peu plus que pas assez. Souvent dans l'escarre par la brûlure des parties, les premières atteintes par le cautère forment une croûte qui préserve les parties sous-jacentes et arrête la continuité d'action du cautère. Dans le cas où l'on soupçonnera que le croc a pénétré profondément, on incisera les escarres une ou deux fois, et chaque fois on reportera le cautère au fond de la plaie. Nous avons vu (partie pathologique) que les plus longs crocs ne devaient guère entrer dans les chairs au delà d'un demi-pouce ; ceci peut servir de guide pour l'application des cautères.

4° Le cautère, entre des mains inexpérimentées, est moins dangereux que l'instrument tranchant. L'avantage du cautère actuel en particulier est de pouvoir être manié commodé-

ment d'un panseur est neutralisé par le pansement d'un autre panseur. Il suffit de considérer un seul moment la nature de ces pansements pour reconnaître la fausseté de cette opinion, car une infusion de poivre de Guinée, par exemple, ne peut détruire les effets d'une infusion de tabac. Les fourbes parlent ainsi pour s'assurer de leurs malades, pour empêcher qu'ils ne passent à d'autres ; mais rappelez-vous que quelle que soit la *lotion* dont vous fassiez usage, il faut *frotter rudement la partie*, afin que le liquide s'introduise dans les plaies et détruise le venin, car c'est en détruisant le venin qu'il agit, et non par aucune vertu particulière et mystérieuse.

ment : on ne brûle que les parties que l'on veut brûler ; son action est instantanée ; quinze secondes seulement, en appuyant le cautère sur les chairs aussi fortement que possible, donnent une escarre convenable. La douleur n'est très-vive qu'au moment même de l'application et fort supportable après. Le cautère actuel n'a d'autre inconvénient que d'effrayer et de rebuter les sens ; on peut dire qu'il y a des personnes qui préféreraient se laisser mourir plutôt que de s'y soumettre.

Si, par une cause quelconque, on ne peut recourir au cautère actuel, on le remplacera par les caustiques.

Le meilleur caustique, suivant l'abbé Fontana, est la *potasse caustique, potasse à la chaux, pierre à cautère* ; on en prendra de petits morceaux d'une ligne carrée environ, et on les fera fondre dans les piqûres en appuyant fortement, afin d'insinuer le caustique aussi profondément que le venin. On pourra, suivant le cas, faire deux ou trois applications sur chaque piqûre. Comme la potasse caustique a pour inconvénient de se fondre et de couler sur les parties voisines, ce qui en porte l'action au delà de ce que l'on voudrait, il faudra préserver les parties en les couvrant avec un morceau de sparadrap, de diachylon ou bien avec un linge ou une feuille d'arbre trouée au milieu, vis-à-vis les piqûres, ne laissant que la place nécessaire à l'action du caustique. On essuiera ce petit appareil au fur et à mesure que la potasse se fondra.

Le *caustique de Vienne*, qui n'est qu'une autre manière de préparer la potasse (5 parties de potasse et 7 parties de chaux vive), n'était pas connu du temps de Fontana ; il offre tous les avantages de la pierre à cautère sans en avoir les inconvénients : on le manie facilement ; il suffit de le délayer avec un peu d'alcool, on en forme une pâte qu'on divise à volonté, et dont l'action peut être circonscrite : c'est le caustique que je recommande ; son action est complète au bout de dix à douze minutes.

La pierre à cautère et le caustique de Vienne doivent être conservés dans des flacons bouchés à l'émeri, et si l'on prend soin de ne pas les exposer à l'air et de boucher les flacons à mesure qu'on en retire ce dont on a besoin, ces deux substances se conservent indéfiniment sans altération ; mais si on leur laisse absorber 'humidité et l'acide carbonique de l'air, elles passent à l'état de sous-carbonates et deviennent presque inertes.

14

Le caustique auquel M. Blot donne la préférence est le *beurre d'antimoine* ou *chlorure d'antimoine*. Voici la manière dont il recommande de s'en servir : — On trempe un morceau de charpie effilée dans le chlorure, qui est presque toujours liquide à cause de sa grande solubilité à l'air; on en fait pénétrer quelques gouttes dans les piqûres, qu'on agrandit si elles sont trop étroites, et si l'on n'a pas l'assurance de ne pouvoir atteindre sans cela jusqu'à leur fond; on applique ensuite un petit tampon de charpie imbibée du caustique, puis par-dessus d'autre charpie, mais sèche, et on entoure le tout d'un bandage convenable. On peut essayer de faire pénétrer le beurre d'antimoine dans la plaie à l'aide d'un petit morceau de bois aigu qu'on a préalablement trempé dans ce caustique, ainsi que le conseille Sabatier.

Le beurre d'antimoine a, encore plus que la pierre à cautère, l'inconvénient d'étendre son action sur les parties saines, à cause de sa grande solubilité; c'est ce qui en rend l'usage plus restreint dans la chirurgie. On a essayé de remédier à cet inconvénient en le solidifiant au moyen des préparations suivantes, imaginées par le docteur Canquoin : chlorure de zinc et d'antimoine, 1 once; farine de froment, 3 onces; eau distillée, 60 gouttes.

Cette pâte, au bout de quelques heures, donne une escarre de deux lignes de profondeur; son action serait peut-être un peu lente pour un cas pressant, mais on pourrait en essayer.

Chaussier recommande de brûler sur les piqûres un petit cylindre de coton ou de charpie, imbibé d'alcool.

A défaut des moyens précédents, on se servirait des acides sulfurique, nitrique, hydrochlorique. Mais l'abbé Fontana regarde ces acides comme moins efficaces que la pierre à cautère.

J'ai lu que dans quelques parties de l'Amérique, on se contentait d'appliquer sur la piqûre du boiquira, du soufre en poudre ou de l'alun pilé.

J'ai déjà dit comment l'arsenic était employé comme caustique.

Enfin je suis persuadé que le nitrate d'argent (dit si improprement *pierre infernale*), taillé en crayon et enfoncé dans la plaie, suffirait dans un grand nombre de cas, surtout dans les cas de piqûres de petits serpents.

Mais tous les caustiques dont j'ai parlé jusqu'à présent ne sont point des objets usuels et qu'on peut se procurer à volonté ; il faut les avoir à l'avance, car on peut être pris à l'improviste. Dans ce cas, plutôt que de ne point cautériser, il vaudrait mieux se servir d'huile bouillante, d'eau bouillante, de tafia bouillant, qu'on verserait sur les piqûres au moyen d'un entonnoir fortement appuyé sur leur pourtour, de manière à garantir les parties voisines.

C'est encore dans ces cas qu'on pourrait recourir, faute d'autre, à la cautérisation de M. Mayor, qui est un marteau ordinaire plongé dans l'eau à l'état d'ébullition et appliqué ensuite sur les parties.

Je suis si convaincu de l'efficacité de la cautérisation, que je ne me lasse pas d'énumérer tous les moyens qui peuvent en faciliter l'usage. Dans les expériences faites par moi avec diverses substances et déjà rapportées çà et là dans cette enquête, je n'ai sauvé que deux fois les animaux, et ceux-là avaient été cautérisés. Fontana, qui s'est livré, comme je l'ai déjà dit, à plus de six mille expérimentations, s'est arrêté à la pierre à cautère comme au seul moyen efficace. M. Blot exclut tous les autres pour la cautérisation ; M. Guyon, qui a guéri tous ses malades, les a tous cautérisés. On peut voir en effet dans ses observations, qu'il cautérisait *promptement* et *réellement*.

« C'est le seul moyen, dit-il en se résumant, sur lequel on « puisse compter ; mais on sent qu'il doit échouer si l'on y re- « court trop tard : lorsque le venin est déjà absorbé, le suc- cès dépend de la promptitude de son application. »

Enfin les médecins sont unanimes. L'analogie vient encore à l'appui de cette opinion : on a obtenu les meilleurs effets de la cautérisation contre la morsure des animaux enragés, contre toutes les piqûres faites avec des instrumens imprégnés de substances putrides, contre toutes les causes de gangrène.

Cautérisez donc les piqûres des *Fers de lance*, cautérisez promptement, et non point pour la forme, pour acquit de science et de conscience, pour dire que vous avez fait ce que la médecine ordonne, et que néanmoins vous n'avez pas guéri ; mais cautérisez *réellement* pour vous sauver, vous et les vôtres. Que vos économes, vos commandeurs, portent sans cesse sur eux, au jardin même, soit le caustique de Vienne, soit tout autre des caustiques indiqués, et que le nègre piqué soit pansé *sur-le-champ de la piqûre*, avant d'être porté à l'hôpital. Hélas! si comme moi vous suiviez les ravages du monstre, tant de mutilés, tant de morts (dix-huit en cinq mois dans un seul quartier !), vous seriez étonnés de votre résignation, ô vous! exposés en première ligne aux coups d'un pareil animal!

Le seul reproche raisonnable qui puisse être fait à la cautérisation, c'est de laisser à sa suite des plaies dont la guérison entraîne la perte de plusieurs semaines, tándis que présentement avec les *remèdes du pays* on guérit beaucoup de piqûres en cinq ou six jours; mais dans les cas où de promptes guérisons ont eu lieu après l'emploi de ces pansements vulgaires, il est loin d'être prouvé que l'honneur leur en doive être rapporté. Nous avons assez insisté sur ce point acquis par l'observation et par les expérimentations, qu'il y a beaucoup de piqûres même sans pansement qui guérissent sans accident, et comme ce sont les nègres qui jusqu'à présent ont pansé les piqûres de serpent (1), ils ont dû avoir plus d'une fois de ces rencontres ; ils ont profité du bénéfice de cette indistinction et s'en prévalent. *Plures sanat*, dit Galien, *cui plures fidunt.* Mais par cela même qu'ils agissent indistinctement, ils ont dû laisser passer aussi bien des cas graves. Or c'est précisément à cause de cette indistinction, dans laquelle nous vivons présentement, des cas graves d'avec les cas légers qu'il faut pour le moment cautériser tous les cas indistinctement ; une expérimentation régulière et générale de la cautérisation apprendra à en diriger et à en modérer l'emploi, et l'on arrivera à exclure les cas où l'on pourra s'en passer. Presque tous les soldats cautérisés par M. Guyon avaient repris leurs rangs au bout de cinq semaines ou un mois.

Je n'ai point parlé jusqu'à présent d'un mode de cautériser

(1) Sur beaucoup d'habitations on a remarqué que lorsqu'il y avait un panseur *attitré*, rétribué pour le pansement de chaque piqûre, les cas de piqûre ne tardaient pas à se multiplier. Et comme le diagnostic, c'est-à-dire la constatation de l'accident, est abandonné aussi bien que sa cure au panseur, les pansements et les rétributions aussi se multipliaient ; ce qui a fait juger par beaucoup de propriétaires, qu'il y avait entre les piqués et le panseur *une entente très-cordiale*. La crainte de la cautérisation mettrait à l'abri de cette supercherie.

tout particulier, et qui a été ici plus souvent employé que les
autres : c'est la déflagration de la poudre à canon sur et dans
les piqûres. « Le docteur Delabusquière, dit le *Palladium de
Sainte-Lucie*, après avoir incisé les piqûres, remplit les incisions d'autant de poudre qu'elles peuvent contenir et enflamme
cette poudre, après quoi il applique sur la plaie un cataplasme
de *pied-de-poule*. Il n'a jamais perdu personne. » La poudre à
canon est aussi employée de la même manière à la Martinique;
cela plaît aux imaginations fanfaronnes, à qui il faut en tout
du bruit et de l'éclat, et qui veulent au moins tirer parti de
leur souffrance en la tournant au profit de leur réputation de
bravoure ; mais évidemment ce mode de cautériser doit être
le moins préférable de tous; il agit plutôt en superficie qu'en
profondeur, produit une plaie large comme celle d'un vésicatoire, mais n'atteint pas le venin dans la chair. M. Guyon dit
qu'on peut aussi reconnaître dans la déflagration de la poudre
l'action d'une ventouse, à cause du vide qui est produit; je
trouve cette explication un peu subtile. Enfin, voici le jugement que portent de ce mode de cautérisation MM. Olivier,
d'Angers et Marjolin (*Dictionnaire de médecine*, art. CAUTÉRISA-
TION). « On n'emploie plus la poudre à canon comme moyen de
cautériser, sa déflagration est trop rapide, et les escarres qui
en sont l'effet ont trop peu de profondeur pour qu'on puisse
accorder quelque confiance à ce moyen dans le traitement des
morsures envenimées. »

Mais jusqu'à quel moment la cautérisation, quel que soit le
moyen dont on se serve, est-elle encore applicable avec espérance de succès? La solution de cette question est sans doute
fort importante; mais dans l'état actuel de nos connaissances
sur les accidents suites de la piqûre du *Fer de lance*, elle ne
saurait être établie avec précision; une étude attentive nous
pourra désormais donner des règles meilleures. Dans les observations rapportées par M. Guyon, nous voyons que la cautérisation faite une fois, trois quarts d'heure après la piqûre,
a été suivie de succès.

M. Pravas a montré qu'une pile voltaïque de trente éléments,
dont les deux conducteurs en platine étaient mis en contact
avec les petites plaies faites par les crochets de la vipère, suffisait pour neutraliser le venin, pourvu que l'on continuât pendant quelques instants l'action du galvanisme.

Dé l'ammoniaque ou alcali volatil.

Appliquée sur la peau, l'ammoniaque, suivant son degré de concentration et la durée de son contact, produit ou la rubéfaction, ou la vésication, ou la cautérisation : c'est donc un caustique comme les précédents, et qui devrait avoir sa place parmi eux. Mais la grande renommée dont l'ammoniaque a joui dans le traitement des piqûres envenimées mérite que nous lui consacrions un paragraphe particulier; car ce n'est pas seulement à cause de son action locale et comme médicament externe que l'ammoniaque a été préconisée, mais c'est aussi administrée à l'intérieur, à cause d'une vertu sudorifique ou même spécifique qu'on lui a supposée dans les cas de piqûres venimeuses.

Ce fut d'abord à la faveur d'une fausse théorie sur l'acidité du venin soutenue par Mead que l'ammoniaque fut indiquée comme le remède de la piqûre des serpents. Sa grande renommée remonte à une guérison opérée en 1747 par le célèbre Bernard de Jussieu, qui dans une herborisation pansa et guérit avec l'*eau de Luce*, préparation où entre l'ammoniaque, un étudiant en médecine mordu à la main en trois endroits par une vipère. Cette guérison fit un bruit extraordinaire dans le monde, probablement à cause du grand nom de l'auteur : *Habent sua fata, medicamenta quoque.*

D'autres observateurs, Sonnini, Sage, Mangili, Prus, citèrent des faits à l'appui de celui de Bernard de Jussieu.

Je ne sais à quelle époque l'usage de l'ammoniaque passa à la Martinique ; mais on a vu que dans plus d'un des remèdes dont j'ai donné la formule, l'alcali volatil entrait comme élément, et que sur beaucoup d'habitations il constituait à lui seul le traitement de la piqûre du serpent. Au temps où écrivait M. Guyon, on en faisait un grand abus, et ce médecin rapporte plusieurs cas dans lesquels l'usage immodéré de l'ammoniaque a pu être considéré comme une des causes de la mort.

Mais telle est l'incertitude des vogues thérapeutiques qu'aujourd'hui on est bien revenu de cette confiance illimitée, accordée à l'ammoniaque. Voici le jugement qu'en porte le dernier des dictionnaires de médecine publiés (article AMMONIAQUE) : « Quant à la réputation, même populaire, que l'ammo-

« niaque a acquise dans le traitement des piqûres envenimées,
« elle se fonde sur le fait célèbre de Bernard de Jussieu, fait
« si mal observé et si mal jugé. Vainement Fontana, le toxi-
« cologiste le plus logicien, l'expérimentateur le plus ingé-
« nieux et le plus habile, a-t-il démontré la puérilité de l'ob-
« servation de Jussieu ; vainement a-t-on constaté mille fois
« que la morsure de la vipère et que les blessures faites par
« la plupart des insectes venimeux ne causent presque jamais
« la mort, on n'en a pas moins persisté à. croire que l'eau de
« Luce et l'ammoniaque empêchent de mourir le petit nom-
« bre de malades à qui on les administre. Quant à moi, je n'ai
« jamais vu l'usage externe ou interne de l'ammoniaque mo-
« difier en quoi que ce fût les symptômes de l'empoisonnement
« causé par les blessures des animaux venimeux, et loin de
« partager l'opinion de Mangili, de Sonnini, de Sage, je me
« range au contraire à celle de Fontana et de Gaspard, qui
« pensent que l'ammoniaque et ses combinaisons, telles que
« l'eau de Luce, etc., sont nuisibles ou tout au moins inutiles. »
Russell dans l'Inde, Harlhan en Amérique et beaucoup d'autres ont aussi constaté l'inefficacité de l'ammoniaque dans
nombre de cas.

C'est aussi l'opinion de M. Guyon : *On s'étonne*, dit-il,
page 26, *de voir encore l'ammoniaque présentée comme le spécifique du poison des reptiles.* Quant à moi, en face d'opinions si contraires, je ne sais trop à quoi m'arrêter. Plusieurs
fois, entre mes mains, sur des animaux, l'ammoniaque a été
sans succès ; une seule fois j'ai réussi, mais l'animal avait été
piqué à l'oreille. Peut-être le siége de la blessure, qui est une
partie du corps si isolée des autres, diminua-t-il la gravité du
mal. Quoi qu'il en soit, après les autorités qui sont contre
l'ammoniaque, on doit aujourd'hui être fort réservé sur son
emploi et ne plus s'y confier aveuglément, mais en surveiller
les résultats (1).

Lorsque l'on administre l'ammoniaque à l'extérieur, il ne

(1) L'ammoniaque est un remède dangereux : beaucoup de médecins ont
signalé des cas où ce médicament a déterminé des asphyxies mortelles chez
des personnes à qui on l'avait fait respirer pour les faire revenir de syncopes
prolongées ; sa vapeur très-volatile avait cautérisé les membranes muqueu-
ses des voies respiratoires. Ingéré dans l'estomac, l'alcali a produit des im-
flammations gastro-intestinales, et même son administration à des doses

faut pas en verser sans mesure, à tort et à travers, de manière à laisser son action s'étendre sur les parties voisines, puisque cette action peut aller jusqu'à cautériser. On en versera sur les piqûres goutte à goutte, et l'on aura soin de frotter à mesure les parties, de manière à insinuer le liquide dans les piqûres : après quoi on appliquera par-dessus des compresses imbibées d'eau et d'ammoniaque, dans des proportions qui ne laissent à l'ammoniaque que sa propriété vésicante.

Voici une autre manière assez commode pour employer l'ammoniaque : on taille une compresse pliée en huit ou dix doubles, on la taille de la forme et de la grandeur que l'on veut, on l'imbibe d'ammoniaque à 22°, on l'applique sur la plaie, puis, de minute en minute, et à mesure que l'ammoniaque s'évapore, on en verse une nouvelle quantité, de manière à tenir la compresse toujours imbibée. Un quart d'heure suffit pour obtenir la vésication ; il faut plus de temps si l'alcali est faible.

Autre manière : On imbibe d'alcali volatil une rondelle d'amadou (*agaric officinal*), on applique sur la peau le côté mou et spongieux; l'imperméabilité de l'autre surface empêche que le gaz s'échappe. Administré à l'intérieur, on peut donner de huit à dix gouttes d'ammoniaque par verre d'une boisson légèrement diaphorétique, soit une infusion de feuilles d'oranger, de thé, de camomille, de tilleul, de feuilles de corossolier : la boisson doit être tiède; on peut administrer ainsi l'ammoniaque jusqu'à concurrence d'un gros dans l'espace de quatre à six heures.

Comme cette façon de doser l'ammoniaque n'est pas très-commode, il vaut mieux étendre au préalable cette quantité de 1 gros dans une potion de 6 à 8 onces (20 grandes cuillerées environ d'une des infusions précitées), et l'on donnera une cuillerée de cette potion de vingt en vingt minutes.

L'*eau de Luce*, qui est un composé d'ammoniaque et d'acide succinique (esprit de sel ammoniac succiné), s'emploie comme l'ammoniaque. Ce n'est qu'à ces doses que l'ammoniaque agit comme sudorifique ; en plus grande quantité il stimule les voies digestives, excite les vomissements et la diarrhée.

supportables, mais trop répétées, a déterminé une sorte de décomposition du sang. L'ammoniaque ne doit donc être maniée que par des personnes qui en connaissent les inconvénients.

Mais je le répète, l'ammoniaque, administrée témérairement, tumultueusement (comme cela a lieu souvent ici), par des mains ignorantes, peut produire de grands désordres; c'est pourquoi M. Peyraud, pharmacien en cette ville, a proposé dernièrement de substituer à l'ammoniaque son acétate, dit *Esprit de Mindererus*, qui est aussi un sudorifique, mais qui peut être porté sans danger jusqu'à la dose de deux gros à une demi-once dans une potion, ce qui en rend l'usage plus maniable.

Mais qu'on n'oublie pas que l'ammoniaque perd promptement son activité, à cause de la rapide volatilisation du gaz; il faut la tenir bien bouchée, et par précaution la renouveler de tem s en temps. Pour agir convenablement, elle doit être à 18°.

Des scarifications.

J'ai déjà parlé en divers endroits des scarifications (Voy. *passim*) : il n'y a ici qu'une seule voix sur leur utilité dans le pansement de la piqûre du serpent; tout le monde s'accorde à les recommander. Je suis pourtant convaincu que beaucoup de personnes qui se servent de ce mot n'en savent pas au juste la valeur.

La scarification est une légère incision faite avec une lancette ou un bistouri promené légèrement sur la surface de la peau et qui en entame à peine l'épaisseur. Or les personnes qui parlent de scarifications entendent des incisions pratiquées sur les piqûres, même pour les élargir. Ces incisions, pour être efficaces, doivent être faites avec hardiesse, elles doivent pénétrer plus profondément qu'il ne faut, plutôt plus que pas assez, afin d'atteindre tout le venin; elles doivent être au moins aussi profondes que la longueur des crocs. Il faut pour cela intéresser la peau, le tissu cellulaire sous-cutané, souvent dans les régions délicates où les gros troncs artériels et nerveux, les gaînes des tendons peuvent être lésés, comme, par exemple, à la malléole, au poignet, au jarret, à l'aine. Nous autres chirurgiens, lorsqu'il nous faut conduire le fer dans ces parties, nous ne procédons qu'avec la plus grande circonspection : comment donc des personnes étrangères à l'anatomie peuvent-elles avoir la témérité de porter la main sur leurs semblables?

« Mon père, dit M. Blot, qui a exercé longtemps la médecine
« à la Martinique, a vu des nègres débrider, inciser sans mé-
« nagement sur des artères considérables, diviser ces vaisseaux
« et les malades expirer d'hémorrhagie (1). »

Mais le plus ordinairement les scarifications ne produisent
pas l'effet qu'on en attend, parce qu'elles sont faites comme
le mot le veut, légèrement ; on ne met pas à nu le fond de la
piqûre, l'opération est insuffisante. Ce n'est donc pas d'une
dispute de mot qu'il s'agit ici ; le mot mal entendu a produit
un grand mal. De là ces pratiques sauvages, absurdes, signalées déjà, et dont l'ignorance a des conséquences si graves
qu'elle est criminelle et motiverait une répression judiciaire.

Il n'y a pas non plus beaucoup d'accord entre les médecins
sur les avantages des scarifications. Suivant Fontana, loin d'ê-
tre utiles, elles font le plus souvent beaucoup de mal. La partie mordue et scarifiée est plus disposée à se gangrener. Dans
ces derniers temps, elles ont été combattues par M. Brainard
comme débilitant le ton d'une partie engorgée et déjà fort
affaiblie, et rendant les accidents plus rebelles et plus graves.
Paulet, au contraire, exalte en ces termes les scarifications :
« L'immersion du venin porté dans les chairs est souvent très-
profonde, au delà de cinq lignes, et peut dépasser la portée
des escarrotiques, qui ne font alors qu'enfermer le venin
dans les chairs. Il n'y a donc, dans les cas simples et même
compliqués, qu'une principale induction toujours majeure à
remplir, qui est de donner issue au venin de la manière la plus
sûre et la plus prompte, et je n'en connais pas d'autre que
celle qui consiste à ouvrir des ruisseaux de sang et d'humeur,
non par une saignée qui n'ouvre que la veine, ne produit
qu'une hémorrhagie simple et ne peut atteindre le venin, mais
par des moyens qui ouvrent tous les vaisseaux sanguins, lymphatiques ou autres, et entraînent tout au dehors, tels que les

(1) J'aime à citer textuellement ; j'ai plaisir à pouvoir répondre, par
des paroles qui ne sont pas de moi, au reproche de critique continuelle
qu'on me pourrait faire. C'est un appui que je cherche, j'ai besoin de
l'approbation des autres. Outre qu'il est difficile de vouloir refondre une
pensée et de la représenter avec d'autres termes que ceux de l'auteur,
puisqu'il n'y a qu'un seul mot propre, et qu'à la rigueur on peut dire
qu'il n'y a point de synonymes. C'est pourquoi cette petite opération de
citer les auteurs est très-hasardeuse et expose tous les jours à des réclamations. Que d'auteurs se plaignent de n'avoir pas été compris !

scarifications profondes ; il suffit d'éviter le trajet des artères. »

La valeur des scarifications n'est donc pas un précepte in-contesté dans le traitement de la piqûre du serpent, et de-mande à être vérifiée par l'observation.

Des ventouses.

On a vu que l'emploi des ventouses était recommandé dans bon nombre des pansements dits du *pays*. C'est un moyen emprunté à l'art par le vulgaire, toujours enclin à faire de la médecine, tout en critiquant les médecins. Théoriquement parlant, la ventouse paraît devoir remplir l'indication d'aspi-rer le venin au dehors. En effet, si la forme de la partie permet l'application d'une ventouse, on conçoit que ce moyen puisse être de quelque utilité ; mais toutes les parties ne permettent pas l'application des ventouses : cela est impossible aux doigts, aux orteils, aux malléoles, qui sont les plus exposés ordinaire-ment aux piqûres. En outre, je ne crois pas que, quelle que soit la force attractive d'une ventouse, l'on puisse compter sur cette force pour retirer le venin déjà imprégné dans les chairs ; tout au plus en suspendrait-on ainsi l'absorption. Je dis que persister à se confier aux bons effets de cette pratique, c'est peut-être s'abuser.

Et quand je parle ainsi, j'entends parler des ventouses ap-pliquées par l'art, avec la pompe pneumatique ou bien avec des verres dans lesquels un vide réel est produit au moyen de la combustion de l'alcool ou de l'éther. Que sera-ce des ven-touses appliquées par les nègres ? Espèces de petites calebasses creuses dont ils recouvrent une mèche allumée, laquelle est mise sur le point où la ventouse doit être appliquée : le vide se fait lentement et très-incomplétement, et la preuve, c'est que les petites calebasses adhèrent à peine aux chairs. Je dis que les ventouses nègres ne sont qu'une des momeries du pansement des panseurs.

La science aussi s'est occupée d'expérimenter régulièrement l'action des ventouses dans le traitement des plaies envenimées, et voici la conclusion à laquelle on est arrivé : « C'est que la « ventouse étant restée appliquée une heure et même plus, « lorsqu'on vient à la retirer, la mort arrive aussi prompte-

« ment que si l'on n'avaitpas fait le vide. » (Voy. *Journal des Progrès*, tomes 8 et 12.)

Peut-on compter sur un pareil moyen? Je le répète encore, la meilleure ventouse, c'est la succion.

De l'amputation.

Amputer, c'est retrancher une partie du corps pour le salut du reste. On conçoit que pour beaucoup de cas de piqûres un pareil moyen de guérison n'est point proposable; mais si le siége de la piqûre est aux doigts, aux orteils; si l'on considère les accidents du phlegmon qui seront la suite tant de la piqûre que des moyens du traitement, l'ankylose, la destruction des tendons qui peuvent succéder à la guérison, je dis que le retranchement une bonne fois, soit du doigt, soit de l'orteil, tout affreuse que l'idée en paraisse au premier abord, n'est pas tant à repousser; mais le sacrifice étant extrême, une longue et judicieuse observation pourrait seule en déterminer la nécessité. L'amputation faite préventivement, dans ces premiers moments, pour empêcher les accidents généraux qui résultent de l'absorption du venin, devra être faite bien promptement; car Fontana a constaté que cette absorption avait lieu en moins de quelques minutes et hâtait la mort. Le siége de la piqûre servant à arrêter l'absorption du venin, et par le léveloppement des accidents locaux, à en épuiser l'action, si cette partie vient à être enlevée, le venin se répand, dit-il, plus facilement à l'intérieur.

En résumé, ligature, succion, lotions, frictions, cautérisation par le fer rouge ou par les caustiques avec ou sans incision des piqûres, avec ou sans application préalable des ventouses, amputation même des parties dans certains cas : tels sont les moyens que je conseille pour remplir la première indication dans le traitement de la piqûre du *Fer de lance*.

Il y a des personnes qui, par-dessus les plaies scarifiées, ventousées, cautérisées, conseillent de mettre encore un vésicatoire, afin de déterminer là une fluxion centrifuge et de continuer à *haler* le venin en dehors. M. Guyon agissait ainsi, et nous avons vu dans une autre partie de cette enquête, que M. Duchamp en donne aussi le conseil. On ne peut pas préci-

ser à quel moment les moyens locaux cessent d'être utiles ;
tout ce qu'on peut dire, c'est que plus ils arrivent tard, moins
ils ont de chances de succès.

Enfin, quand votre malade aura été bien pansé, mettez-le
dans un lit, tenez-le chaudement, sans cependant clore toutes
les fenêtres et sans tenir un réchaud de charbon allumé dans
l'appartement; faites boire, si vous voulez, quelques verres
d'une des infusions en renom dans le quartier, ou bien un
verre de vin de Madère; mais n'allez pas jusqu'à l'ivresse.
Poussez à la sueur par une tisane légèrement diaphorétique,
soit une infusion de feuilles d'oranger, ou de feuilles de corossolier, ou d'ayapana (1).

Si le piqué est un nègre, donnez-lui quelques bonnes paroles, énumérez-lui vos histoires de guérison.

> Sunt verba et voces quibus lenire dolorem
> Possis et magnam morbi deponere partem.

« Il y a des paroles efficaces, des maximes salutaires qui
« calment la douleur. »

Si c'est un lettré, ordonnez-lui par-dessus votre pansement
une ode d'Horace ou quelques pages de Montaigne.

> Quæ
> Ter pure lecto poterunt recreare libello.

Et à Dieu le reste!

II.—MOYENS POUR REMPLIR LA DEUXIÈME INDICATION.

Si le premier pansement n'a pas eu de succès, ou si, faute de
pansement dans les premiers moments, le venin a étendu son
action sur les parties voisines du point piqué, sans cependant
aller jusqu'aux organes, le malade est menacé d'un phlegmon
diffus et de tous les désordres qui en sont la suite. Dans ce cas,
il faut bien se garder, comme on ne le fait que trop souvent ici,
de continuer à frictionner le membre avec des infusions alcoo-

(1) Nos anciens recommandaient la thériaque comme cordial; on
pourrait en donner une demi-once dans huit onces de vin. (Voyez
pansement du père Dutertre.)

liques jusqu'à enlever l'épiderme; évidemment c'est souffler
sur le feu, c'est irriter le mal et faire tout ce qu'il faut pour
obtenir ce qu'il faut prévenir, la *suppuration!* Nous avons vu
que quelques-uns, mieux avisés, employaient des cataplasmes
émollients, des lotions avec une décoction de feuilles de bananier ou de patates du bord de la mer. Des émollients ! En effet,
des émollients à grandes doses, voilà ce qui convient à cette
période. Fontana a constaté que le meilleur topique pour diminuer la douleur et l'inflammation dans les piqûres de vipère,
était l'huile tiède ou bien l'eau pure tiède ou mêlée d'un peu de
chaux; il y plongeait les membres des heures entières. Mais
si rien n'a pu empêcher la suppuration, ce que l'on reconnaît
à la tuméfaction, à la tension des parties, à cette mollesse connue sous le nom de fluctuation, alors il n'y a plus à hésiter,
la main d'un médecin est indispensable ; car il faut ouvrir de
larges et de nombreuses incisions qui laissent le pus couler
au dehors plutôt que de s'insinuer entre les muscles, sous les
aponévroses, et d'aller désorganiser ces parties. C'est dans des
cas pareils que j'ai été assez souvent appelé pour voir des individus piqués du serpent. En suivant la pratique que je conseille,
j'ai eu le bonheur d'en soulager plus d'un. Dernièrement, un nègre de M. Verger m'est amené du Carbet, au septième jour d'une
piqûre : des douleurs insupportables empêchaient tout repos.
Je pratiquai neuf incisions de 2 pouces chacune, tant sur
l'avant-bras que sur la main : du pus sortit abondamment ;
deux heures après le malade sommeillait, et au bout de six
semaines il avait repris sa houe.

Quant à l'amputation consécutive à la suite des désordres
du phlegmon, amputation qu'on a été, ainsi que je l'ai déjà dit,
assez souvent dans la nécessité de pratiquer, si la peau du
membre est détruite dans une trop grande étendue pour espérer qu'elle puisse désormais resservir de tégument, si les
articulations sont ouvertes, que les os soient baignés de pus,
un chirurgien expérimenté n'hésitera pas. Mais rappelons-nous
toujours que les ressources de la nature sont infinies, et tant
qu'il reste un peu d'espoir qu'elle puisse suffire à réparer les
désordres, ayons pour règle de ne point sacrifier un membre,
de ne point mutiler un homme.

On verra plus loin, dans deux observations recueillies par
moi, combien le moment précis où ces amputations consécuti-

ves doivent être pratiquées est difficile à fixer, à cause de l'état du sang, qui peut donner lieu, à de graves hémorrhagies.

Il y a dans le vulgaire, pour ces cas de phlegmon diffus, une pratique affreusement inepte dont j'ai été plus d'une fois le témoin, et que je dois signaler à la réprobation du public : c'est l'usage de pratiquer des injections au milieu des tissus enflammés. Tous les médecins de Saint-Pierre et du Fort-Royal ont vu ce capitaine marseillais piqué par un serpent et pansé par un nègre panseur : la suppuration n'ayant pas été prévenue, le panseur n'imagina rien de mieux que de pratiquer des injections de tafia sous la peau ; celle-ci, gangrenée, pendait en lambeaux, les muscles étaient disséqués, l'articulation tibio-tarsienne ouverte, tout le membre offrait l'aspect le plus déplorable : on fut obligé de pratiquer l'amputation. Pareille barbarie a été vue encore par moi sur une négresse de l'habitation M***. On ne saurait dire dans ces cas quelle est la plus malfaisante bête du serpent ou du panseur.

III. — MOYENS DE REMPLIR LA TROISIÈME INDICATION.

Les accidents auxquels il faut alors parer sont si nombreux et si divers (Voy. partie pathologique) qu'il est impossible de donner des règles là-dessus ; quoique le nombre de gens qui succombent soit considérable, il n'y a rien d'établi. En général, lorsque le mal empire, on se contente d'augmenter et de rapprocher les doses des infusions alcooliques ; on les varie, on les entasse jusqu'au refus de l'estomac ; on ramasse tous les panseurs à la ronde, — c'est un véritable sauve-qui-peut général ; — chacun y met son grain de sel, absolument comme au thé de Mme Gibou. Je demande pardon de me servir d'une pareille comparaison dans un sujet aussi triste, mais elle représente si bien ce qui se passe alors ! L'axiome : *Melius anceps quam nullum*, est appliqué par l'entourage du malade dans sa plus grande acception (1).

(1) Une personne présente à l'une de ces déplorables scènes, me l'a ainsi racontée : c'était à l'occasion de la piqûre de M. de P***. Trois panseurs s'étant rencontrés auprès du malade, ils demandèrent à se consulter, donnant pour raison qu'ainsi bien faisaient les médecins : on les introduisit dans le salon. Voyez-vous d'ici en face l'un de l'autre ces trois augures

S'il y avait une forte réaction, mouvement fébrile après les premiers accidents, M. Guyon conséille de recourir à la saignée, « autant, dit-il, pour obvier aux congestions qui tendent à se former que pour diminuer la somme du venin, en diminuant le sang qui en est le véhicule. » (Voy. les expériences de M. Leurret, *Journal des Progrès*.) En effet, j'ai ouï dire par des habitants et même par quelques médecins que dans les cas de fluxion de poitrine ils avaient eu de bons effets de la saignée.

Il y en a qui donnent l'émétique comme sudorifique; peut-être serait-ce, dans les cas de pneumonie, une occasion de l'employer à haute dose, suivant la méthode du docteur Rasori. Je rappelle aussi que c'est dans le cas de pneumonie, suite de la pipûre des serpents à sonnettes, que le *polygala seneka* a été préconisé en Amérique.

Enfin, quand il y a refroidissement général, sueurs collantes, syncopes répétées, que le tableau offre une grande ressemblance avec le dernier accès d'une de ces fièvres per-

africains? O Molière, ils ont été plus forts que toi ! — *Ça ou fais, compère?* dit celui-ci à celui-là. — *Moin bali bagage moin* (je lui ai donné ma chose). — *Et ou, compère?* (et vous, compère). — *Moin bali ta moin* (je lui ai donné la mienne). — *Et bin à présent*, reprit le consultant, *laissez-moin ba li ta moin* (laissez-moi à présent lui donner mon remède à moi). — C'est ainsi qu'ils se passèrent la casse et le séné, tout comme des D. M. P. Malheureuse profession celle qui prête à de pareilles parodies !

Ne vaudrait-il pas mieux, dans des cas pareils, abandonner le malade à la nature ! Voici ce qu'on lit dans l'une des dernières gazettes médicales (26 avril), à propos de la piqûre de la tarentule, étudiée par M. Gazzo : « Quand la maladie est abandonnée à elle-même, elle augmente pendant « trois jours au point de simuler l'apparence de l'affection la plus grave, « du choléra ou du tétanos. A partir du quatrième jour, elle décroît et se « termine *toujours favorablement* au quatorzième ou au quinzième. Les « symptômes les plus constants sont les suivants : respiration anxieuse, « toux convulsive, voix agitée, rauque et ténue, cardialgie, vomituritions, « contraction des muscles abdominaux, suppression de la sécrétion uri-« naire, constipation, crampes et spasmes des membres supérieurs et in-« férieurs, froid glacial et sueur visqueuse sur tout le corps, cuisson et « douleurs très-vives dans la partie mordue, douleurs répandues par tout « le corps et convulsions. »

Est-il piqûre de serpent qui offre un développement de symptômes plus redoutables? Et tout cela, après trois ou quatre jours, rentre dans l'ordre par l'emploi de quelques boissons diaphorétiques! On ne meurt pas! Comment pouvons-nous connaître toutes les ressources de la nature, si nous nous hâtons de troubler ses opérations par des médications précipitées?

nicieuses si communes en ces climats, quelques personnes, témoins des bons effets du sulfate de quinine dans ces fièvres, pensent que ce sel doit être le remède de cette extrémité. Plusieurs lettres m'ont été écrites pour me le recommander. Oui, sans doute, le sulfate de quinine et toutes les préparations de quinquina pourront être employés. C'était la pratique du vénérable médecin Gaubert, dont le souvenir est encore dans bien des mémoires à la Martinique ; je m'en suis assuré en feuilletant les cahiers de recettes de quelques habitations qu'il assistait. Mais M. Gaubert employait le sulfate de quinine avec méthode, avec tâtonnement, par gradation, comme doit l'employer un médecin, jamais sans mesure, à plein poing, en versant dans le creux de la main, sans balance, jamais dans des lavements de rhum, etc., etc. J'ai souvent entendu préconiser cette médecine *chevaleresque*, j'y ai assisté en baissant la tête, par concession d'état et qu'on m'arrachait; par désespoir, par aveu de mon impuissance, mais sans complicité d'esprit du moins. J'ai trop bien gravé en moi cette parole du philosophe Saint-Martin : *La main de l'homme gâte tout ce qu'elle touche sans prudence.*

Quant aux cas d'amaurose, paralysie, hypocondrie, etc., qui, comme nous l'avons vu, succèdent quelquefois à la piqûre du serpent, leur opiniâtreté les fait rentrer dans le domaine de la médecine ordinaire et laisse malheureusement tout le temps d'essayer contre elles de toutes les médications établies. Il faut seulement ne point passer trop rapidement d'une médication à une autre, sans prendre le temps de s'être assuré de l'insuffisance de celle que l'on a quittée. Le temps a fait souvent des cures que beaucoup de drogues et beaucoup de médecins n'avaient pu faire ; la persévérance conserve ici ses avantages comme en toutes choses de la vie ; et malade qui change souvent de remèdes et de médecins, mauvais signe.

Résumé du pansement conseillé par l'auteur de cette enquête.

1° Aussitôt qu'on est piqué par le serpent, sur-le-champ même, sans faire un pas de plus, placer une ligature à un pouce au-dessus de la piqûre, avec une cravate ou une bretelle; serrer convenablement ;

2° Examiner les plaies, en reconnaître le nombre, juger, par

15

l'intervalle qui sépare l'empreinte, des crocs de la grosseur du serpent, retirer les crocs s'il y en a qui soient cassés dans les plaies;

3° Essuyer la plaie, la sucer soi-même ou la faire sucer fortement à plusieurs reprises pendant cinq ou six minutes;

4° Frotter les plaies avec du citron ou de l'urine, ou des chlorures, ou bien avec toute autre des infusions qu'on aura sous la main, mais frotter rudement, de manière à insinuer le liquide dont on fera usage au plus profond des piqûres;

5° Cautériser avec le fer rouge ou bien avec un des caustiques indiqués, surtout avec le *caustique de Vienne* ou la *pierre à cautère*, après scarification des plaies ou sans scarification, après application d'une ou deux ventouses ou sans cette application;

6° Coucher le malade chaudement, lui faire prendre une des infusions recommandées et relever ses esprits s'il est effrayé;

7° Essayer de prévenir le phlegmon par des applications émollientes résolutives; si la suppuration n'a pu être évitée, ouvrir une issue au pus par des incisions multipliées et bien placées;

8° Dans le cas d'accidents graves et généraux, s'abandonner au médecin.

J'ai reçu ces jours-ci la visite de M. le comte de Goertz, jeune voyageur allemand, chargé par son compatriote le docteur Lenz d'expérimenter les effets de l'*eau de chlore* sur la piqûre du *Fer de lance*. Le docteur Lenz, qui s'est beaucoup occupé des serpents, et principalement de la vipère d'Allemagne, a trouvé que le traitement par l'*eau de chlore* était le plus efficace contre la piqûre des vipères. M. de Goertz a fait au Jardin des Plantes de cette ville quelques essais sur des pigeons et sur des lapins; après avoir scarifié les piqûres faites par le *Fer de lance*, il a frotté avec l'eau de chlore, il en a même administré à l'intérieur à ces petits animaux, à la dose d'une cuillerée à café mélangée à une grande cuillerée d'eau. Quelques-uns de ces essais ont réussi.

Déjà M. Peyraud avait proposé de panser la piqûre du *Fer de lance* avec la *solution de chlorure d'oxyde de sodium*, telle qu'on la vend dans les pharmacies.

« Le docteur Schlegel, conservateur du musée des Pays-Bas,
« qui a publié, sous le titre de *Physionomie des serpents*, un
« très-savant ouvrage, recommande les chlorures. Suivant lui,
« les antidotes de la morsure des serpents peuvent en grande
« partie être relégués dans le chapitre des préjugés et des
« fables. Il considère comme des charlatans tous les char-
« meurs et les guérisseurs ; il ne croit qu'aux médecins qui
« recommandent de bien laver la partie mordue, de la scari-
« fier, de la ventouser ; il préconise les ligatures au-dessous
« et au-dessus de la plaie pour prévenir la propagation du
« poison dans la circulation ; il prétend enfin qu'il faut admi-
« nistrer des sudorifiques à haute dose, du chlorure de po-
« tasse intérieurement et des frictions avec l'huile d'olive. »
(Extrait de la *Revue britannique*.)

Ces expériences sur le chlore et sur les chlorures méritent
d'être poursuivies, car ce serait un grand avantage dans le
traitement de la piqûre des serpents d'avoir un médicament
aussi efficace que la cautérisation, mais qui n'en aurait pas les
inconvénients et qui donnerait de plus promptes guérisons.

Prophylaxie de la piqûre du serpent.

Mais le meilleur moyen de ne point mourir de la piqûre du
serpent ne serait-ce pas de commencer par détruire les serpents, afin qu'ils ne piquent plus personne ? J'espère que cette
vérité ne trouvera point de contradicteurs, pas même ***, et
que d'emblée elle pourra prendre rang au nombre des axiomes
de M. de Lapalisse. Mais les moyens, les moyens de détruire
le serpent !!! *Hoc opus, hic labor est !* Eh bien, précisément ce
sont ces moyens que j'ai l'intention de vous soumettre, ami
lecteur, sous ce mot grec et pédant de *prophylaxie*. Par prophylaxie on entend en médecine l'ensemble des moyens dont
on se sert pour se préserver d'une maladie ; par prophylaxie
de la piqûre du serpent, nous entendrons l'examen des moyens
qu'on peut employer pour se préserver de cette piqûre.

Ces moyens sont plus nombreux et plus variés qu'on ne le
croirait au premier abord. Un jeune avocat de cette ville,
M. Jaham de Volinières, a eu déjà l'idée de les résumer et de
les classer suivant le règne de la nature, où on les pouvait
prendre (Voy. le *Journal officiel* du 24 juillet 1844). Nous
adopterons sa division, et d'abord nous commencerons

par le règne végétal. Il semble, en effet, que si ce précieux secret existe, par une sorte de convenance et d'harmonie de la nature, ce doit être au sein de quelque plante que la main paternelle de Dieu l'a déposé.

Dans le cours de cette enquête on a vu que diverses plantes avaient été présentées comme ayant la vertu d'écarter les serpents, soit des lieux où croissaient ces plantes, soit des personnes qui s'en frottaient ou qui s'en inoculaient les sucs. Ainsi agissaient le *trèfle du pays* (*aristolochia triloba*), ainsi le *tabac, l'acacia, la racine du citronnier, le guaco, l'ophiorizza mungo* (1). [Voy. les chapitres dans lesquels il a été tra té de chacune de ces plantes en particulier.] On m'a écrit que le rocou jouissait aussi de cette propriété merveilleuse, et que si les Caraïbes s'en servaient, c'était moins par vain ornement de leur toilette sauvage que pour se préserver de la piqûre des serpents et des autres insectes. Mais il suffira de faire observer que les Caraïbes des îles où n'existe pas le *Fer de lance* avaient aussi la coutume de se peindre avec le rocou. Quant aux autres plantes antiophiotiques, nous avons vu que les faits que l'on citait en preuves de leur vertu étaient loin d'être authentiques, qu'ils étaient combattus par des faits contraires et non moins graves, de manière à laisser dans une terrible incertitude ceux qui voudraient tenter sur eux-mêmes de ces hasardeuses expériences. On cite dans le pays plus d'une personne à qui cette témérité a été fatale ; on parle encore au Lamentin du géreur Lacase, qui, s'étant laissé persuader par un nègre de faire usage d'un secret de cette sorte, fut piqué et mourut de la piqûre. M. Guyon fait mention de cette histoire, qui s'est passée de son temps : elle m'a été confirmée par M. Girardin de Mongérald et par d'autres.

J'ai, dans les pages précédentes, rappelé plusieurs autres faits semblables arrivés à des prencurs de serpents. Les expériences tentées par moi sur les animaux ne sont pas plus engageantes : que l'animal eût été frotté avec le guaco, avec

(1) Pline dit que les serpents aiment beaucoup le genévrier et le fenouil, mais qu'on n'en trouve point sous la rue, la fougère, le trèfle, le frêne, et que la bétoine les fait mourir. On ne les trouve point dans les vignes à l'époque de la floraison. Beaucoup d'autres plantes sont signalées encore comme antipathiques au serpent ; la vipérine, qui a ses semences faites comme des têtes de vipère, leur donne la mort, etc., etc.

le trèfle ou avec le tabac, il n'en était pas moins toujours piqué. J'ai même essayé des odeurs les plus repoussantes pour
notre odorat, du *sulfure de potasse*, de *l'assa fœtida*, elles
n'ont pas été répulsives pour le serpent : le *Fer de lance* s'é-
lançait avec la même fureur sur les chiens ou sur les poulets
qui en avaient été imprégnés préalablement.

Mais, me dira-t-on, vous ne pouvez nier qu'il y ait des nègres preneurs de serpents, de véritables jongleurs, aussi hardis que ceux qui, dit-on, existent dans les Grandes Indes,
lesquels jouent avec les serpents, font cent tours dans les foi-
res et dans les fêtes de paroisses, à la vue de tout le monde :
il faut qu'ils aient pour cela quelque secret.

« Il y a dix-huit mois environ, un nègre appartenant à
« M. Poulet, du Lamentin, vint au bourg de cette commune
« avec quatre serpents qu'il faisait mouvoir en tous sens; ils
« étaient de belle grosseur. Le nègre les mettait sur sa tête,
« autour de son cou, en sautoir, accompagnant tous ces
« tours d'une chanson de sa façon. Plusieurs fois, le plus
« gros des serpents, se repliant sur lui-même, vint lui mettre
« la tête dans la bouche, puis lui lécher les lèvres. Le len-
« demain, ce nègre vint chez moi répéter devant ma fa-
« mille son spectacle de serpents; je lui demandai s'il
« voulait me donner son secret moyennant récompense,
« il y consentit et me promit de me le faire connaître. Je
« voulus m'assurer que les crocs n'avaient pas été arra-
« chés : le nègre ouvrit la gueule des serpents et me fit voir
« les crocs; je lui demandai encore, si en payant les femelles
« pleines 5 fr. et les mâles gros ou petits 1 fr., il ne serait
« pas possible d'organiser des compagnies avec les paresseux
« et les vagabonds du pays pour détruire les serpents : il
« me répondit que oui, et que dans deux ans cette peste
« maudite (les serpents) pourrait être ainsi détruite. Comme
« je partais ce jour-là pour la Trinité, je lui dis de revenir la
« semaine suivante, afin d'aller avec moi dans les bois, à la
« chasse des serpents; que s'il prenait ceux que nous trou-
« verions, parce que je me défiais de ceux qu'il avait déjà
« apprivoisés, j'irais sur-le-champ trouver le général pour lui
« proposer une mesure si utile au pays. Le soir même je pré-
« parai un petit mémoire dans ce but. Mais à mon retour
« j'appris que le pauvre diable, en voulant initier un habi-

« tant à son secret pour un doublon, alla dans une touffe de
« bambous où se trouvaient des serpents et en prit d'abord
« un avec la main droite ; mais ayant étendu la main gauche
« pour en saisir un autre, il fut mordu, eut des accidents
« très-graves et perdit trois doigts de cette main. Le bruit
« courut alors qu'il avait négligé de frotter sa main gauche
« avec l'herbe qu'il mâchait ordinairement, herbe grasse et
« ligneuse que je n'ai pu reconnaître, parce qu'elle était déjà
« triturée, et parce que le nègre la cachait avec soin. A quel-
« que temps de là, ce même nègre, passant sur mon habita-
« tion, me dit que c'était un autre nègre sorcier qui lui avait
« joué ce tour-là en le désenchantant ou en le *démontant*
« (*monter* et *démonter* sont des termes de leur argot). Ce nè-
« gre n'en continua pas moins son métier de jongleur ; mais
« il n'est pas venu se soumettre aux épreuves que j'exigeais
« avant de faire des démarches auprès de l'administration. »

(Lettre de M. Duchatel.)

Il m'a été raconté plus de cent faits semblables. Les témoignages, je ne les nie pas, qui déposent de la hardiesse de ces
psylles sont infinis, incontestables, dignes d'être pris en considération ; aussi l'opinion publique s'en est-elle ressenti. On
peut dire qu'à la Martinique il y a là-dessus pour beaucoup
de monde force de chose constatée et jugée, et ce serait se
montrer d'un scepticisme intolérable que d'aller à l'encon-
tre. On cite même des personnes notables qui possèdent ces
secrets ; on m'a désigné M. Dert fils et M. Baudeduit, officier
au 1er régiment de marine ; je les nomme ici afin de les adju-
rer de dire ce qui en est véritablement (1).

Pour moi, je l'avoue, ces faits ne sont pas de la même évi-
dence et me paraissent susceptibles d'une autre explication.
D'abord il est extraordinaire qu'un secret connu de tant de

(1) Vulgairement, on croit que rien n'est plus facile à constater que
l'existence d'un fait : — *J'ai vu, j'ai entendu*, et tout est dit. Il faut
croire si vous êtes poli et pas entêté, — *c'est un fait,* — mais voulez-
vous avoir une idée de la difficulté qu'il y a à établir la vérité du fait le
plus simple? Voyez ce qui se passe devant les tribunaux. Après maints
procès-verbaux, certificats, enquête et contre-enquête, instruction volumineuse, témoins ouïs séparément et confrontés contradictoirement,
chambre d'accusation, débats oraux, réquisitoire du procureur du roi,
avocat de la défense, débats de cinq ou six jours, résumé du président sur
ce point : *Un tel a-t-il volé en plein midi, sur la place publique devant*

personnes et à toutes les époques, depuis l'origine de la colonie, soit encore secret aujourd'hui : cela est contradictoire
avec les habitudes de l'esprit humain.

2° Ce secret ne serait point identique partout, et l'on pourrait dire de ces herbes préservatives ce qui a été démontré
pour les prétendues *herbes curatives*, qu'elles varient suivant
chaque pays, chaque quartier et peut-être même suivant
chaque habitation : là c'est le trèfle, ici l'acacia, etc., etc.

3° De toutes ces plantes prétendues secrètes, celles qui ont
été signalées et que nous avons pu soumettre à des expériences authentiques et publiques (*Voy. passim*) n'ont jamais
justifié leur mystérieuse réputation.

4° Tous les psylles célèbres, soit le nègre des Rioux, soit le
nommé Gros, finissent par être piqués, succombent ou bien
restent estropiés, comme le nègre dont parle M. Duchatel.
Comme on n'est jamais à court d'une raison quelconque, on
dira que c'est parce que ce jour-là ils avaient négligé de se
frotter ou bien parce qu'ils avaient été *désenchantés* ou *démon-
tés*. C'est au lecteur à voir s'il peut se contenter de pareils
faux-fuyants.

5° Enfin, tous ces preneurs de serpents étant prêts à livrer
leur secret pour une récompense, comment ne se serait-il
pas trouvé dans la colonie quelqu'un d'assez généreux pour
acheter un secret qu'il est tant de l'intérêt de tous de connaître ? On a vu que le nègre de M. Duchatel vendait le sien à
un habitant pour un doublon.

J'ai dit que j'avais à donner, de la hardiesse de ces psylles,
une explication autre que celle d'un secret inexplicable, et
cette explication, la voici :

Le serpent n'est à craindre que lorsqu'il vous surprend.
« Serpent vu, serpent perdu, » dit un proverbe nègre. Pourvu
toutefois qu'on ne se tienne pas maladroitement à la portée
de son jet, cet animal, je le répète, nous fuit au moins au-

cent personnes assemblées ? Il peut encore rester des doutes ; l'affaire
peut n'être pas claire! si bien que la loi, sortant de tous ces ambages,
tranche le nœud gordien, fait un appel à la conscience et demande au
juré de se décider d'après le sentiment de la vérité et non d'après les
preuves. Si donc les faits scientifiques, avant de passer dans la science,
avaient à subir de pareilles vérifications, combien peu recevraient le ver-
dict d'admission ?

tant que nous le fuyons. Or, si par courage naturel ou par
habitude on n'est pas effrayé de la vue du serpent lorsqu'on
vient à en rencontrer un, il suffit d'appuyer sur son corps
un long bâton; on arrête tous ses mouvements, ce qui donne
le temps de placer un autre bâton derrière la tête, et il est
dès lors très-facile de le saisir à la nuque sans s'exposer à
aucun danger. J'ai vu exécuter cette manœuvre par plus
d'une personne, et en moins de temps que je n'en mets à vous
la décrire; moi-même je l'ai faite plus d'une fois. J'avais un
jeune domestique fort poltron en tout le reste, mais qui, à
force de voir des serpents au temps où je faisais mes expériences, s'était tellement familiarisé avec eux, que sans précaution il sautait dessus et les saisissait avec une hardiesse
qui me faisait frémir; ce fut là une des causes qui me firent
cesser ces expériences. J'avais peur que ce jeune imprudent
ne s'oubliât un jour et ne fût piqué; car le serpent, lui, ne
s'oublie jamais et vous saisit toujours au défaut de votre prudence. Bosc dit qu'il prenait tous les crotales qu'il rencontrait.

Lorsque le serpent a la nuque pressée, il ouvre de lui-même
sa gueule et laisse voir ses crocs; rien n'est plus facile que de
couper ces crocs au ras de leurs racines avec des ciseaux ordinaires, car ces crocs sont aussi friables que le verre. On
laisse en place les crocs non montés, lesquels sont innocents,
n'ayant aucune communication avec les vésicules à venin, et
ce sont ceux-là que les charlatans font voir au public.

De la hardiesse et de l'adresse, voilà donc, je le répète, tout
le secret de ces prétendus psylles. Celse l'avait dit longtemps
avant moi : *Neque, me hercule, scientiam præcipuam habent hi
qui psylli nominantur, sed audaciam usu ipso confirmatam* (Ceux
que l'on nomme psylles n'ont aucune science particulière,
mais de l'audace fortifiée par l'habitude). Chaque fois que j'ai
été à même de mettre à l'épreuve nos psylles martiniquais,
j'ai toujours découvert en dessous quelque fourberie. C'est ici
une guerre d'anecdotes que nous allons ouvrir, car c'est sur
des anecdotes que repose toute l'autorité de ces psylles,
anecdotes racontées le plus souvent en l'air, sans critique,
légèrement, pour remplir les heures si vides des soirées co-
loniales, qu'on ne donne pas d'abord pour plus qu'elles ne
valent, mais qui de bouche en bouche se convertissent par la
suite en preuves indubitables.

I. On voit souvent dans les rues de Saint-Pierre un grand
coquin (je ne puis me servir d'une autre expression) appelé
Dic y Dac, esclave de l'habitation Larochetière, homme aux
allures délibérées, haute taille, voix forte, grands gestes, ta-
toué et Africain, comme il en faut à l'admiration populaire.
Il fait commerce de serpents morts et vivants, les porte par
la ville dans des bocaux ou quelquefois tout simplement à la
main ; toujours il est suivi par la foule. De temps en temps,
Dic y Dac s'arrête, objecte les serpents à son cortége : celui-
ci de reculer avec effroi, les enfants crient, les femmes aussi,
les Européens qui passent s'arrêtent étonnés; il y a bruit,
tumulte, tapage, toute la pompe d'un charlatan, et Dic y Dac
est un grand sorcier ! Cet homme vint un jour me vendre
un serpent artistement lové au fond d'un panier, et qui n'y
était retenu, disait-il, par d'autre lien que par la force de sa
volonté. (Peut-être Dic y Dac est-il magnétiseur.) A chaque
fois que je voulais m'approcher du panier : « Prenez garde !
criait Dic y Dac en me retenant; prenez garde! il va *voyer*
sur vous... Puis, saisissant l'animal par la nuque, il l'entor-
tillait autour de son bras, et, pressant sur les glandes de la
mâchoire, il faisait jaillir le venin à distance. « Voyez, ajou-
tait-il, voyez comme il est en colère ! » Mais la docilité de
l'animal et même certaine odeur de putréfaction ayant
éveillé mes soupçons, je saisis un moment pour renverser le
panier d'un coup de pied, et l'on vit alors que le serpent était
mort, et peut-être même depuis plus d'un jour ! *Jam fœlebat!*
Tant est grande l'audace de ces charlatans, tant ils comptent
sur la crédulité populaire ! Je ne suis pas bien sûr que Dic y
Dac ait perdu de son crédit, même aux yeux de beaucoup de
ceux qui furent témoins de cette scène.

II. Une autre fois, c'est un autre qui me fait éveiller à cinq
heures du matin, tant il est pressé de me vendre un secret
contre la piqûre du serpent. « Très-bien, lui dis-je, un peu
contrarié de mon sommeil troublé, vous arrivez à propos, nous
allons faire sur-le-champ l'expérience, j'ai là deux serpents:
troussez votre pantalon, et nous ferons piquer votre jambe.
— Lequel faut-il apporter ? me dit mon domestique, compre-
nant ma pensée; est-ce le jaune qui n'a pas piqué depuis huit
jours? — Oui, fis-je, ce jaune-là. — Pas la peine, pas la peine,

reprend le psylle, ce n'est pas ainsi que je l'entends. » Et là-dessus il prit son chapeau et court encore.

III. A un autre qui me proposait, au nom de l'autorité municipale, d'assister à des expériences qu'il faisait sur des serpents à lui, je lui ai proposé à mon tour de nous rendre dans une pièce de cannes en coupe ou de se jeter dans quelque hallier et de saisir le premier serpent venu qu'on signalerait. Je ne l'ai plus revu.

IV. Feu M. Lacombe fils, ayant trouvé près de la maison de campagne qu'il habitait aux bords de la rivière, une peau de serpent, fit marché avec des preneurs de serpents pour rechercher le propriétaire de cette dépouille suspecte, qui, suivant les habitudes de l'animal, ne devait pas être éloigné. Deux voisins, MM. Montès et Merlande, voulurent assister à cette recherche. M. Montès remarqua bientôt que l'un des nègres gardait toujours son chapeau et semblait craindre de le laisser tomber à chaque fois qu'il se baissait. A plusieurs reprises, M. M*** l'engagea à se débarrasser de cette gêne, et comme il n'en fit rien, M. M*** frappé de cette obstination, du bout de sa canne fit sauter le chapeau, et à l'instant il en sortit un gros serpent qui y était caché. M. M*** de faire un saut de surprise. « Rassurez-vous, rassurez-vous, maître, lui crie le nègre en fuyant, il n'a pas ses crocs ! »

Il n'a pas ses crocs ! voilà donc tout le secret. O vous qui désormais assisterez à de pareilles jongleries, assurez-vous que les vrais crocs existent et que les crocs que l'on vous présente ne sont pas des crocs supplémentaires ou de rechange ! (Ces crocs de rechange sur un serpent de moyenne taille sont ordinairement au nombre de sept ou huit; leur dimension est très-variable, il y en a qui ont presque la longueur des crocs véritables, les autres vont en décroissant, jusqu'à n'avoir qu'une ligne au plus. Ces derniers sont cartilagineux. Tous ces crocs sont couchés au fond d'une poche séreuse placée en avant et en dehors de la vésicule; ils ne sont point fixés dans l'alvéole, ils ne tiennent au serpent que par un petit repli de la membrane d'enveloppe, en forme de mésentère, ils n'ont par conséquent aucune communication avec la poche à venin, et sont innocents. Nous reviendrons plus tard sur la description de cet appareil dans la partie anatomique.

Et pourtant, malgré toutes ces recherches infructueuses,

toutes ces expériences décourageantes, toutes ces promesses
trouvées fausses, toutes ces fourberies dévoilées, il me reste
une arrière-espérance, une foi obstinée, rebelle à toute démonstration contraire, une foi de peuple. Je ne puis me résoudre à croire que Dieu, ce grand *donneur*, comme l'appelle
Montaigne, qui nous a donné tant de choses et tant de choses
superflues, nous ait laissés désarmés, sans défense contre les
surprises d'un animal aussi vil que le serpent; il y a, oui, il
y a sans doute dans quelque coin de la nature une herbe
bienfaisante pour l'homme et antipathique au serpent; c'est
à nous à la trouver. On sait qu'entre certaines plantes et certains animaux, il y a une action répulsive ou attractive fort
remarquable; cette analogie suffit pour entretenir nos espérances. Ainsi le persil est mortel aux perroquets, le poivre
est funeste aux sangliers et aux cochons, la valériane attire
les chats, etc., etc. (Voy. dans la botanique de M. Virey l'é-
numération de ces diverses antipathies.) Il y a des plantes
pour enivrer les rivières, et les lois sur la pêche fluviale ont
été obligées d'interdire la pêche qui se fait par les plongeurs
avec certains appâts qui attirent les poissons jusque dans
leurs mains, tant cette pêche est destructive. Pourquoi donc
n'existerait-il pas quelque chose de semblable contre le serpent? Donc il faut chercher, mais chercher avec ordre, avec
suite, avec critique, et ne point s'endormir dans une fausse
sécurité sur la foi du charlatanisme.

L'art d'enchanter et de prendre les serpents est un art qui
a existé en Egypte, dans l'Inde, comme une véritable profession : c'est le *fond du sac* de tout jongleur : beaucoup de savants en ont longuement écrit. Les jongleurs de l'Egypte for-
maient une caste à part et se vantaient d'être les descendants
des psylles qui habitaient l'ancienne Lybie; cet art était aussi
familier aux Marses, peuple de l'ancienne Italie : il y avait
dans la Grèce des *ophigenoi*. L'esprit se résout difficilement
à admettre qu'un art aussi général, aussi public, n'ait été que
mensonge et jonglerie, et qu'il ne repose sur aucun fondement.

Mais ici c'est seulement des psylles martiniquais que nous
avons à nous occuper; plus tard nous verrons le parti qu'on
en pourrait tirer.

Si du règne végétal nous passons au minéral, nous pour-

rons y rapporter l'examen de ces terres où, dit-on, de mémoire d'homme on n'a jamais rencontré de serpents : tels
sont l'îlot Duchaxel et la pièce de cannes de l'habitation Séguin, à Sainte-Marie (Voy. la partie physiologique), si toutefois c'est dans la nature du terrain et non dans quelque herbe
ou dans quelque chose de plus mystérieux encore que gît
cette propriété. Mais avant de passer à cet examen il y aurait
une expérience préalable et indispensable à faire, ce serait
de constater si des serpents portés dans ces lieux meurent ou
bien s'en éloignent et n'y peuvent séjourner, autrement on
s'exposerait à réaliser l'apologue de la *Dent d'or*, sur la nature
de laquelle on disputa longtemps, et qu'on reconnut être un
conte lorsqu'on voulut en constater l'existence.

Au règne minéral, nous rattacherons aussi, ceci pour
l'ordre adopté (1), les piéges, appâts, embûches que l'on peut
tendre aux serpents; car dans ces piéges et dans ces appâts
il entre toujours du fer et des poisons qui sont tirés du règne
minéral.

En effet, le serpent, tout rusé qu'il est, l'est encore moins
que l'homme. Il y a quelque temps, M. Mougenot m'envoya
un serpent vivant et *pris à la ligne* comme un poisson. Le fer
de l'hameçon sortait du ventre de l'animal à peu près au niveau de l'estomac; il était impossible qu'il eût été introduit là
par aucun artifice, il fallait qu'il eût été avalé par le serpent.
Voici ce qui me fut raconté; M. M***, ayant eu un jeune
poulet piqué, s'en servit comme d'un appât et lui passa un
hameçon à travers le corps, puis il laissa le piége dans le voisinage du lieu où il soupçonnait que devait être le serpent.
En effet, l'animal père de la ruse s'y laissa prendre, et le len-

(1) Il ne faut pas oublier le feu : c'est une très-vieille observation, que
les serpents en ont peur, *ab igne aborrhere apud Cardanum habemus*, et
voici ce qu'en dit le P. Dutertre : — Lorsque les habitants savent qu'il
y a une mauvaise couleuvre dans leur case, ils font du feu dans le milieu
de la case et disent pour raison qu'elles fuient lorsqu'elles le voient. Mais
cela leur sert de peu, car elles se fourrent sous les coffres, dans les recoins de la case, dans des paniers, dans des barils et dans d'autres choses
semblables. — On sait que dans la coupe des cannes, lorsque l'on reconnaît qu'il y a beaucoup de serpents dans une pièce, il est d'usage de
réserver un bouquet au milieu pour que les serpents s'y amassent, et on
finit par y mettre le feu. La plupart des serpents sont alors brûlés ou asphyxiés, et ceux qui essaient de fuir sont tués par l'atelier.

demain on put arriver jusqu'à lui en suivant la ligne attachée
à l'hameçon. Le fait est aussi authentique que possible. J'ai
su depuis que cette manière de *pêcher* le serpent était connue
dans plusieurs quartiers : pourquoi donc ne s'en sert-on pas
plus souvent? est-ce donc encore un des effets de l'incurie
africaine, cette rouille si fatale à ces belles contrées?

Je disais, dans la première partie de cette enquête, qu'il
serait à souhaiter qu'on pût reconnaître quel est l'aliment
favori du serpent, afin de s'en servir pour empoisonner
cette malfaisante bête, comme on empoisonne les rats et toutes les espèces nuisibles; mais j'ajoutais que malheureusement
le serpent réduit en captivité refusait toute nourriture et rendait impossible toute expérience. Voici un fait qui est depuis
parvenu à ma connaissance. M. Barillet, le nouveau directeur de notre Jardin des Plantes, conservait un serpent en
cage; l'animal refusait tous les aliments qu'on lui présentait,
lorsque M. B*** eut l'idée de mettre du lait devant lui : aussitôt le serpent en but avec avidité. Ne serait-il donc pas possible de mettre à profit cette observation?

Il restait à chercher quelles sont les substances qui peuvent
être des poisons pour le *Fer de lance* : on m'avait indiqué le
tabac. En effet, quelques pincées de tabac en poudre versées
dans la gueule d'un gros serpent l'ont tué en moins de quelques minutes. Mais à moins que la *tabacomanie* du siècle ait
gagné même le serpent et qu'il soit aujourd'hui priseur ou
peut-être fumeur, il n'est pas à espérer qu'il se laisse prendre
par un aliment accommodé au tabac, fût-ce même du lait. Il
a donc fallu chercher ailleurs, et j'ai pensé que l'arsenic, si
trompeur et si funeste pour toutes les espèces animales, ne
devait pas perdre sa force contre le serpent; que dans cette
lutte des deux poisons, le minéral l'emporterait encore sur
l'animal. En effet, dix grains d'arsenic, versés dans la gueule
d'un gros serpent, l'ont tué au bout de deux heures; l'estomac
offrait les mêmes altérations que chez les autres animaux tués
par ce poison, c'est-à-dire cette coloration *rouge cuivrée* si
caractéristique (Voy. mon mémoire sur les empoisonnements
pratiqués par les nègres). Voilà donc d'une part un aliment
et d'un autre un poison dont nous pouvons nous servir contre
le serpent; il ne reste plus qu'à réunir les deux termes du

problème et à faire l'expérience en grand, en plein champ. Ceci regarde MM. les habitants.

Sans doute il doit exister beaucoup d'autres substances délétères pour le serpent; mais en en possédant une aussi commode que l'arsenic, nous n'avons pas besoin de nous engager dans d'autres recherches.

Évidemment, c'est dans le règne animal que l'homme trouve ses meilleurs auxiliaires contre le serpent. Ceci paraît être un effet de la loi des justes représailles qui régit le monde ; car c'est surtout aux animaux que le serpent est hostile. En outre de cette considération, comme le but de la création entière, jugé de notre point de vue terrestre, paraît être de faire tout concourir à la convenance et à l'utilité de l'homme, c'est une pensée de la plus haute antiquité que la nature oppose par rapport à nous les êtres les uns aux autres :

Omnia duplicia unum contra unum, et non fecit quidquam deesse.

(Chaque chose a son contraire, l'une est opposée à l'autre, et rien ne manque à l'œuvre de Dieu.—(*Ecclésiaste.*)

Aussi l'homme a-t-il su tirer le plus grand parti de ces oppositions naturelles. Sans parler des services qu'il a obtenus contre les espèces qui lui sont nuisibles, soit du cheval, soit du chien, soit du chat et de tant d'autres, pour nous en tenir aux serpents, nous voyons que dans les pays où ils sont à redouter, l'homme a toujours recherché contre eux quelque alliance animale. Dans la Thessalie, les cigognes étaient sacrées parce qu'elles mangeaient les serpents ; l'ibis était adoré en Égypte pour la même cause; dans beaucoup de contrées, les aigles, les vautours et les corbeaux sont, en retour du même bienfait, religieusement épargnés. Suivant Daudin, les vautours et les grandes chouettes s'emparent avec beaucoup d'adresse de la vipère ammodite et savent éviter ses blessures. A Java, la civette détruit le serpent. (Voy. plus loin mon rapport à la Société d'acclmiatation sur l'introduction à la Martinique des animaux destructeurs du serpent.) On lit dans Ælien que ce furent des cochons qui délivrèrent la Campanie d'une certaine espèce de serpents très-dangereux.

Les habitants de notre belle Martinique devraient chercher à s'appliquer le bénéfice de cette prévoyance divine, eux si souvent exposés aux atteintes du cruel *Fer de lance.* L'ani-

mal dans lequel ils ont cru reconnaître ce caractère d'oppo-
sition au serpent est la couresse du pays, *coluber cursor*.

J'ai déjà soumis au lecteur, dans la partie physiologique de
cette enquête, les raisons qui m'empêchaient de partager sur
ce point l'illusion générale. Depuis, il m'est parvenu des renseignements qui m'ont ébranlé : M. Duchatel, feu le docteur
Cornette de Saint-Cyr et d'autres m'ont écrit pour m'affirmer
qu'ils avaient été témoins des combats qui se livrent entre la
couresse et le serpent, et dans lesquels la victoire reste toujours à la couresse. M. Blot, ayant jeté un petit serpent de
11 pouces dans un puits où se trouvait une couleuvre de
2 pieds, a vu la couleuvre happer le serpent derrière la tête
et le tenir sous l'eau jusqu'à ce qu'il fût noyé; il m'a même
envoyé le serpent, que j'ai disséqué, et j'ai pu reconnaître à
la nuque les traces des morsures de la couleuvre.

Je ferai remarquer que MM. Duchatel et Saint-Cyr n'ont
point indiqué les dimensions des combattants dans les combats dont ils avaient été les témoins : que dans celui vu par
M. Blot, la couleuvre était beaucoup plus forte que le serpent.
Car si l'on peut admettre que les couleuvres l'emportent sur
les serpents d'une certaine grosseur, il restera toujours comme
chose inconcevable que les couleuvres, dont la dimension ordinaire ne dépasse pas 2 pieds et demi, puissent venir à bout
de serpents qui ont souvent 5 et 6 pieds. Dans la première partie de cette enquête, je regrettais de n'avoir pu opposer, dans
une expérience faite exprès et sous mes yeux, ces deux animaux l'un à l'autre; j'ai pu depuis me donner cette satisfaction. J'ai mis en présence d'un serpent de 5 pieds et demi
deux couleuvres des plus fortes qu'on puisse trouver (2 pieds
et demi). D'abord ce fut dans une cage de fer : les couleuvres,
dans une attitude qui exprimait la frayeur, fuyaient au plus
haut de la cage, s'y blottissaient et se tenaient aussi loin que
possible de la portée du serpent. Celui-ci, impassible, n'avait
pas l'air de s'en apercevoir et n'exprimait que le dédain. Je les
ai mis ensuite en liberté sur le gazon : toujours les couleuvres
s'éloignaient, et chaque fois que je les obligeais à passer près
du serpent, si celui-ci faisait mine de s'élancer, les couleuvres
hâtaient leur fuite. Il n'y eut aucun abordage; enfin je les ai
laissés ensemble les uns et les autres plusieurs jours dans la
même cage, et j'ai toujours observé entre eux la plus parfaite

intelligence. Cela, avec les autres raisons déjà exposées ailleurs, m'empêche de revenir de ma première opinion, malgré les respectables autorités qui me sont contraires. Cette croyance de l'antagonisme des serpents venimeux et des couleuvres n'est point particulière à la Martinique, elle existe en d'autres pays. Suivant M. de Castelnau, en Géorgie, le *coluber constrictor*, appelé serpent noir, est remarquable par son hostilité contre le crotale; il l'attaque avec furie et le dévore. C'est pourquoi cette couleuvre est respectée. On la laisse se multiplier autour des habitations.

Le seul quadrupède agreste que possède la Martinique est le manicou (rat musqué ou sarigue). Nous avons vu qu'il servait souvent de pâture aux serpents; mais cela ne paraît pas se passer toujours sans combat. M. Filassier, ayant rencontré un manicou étendu mort dans un champ de manioc, au gonflement noirâtre dont la cuisse de l'animal était le siége il reconnut qu'il avait succombé à la piqûre d'un serpent. A quelques pas de là, il trouva un serpent mort aussi, et tout lacéré de coups de dents; il était clair qu'un duel avait eu lieu, et, comme il convient à gens de cœur, les deux combattants étaient restés sur le terrain.

M. Lisenson, chirurgien de marine au camp des pitons du Fort-Royal, a eu occasion d'observer au naturel un combat entre un rat et un serpent : la victoire est restée au rat. Cependant on trouve bien souvent des rats dans l'estomac des serpents; mais cela prouve que si le serpent est hostile à toute la nature, toute la nature le lui rend bien et ne se laisse pas opprimer en victime obéissante. Everard Home rapporte l'expérience faite par lui à Sainte-Lucie, probablement avec un Bothrops. Il lui jeta un rat qui, piqué, mourut en moins d'une minute. Quinze heures après, Home renouvela l'expérience avec un autre rat. Celui-ci se défendit, et mordit si violemment le serpent derrière le cou que le serpent mourut en dix minutes et le rat seulement dix heures après. (*Transaction philosophique*, année 1810, page 87.)

Mais le secours que nous pouvons espérer des animaux sauvages est trop éventuel pour que nous puissions y compter, et nous n'en faisons mention ici qu'à titre d'encouragement pour montrer que le serpent n'est pas un ennemi si terrible qu'on n'en puisse triompher.

C'est encore à nos fidèles *gardes de corps*, le chien et le chat, que nous pourrions faire un plus sûr appel contre cet ennemi. J'ai déjà parlé du chien du P. Feuillée, qui le préserva de l'atteinte d'un énorme serpent. M. Filassier, le même déjà cité, m'a raconté qu'il avait un chien qui *arrêtait* les serpents et qui savait très-bien les prendre sans se laisser mordre : le chien saisissait le moment où le serpent voulait s'élancer, sautait en arrière pour esquiver le coup, et happait le serpent près de la tête, avant que celui-ci eût le temps de se relever. Tout le monde connaît l'histoire du chevalier Dieudonné de Gozon, qui délivra l'île de Rhodes d'un énorme serpent, au moyen de chiens dressés par lui. Il y a d'autres faits semblables.

On lit dans Buffon (article CHAT) que des moines de l'île de Chypre avaient dressé des chats à prendre les serpents. Voici ce que j'ai vu. J'avais un jeune chat en qui j'avais reconnu la précieuse qualité de détruire non-seulement les rats, mais tous les insectes, même l'immonde ravet. Un jour il arriva au milieu de mon salon tenant à la gueule une forte couleuvre qu'il rapportait d'un morne voisin. Mes domestiques m'appelèrent pour être témoin de ce spectacle; je vis que c'était surtout par la tête que le chat avait saisi et tenait cette couleuvre, qu'il s'acharnait sur sa proie, et ne la céda qu'avec peine lorsqu'on voulut la lui retirer. Quelque temps après, ce chat revint au logis avec la gueule et la tête enflées; je reconnus sur les alvéoles de sa mâchoire inférieure deux ecchymoses, résultat évident de quelque morsure ; mais il était impossible de reconnaître si l'animal qui avait mordu était une couleuvre, une scolopendre ou un serpent. — Pourquoi les chats ne sont-ils pas dans nos campagnes plus nombreux qu'ils ne le sont? Fontana a reconnu que de tous les animaux à sang chaud, le chat était celui qui résistait le plus à la piqûre de la vipère, parce que c'était celui qui se défendait le plus vaillamment contre lui. Le courage tend les nerfs et repousse le venin; c'est dans ce cas un *vis medicatrix.*

Mais voici une autre sorte d'aides, meilleurs et plus sûrs que ceux que nous venons d'énumérer : ce sont les oiseaux. En général, tous les oiseaux des colonies servent par leurs cris nous faire découvrir les retraites des serpents. On n'a pas oublié qu'au premier rang figurent le rossignol et la gorge-blanche. M. Martineau père raconte qu'attiré un jour par les cris d'une gorge-blanche, le long d'une lisière, il tua un petit serpent ; aussitôt l'oiseau de voler sur une autre branche et de continuer ses cris, autre serpent trouvé et tué pareillement ; l'oiseau vole à une troisième branche et conduit à un troisième serpent. Ainsi, de branche en branche, suivant ses indications, M. M*** parvint à tuer sept petits serpents. N'y a-t-il pas là de quoi déclarer la personne de ce charmant oiseau inviolable, même à nos petits garçons? On dit que les canards sont très-avides de la chair des serpents et en général de toutes les plantes vénéneuses. Ceux du royaume de Pont acquéraient par ces aliments tant de vertus, que Mithridate employait leur sang dans ses fameux contre-poisons. J'ai fait avaler à un canard de longs crocs d'un *Fer de lance* avec les vésicules pleines de venin ; le canard a très-bien digéré et les crocs et le venin. Quelques faits me portent à penser que nous pourrions bien enrôler aussi contre le serpent ce bel oiseau à bec jaune, au plumage noir à reflets bleus, et qui porte sur sa tête une aigrette si martiale, le *paoui* ou *hocco*, qui nous vient de la Côte-Ferme, et dont la Martinique possède quelques échantillons, seulement par curiosité. Le paoui mange les anolis ; je l'ai vu dévorer un petit serpent que je lui avais jeté. (Je dois dire que ce petit serpent était mort.) La multiplication du paoui à la Martinique serait une véritable conquête, car cet oiseau est aussi domestique que le pigeon ; il voltige pendant le jour dans le voisinage, mais il revient chaque soir à la maison du maître. On dit que sa chair, quand il est jeune, est aussi bonne à manger que celle du dindon. Que de raisons pour le cultiver !

« Il existe à la Trinidad, dit M. Guyon, une sorte de corbeau « qui fait la guerre aux reptiles, dont il se nourrit en partie. « Le respect que lui portent les chasseurs l'ont rendu fami- « lier ; on le voit se promener par bandes dans les villes et les « villages ; c'est même sur lui que les habitants se reposent « pour l'enlèvement des immondices des rues, dont ils n'ont « pas à s'occuper du tout. Cette opération est faite chaque « jour et à des heures tellement fixes, qu'on peut dire que ja- « mais ordonnance de police n'a été sous ce rapport plus ponc- « tuellement exécutée.

« En 1821, l'abbé Legaulfe, qui habitait la Trinidad, après

« avoir fait un long séjour à la Martinique, eut l'heureuse idée
« d'opposer à la vipère *Fer de lance* le corbeau de la Trinidad.
« A cet effet, il en fit passer une cinquantaine d'individus à la
« Martinique, où ils se seraient sans doute promptement pro-
« pagés, vu les rapports de climat qui existent entre cette co-
« lonie et la Trinidad. Malheureusement, au lieu de les mettre
« en liberté à leur arrivée, on les tint enfermés, et presque
« tous moururent. Cette mortalité fut due en partie à la cause
« que nous signalons, et en partie aussi à une épizootie qui à
« cette époque régnait à la Martinique en même temps que la
« fièvre jaune (1).

« Depuis, et sur la proposition de M. Moreau de Jonnès, on
« emporta dans la même colonie et dans le même but un oi-
« seau qu'un bâtiment de l'État avait été chercher au cap de
« Bonne-Espérance. Cet oiseau est le serpentaire (ou secrétaire
« ou messager, *falco serpentarius* des naturalistes), très-connu
« par la destruction qu'il exerce sur les reptiles. Sa taille le
« rendrait plus propre que le corbeau de la Trinidad pour
« combattre la vipère *Fer de lance* ; j'en dirais autant de la
« nature de son bec comme aussi de sa force, et de sa force
« relativement à la cigogne. Malheureusement encore la Marti-
« nique ne reçut que deux individus, dont l'un mourut presque
« aussitôt son arrivée. On les avait déposés au Jardin de Botani-
« que, où les curieux allaient les visiter. Là, j'ai été souvent
« témoin de la manière habile dont l'animal se défait du rep-
« tile, et que je raconterai en peu de mots.

« D'abord, par des coups de patte lancés perpendiculaire-
« ment sur la tête avec une précision et une vigueur incroya-
« bles, il a bientôt étourdi son adversaire. Après quoi, tandis
« que d'une patte il l'assujettit sur le sol en le serrant avec
« force, le saisissant avec le bec derrière la nuque, par un
« mouvement rapide de torsion, il lui luxe les vertèbres. J'a-
« joute que rien n'est beau comme l'animal, lorsque, aper-
« cevant sa proie, son œil s'anime, brille, et tout son corps
« frémit. Quel que soit du reste l'oiseau à l'aide duquel on cher-
« che à se débarrasser de la vipère *Fer de lance*, on ne peut
« espérer, sinon d'atteindre le but, du moins d'en approcher,

(1) Pourquoi l'expérience ne serait-elle pas renouvelée aujourd'hui, et
dans des conditions meilleures ?

« qu'autant que la multiplication de l'oiseau serait en rapport
« avec celle du reptile, laquelle est très-grande. D'après cela,
« il conviendrait sans doute qu'on ne se bornât pas à l'intro-
« duction d'une seule espèce, d'autant plus qu'il est telle es-
« pèce, et ce cas paraît être celui du serpentaire, dont on ne
« pourrait se procurer beaucoup d'individus à la fois.

« Qu'on introduise donc dans les îles infectées par la vi-
« père un ou plusieurs des oiseaux dont nous venons de
« parler; qu'on en favorise la propagation. *Telle est l'œuvre*
« *que je signale aux autorités locales : il en est peu de plus phi-*
« *lanthropiques !* »

Il n'est pas un seul habitant de la Martinique qui ne s'associe à cette conclusion de l'honorable M. Guyon.

C'est une des belles parties de notre histoire que cet
échange géographique des ressources de la terre, ces colo-
nisations de plantes, d'arbres, d'hommes ou d'animaux; cela
agrandit l'existence humaine; que de belles branches de commerce pourraient en sortir !

Mais le véritable antagoniste du serpent dans la création,
c'est l'homme, l'homme armé des mille ressources de son industrie et animé du souffle divin de la civilisation. Partout
où l'homme a posé définitivement son empire, le serpent a
été obligé de reculer devant lui et de lui céder la place.
Voyez ce qui s'est passé dans l'Amérique. Au temps de Catesby,
les serpents à sonnettes pénétraient jusque dans les maisons; on
les trouvait dans les lits. Le boiquira régnait en maître, plus
maître, certes, que le sauvage dont il se faisait adorer : aujour-
d'hui, dans les Etats défrichés de l'Union, à peine rencontre-
t-on, même en les cherchant, quelques boiquiras. Un jeune
naturaliste m'a assuré qu'il n'avait pu s'en procurer un seul,
quoiqu'il ait parcouru dans tous les sens la montagne près
de New-York, appelée encore aujourd'hui *Snake Hill* (colline
du serpent). Les chasseurs, dit M. Holbrook, ne craignent
guère de les rencontrer, si ce n'est dans les parties les moins
parcourues, au milieu des bois. A la Martinique, il est sûr
que le nombre des serpents, tout considérable qu'il est encore, l'est beaucoup moins qu'il ne l'était dans les premiers
jours de la colonisation.

On lit dans le P. Dutertre :

« Un gentil-homme digne de foy m'a dit que disnant avec

un prestre de l'isle, il tomba une vipère du haut de la case au milieu des plats qui étaient sur la table. — Et Mme Duparquet m'a assuré qu'un jour, pensant prendre sur le chevet de son lit le bonnet de nuit de son mari, elle prit à pleine main un gros serpent qui dormait. »

Certes, aujourd'hui de pareils faits sont inouïs, et M. le gouverneur de la Martinique n'est pas exposé à faire dans sa chambre à coucher de pareilles rencontres.

Evidemment, le *Fer de lance* fuit devant nous : il ne se tient que dans les bois, dans les halliers, c'est-à-dire dans les endroits où la main de l'homme ne passe que rarement. Mais pourquoi lui laisser même ces retraites, d'où il ne sort que trop souvent encore pour porter le deuil dans nos familles? Avec tous ces piéges, embûches, aides et assistances dont nous avons parlé, et suivant le vœu émis par M. Duchatel et par beaucoup d'autres habitants, pourquoi ne pas poursuivre notre ennemi jusque dans ses derniers retranchements? Ne devrait-on pas organiser des compagnies avec les paresseux, les vagabonds du pays, avec surtout ces prétendus psylles dont l'adresse aujourd'hui ne sert qu'à tromper? Pourquoi n'en pas faire des *chasseurs de serpents?* Dans tous les pays civilisés, on voit des hommes qui parcourent la campagne et qui font marché avec les propriétaires de détruire les rats, fouines, belettes, et tous les animaux malfaisants qui infestent leurs champs et leurs greniers, et dont la poursuite doit être aussi difficile que celle des serpents. Ce métier, en apparence si humble et si bas, a fourni à l'un de nos romanciers modernes une de ses poétiques créations. Ceux qui ont lu le roman de George Sand intitulé : *Les frères Mauprat*, se rappelleront toujours l'hidalgo Marcasse, le *preneu d'taupes*, avec sa longue échine et sa longue épée, s'avançant comme un acrobate, à la poursuite des rats, le long des poutres et solives du château de Saint-Sévère. Mais laissons parler l'enchanteresse; on ne refait pas la prose de George Sand :

« Marcasse, dit *le Preneur de taupes*, faisait profession de purger de fouines, belettes, rats et autres animaux malfaisants les habitations et les champs de la contrée. Il ne bornait pas au Berry les bienfaits de son industrie, tous les ans il faisait le tour du Limousin, de la Marche, du Nivernais et de la Saintonge, parcourant seul et à pied tous les lieux où l'on

avait le bon esprit d'apprécier ses talents ; bien reçu partout,
au château comme à la chaumière ; car c'était un métier
qu'on faisait avec probité de père en fils dans sa famille, et
que ses descendants font encore. Il avait un gîte et une be-
sogne assurée pour tous les jours de l'année. Aussi régulier
dans sa tournée que la terre dans sa rotation, on le voyait à
époque fixe reparaître dans les mêmes lieux où il avait passé
l'année précédente, toujours accompagné de son petit chien
et de sa longue épée, etc.

« On l'appelait *don* Marcasse, parce qu'on lui trouvait la
démarche et la fierté d'un hidalgo ruiné.

« Beaucoup pensaient qu'il y avait quelque sortilége dans
son air mystérieux, et que ce n'était pas seulement la longueur de son épée et l'adresse de son chien qui faisaient si
merveilleuse déconfiture de taupes et de belettes : on parlait
tout bas d'herbes enchantées au moyen desquelles il faisait
sortir de leurs trous ces animaux méfiants, pour les prendre
au piége ; mais comme on se trouvait bien de cette magie, on
ne songeait pas à lui en faire un crime.

« Je ne sais si vous avez assisté à ce genre de chasse ; elle
est curieuse, surtout dans les greniers à fourrage. L'homme
et le chien grimpant aux échelles et courant sur les bois de
charpente, avec un aplomb et une agilité surprenantes ; le
chien flairant les trous des murailles, faisant l'office de chat,
se mettant à l'affût et veillant en embuscade jusqu'à ce que
le *gibier* se livre à la *rapière* du chasseur ; celui-ci lardant la
botte de paille et passant l'ennemi au fil de l'épée : tout cela,
accompli et dirigé avec gravité et importance par don Marcasse, était, je vous assure, aussi singulier que divertissant. »

C'est ainsi que le génie sait tout ennoblir. Sachent donc les
preneurs de serpents qu'ils peuvent être un jour chantés
aussi bien qu'Achille et Agamemnon. Mais ce n'est point dans
les romans seulement que je trouve les bons effets de cette
utile quoique petite industrie. Dernièrement, on lisait dans
le journal *la Presse* :

« Le 2 décembre, en vertu d'un arrêté de M. le préfet du
Loiret, rendu sur les plaintes des habitants des communes
d'Ingré, Huisseau et Gémigny, a eu lieu une grande battue
au loup dans la forêt de Montpipeau, appartenant à la cou-
ronne, à M. le marquis de Sesmaisons et à quelques autres

personnes. Cette battue, conduite par M. le marquis de Grasville, que le préfet avait chargé de la diriger, a été couronnée
d'un succès complet. Quatre loups de taille colossale ont été
tués par les tireurs : c'est M. de Grasville lui-même qui a
abattu le premier, animal vraiment monstrueux, auquel il a
logé une balle dans l'œil, au moment où il lui venait en
tête.

« A six heures du soir, l'intrépide chasseur rentrait triom-
phant à Orléans, apportant à la préfecture les quatre loups
attachés derrière sa voiture. On ne saurait se figurer l'enthousiasme des populations réunies pour cette battue administrative, et qui ont regardé avec raison ce brillant résultat
comme un service important rendu au pays. Cinq autres loups
ont été vus dans le cours de cette même journée, mais n'ont
pu malheureusement être atteints.

« Le fait qui précède remet en mémoire qu'il existe en
France une classe de fonctionnaires publics dont les attribu-
tions et les services sont si peu connus, que les trois quarts
de ceux qui, par hasard, entendent prononcer leur nom, le
regardent comme le titre de quelque office de l'ancien régime
dont il ne reste plus de traces aujourd'hui. Ce sont les officiers
de louveterie auxquels le Code forestier cependant attribue
le droit de chasser dans les forêts de l'Etat les animaux nuisibles, à charge par eux d'entretenir une meute, des valets de
limier, etc. Les lieutenants de louveterie existent donc réellement, au nombre de près de trois cents, et bien qu'ils ne
figurent pas au budget, ces places sont assez recherchées par
les gentilshommes de province. S'ils ne coûtent rien à l'Etat,
ils n'en sont pas moins zélés à remplir leurs fonctions ; on peut
en juger par le petit article suivant que nous empruntons aux
Annales forestières :

« D'après un relevé des états fournis à l'administration fo-
restière par les lieutenants de louveterie, voici quel serait le
nombre des animaux dangereux ou nuisibles détruits pendant
l'année 1841-1842 : loups, 274; louves, 173; louveteaux,
293; sangliers, 490; renards, 2,944; blaireaux, 331; chats
sauvages, 362 ; putois, 411; fouines, 748 ; ensemble, 6,126 pièces. »

C'est ainsi que des loups l'Angleterre est déserte. (La Fontaine.)

J'ai lu, je ne me rappelle plus où, qu'en Islande les corbeaux sont très-redoutés, et que dans l'île de Féroé, il y a un antique usage qui oblige tout habitant d'apporter un bec de corbeau dans des réunions annuelles qui répondent à nos comices agricoles.

J'ai ramassé ces citations de gauche et de droite ; je les mets sous les yeux du lecteur pour exciter notre émulation, pour montrer que dans une société bien ordonnée il n'y a pas de petit soin, de petit emploi ; que l'homme, à l'exemple de la Divinité, doit veiller à tout, être toujours prêt à porter la main partout où son empire est menacé. Pourquoi, par exemple, a-t-on aboli, et pourquoi ne rétablit-on pas, mais sur une plus grande échelle, la prime établie par M. le général Donzelot pour chaque tête de serpent? Au lieu de restreindre cette prime aux environs du Fort-Royal, comme elle l'était autrefois, ne pourrait-on pas l'étendre à toute la colonie? Ne pourrait-on pas charger MM. les maires d'en faire la répartition dans leurs communes? L'un de nos représentants, M. le baron Max Delhorme, en a fait, il y a deux ans, la proposition au conseil colonial, et M. le directeur de l'intérieur avait promis de donner suite à cette proposition.

Outre les primes, je voudrais que chaque année on distribuât des médailles aux meilleurs panseurs, à ceux qui feraient preuve qu'ils ont conservé à la société coloniale un grand nombre de travailleurs qui, sans eux, eussent été victimes de la piqûre du *Fer de lance*, de même qu'en France on distribue des médailles à ceux qui ont pratiqué un certain nombre de vaccinations, ou porté des secours à des noyés et à des naufragés, ou à tout citoyen en danger de périr. Cette distribution se ferait solennellement à certain jour de l'année, qui serait une fête publique présidée par M. le gouverneur et par toutes les autorités. Les preuves à fournir seraient des certificats délivrés par les maires, par des habitants notables, et non, bien entendu, par des compères et les premiers venus. Il y aurait enquête, vérification par une commission administrative, enfin toutes les sûretés contre la fourberie, toujours prête à se glisser partout.

Mais cela coûterait de l'argent; il faudrait des impôts nouveaux. Comptez-vous donc pour rien l'avantage de vivre dans une société régulière, et qui diminue pour vous, vos enfants, vos serviteurs, vos amis, les mauvaises chances de la vie ? Ne souhaitez-vous pas d'embellir vos demeures, de les peindre, de les orner, de leur ajouter tout le luxe superflu dont elles brillent? Et n'est-elle pas aussi votre demeure, cette ville et cette campagne où vous vivez, où vous marchez la nuit et le jour, où vous demeurez plus encore que dans vos maisons? Ne faut-il pas entretenir vos routes, éclairer vos rues, écarter de dessous vos pas comme de dessus vos têtes tous les mille dangers qui vous menacent? Payons donc les impôts, ô mes frères ! payons-les, parce qu'ils sont nécessaires, parce qu'ils sont utiles : veillons seulement à ce qu'ils ne soient pas détournés de leur destination pour soudoyer l'intrigue et la flatterie !

Enfin, fatigué de marcher si lentement et d'avancer si peu dans les rudes sentiers de l'observation, ennuyé des étroites limites de la réalité, il m'arrive quelquefois de sortir du monde connu, de donner carrière à mon imagination, de fermer l'oreille aux voix importunes, et de m'élancer à toute vapeur dans les vastes champs de la fantaisie, et je rêve... non pas comme notre ami le fabuliste, que,

> Tout le bien du monde est à nous,
> Tous les honneurs, toutes les femmes.
> . . . .
> Je vais détrôner le sophi.

(mais ce qui est peut-être moins possible encore) que tous les hommes sont bons, que la religion les a enfin domptés et assouplis, que la civilisation les a rendus indulgents les uns pour les autres, sans envie, sans dénigrement, résignés aux choses qu'ils ne peuvent empêcher ; que les gouvernements sont établis précisément pour remédier aux inégalités qui sont du fait de la nature et qu'elle ne multiplie que trop; que tous les efforts de l'homme tendent à former ce niveau de bien-être général qui ne laisse place à aucune juste plainte ; qu'il n'y a plus que des ministres de l'agriculture, de la santé publique, du commerce, de l'instruction publique, et autres de ce genre; qu'on ne parle de guerre que contre les fléaux, les inondations, les maladies, les tremblements de terre et les serpents. Or, dans cette nouvelle *utopie* que je fonderais dans notre Martinique(1), voici quel serait le programme d'une fête :

(1) Une des plus belles fictions de l'antiquité est celle du jardin des Hespérides, rempli de pommes d'or et placé sous la garde d'un affreux dragon. J'aime quelquefois à voir dans cette fiction un mythe de notre chère Martinique, la première des îles qui s'offre au navigateur fatigué de sa longue course à travers l'Océan, celle qu'ils ont surnommée la *reine des Antilles*, qui s'élève au milieu des flots comme une verte émeraude enchâssée entre une perle et un diamant, et qui est placée sous la *terrible love* du trigonocéphale. Pour rendre cette image complète, il faut se souvenir que la terre de la Martinique se trouve entre deux rochers : l'un à l'extrémité nord, que les marins nomme la *perle*, et l'autre à l'extrémité sud, qu'ils appellent le *diamant*. Un jour que je visitais un steamer qui venait de passer devant la plupart des autres Antilles, j'aperçus un Anglais appuyé sur le bastingage de bâbord, et entièrement absorbé dans la contemplation du paysage qui s'étendait devant lui. C'était la mer calme, lisse, damassée seulement par les accidents de la brise légère qui effleurait sa surface, la mer remplissant cette large baie foraine de Saint-Pierre, qui s'étend de la pointe du Cabet à la pointe du Prêcheur ; puis le long feston du rivage, *concava littora*, irrégulier comme tous les ouvrages de la nature auxquels l'homme n'a pas mis la main, et dessiné par la ligne d'écume blanche qui marque le point de rencontre de la mer avec la terre. Sur la droite s'élevaient les falaises de l'Anse-Turin et de la Grosse-Roche, tout écorchées, rongées, crevassées par le choc des vagues qui les battent incessamment, comme des barrières qu'elles voudraient renverser pour passer outre. Au-devant, la ville avec ses tuiles rougeâtres, et qui du large paraît comme un banc de coquillages échoué sur la grève ; derrière la ville, cette ceinture de mornes qui enveloppe la partie du mouillage, comme le demi-cintre d'un cirque romain. Plus à gauche s'ouvraient les grandes plaines des habitations Pécoul et Perrinelle, plantées de cannes à sucre, dont quelques carrés actuellement *en fleurs*, empanachés de leurs flèches argentines, brillaient au soleil comme un régiment de cavalerie, casque et plumet en tête, un jour de grande revue, tandis que d'autres pièces au feuillage vert-tendre contrastaient avec le gros-vert sauvage des forêts de la Montagne-Pelée. Celle-ci enfin, avec sa tête chenue et vraiment *pelée* par les vents, avec ses flancs ombrés de noir et sa masse triangulaire, cabalistique, dominait le paysage, comme le trône de la divinité du lieu prête à s'élancer sous la forme d'une éruption volcanique, au grand effroi et tremblement de toute l'île. Tout, jusqu'à cette *fabrique* de la batterie Sainte-Marthe, placée sur l'avant-scène, avec son pavillon national et la chapelle en ruines qui est à ses pieds, et qui laisse voir vide et à jour la petite fenêtre où pendait la clochette de quelque vieux ermite ; tout dans ce tableau, l'immensité du ciel, l'immensité de la mer, l'immensité de la nature, et en regard cette ville, ce bastion, cette chapelle, témoignages de la présence et de la petitesse de l'homme, tout contribuait à former un des paysages les plus complets, une des plus majestueuses harmonies qu'on puisse voir.

M'étant approché de l'Anglais : — *What do you think of that ?* lui dis-je. — *A splendid colony*, répondit-il. Ce mot de *splendide* résonnera à tout jamais dans le cœur d'un Martinicain.

Par un des beaux jours d'hivernage, qui sont ici les plus beaux jours, quand ils sont beaux , un jour que le ciel limpide et bleu, sans un nuage, la mer calme et diaphane, sans une vague, placés en face l'un de l'autre comme deux belles glaces, se reflétant à des profondeurs infinies ; par une de ces matinées (1) qui ne laissent à la Martinique rien à envier au printemps de la Grèce décrit par ses plus grands poëtes, le son du cor se ferait entendre, on se réveillerait aux roulements du tambour, aux grandes volées des cloches, à l'appel du canon; les fanfares de la trompette enflammeraient dans tous les cœurs le sentiment guerrier; chaque jeune homme souhaiterait, non pas un Anglais, non pas un Américain à dévorer,

Optat aprum fulvumve leonem,

mais un *Fer de lance* ; car ce jour-là serait le jour de la guerre, de la battue aux serpents, le jour des Morts pour le *Fer de lance.* La jeunesse se réunirait tout en armes dans l'une de ces grandes savanes qui servent de portes à la ville de Saint-Pierre ; les bannières des chefs déploieraient au soleil leurs riches couleurs et leurs franges dorées; on se répandrait dans la campagne à plusieurs milles, et à un signal donné toute cette armée, faisant volte-face, se renverserait sur la ville et pousserait devant soi tous les serpents cernés dans cette vaste enceinte. Aucun buisson, aucun trou, aucun hallier, aucun coin ne serait négligé ; on visiterait, on fouillerait, on examinerait tout, on feuilletterait chaque arbre afin de ne laisser échapper aucun des ennemis. Arrivé sur les bords de ces escarpements où la plaine se précipite en falaises et se fond en abîmes redoutables, les siéges en seraient faits, comme de hautes citadelles. Ici, l'adresse aurait les honneurs du courage ; c'est à qui escaladerait ces hauts lieux, les uns sur des échelles, les autres suspendus aux lianes, aux pointes et aux fentes des rochers. Le fer, le feu, le soufre, feraient déguerpir l'ennemi des retraites qu'on pouvait croire inaccessibles.

(1) La matinée est aux colonies le plus beau moment de la journée : ce sont deux heures de printemps que la nature accorde chaque jour à ces heureux climats.

Cependant la troupe moins ingambe et moins hardie des vieillards et des hommes mariés se tiendrait échelonnée et embusquée le long de cette circonvallation tracée autour de la ville, et qu'on appelle les *boulevards.* Les serpents, obligés de fuir par ce passage, achèveraient d'être immolés, sans que personne eût à courir un danger. C'est ainsi qu'en France le chasseur attend le long d'une coupe de bois le chevreuil ou le rusé renard, poussé par la meute des chiens ou des batteurs.

Enfin, la chasse finie, des monceaux de *Fers de lance* seraient livrés aux flammes! charmants auto-da-fé que l'histoire ne couvrirait jamais d'anathèmes! Je voudrais ensuite qu'on se rendît au temple de Dieu, — car toujours au Seigneur tout honneur, — qu'on célébrât des actions de grâces comme pour la plus belle victoire, que l'église entonnât ses plus beaux chants, ceux qu'elle a chantés pour Rocroy ou pour Austerlitz; puis la fête se terminerait par des couronnes distribuées aux plus heureux d'entre les vainqueurs, aux héros de la journée, par des festins, par des chants, par des danses, avec toute la pompe enfin du plus pompeux des opéras.

Cette fête se renouvellerait chaque année et dans toutes les communes de la colonie.

Risum teneatis, amici.

Qu'étaient-ce donc que tous ces jeux *isthméens, néméens, pythiques, olympiques*, etc., etc.? N'étaient-ce pas des solennités consacrées au souvenir de la délivrance d'un pays de quelque monstre semblable au *Fer de lance?*

Ex illo celebratus honos, lætique minores
Servavère diem.....

dit Evandre célébrant la commémoration de Cacus, *semihominis Caci*, étranglé par Hercule. (VIRGILE, l. VIII.)

Aux États-Unis, dans les environs de la montagne de Castkell et du lac George, les habitants sont obligés par la législation de l'Etat de se réunir à certaines époques, et de faire des battues qui détruisent quatre à cinq cents reptiles chaque fois.

« Quelques accidents, dit M. Paulet, bien constatés par suite « de la piqûre de la vipère, ayant eu lieu à Fontainebleau, le « jury de médecine du département de Seine-et-Marne, le « maire de Fontainebleau, le préfet du département, le sous-

« préfet de l'arrondissement, s'empressèrent de se concerter
« sur les moyens de prévenir les accidents. Une affiche où respi-
« rent l'humanité et la bienfaisance promit une récompense à
« ceux qui mettraient à mort les vipères ou les rapporteraient
« vivantes. L'effet de cette précaution a été si heureux qu'aucun
« accident de ce genre ne fut plus observé, et qu'on prit en
« 1804 quinze vipères parmi lesquelles se sont trouvées deux
« femelles, dont l'une avait seize œufs dans le corps et l'autre
« six. Cette mesure de sûreté a fait beaucoup d'honneur à
« l'administration départementale et municipale. » En 1856,
le conseil général de ce même département de Seine-et-Marne
a voté 8,000 fr. de prime pour la destruction des vipères.

(*Journal des Débats*, 24 septembre 1856.)

Dernièrement M. Arnoux me racontait qu'à son retour de
France, lorsqu'il brûlait encore du feu sacré de l'émulation
européenne, il avait consacré tous ses dimanches à la chasse
des serpents sur l'habitation de madame sa mère, située dans
la banlieue de Saint-Pierre. Aidé d'un nègre, il furetait dans
tous les trous et dans toutes les terres incultes ou cultivées,
tuait chaque fois un ou deux serpents, si bien qu'il parvint à
purger l'habitation de leur présence, car il finit par n'en plus
trouver (1).

Et moi, j'ai fini les deux premières parties de cette enquête,
qui sont les principales (puisque ce sont elles qui apprennent
à détruire le reptile par l'étude de ses mœurs, et à guérir les
cruelles morsures qu'il produit, par l'étude des traitements
les plus efficaces). Le long temps que j'ai mis à terminer ce
travail, dû en grande partie aux obstacles apportés dans le
mode de publication, m'a servi à le compléter; car j'ai pu
recevoir des renseignements nouveaux, faire des rectifica-
tions provoquées par la lecture des articles au fur et à mesure
qu'ils paraissaient. Ceci me paraît un gage d'authenticité, car

(1) Depuis que j'ai livré mon dernier article à l'impression, obligé de
me retirer quelque temps à la campagne de mon frère, pour rétablir ma
santé, j'ai profité de mon loisir pour exécuter en petit cette battue que je
propose. Et le long d'une lisière qui borde l'avenue d'entrée, lieu où l'on
passe cent fois et le jour et la nuit, où jouent des enfants, M. Arnoux et
moi nous avons fait tuer sept serpents! Que d'autres lieux, et des plus
proches de nos demeures, seraient trouvés aussi infestés, si on voulait y
faire les mêmes recherches !

chaque article a été publié *coram populo*, et sous le coup de la contradiction de tout un chacun. J'ai à m'excuser des digressions, hors-d'œuvre, fioritures,

> Bullatis, ut mihi, nugis
> Pagina turgescat.

auxquels je me suis laissé aller, au risque d'impatienter plus d'une fois le lecteur. C'est la faute où tombent tous les auteurs inexpérimentés qui obéissent à leur plume au lieu de la conduire :

> Qui ne sut se borner ne sut jamais écrire.

Je dirai cependant que par là j'ai voulu imiter (d'autres pourront dire singer) cet orateur ancien qui se trouvait bien, pour réveiller l'attention de ses auditeurs, d'entremêler ses discours de quelque conte de bonne femme ; que n'étant pressé ni par le temps, ni par l'espace, ni par la forme de mon sujet, j'ai pu me laisser aller au désordre d'une conversation indéfinie ; qu'écrivant non point pour un journal scientifique, mais pour la gazette ordinaire, j'ai dû en prendre le ton et rechercher les petites nouvelles qui amusent. Je pourrais dire encore bien d'autres choses, car j'avoue que je suis bavard ; mais je n'en crains pas le reproche, si j'ai contribué à faire naître dans quelque tête une idée utile, ou à sauver un seul homme piqué du serpent. Quant à ceux qui auront à traiter l'article *Fer de lance* pour un dictionnaire d'histoire naturelle, pour un traité *ex professo*, pour un compendium ou une encyclopédie, j'espère qu'ils trouveront dans les pièces de cette volumineuse enquête ce qu'ils doivent désirer avant tout d'y trouver, un grand respect de la vérité. Et puis, je sais qu'en tout temps et partout il y a des gens fort habiles à tirer quelques parcelles d'or du fumier des Ennius.

FIN.

APPENDICE.

N° I

OBSERVATIONS PARTICULIÈRES

I. — Piqûre sans accidents graves ; traitement par incision
et dans les premiers moments.

Je rencontrai un jour sur la grand'route un nègre de l'habitation la Rochetière ; il me dit qu'à un quart d'heure de là il avait été piqué par un moyen serpent (ce qui veut dire un serpent de 3 à 4 pieds). Il présentait à la face dorsale de la main droite, entre le pouce et l'indicateur, deux piqûres distantes l'une de l'autre d'une ligne environ ; entre ces deux piqûres l'épiderme était arraché ; il y avait dans les parties voisines un commencement d'enflure, mais peu considérable. L'homme se plaignait d'un engourdissement dans le bras ; il se faisait des frictions avec un citron ; un peu de sang coulait des piqûres, aucun symptôme général. Il paraissait peu effrayé. Comme je n'avais sur moi que des lancettes, j'en enfonçai une assez profondément dans le trajet des piqûres, et je fis une incision de 4 lignes de profondeur. Le sang coula en abondance. Le nègre était tout mouillé, ayant été obligé de traverser plusieurs fois une rivière ; je le fis entrer dans la petite habitation de M. Pory Papy qui était la plus voisine, et lui fis donner des vêtements secs et un verre de vin. Il regagna sa demeure, qui était à dix minutes de là. J'appris qu'il n'eut rien de plus pressé que de faire venir un panseur. Il eut des vomissements dans la soirée, suivis d'un tremblement nerveux ; mais dès le lendemain matin il se trouvait si bien, qu'étant allé le visiter, il était retourné au travail.

Voilà un des cas les plus simples de la piqûre du serpent ; heureusement les cas semblables sont aussi les plus fréquents. On voudra bien, je l'espère, me laisser la satisfaction de croire que les soins portés par moi à cet homme ont dû contribuer à sa guérison. La promptitude de ces soins, la profondeur des

17

incisions et l'écoulement du sang ont empêché l'absorption
et favorisé la sortie du venin. Je me flatte donc que la surve-
nance du panseur était superflue, quoiqu'il ait eu les honneurs
de la guérison; peut-être même a-t-il blâmé mon incision. Il
serait en effet bien à souhaiter qu'on trouvât un moyen interne
ou externe qui dispensât de la douleur que les incisions produisent et de la plaie qu'elles laissent et qui retarde la guérison. Cette médication, appliquée aux membres inférieurs, empêche la marche et le travail; mais parmi les nombreuses
recettes que j'aie eu occasion d'examiner, il n'en est aucune
qui m'ait offert ces avantages; c'est pourquoi on fera bien,
comme méthode générale, de scarifier et de cautériser tous
les cas indistinctement jusqu'à nouvel ordre, c'est-à-dire
jusqu'à ce qu'on ait appris à distinguer les cas qui, sans pansement, seraient graves d'avec ceux qui seraient légers. Il faut
suivre cette règle plutôt que de s'exposer à perdre un blessé.

II.— Tuméfaction considérable de la partie piquée, guérie sans incision.

Négresse de l'habitation Beauregard, porteuse de bagasses,
piquée à sept heures du matin en ramassant les cannes près
du moulin. Pansement immédiat par un panseur nègre. Dans
les premiers moments il y a eu lypothimie, refroidissement,
pas de vomissement. Je vois la malade trente-quatre heures
après l'accident : tuméfaction très-considérable de tout le
membre depuis les doigts jusqu'à l'épaule et à la partie voisine
du thorax, molle, comme emphysémateuse, très-sensible au toucher, avec des taches violacées; pouls fréquent, serré; chaleur générale; soif; pas de céphalalgie; tendance au sommeil;
le bras était entouré d'un cataplasme de racine d'*envers*
(*maranta arundinacea*) pilée, mais sèche. La malade avait pris
différentes sortes de tisanes. Malgré le gonflement considérable, et qui semblait faire craindre la formation d'un phlegmon,
la malade guérit sans accident. On m'avait appelé pour voir
s'il y avait lieu de pratiquer des incisions; bien m'en prit de n'en
pas faire, parce que, malgré la tuméfaction, je ne sentis point
de fluctuation distincte. Je savais que des engorgements considérables pouvaient se résoudre sans abcès; mais c'est là un

point délicat qui exige de la part du médecin une grande surveillance, car si la suppuration une fois formée, on la laisse faire des progrès et s'étendre à l'intérieur au lieu de lui donner issue au dehors, il en résulte les plus graves désordres. Il importe donc de distinguer la sensation molle et renitente que donne la sorte d'emphysème gazeux dont le tissu cellulaire est le siége dans ce premier moment, d'avec la sensation que produit une fluctuation véritable, et qui indique que le pus est formé et réuni en foyer. C'est surtout dans ce dernier cas qu'il faut faire des incisions pour donner issue au pus. On peut, dans cette appréciation, s'aider de la considération du temps qui s'est écoulé depuis l'accident. M. Blot dit que la purulence s'établit alors très-promptement, et qu'il a trouvé du pus moins de quarante-huit heures après la piqûre. Quoi qu'il en soit, je crois que le précepte nègre de ne pas se hâter de faire des incisions pour évacuer le pus, est assez raisonnable; mais ce n'est pas avec connaissance des inconvénients que les panseurs agissent ainsi, c'est plutôt par la peur qu'ils ont des incisions et par l'ignorance de savoir les faire. Ce point de la thérapeutique de la piqûre du serpent est donc encore à recommander aux observateurs.

Les panseurs croient aussi que l'emploi des émollients favorise la suppuration; ils préfèrent les cataplasmes d'herbes ou de racines pilées, mais appliquées *sèches*. Comment de pareils cataplasmes peuvent-ils agir! Nous avons dit page 121 que telle n'était pas l'opinion de Fontana. Quelques-uns font usage de frictions avec le tafia pur. Je ne serais pas éloigné d'essayer de ce moyen dans les premiers jours; je n'emploierais point le tafia pur, mais plutôt un mélange de deux parties de tafia pour une partie d'eau; je ne frictionnerais point fortement, comme font les panseurs, je me contenterais de lotions ou d'une application de compresses trempées dans ce mélange. Peut-être serait-ce le cas de saupoudrer le membre de poudres médicamenteuses, comme on a proposé de le faire contre l'érésipèle? Il est certain que la tendance des tissus à la purulence et à la gangrène indique les toniques et les résolutifs. Ceci est encore à soumettre à l'expérience.

L'observation suivante est un exemple du danger qu'il y a de trop retarder les incisions.

III. — Suppuration évidente au quatrième jour après la piqûre. — Foi
du nègre dans le panseur. — Désordres consécutifs aux blessures mal
soignées. — Triste réflexion sur la difficulté de faire un peu de bien.

Zadig, nègre de mon habitation, en coutelassant des halliers,
le 25 septembre, fut piqué du serpent au poignet et pansé
par un panseur qui ne put venir que deux heures après.
Jusqu'alors le blessé était resté sans aucun soin. Je n'étais pas
chez moi. Zadig eut des faiblesses, des vomissements, une
vive douleur dans le membre et une enflure assez prompte.
Quatre jours après, Zadig allant de mal en pire, le régisseur de
l'habitation me fit appeler. Je trouvai le malade la face altérée,
avec une fièvre vive, de la chaleur, de la soif, et le bras
droit enflé depuis la main jusqu'à l'épaule. Ce bras était
couvert d'herbes pilées et infusées dans le tafia ; l'enflure était
des plus considérables qu'on pût voir ; la peau lisse, tendue,
très-sensible, surtout sur le dos de la main, vis-à-vis du poignet
là où les crocs, disait-on, avaient porté. La fluctuation était
des plus sensibles. On pouvait faire refluer le liquide d'un point
à un autre. Je proposai à Zadig de pratiquer des incisions multipliées, afin de donner issue au dehors à la matière épanchée,
et d'éviter son infiltration dans les muscles et dans l'articulation. Zadig me témoigna le désir de ne rien faire sans consulter
son panseur. J'envoyai immédiatement querir celui-ci ; je lui
exposai le plus clairement que je pus le danger que courait Zadig, si le pus, au lieu de sortir, pénétrait à travers les
chairs. Il me laissa parler ; puis, lorsque je demandai son avis,
il répondit sans sourciller qu'il savait un moyen de faire fondre
les *dépôts*. « Tu sais, lui dis-je, un moyen de faire disparaître
des dépôts comme celui-ci !—Oui.—Tu en es bien sûr ?—Oui.
—Songe à ce que tu vas faire.—N'ayez pas peur. » Il était im-
perturbable. Alors, me tournant vers Zadig : «Tu as entendu,
lui dis-je, tout ce que je t'ai dit ; tu as bien compris tous les
dangers que tu cours si cet abcès n'est pas ouvert? — Oui,
maître ; le panseur l'empêchera d'ouvrir ; je ferai ce qu'il dira.»
Devant une telle foi il n'y avait qu'à se retirer honteux, con-
fus et réfléchissant sur l'incroyable aveuglement de l'espèce
humaine. Les choses ne se passèrent que trop comme je le
craignais : il y eut phlegmon, décollement des muscles,

ouverture de l'articulation, carie des os, ankylose et déformation de la main, qui resta tout d'une pièce ankylosée, avec le poignet et les doigts ramassés les uns contre les autres. Un an après l'accident, Zadig n'était pas guéri. Un jour, en me montrant sa main : « Maître, me dit-il, le panseur est venu chercher son payement. — Et que demande-t-il pour cette belle affaire? — Un demi-doublon (43 fr. 20 l) — Donne-lui plutôt cent coups de bâton, repris-je. — J'aime mieux cela, » dit-il, et là-dessus il s'en alla. Je ne sais s'il paya le panseur de la monnaie que je lui conseillais.

Cette observation, qui n'a que trop de pareilles, montre quels désordres peuvent succéder à la suppuration que détermine la piqûre des serpents aidée du pansement des panseurs.

Ce fut une grande mortification pour moi, car cela se passait chez moi. Moi qui, depuis quinze ans, me donnais tant de peine pour étudier les effets produits par cet accident et pour en propager le meilleur traitement !

IV. — Mort trente et une heures après la piqûre. — Altération du sang. — Une piqûre antécédente ne met point à l'abri des accidents que peuvent déterminer les piqûres suivantes. — État du membre trente et une heures après la piqûre.

Pally, Capre de trente-cinq ans, très-robuste, passant sa vie à la chasse dans les bois, avait été déjà deux fois piqué du serpent et avait été très-bien guéri. Le 4 mai 1854, il fut de nouveau piqué dans les bois de la montagne Pelée, vers dix heures du matin, par un très-gros serpent. Il put regagner son logement à Saint-Pierre, environ à deux ou trois lieues de là. Il fit la route à pied, sa jambe étant nouée par une liane. Le panseur n'arriva qu'à deux heures (quatre heures après l'accident). Il ventousa la plaie avec de petites calebasses, fit prendre au blessé un mélange d'huile et de citron, et couvrit la plaie avec ce mélange ; il ne quitta pas le malade. Des vomissements, des sueurs froides et des syncopes se succédèrent. Il n'y eut pas d'expuition sanguine ni hémorrhagie d'aucune sorte; l'intelligence resta libre jusqu'à la fin, et le malade mourut le 5, à huit heures du soir (trente et une heures après l'accident). Ces renseignements ont été obtenus par nous des personnes qui entouraient le malade. On nous permit d'en faire l'autopsie, dix-sept heures après la mort : roideur cadavérique, météorisme, membre inférieur droit très-tuméfié, depuis le cou-de-pied jusqu'à l'aine. A la partie postérieure et moyenne de la jambe gauche, on reconnaît deux incisions distantes l'une de l'autre de 10 lignes. On nous dit que ce sont les incisions faites par le panseur sur la piqûre. Ces incisions sont peu profondes et entament à peine la peau ; phlyctènes dans le creux du jarret ; la peau a conservé sur tout le membre son aspect naturel ; au-dessous le tissu cellulaire sous-cutané, depuis le talon jusqu'à la fesse, est le siége d'une tuméfaction considérable; incisé, il ne dégage point de gaz, n'offre point de pus, mais une infiltration séro-sanguinolente ne formant en aucun point de foyer, mais disséminée également dans les mailles du tissu et d'autant plus prononcée qu'on approche davantage du point des piqûres. Cette infiltration a lieu dans tout le contour du membre, mais elle est plus considérable aux parties postérieures. L'aponévrose jambière est partout intacte, excepté vis-à-vis du point des piqûres; là elle est pénétrée, le tissu musculaire sous-jacent est noir, infiltré de sérosité dans une aréole d'un pouce ou deux. On reconnaît donc que le croc a pénétré au-dessous de l'aponévrose. Les veines saphène et crurale, l'artère crurale, examinées avec soin dans toute leur étendue, ne présentent, ni à l'intérieur ni à l'extérieur, d'altération ; elles contiennent un sang noir et fluide, mais pas de caillot; les glandes de l'aine, rosées, sont légèrement tuméfiées, assez fermes ; cœur flasque, mou, avec des taches noires sous la membrane externe et large qui tapisse les ventricules de une à deux lignes. Ces taches sont de petites ecchymoses ; pas de sérosités dans le péricarde ; infiltration séro-sanguinolente dans le tissu cellulaire qui entoure l'aorte et l'artère pulmonaire à leur sortie du cœur; membrane interne des ventricules et de l'aorte normale; membrane interne de l'artère pulmonaire et des oreillettes violacée ; sang noir fluide offrant un caillot noir dans l'oreillette droite ; plèvres sans serosité ; poumons crépitant sans aucune trace d'hépatisation, mais rempli d'un sang noir offrant des marbrures noires sous la plèvre pulmonaire; infiltration séreuse dans le tissu cellulaire des veines pulmonaires. Trachée artère et bronches violacées, contenant une écume mousseuse. Foie marbré de taches presque noires ; sa substance jaune est à peine distincte. Son tissu est friable comme celui d'un foie hypérémié ; bile verdâtre, épaisse ; rate, volume ordinaire, assez consistant, offrant quelques taches sous la séreuse ; reins rouges, sans altération ; le cerveau n'a pas été examiné, non plus que les intestins.

Cette observation, à peu près nulle sous le rapport des symptômes qui n'ont pas été vus par moi, montre les lésions anatomiques qui ont eu lieu trente et une heures après l'accident ; elle peut être rapprochée des deux observations citées (pages 98 et 109) ; les seules lésions notables qu'elle présente se trouvent dans l'état du sang et dans l'infiltration du tissu cellulaire.

Il faut remarquer l'état sain des veines et des glandes lymphatiques de l'aine, quoique ce soit par l'une ou l'autre de ces voies, si ce n'est par les deux, que le venin a dû passer dans la circulation. Les expériences de Fontana tendent à démontrer que, dans ces cas, c'est par le système veineux que l'absorption a lieu.

Quoique le sang fût très-fluide partout, il y avait un caillot dans l'oreillette droite.

On dit que cet homme avait été antérieurement deux fois piqué du serpent, qu'il en était guéri, ce qui ne l'empêcha pas cette dernière fois de succomber. Ce n'est pas le seul exemple de piqûres antécédentes ne mettant point à l'abri des accidents graves qui peuvent résulter de piqûres subséquentes. M. Arthur Cazeneuve m'a parlé d'un nègre piqué dix-huit fois et qui mourut à la dernière. Ces faits sont suffisants pour réfuter l'opinion qu'une première piqûre préserve des effets d'une seconde ; c'est confondre l'action des venins avec celle des virus. Un des caractères des virus est d'imprimer à l'économie animale qui en est imprégnée une modification qui la rend réfractaire à l'introduction de nouvelles doses. Il n'en est pas de même des venins : malgré l'analogie qui existe entre ces deux modifications toxiques, leur élaboration morbide est bien différente. Ce n'est pas ici le lieu de rappeler ces différences, elles sont indiquées dans tous les traités de pathologie.

Le pansement tardif, dans ce cas, n'a pas dû être sans influence sur l'issue funeste de la maladie.

V.— Amputation de la jambe treize jours après une piqûre de serpent. — Hémorrhagie capillaire cinq jours après l'amputation.— Ligature de la crurale. — Mort.— Altérations anatomiques au treizième jour après une piqûre.

Jeune nègre, vingt-deux ans, robuste, piqué sur l'habitation Decasse, le 20 avril 1854, et pansé par un panseur deux heures après. Le 4 mai suivant, à quinze jours de là, il est apporté à l'hôpital de Saint-Pierre. Gangrène de toute la peau qui recouvre la partie antérieure de la jambe droite, depuis le pied jusque près du genou; extrémité inférieure du tibia à nu, articulation tibio-tarsienne ouverte; muscles noirs disséqués en lambeaux; écoulement de sang noir très-fluide à jet continu, aux moindres mouvements; diarrhée colliquative depuis plusieurs jours; faiblesse, amaigrissement, chaleur, pouls fréquent et serré, empâtement du tissu cellulaire dans le creux du jarret et à la partie postérieure de la cuisse jusqu'à moitié du membre. Cependant comme la peau de ces dernières parties est saine, je me décide à pratiquer l'amputation dans l'articulation fémoro-tibiale, suivant le procédé de Brasdor. Cette opération fut faite sans aucune particularité notable; la plaie fut réunie par première insertion avec des points de suture.

Le malade était d'une faiblesse extrême; la fièvre et la diarrhée persistèrent au même degré. Le 6, premier pansement, plaie sèche, pas de suppuration; les lèvres de cette plaie paraissent bien réunies; fréquence du pouls, soif, diarrhée de huit à dix selles, agitation (bouillons, opium un grain). Le 7, à ces symptômes se joint une hémorrhagie par la plaie, sérum de sang clair, caillot rouge. Plutôt que d'ouvrir la plaie au cinquième jour après l'amputation, je pratiquai la ligature de la crurale au pli de l'aine, ce qui se fit sans difficulté. L'hémorrhagie fut arrêtée; mais le malade était si faible qu'il succomba le même jour, à trois heures du matin, quinze heures après la ligature de la crurale.

Autopsie douze heures après la mort: roideur cadavérique, plaie noirâtre; les ligatures n'ont pas cédé; l'hémorrhagie paraît être venue des capillaires; caillot au centre de la plaie; la peau adhère sur les condyles par une exsudation blanchâtre; les veines saphène et crurale et l'artère crurale n'offrent aucune trace d'inflammation; l'artère a été liée près de l'orifice

de la crurale profonde à deux lignes en dessous; on trouve en
ce point un petit caillot filiforme sans adhérence avec les parois.
Le calibre de la veine saphène est rétréci au milieu de la
cuisse; les glandes inguinales, triples de leur volume ordinaire, sont dures et blanchâtres; le tissu cellulaire sous-cutané,
à la partie postérieure de la cuisse, est le siége d'une infiltration
de sang noir jusque près l'attache du grand fessier. Les
poumons sont pâles sans hépatisation et sans engouement
notable; le cœur contient des caillots remarquables par leur
fermeté, on les retire des oreillettes comme d'un moule; le
tissu du cœur offre sa consistance et son aspect naturels; point
de sérosité dans les plèvres ni dans le péricarde; aorte normale;
foie pâle, jaune ferme; bile jaune, assez épaisse, en petite quantité; rate et reins, état normal; la membrane muqueuse de l'intestin et de l'estomac est pâle, exsangue dans toute son étendue
et de bonne consistance; celle du gros intestin est luisante,
pâle et ramollie; les glandes mésentriques sont quadruples de
léur volume ordinaire, dures et blanches; la vessie contient
beaucoup d'urine.

Ainsi l'hémorrhagie eut lieu dix-huit jours après la piqûre
et trois jours après l'amputation que nous avions été obligé
de pratiquer, par suite des désordres occasionnés par le
phlegmon. J'ai eu rarement des hémorrhagies après les grandes
opérations faites par moi, et tout m'autorise à penser que dans
ce cas, la sortie du sang fut le résultat de son altération et
se fit par les capillaires. Les ligatures placées sur les gros
vaisseaux furent trouvées intactes après la mort, et pendant
la vie le sang coulait en nappe et non par jets; il était d'une
fluidité extrême et d'une grande pâleur. Des cas pareils doivent rendre très-circonspect sur l'opportunité des amputations à la suite de la piqûre du *Fer de lance*; il est connu que
l'altération du sang dispose aux hémorrhagies. Mais à quelle
époque, le venin ayant épuisé son action sur le sang et celui-
ci ayant recouvré sa plasticité normale, devient-il possible
de pratiquer les amputations sans danger des hémorrhagies?
On voit dans le cas présent ce danger au treizième jour
après la piqûre. Il est vrai qu'il faut tenir compte de la grande
perte de sang déjà soufferte par le malade avant et au moment qu'il fut opéré, perte de sang qui devait ajouter aux
effets de son altération en augmentant sa fluidité. Ce sera

donc un point toujours fort délicat que de fixer le moment propice pour faire de semblables amputations. Celle-ci fut pratiquée d'urgence ; nous n'étions pas libre d'attendre ; le sang coulait par jets continus du milieu des tissus affreusement désorganisés et où il n'était pas possible d'aller chercher la source d'où il sortait. Cependant le mauvais résultat de l'opération nous fait penser que, même dans un cas pareil, il serait préférable d'essayer d'une sorte d'embaumement du membre gangrené, à l'aide du quinquina et de poudres hémostatiques. On s'efforcerait de gagner du temps, et d'attendre que le sang ait repris sa consistance normale. Peut-être aussi conviendrait-il, dans ces cas, d'opérer le retranchement des parties, ainsi que le faisaient les anciens, par le cautère actuel ou par l'application répétée des caustiques, qui favoriseraient la formation des caillots obturateurs et redonneraient en même temps de la tonicité aux tissus. Cette pratique, dans ces dernier temps, a été remise en honneur par M. le docteur Manoury, de Chartres. (Voir *Union médicale*, 1857.)

Excepté l'infiltration du tissu cellulaire de la partie postérieure de la cuisse, toutes les autres lésions trouvées après la mort se rapportaient plus encore à la perte du sang qu'à son altération. Les tissus des organes étaient plus pâles que nous ne les avons trouvés après les cas de piqûre des serpents où la mort avait eu lieu sans hémorrhagie.

L'état d'infiltration du tissu cellulaire des lèvres de la plaie de l'opération n'avait pas empêché leur réunion.

Il faut remarquer le caillot jaune, volumineux, très-résistant, qui emplissait les cavités du cœur. C'est ce qui se rencontre souvent après les grandes hémorrhagies.

VI. — Amputation au neuvième jour après une piqûre. — Hémorrhagie capillaire par la surface de la plaie ; altération du sang. — Tétanos. — Mort.

Homme de vingt-huit ans, piqué par un serpent à l'Ajoupa-Bouillon, le 4 septembre 1854. Ne reçoit aucun secours. Destruction de la peau de toute la jambe, muscles à nu ; vaste suppuration, fièvre, soif, diarrhée ; face hypocratique. Il est porté à l'hôpital le 13 suivant dans cet état. Je me décide à pratiquer, le jour même, l'amputation de la cuisse. Le sang était très-fluide. Jusqu'au 15 le malade paraît bien aller. Ce jour, une hémorrhagie transperce l'appareil du pansement. Je mets la plaie à nu et je panse avec l'eau de Brocchieri. L'hémorrhagie s'arrête, mais la réunion de la plaie n'a pas lieu; elle est béante, les chairs sont rétractées et l'os fait saillie. Fièvre, agitation. Le 18, serrement de la mâchoire (10 grains d'extrait gommeux d'opium en vingt-quatre heures). Le tétanos marche lentement; léger opistothonos. Le 27, le malade avait pris 165 grains d'opium sans amélioration et sans autre accident qu'un peu de somnolence. Mort le 30. L'autopsie n'a pas été faite, l'accident datait de près d'un mois. Le malade ayant eu un vaste phlegmon, une hémorrhagie, le tétanos, et ayant subi l'amputation de la cuisse, il n'est pas probable qu'il eût été possible de distinguer celles des lésions qui auraient dû être rapportées à la piqûre du serpent d'avec celles qui appartenaient aux autres causes qui avaient concouru à produire la mort.

Ce cas de tétanos, à la suite de la piqûre du serpent, peut être opposé à l'opinion de ceux qui ont pensé que le *curare*, que l'on croit en grande partie composé du venin des serpents à sonnettes, pourrait être un remède contre le tétanos, parce que le curare détruit l'irritabilité musculaire.

Quoique le tétanos passe pour être très-fréquent dans les pays intertropicaux, ce fait et deux autres sont les trois seuls cas que j'aie eu occasion d'observer à la suite d'un très-grand nombre des plus graves opérations de la chirurgie pratiquées par moi. Il est vrai qu'à la suite de ces opérations, les plus grandes précautions étaient gardées. J'ai vu au contraire assez souvent le tétanos à la suite de blessures légères qui avaient été négligées ou mal soignées. Le mois de septembre passe à la Martinique pour être le plus propice au tétanos.

Notez aussi l'hémorrhagie survenue au onzième jour de la piqûre et au deuxième après l'amputation. Alors le peroxyde de fer n'était pas connu comme hémostatique. Je crois qu'il y aurait avantage à s'en servir dans des cas pareils.

VII.—Amputation du bras au vingt et unième jour après la piqûre.— Tétanos au dix-huitième jour après l'amputation.— Opium.— Guérison.

Jeune nègre appartenant à M. Adolphe Rondeau : vingt ans, très-robuste. Piqué à la main par un serpent, le 27 septembre 1842, fut pansé par un des meilleurs panseurs du quartier, environ une heure après l'accident. Cela n'empêcha pas qu'un vaste phlegmon ne s'ensuivît, avec destruction de la plus grande partie de la peau de l'avant-bras et du bras; jusque près l'insertion du deltoïde, les os du carpe et l'extrémité des deux os de l'avant-bras étaient à nu. Le 16 octobre, je fis l'amputation à la partie supérieure de l'avant-bras, à quatre travers de doigt de l'articulation, en un point où le tissu cellulaire était encore empâté et visiblement malade. La plaie fut fermée par des bandelettes agglutinatives médiocrement serrées. Je n'espérais pas une réunion par première insertion. Dès la première nuit, le malade sommeilla beaucoup plus paisiblement qu'il ne l'avait fait depuis l'accident. Tout alla bien jusqu'au 3 novembre : la cicatrisation se faisait, les lèvres de la plaie s'étaient dégorgées, une partie de la peau que j'avais voulu conserver était tombée en gangrène. Il y avait une saillie de l'os de 2 lignes. Le 3 novembre, dix-huit jours après l'opération, ce jeune nègre, qui se croyait presque guéri, se mit à la croisée dès quatre heures du matin, à cette époque de l'année où les matinées commencent à être fraîches; il y fuma pendant une heure. Le lendemain 4, il se plaignit d'une difficulté d'avaler et d'une certaine roideur des mâchoires et des muscles du cou et de la nuque. Ce trismus, qui signale toujours l'invasion du tétanos, me donna l'éveil, et ce fut alors que j'appris l'imprudence commise par le malade. Je prescrivis 15 centigrammes d'opium en 12 pilules, dont une d'heure en heure, et le soir 7 grammes de sirop diacode. Le lendemain 5, le trismus avait fait des progrès; il permettait à peine d'ouvrir la bouche. Le malade éprouvait quelques soubresauts lorsqu'on entrait dans sa chambre; le pouls était très-fréquent, et cependant la chaleur était modérée, les sueurs abondantes; il y avait eu du sommeil. Le malade demandait des aliments; toutes ses autres fonctions n'offraient point de modification notable; la plaie était pâle, et la suppuration un peu tarie. Il y avait aussi constipation et un peu de difficulté à uriner. Les choses restèrent à peu près ainsi pendant deux jours. Le malade prit durant ce temps 55 centigrammes d'opium : les soubresauts disparurent, puis la roideur des mâchoires, qui persista encore deux jours. Le 13, le malade était bien. La cicatrisation de la plaie acheva de se faire. Le 12 décembre, le nègre remonta chez son maître.

Je ne puis douter qu'il y ait eu là un commencement de tétanos assez prononcé pour ne pas pouvoir être méconnu. J'ajoute que c'est le seul cas de tétanos traumatique que j'aie vu guérir depuis que j'ai étudié la medecine. Il n'en est pas de même du tétanos spontané, dont j'ai vu au contraire tous les cas guérir. D'où vient cette différence ?

Il est très-probable que le traitement appliqué dès le début, alors que le tétanos n'était pas conformé, a été une circonstance favorable à la guérison.

Le développement du tétanos au dix-huitième jour est aussi à remarquer, car presque toujours c'est du dixième au douzième qu'il débute. Avant cette observation, lorsque je dépassais le quinzième jour, je croyais mes opérés à l'abri de cette redoutable complication.

VIII. — Hémiplégie sept heures après la piqûre, rebelle à tous les moyens médicaux et disparaissant momentanément dans l'excitation de la colère.

Une négresse africaine, âgée de trente-cinq ans, dans la colonie depuis vingt-cinq ans, sur l'habitation Vinancourt, d'une forte constitution, fut piquée, en prenant de la bagasse le 23 mai 1854, à la main gauche par un serpent ayant 80 centimètres. Il était onze heures du matin. Elle se rendit aussitôt à sa case. La main enfla, mais modérément; la malade ne paraissait pas beaucoup souffrir; elle ne fut pansée qu'à trois heures de l'après-midi, quatre heures environ après l'accident. Le pansement consista en ventouses, en plusieurs doses d'une infusion de poivre de Guinée et de racine de trèfle dans du tafia, et en applications sur la morsure de différentes plantes pilées. Jusqu'à six heures du soir, il ne paraît pas qu'il y eût rien d'extraordinaire. Mais alors, la malade ayant été abandonnée par le panseur (m'écrit M. le Lorrain, propriétaire de l'habitation, homme d'une haute intelligence), la femme en profita pour boire tout d'un coup une grande quantité d'eau fraîche. Une heure après, le panseur, à son retour, la trouva ne pouvant ni s'exprimer ni remuer tout le côté droit; elle avait perdu l'usage de la parole et presque entièrement le mouvement du bras droit et du membre inférieur du même côté. On se borna à lui faire des frictions huileuses et à la faire suer par des boissons diaphorétiques. Comme la paralysie persistait, on apporta cette femme à l'hôpital le 2 juin. Elle pouvait faire entendre des sons, mais sans les articuler; de temps en temps, il lui arrivait de prononcer des mots très-distincts; elle imprimait à sa langue tous les mouvements qu'on lui commandait, on n'y saisissait ni lenteur ni déviation. Elle marchait mieux que durant les premiers jours, mais traînait un peu la jambe; le bras au contraire était ballant le long du corps et susceptible de moins de mouvements que le membre inférieur. La sensibilité était parfaitement conservée partout. On ne distinguait aucune enflure, ni aucune trace de la piqûre primitive; l'intelligence et tous les sens étaient intacts, l'appétit et le sommeil bons.

En l'absence de tout traitement établi, je soumis cette femme à des vomitifs répétés de deux jours l'un, à des vésicatoires à la nuque et à des bains de vapeur.

La marche devint plus facile au bout d'un mois; mais l'amélioration n'augmentant pas et toutes les fonctions organiques étant en bon état, la négresse fut renvoyée à son maître.

J'appris qu'en arrivant sur l'habitation, ayant su que son *homme* avait convolé à d'autres amours, elle fut prise d'un accès de jalousie pendant lequel on fut étonné de l'entendre parler très-distinctement; puis avec le calme, le mutisme recommença.

J'ai revu cette négresse environ deux ans après: elle était absolument dans le même état. Je la fis soumettre à l'action d'appareils galvaniques qu'un confrère avait apportés de Paris; mais après plusieurs applications, n'en obtenant aucun bon effet, elle ne voulut plus continuer cette médication.

J'ai vu quatre fois de ces paralysies de la parole; dans ces quatre cas, les symptômes locaux de la piqûre avaient été peu prononcés, et la perte de la parole fut durable, je n'en ai jamais vu la fin, quoique j'aie pu suivre les malades pendant plusieurs années.

Quelques observateurs affirment avoir vu le mutisme surve-
nir très-peu d'instants après la piqûre. Il est à remarquer que
dans ce cas, ce fut environ sept heures après. Quelle a été
l'influence du verre d'eau fraîche sur la détermination de cet
accident, c'est ce qu'il n'est pas facile d'abstraire. On sait
combien l'esprit est prompt à rapporter à une dernière circonstance souvent insignifiante la cause de graves accidents
qui lui ont succédé; il y a surtout contre l'eau fraîche une
prévention populaire dont il faut tenir compte.

Dans ce cas, les accidents locaux furent presque nuls. Il en
arrive toujours ainsi lorsqu'il y a un développement rapide
des symptôme généraux et sympathiques; il semble que le poison absorbé aussi rapidement n'ait pas le temps d'agir locale-
ment. C'est une condition pour que l'action générale ait lieu.
Les belles et nombreuses expériences de Fontana ont confirmé
cette observation. Il a vu dans ces cas la maladie générale se
produire dans le même temps que la maladie locale, c'est-à-dire
en moins de quelques secondes.

IX.— Hémiplégie et perte de la parole cinq heures après une piqûre.

Jeune négresse, vingt-six ans, de l'habitation Beauregard
(Rivière-Pilote), piquée à la racine de l'ongle du petit doigt
par un serpent de 14 pouces. Quinze heures après, elle
commença à ressentir le commencement d'une attaque de
paralysie à l'extrémité des doigts de l'autre main; vingt-quatre
heures après, le mouvement était impossible dans le bras et la
jambe du même côté : il y avait hémiplégie complète et perte
de la parole; la sensibilité était conservée ; les symptômes locaux étaient peu prononcés. Dix-huit mois après, la paralysie
persistait et avait résisté aux révulsifs les plus énergiques.

Presque tous les cas de paralysie que j'ai observés à la
suite de la piqûre du serpent sont restés incurables malgré les
traitements les mieux dirigés, les plus variés et les plus per-
sévérants.

X.— Amaurose, suite de la piqûre d'un petit serpent.

Jeune nègre, dix-sept ans, envoyé du Saint-Esprit par M. Duchatel. Il voit à peine pour se conduire, surtout lorsque le soleil est levé; la pupille est claire, mobile, régulière, un peu dilatée; l'œil paraît être affecté d'une amaurose héméralopique et non d'une cataracte. Cet accident est survenu presque subitement, il y a huit mois, à la suite d'une piqûre qui lui a été faite au petit doigt de la main droite par un petit serpent. La vue s'est un peu améliorée par quelques médecines Leroy; mais ce jeune nègre est resté presque aveugle. Les accidents locaux, au moment de la piqûre, avaient été presque insensibles.

Les cas semblables ne sont pas rares.

J'avoue que dans cette étude si curieuse des effets de l'introduction du venin du serpent dans l'économie animale, ces cas de paralysie, de mutisme et de perte de la vue, me paraissent les plus singulières et rentrent dans la doctrine de la spécificité des différentes substances sur tels ou tels organes, doctrine si favorable à l'établissement de la thérapeutique.

XI. — Effets de l'ivresse confondus avec ceux de la piqûre.

Paul, jeune nègre de mon habitation, vingt-cinq ans, très-robuste, fut piqué le 25 mai 1855, dans les bois, à neuf heures du matin, par un serpent de 4 pieds 1/2 qu'il tua immédiatement; il ne fut de retour à sa case qu'une heure après. La piqûre avait lieu au mollet, au-dessus d'un vieil ulcère; je ne distinguai qu'une seule piqûre, malgré les frictions de citron. Paul s'était appliqué une ligature avec un mouchoir au-dessus de la piqûre. L'enflure s'étendait jusqu'à la ligature; le blessé m'assura qu'il ne souffrait pas beaucoup. Je continuai la ligature, je fis des frictions très-fortes de jus de citron et j'en appliquai des rouelles sur la plaie; je fis prendre au malade une solution de 25 grains de sulfate de quinine dans de l'eau et du tafia; c'étaient les remèdes que j'avais sous la main. La ligature fut enlevée dans la soirée: l'enflure s'étendit jusqu'au genou; il n'y eut pas d'hémorrhagie par l'ulcère, ainsi que cela s'est vu quelquefois; aucun autre symptôme notable. Mais le jour suivant,

Paul fut pris tout à coup de loquacité et d'une sorte d'accès de fureur et de gaieté. j'étais alors absent de l'habitation. A mon retour, on me raconta ce qui s'était passé, je ne pus reconnaître les accidents ordinaires d'une piqûre de serpent. Cependant comme la pathologie de cet accident n'est pas bien connue, j'étais encore un peu en défiance, lorsque, ayant interrogé le malade, j'obtins de lui l'aveu qu'il avait bu une demi-bouteille de tafia dont je m'étais servi pour le panser, et que j'avais eu l'imprudence de laisser dans sa case, bien que je connusse l'affinité qui existe entre un nègre et le tafia. Je fus fort aise de cette découverte, car c'est moi qui avais été le panseur de Paul. En voyant son ivresse, par malice, ou de bonne foi, les nègres de l'habitation commençaient à rire de mon pansement ; ils m'auraient confié leur jambe à couper, mais non à panser. Heureusement Paul guérit sans autre accident ; mais je n'ai pas lieu de croire que la confiance en moi comme panseur ait été plus grande, car je n'ai jamais été depuis appelé par d'autres piqués du serpent.

Dans tous les pays où il se trouve des serpents venimeux, la stimulation alcoolique est un des moyens vantés contre leur morsure. Aux États-Unis on emploie le wiskey. Russell cite plusieurs observations dans lesquelles on a fait usage du vin de Madère avec excès ; c'est surtout dans ces derniers cas que le traitement a paru plus nuisible que la piqûre, ou du moins que les accidents, suite de la piqûre, confondus avec les effets de l'ivresse, ont produit des maladies composées qui laissent dans une grande incertitude sur ce qui doit être rapporté à chacun de leurs éléments. On lit dans les recueils scientifiques bien des faits pareils, notamment celui rapporté par Richard et cité par Orfila, avec cette annotation : *Traitement très-irrationnel.* Beaucoup de personnes, dit Fontana, sont traitées d'une manière plus capable de les tuer que de leur procurer quelque soulagement ; il cite à ce propos deux personnes piquées de la vipère au doigt, à qui on fit prendre beaucoup de vin de Bourgogne. Elles furent, dit-il, deux mois à guérir ; elles l'auraient été probablement en deux jours, si on ne les avait pas tant tourmentées. On a vu que la plupart des remèdes en usage à la Martinique avaient le tafia pour base.

A Sainte-Lucie, suivant le lieutenant Tyler, on donne un

18

mélange composé de rhum et de jus de citron. Sur trente malades, dit-il, traités avec ce remède un seul mourut.

Presque tous les médecins regardent le vin vieux comme le meilleur cordial. On trouve dans les mémoires de l'Académie des sciences, année 1737, l'observation d'un pharmacien de l'Hôtel-Dieu de Paris, qui, piqué par une vipère, se guérit avec un vin généreux mêlé de thériaque.

Dans le Poitou, on fait bouillir dans du vin blanc des feuilles du *verbascum thapsus,* du *marubium album,* du *potentilla reptans,* de *l'aigremoine* ou du *triticum reptans.* On fait avaler au malade un grand verre de la décoction de ces plantes, et, après avoir fait des scarifications à la partie mordue, on la frotte avec le marc de la décoction.

Quoique le traitement par les spiritueux soit un de ceux dont on ait le plus abusé, je le crois un des plus efficaces. Comme je n'en avais point parlé précédemment, je répare ici cette omission.

N° II

Rapport sur les animaux destructeurs du serpent Fer de lance des Antilles, par une commission composée de MM. A. PASSY, DARESTE, DUMÉRIL, LOBLIGEOIS, PÉCOUL, PRÉVOST *et* RUFZ, *rapporteur.*

Messieurs,

Il vous a été lu, dans la séance du 28 mai, un très-intéressant mémoire de M. le comte de Chastaignez, membre de la Société, résidant à Bordeaux, sur l'introduction aux Antilles des diverses espèces d'animaux destructeurs des serpents. Propriétaire d'une habitation à la Martinique, M. de Chastaignez est à même d'apprécier quel fléau est pour cette colonie le bothrops lancéolé. De tous les reptiles venimeux c'est le plus redoutable; sa morsure fait périr à la Martinique plus de cinquante personnes par an, sans compter un grand nombre d'autres qui restent estropiées à la suite de cet accident. Sa fécondité ajoute encore à la terreur qu'il inspire, car ses portées sont souvent de cinquante à soixante petits. M. de Chastaignez a pensé avec raison qu'il pouvait ranger ce terrible reptile dans la classe des animaux nuisibles, contre lesquels l'article 2 de nos statuts recommande l'acclimatation des espèces qui en sont dans la nature les antagonistes. Parmi ces espèces, M. de Chastaignez vous propose l'ichneumon d'Égypte, les mangoustes de l'Inde, le hérisson et l'oiseau appelé Secrétaire du Cap.

La commission que vous avez nommée pour examiner ce travail, et dont j'ai l'honneur d'être le rapporteur, est d'avis d'accueillir la proposition de M. de Chastaignez, et de la recommander aux membres de la Société qui habitent les pays où se trouvent les espèces qui peuvent servir d'auxiliaires contre le bothrops lancéolé, avec prière de faire parvenir ces espèces à la Martinique. La commission pense que la destruction d'un aussi dangereux animal est digne d'être mise au nombre des prix de la Société, et qu'une somme de 1,000 fr. devrait être accordée à l'acclimatation à la Martinique, soit de l'ichneumon d'Égypte, soit des mangoustes de l'Inde ou du secrétaire du Cap, s'ils sont destructeurs du bothrops lancéolé.

M. Rufz a fait suivre son Rapport des renseignements suivants, que nous donnons à l'appui.

Pour avoir une idée de la mortalité qu'occasionne la piqûre du serpent, j'ai essayé d'une statistique approximative. Mes renseignements ont été pris auprès de quelques habitants éclairés, et surtout de MM. les curés, toujours assez bien au fait de ces accidents qui excitent une sorte d'émotion publique; il est résulté que pour toute la colonie, dont la population s'élève à 125,000 âmes, la mortalité de la piqûre du serpent, portée à cinquante personnes par an, n'est pas au-dessus de la vérité. Cette mortalité a lieu principalement parmi les travailleurs des champs, hommes adultes en plein rapport pour la société coloniale. On peut, toujours approximativement, l'évaluer à un vingtième des personnes piquées. Chaque personne piquée est mise hors de travail pendant quinze jours ou trois semaines au moins, et un très-grand nombre de ces dernières restent estropiées pour le reste de leur vie. Car la piqûre du serpent n'entraîne pas seulement la mort, elle laisse bien d'autres infirmités, de vastes abcès, origine d'ulcè-

res incurables, des cancers, des nécroses des os, des gangrènes, des engorgements du tissu cellulaire, des céphalées
opiniâtres, des paralysies, des amauroses et même la perte
de la parole. Nommé médecin de l'hôpital civil, créé en 1850
après l'émancipation, j'ai eu en moyenne pendant six ans à
faire trois amputations de membres par an, par suite de la
piqûre du serpent, sans compter d'autres opérations de
moindre gravité. M. de Luppée, qui m'a succédé dans ce service, m'écrit que la même proportion a continué de se présenter depuis mon départ.

Vous voyez, d'après ce tableau, que j'ai appuyé dans mon
enquête de preuves plus détaillées, de quelle conséquence est
pour la Martinique la piqûre du serpent. Aussi M. le docteur
Guyon, qui s'est occupé du même sujet que moi, a-t-il eu raison de s'écrier «que le *Fer de lance* était une véritable calamité
« pour les îles qui en étaient affligées, car il ne se passait pas
« de jour qu'il ne fît des victimes, et que sa destruction serait
« pour ces contrées un bienfait non moins grand que la dé-
« couverte de Jenner pour le monde entier. »

Il semble qu'un pays en proie à un pareil fléau ne devrait
avoir rien de plus à cœur que de s'en affranchir. Cependant,
je dois le dire, l'insouciance, l'apathie de notre population à
cet égard est incroyable. C'est presque, j'oserai le dire, la
stupide résignation du désespoir. Ce que j'écrivais en 1840,
ce qu'écrivait M. Guyon en 1814, est encore vrai aujourd'hui.
« L'habitant de la Martinique s'est résigné à vivre avec son
« ennemi; depuis longtemps il n'entreprend plus rien contre
« lui. On lui a fait sa part : à lui les halliers, les bois, tout ce
« qui n'est point habité par l'homme; on ne le recherche que
« lorsqu'il se montre sur les terrains cultivés. »

Ce n'est point, Messieurs, qu'on ne songe point au serpent
à la Martinique. On peut dire, au contraire, qu'il est toujours
et partout présent. Il entre dans la combinaison de toutes nos
pensées et de toutes nos actions. Sous la hutte du noir, dans
ces contes et fabliaux où se plaît l'imagination des hommes
primitifs, le serpent, le compère serpent joue toujours le principal rôle. On dirait la continuation de celui qu'il a joué auprès de nos premiers parents. A la table du riche habitant,
dans son salon, le serpent a toujours sa part dans la conversation; à la porte de l'habitation, dans ces veillées que

l'on passe au grand air pour respirer les fraîches du brises soir
et se remettre de la chaleur du jour, le serpent fournit l'anecdote du jour, et tient lieu des incendies, vols et assassinats
qui font les faits divers de vos journaux; mais ni la crainte
du voleur ou de l'assassin qui menacent vos nuits, ni la
préoccupation de vous sauvegarder du heurt des voitures
et de ces mille accidents qui encombrent les rues d'une
grande ville, n'égalent la préoccupation du serpent pour
l'habitant de nos campagnes. S'il marche dans les champs,
ses yeux sont sans cesse aux aguets; il les porte à droite, à
gauche, en haut, en bas. Cela est devenu une sorte d'acte instinctif. Au moindre frôlement des herbes, ce n'est pas au vent,
ce n'est pas à l'oiseau, ce n'est pas à tout autre insecte qu'il
songe, c'est au serpent. S'il gagne le soir sa demeure, il ne se
confie point à la lueur des étoiles ou même de la lune, il se
fait précéder d'une torche résineuse pour éclairer le chemin,
et s'arme d'un bâton, dont il sonde les moindres broussailles. Il
n'est pas rare de voir les nègres se réunir par troupes pour
profiter d'un même flambeau, et défiler ainsi le long des mornes. Dans ces marches nocturnes, lorsqu'il arrive un accident,
ce n'est pas le premier en tête qui est atteint; on a remarqué
que c'était plutôt un des derniers, soit que l'animal n'ait pas
été éveillé de suite, soit qu'il ait voulu prendre son temps pour
mieux viser son coup. Cette pensée du serpent nous entre
dans la tête avec le jour qui ouvre nos yeux; que dis-je? elle
assaille notre sommeil et nous suscite les plus affreux cau-
chemars; vient-on à poser le pied par terre, au milieu de la
nuit, on croit toujours sentir l'impression du froid que fait
sentir le reptile. Dernièrement, aux portes de la ville de Saint-
Pierre, une négresse s'éveille aux cris de son enfant malade,
elle enflamme une allumette, et tout aussitôt d'entendre le
bruit d'un jet ou d'un ressort qui se débande; la malheureuse
enlève son enfant, se précipite par la fenêtre et crie : « Au
serpent! » On accourt; c'était en effet un bothrops lancéolé
de 4 pieds qui, lové sur une étagère, s'était, au bruit et à
l'éclat du feu, lancé au hasard. Je pourrais multiplier de pareils récits à l'infini.

　　Je dirai tout en un mot. Le serpent *Fer de lance*, à la Martinique, inquiète tout travail et tout plaisir; il est appendu sur
la colonie comme l'épée sur la tête du Sicilien Damoclès. Mais,

triste effet de l'habitude ou plutôt, comme l'appelle M. de Chastaignez, de la *routine*, cette rouille de l'esprit dont votre Société a entrepris de débarrasser l'esprit humain, le Martinicain, je le répète, s'est habitué au serpent. Ce qui fait penser que Damoclès lui-même se serait habitué à son épée, et aurait achevé sans souci le festin du tyran de Sicile, si l'expérience qu'avait imaginée Denis s'était prolongée seulement quelques minutes.

J'ai insisté, Messieurs, sur cette obsession qu'exerce le serpent, pour vous donner une idée du service que vous rendriez à la Martinique, si jamais vous parveniez à la délivrer d'une pareille tyrannie.

Ce n'est point ici le lieu d'entrer dans les détails de l'histoire naturelle de cet animal. J'ai longuement exposé dans mon enquête, avec l'aide de la colonie entière, dont je n'ai été que le secrétaire, les mœurs du bothrops lancéolé, sa physiologie, et surtout la pathologie qu'entraîne sa piqûre et les moyens thérapeutiques qu'on lui peut opposer. Je m'occupe, en ce moment, avec l'aide et l'encouragement de votre savant secrétaire, M. Auguste Duméril, de publier une nouvelle édition de ce travail.

Je dois pourtant, pour achever de vous édifier sur le compte de ce monstre, car je ne puis l'appeler autrement, rappeler que votre vipère de 2 pieds à 2 pieds 1/2 au plus, n'est que la miniature de notre bothrops; que le plus grand nombre de ceux que l'on rencontre ont de 4 à 5 pieds; qu'il n'est pas rare d'en trouver de 6 : le plus long que j'ai vu avait 6 pieds 1/2.

Les premiers historiens des Antilles, Dutertre et Labat, parlent d'individus de 8 à 9 pieds de long et de 3 à 4 pouces de diamètre. La tradition raconte que les premiers Européens qui tentèrent la colonisation de la Martinique furent obligés de se rembarquer par l'horreur que leur inspiraient les serpents dont l'île était alors infestée. Permettez-moi, enfin, par une sorte d'artifice oratoire pour achever de gagner votre conviction et votre intérêt, de produire ici un individu de la terrible tribu dont nous parlons, un bothrops lancéolé, pris au hasard dans le cabinet du Muséum. Considérez ce hideux animal, voyez cette couleur sombre et cette forme ronde qui le rendent d'autant plus perfide que

c'est la forme des branches d'arbres ou la couleur de la
terre sur lesquels il repose souvent, et dont l'œil ne saurait le
distinguer. Voyez cette large gueule et ces longs crocs plus
rapides et plus mortels qu'un pistolet à double détente, et
lisez surtout cette terrible inscription : « Serpent qui a tué
deux hommes. »

La pullulation de ce monstre n'est pas moins effroyable que
son aspect ; tous ceux qui l'ont étudié lui ont attribué des
portées de cinquante à soixante petits. J'en ai trouvé une de
soixante-cinq. Aussi le rencontre-t-on par centaines. L'un
de nos collègues qui, lui aussi, avait déjà appelé votre attention sur ce sujet, l'honorable M. Pécoul, peut vous attester que
dans le nettoyage des savanes de son habitation, environ
quelques hectares de terre, on en a tué trois cents.

Je n'ai parlé jusqu'à présent que des dangers que le serpent
fait courir à l'homme. Je dois ajouter qu'il n'est pas moins
redoutable aux autres animaux. Il est carnivore et se nourrit
de tous ceux dont les dimensions lui permettent d'en faire
sa proie. On a retiré de son ventre des poules et leurs cou-
vées, et jusqu'à de jeunes chevreaux. Aussi le trouve-t-on
souvent dans les poulaillers, où il fait autant de ravages que
votre renard. Il est le fléau des oiseaux, dont il envahit les
nids et dont les cris souvent révèlent sa présence et semblent
appeler l'homme à leur secours. Le cheval se cabre à son aspect et tombe sous son venin ; j'ai vu le bœuf lui tendre des
cornes impuissantes. Toute la nature animée l'a en horreur.
Mais s'il est l'ennemi de tout le monde, par un juste retour
tout le monde lui est hostile.

« Les cochons, les chats, beaucoup d'autres animaux font la
« chasse aux reptiles et s'en repaissent avec avidité. Peut-être
« leur préservatif ne consiste qu'à savoir diriger leurs attaques
« de façon à n'être pas mordus, ou peut-être, en cas d'accident,
« la chair même du serpent, qu'ils mangent le plus ordinaire-
« ment, leur sert d'antidote. (FOUCHER D'OPSONVILLE..)

La poule elle-même si craintive, en attendant qu'elle soit
mangée par les gros bothrops, écrase de son bec et mange
les petits bothrops ; le chien l'attaque résolûment : on a vu
jusqu'au rat se défendre contre lui. En 1842, pendant que
j'écrivais mon enquête, et qu'en face de ce terrible animal,
j'agitais, en moi-même, comme bien d'autres sans doute,

cette téméraire question : « De quelle utilité le serpent et
ses semblables, si funestes à l'homme, peuvent-ils être dans
la création ? » je vis un jeune chat entrer dans mon cabinet,
tenant en sa gueule un petit serpent qui se débattait contre
lui. Je reçus ce petit accident comme un avertissement,
comme une leçon qui m'était donnée par cette providence
divine, dont la sagesse infinie est pour nous un point de re-
père si sûr dans nos embarras d'esprit. Je compris que le
serpent, les insectes et leurs congénères ne sont qu'une circonstance de ce grand problème du bien et du mal sur la
terre, destiné à exercer la liberté et la sagacité de l'homme,
et sans lequel nous ne saurions concevoir cette liberté.

Il n'est pas probable que Dieu, ce grand donneur, comme
l'appelle Montaigne, qui nous a donné tant de choses et tant
de choses superflues, nous ait laissés désarmés contre les surprises d'un aussi vil animal que le serpent. S'il s'est réservé,
comme le dit fort bien M. de Chastaignez, à lui seul le pouvoir de créer, il a donné à l'homme celui de modifier la création, qui est après, la plus grande puissance donnée sur la
matière (1).

Or l'acclimatation, telle que vous l'avez conçue, est l'une
des plus grandes et des plus belles applications de cette puissance ! C'est à l'occasion du bothrops lancéolé, et en considérant le secours que l'acclimatation de certains animaux
pouvait nous apporter contre lui, que j'écrivis ces mots que
M. votre secrétaire a bien voulu rappeler, comme une recommandation pour moi lorsque vous m'avez fait l'honneur de
me recevoir :

« C'est une des belles parties de notre histoire que cet
« échange géographique des ressources de la terre, ces colo-
« nisations de plantes, d'arbres, d'hommes et d'animaux : cela
« agrandit l'existence humaine ; que de belles branches de
« commerce pourraient en sortir ! »

En effet, je recherchai alors, dans les trois règnes de la nature, tous les moyens, tous les auxiliaires, animés ou inani-
més, minéral, plante ou animal qui pourraient nous servir

(1) Linné, parlant de la morsure du serpent, s'exprime ainsi : « Impe-
« rans beneficus homini dedit ludis ichneumonem cum ophiorrhiza ; Ame-
« ricanis suem cum Senega ; Europæis ciconiam cum oleo et alcali. »

contre le serpent. Ce serait trop abuser de la bienveillance avec laquelle vous avez bien voulu m'écouter, que de repro-duire cette longue étude qui ne contient pas moins de quinze à vingt pages de l'enquête.

« Toute les contrées du globe, dit M. Schlegel, offrent cer-« tains mammifères qui poursuivent les serpents avec une ar-« deur acharnée : chez nous ce sont principalement le blaireau, « le hérisson, les belettes, les martes et les putois qui con-« tribuent à la destruction des serpents ; dans les contrées tro-« picales de l'ancien continent, ils rencontrent des ennemis « terribles dans la civette, les mangoustes et d'autres carni-« vores. »

Je me bornerai à examiner les nouveaux animaux qui nous sont proposés aujourd'hui, et que nous devons au généreux esprit qui anime la Société d'acclimatation : ce sont les man-goustes, les hérissons et l'oiseau appelé Secrétaire ou Serpen-taire du Cap.

Les mangoustes sont de petits quadrupèdes de la grosseur environ d'un chat et placés par les naturalistes dans l'ordre des carnassiers. On en compte au Muséum (*Catalogue* de M. E. Geoffroy Saint-Hilaire) huit espèces. Deux de ces espèces ont paru à M. de Chastaignez propres à l'office que nous leur destinons.

La première est la mangouste d'Egypte (*viverra ichneu-mon*); elle n'est autre en effet que l'ancien ichneumon, que les souvenirs classiques recommandent à notre vénération comme l'ennemi des crocodiles. Cet animal avait gardé quelque chose de fabuleux, que lui a fait perdre l'observa-tion réelle et *de visu* de M. Geoffroy Saint-Hilaire (*Mé-moire sur les mammifères de l'Egypte*). Nous ne saurions trouver ailleurs de plus sûrs renseignements. En effet, d'après Buffon, tous les naturalistes avaient répété que la mangouste ou ichneumon est domestique en Egypte, comme le chat l'est en Europe. Les paysans, suivant Buffon, en apportaient de jeunes dans les marchés; on s'en servait pour détruire les rats et les souris, et les Egyptiens s'amusaient, dit-il, de leur douceur et de leur aimable familiarité.

« La vérité, dit M. Geoffroy Saint-Hilaire, est qu'on n'est « dans aucun temps parvenu, en Egypte, à rendre l'ichneu-« mon domestique; l'espèce y est partout à l'état sauvage :

« on n'en apporte de jeunes individus aux marchés que quand
« par hasard on en trouve d'égarés dans les champs, et si,
« parce qu'on en tire quelques services, on les souffre dans
« les maisons, ils s'y rendent bientôt à charge en étendant
« leurs ravages sur les animaux de basse-cour. »

Le même auteur nous montre l'ichneumon comme ayant
cinquante centimètres de long et peu élevé sur ses pattes. Il
est d'une grande défiance et d'une extrême timidité ; aussi
est-il assez rare de l'apercevoir et bien difficile de l'approcher. Il a un ennemi très-acharné à sa destruction, c'est
un petit lézard qui vit des mêmes proies, qui use des mêmes
artifices pour se les procurer. Il n'est guère plus gros que l'ichneumon, mais comme il est plus agile, il en vient facilement
à bout.

On a reconnu généralement que l'ichneumon ne détruit
pas le crocodile à la façon que raconte Hérodote, c'est-à-dire
en s'introduisant par la gueule dans son corps durant le sommeil et lui rongeant les entrailles, mais qu'il mange ses œufs
déposés dans les sables du bord du Nil. M. Geoffroy Saint-
Hilaire fait observer que ce n'est pas par une antipathie particulière qu'il se jette avec tant d'ardeur sur les œufs de crocodiles, mais parce que les œufs de tous les animaux indistinctement sont la nourriture qu'il cherche.

Tous les auteurs anciens, il est vrai, disent que l'ichneumon
détruit les serpents. Aristote ajoute qu'à cause de sa grande
timidité il ne combat jamais avec le gros serpent qu'en appelant d'autres ichneumons à son secours. Aussi, au dire d'Horapollon, sa figure dans le langage hiéroglyphique servait-elle
à exprimer un homme faible qui ne peut se passer du secours
de ses semblables. Élien rapporte que l'ichneumon se livre
seul à la chasse des serpents, mais que c'est en usant de
toutes sortes d'artifices et de précautions : il se roule dans la
vase, qu'il sèche ensuite au soleil; dans cet équipage de guerre
et sous la protection de cette espèce de cuirasse, ainsi que
l'appelle Plutarque, l'ichneumon se jette sur les plus grands
serpents, en ayant soin, toutefois, de préserver son museau par
sa queue qu'il replie autour.

Après de pareils renseignements, on se demande de quel
secours ce petit animal de 50 centimètres de long, sans aucune
arme défensive particulière, si timide, si lâche, qu'un petit

ézard. de moindre dimension que lui en vient facilement à bout, pourrait être contre nos bothrops de 6 à 7 pieds, contre leurs crocs si affilés et surtout contre leur venin? Que pourraient ces prétendus artifices dont parlent Élien et Plutarque? Ajoutez que l'icheumon n'a pas la ressource de s'attaquer aux œufs, car le bothrops est ovovivipare, et son œuf, si on peut appeler ainsi les enveloppes membraneuses de son fœtus, se déchire à la sortie du cloaque et laisse échaper le petit qui, tout aussitôt animé par sa méchante nature, se love et paraît prêt à guerroyer.

Enfin, l'inconvénient qui le rend si incommode aux habitants de la haute Égypte dont il dévore les poules et les pigeons, ne rendrait pas l'ichneumon très-sympathique à une partie de notre population; je veux parler des nègres, dont ce petit bétail forme la fortune, et qui la plupart du temps ne le nourrit qu'en le laissant errer dans la campagne.

L'autre mangouste proposée est la mangouste *viverra mungo,* dont Buffon a fait le genre *mangouste;* il paraît en avoir eu un individu en sa possession. Mais tout ce qu'il dit de ses mœurs et de son hostilité contre les serpents est puisé dans les *Amœnitates exoticæ* de Kempfer. Kempfer a écrit en voyageur curieux plutôt qu'en naturaliste. A l'occasion de l'*ophiorrhiza mungo,* herbe très-amère qu'il offre comme antidote contre la morsure des serpents, il dit que le nom de *mungo* lui vient d'une sorte de petite belette : « Mulstela quædam seu viverra Indis *mingutia,* Lusitanis ibidem *mungo* appellata. » Cette mangouste, dans les combats qu'elle livre aux serpents, lorsqu'elle se sent blessée, va se frotter sur l'*ophiorrhiza mungo,* et revient ensuite au combat sans craindre les effets du venin. C'est ainsi qu'elle en a appris l'usage aux hommes.

« L'on a prétendu, dit Foucher d'Opsonville, que la mangouste « avait recours aux feuilles de l'*ophiorrhiza mungo* pour se gué- « rir et se préserver de la piqûre du serpent, mais comme cet « animal se trouve dans des endroits où il n'y a pas d'ophiorrhiza, « cette plante ne lui est pas nécessaire contre la morsure des « reptiles. » (F. D'OPSONVILLE.)

Je ne m'arrêterai pas à vous faire observer que ce que Kempfer dit de l'*ophiorrhiza mungo* a été dit de presque toutes les innombrables plantes préconisées contre la piqûre du serpent.

Le même Foucher d'Opsonville, page 86, dit, en parlant de

l'ichneumon de l'Inde ou mangouste : « Il attaque les reptiles et en détruit beaucoup. J'en avais un que je fis châtrer; il me suivait comme un chat. Je fis un jour apporter une petite couleuvre d'eau vivante devant lui, son premier mouvement parut être celui d'un étonnement mêlé de colère, car d'abord il hérissa son poil; mais un instant après, se glissant derrière le reptile, tout à coup, avec une prestesse singulière, il lui sauta sur la tête, qu'il saisit et brisa entre les dents. Ceci parut réveiller en lui un goût destructeur. J'avais chez moi des volailles de diverses espèces curieuses. Élevé au milieu d'elles, jusqu'alors il les avait laissées aller et venir sans y faire attention; mais à quelques jours de là, se trouvant seul, il les étrangla presque toutes, en mangea peu et me parut avoir bu le sang de deux. »

Mais comme Kempfer écrit aussi que ce petit animal s'apprivoise facilement, *facile mansuescit,* et qu'il en a eu un qui le suivait à la ville et à la campagne, à l'instar d'un petit chien, *instar caniculi,* et qu'enfin il ne l'accuse d'aucun inconvénient, nous vous serions reconnaissant d'en demander quelques individus à nos correspondants de l'Inde, et particulièrement à M. de Montigny.

J'en dirai autant d'une mangouste, originaire de Madagascar, et que je vois signalée dans les catalogues de la science comme ayant été naturalisée aux îles de France et de la Réunion. (Geoffroy Saint-Hilaire, *Catalogue du Muséum.*)

J'arrive maintenant aux hérissons, qui sont les seconds animaux recommandés par M. de Chastaignez comme pouvant servir à la destruction des serpents.

Le hérisson (*Erinaceus Europæus*) est ce singulier petit animal devant lequel nous nous sommes tous plus d'une fois arrêtés avec admiration. Du museau à la queue il a de 6 à 8 pouces, n'est pas plus gros qu'un gros rat; il a surtout un pelage qui lui est particulier, qui offre en guise de poils de fortes épines qu'on ne peut toucher impunément. Le hérisson craint-il quelque attaque, il se ramasse, se roule en un globe et présente de tous côtés ses redoutables épines.

Le hérisson est rangé au nombre des *insectivores.* Dans tous les livres d'histoire naturelle il est annoncé comme se nourrissant de hannetons, de scarabées, de grillons, de vers et de *serpents.*

Un journal de la Martinique, le *Propagateur*, a eu l'idée de réclamer son assistance contre le *bothrops lancéolé*, car nous sommes disposés à appeler toute la nature à notre secours. Voici, je crois, le fait qui a donné lieu à l'article du *Propagateur* :

Le *Journal zoologique de Londres* raconte que le professeur Buckland, soupçonnant que le hérisson pouvait manger les serpents, mit dans une cage une petite couleuvre anglaise, *snake british*, de l'espèce, dit-il, la plus inoffensive. Le hérisson se mit d'abord en boule sur la défensive; mais M. Buckland ayant poussé les deux adversaires l'un contre l'autre, le hérisson donna à la couleuvre un premier coup de dent, qui fut suivi d'un second. Puis il lui cassa l'échine, lui broya les os et se mit à la manger en commençant par la queue, en avala la moitié et acheva le reste le lendemain ; après chaque botte portée au reptile, le hérisson avait soin de se mettre sur ses gardes en se roulant en boule et présentant les pointes de son armure.

Ce fait a été répété par M. Bell et par M. Fennelle dans leur *Histoire sur les quadrupèdes de la Grande-Bretagne* qui sont les écrits les plus récents sur la matière. M. Bell le qualifie de combat raconté à la manière antique.

Assurément, ce fait est considérable. Nous l'acceptons comme une précieuse indication ; mais il est à regretter que l'adversaire du hérisson ait été une couleuvre de la plus innocente espèce, au dire même de l'historien du combat. Le hérisson serait-il aussi hardi, aussi fort contre le *Fer de lance ?* Vous connaissez les deux adversaires, jugez si vous l'osez.

Soit comme médecin, soit comme maire de la ville de Saint-Pierre, j'ai été plus d'une fois appelé à juger de ce prétendu antagonisme du serpent avec d'autres animaux dont on nous offrait l'assistance, et le peu de succès de ces épreuves vous expliquera peut-être mon scepticisme. On parle d'abord beaucoup dans le pays de l'antagonisme de la couleuvre indigène, appelée couresse, contre le serpent. J'ai longuement examiné cette question dans mon enquête; il existe des faits incontestables. On a trouvé des couresses qui renfermaient des serpents qu'elles avaient avalés, mais ces serpents étaient toujours des individus beaucoup plus petits que les couresses. Et la couresse n'ayant que deux pieds et demi dans sa plus grande longueur et étant très-fluette, je me suis toujours demandé comment elle pouvait avaler des bothrops de 4 à 6 pieds de long et d'un pouce et plus de diamètre. Le contenant peut-il être moindre que le contenu? Ce prétendu antagonisme de la couresse et du bothrops rentrerait donc dans la loi générale que tous les êtres animés, chien, chat, poule, cochon, etc., dévorent les petits serpents, en attendant qu'ils en soient un jour à leur tour dévorés.

On parlait beaucoup d'une couleuvre appelé *Clibro* (1) ou Tête de chien, plus grosse que la couresse et qui égale, si même elle ne surpasse en dimensions les plus gros *Fers de lance*. Cette couleuvre existe à la Dominique et à Sainte-Lucie, qui sont des îles voisines de la Martinique et qui n'en sont sépa-

---

(1) Le Clibro (*Brachyruton plumbeum*, *coluber Constrictor*, *opisloglyphe*) se trouve à Sainte-Lucie et à la Dominique. Il y en a de 5 à 6 pieds de long et de 3 à 4 pouces de grosseur : deux cent trente-six plaques abdominales et soixante-douze sous-caudales. Le clibro est d'une couleur d'acier; il a le ventre blanc, et aussitôt qu'il a changé de peau, il brille comme du marbre. Sa tête est petite et couverte de larges écailles, son œil bleu et terne; il a quatre dents à la mâchoire supérieure et deux à l'inférieure, et vit de reptiles et principalement du rat tail, bothrops *Fer de lance*. Le venin de ce dernier n'a aucun effet sur le clibro. J'ai vu, dit le lieutenant Tyler, des clibros mordus impunément par le *Fer de lance* ne pas discontinuer de l'avaler ; car le clibro ne tue jamais d'avance sa proie, il l'avale vivante. J'ai retiré de son ventre des couleuvres ainsi avalées vivantes et qui continuaient très-bien de vivre après. Ayant placé dans un tonneau un clibro de même taille qu'un *Fer de lance*, quoique d'un diamètre deux fois moindre, le clibro saisit le *Fer de lance* par le milieu du corps et l'enroula autour de lui. Le *Fer de lance* le mordit jusqu'au sang. Ils s'arrêtèrent quelques instants. Le clibro, cachant sa tête sous son corps, se glissa jusqu'auprès de la tête du *Fer de lance*, puis se précipita dessus, le saisit dans sa gueule, et commença ainsi la déglutition de son ennemi, opération qui dura trois heures. On m'a dit que le clibro, blessé par le *Fer de lance*, allait se frotter sur certaines herbes. J'ai plusieurs fois constaté qu'il ne prenait pas toujours cette précaution. (*Proceedings of the Zoological Society*. London, part. **17, 1849**.)

Je n'ai pas hésité à rapporter cette expérience de M. le lieutenant Tyler, quoique si contraire à la mienne. De pareilles contradictions sont sans doute fort étonnantes. Cela prouve qu'il ne faut jamais s'arrêter à une seule expérience, et cela doit engager le Martinicain à remettre le clibro en face du *Fer de lance*. Mais je le répète, comment se fait-il qu'à Sainte-Lucie, il existe plus de *Fers de lance* qu'à la Martinique?

rées que par un bras de mer de sept lieues de largeur. On attribuait à la présence de cette couleuvre à la Dominique l'absence des bothrops lancéolés qui n'y existent pas, sans tenir compte qu'à Sainte-Lucie, le clibro se trouve en compagnie du *Fer de lance*, et que les *Fers de lance* sont même, au dire de quelques-uns, plus nombreux dans cette colonie qu'à la Martinique, parce que Sainte-Lucie est moins cultivée; on répétait sans cesse que le clibro devrait être introduit à la Martinique. A ma sollicitation, M. le contre-amiral Vaillant fit venir de Sainte-Lucie deux forts clibros, et en présence de la population de la ville de Saint-Pierre, invitée à ce spectacle pour le rendre plus authentique, je mis dans une cage les deux clibros contre un bothrops lancéolé, à peu près de même dimension qu'eux. Ils parurent vivre d'abord dans la meilleure intelligence. Lové sur lui-même et comme impassible, le bothrops lancéolé se tenait au fond de la cage, et ne perdait de vue aucun mouvement de ses adversaires. Ceux-ci, plus alertes, rampaient le long des parois; les ayant poussés les uns contre les autres, afin de les exciter, le bothrops finit par mordre l'un des clibros jusqu'au sang: disons d'abord que cette blessure n'eut aucune suite, et clibros et bothrops laissés ensuite pendant plusieurs jours dans la même cage ne se firent aucun mal, et parurent mener véritablement une vie de famille. Tous les détails de cette expérience ont été publiés dans le journal *la France d'outre-mer* (mars 1853). Ce qu'il y a de sûr, c'est qu'à Sainte-Lucie et à la Dominique, les clibros sont grands destructeurs des volailles.

Pour en revenir au hérisson, je dois faire observer que cette singulière armure qui paraît le rendre formidable est plus à redouter en apparence qu'en réalité; elle est purement défensive. « Le renard sait beaucoup de choses, le hérisson n'en sait qu'une grande, disaient proverbialement les anciens: il sait se défendre sans combattre et blesser sans attaquer. » C'est par cette phrase que Buffon commence son article du hérisson. Ajoutons que cette cuirasse n'est pas impénétrable, qu'elle n'enveloppe pas tout son corps; son museau, ses oreilles, ses pattes, ses flancs, le dessous de son ventre, n'ont point d'épines; aussi le renard et le chien terrier, au prix de quelques égratignures, en viennent-ils à bout. Pensez-vous que le bothrops serait moins hardi et moins adroit, et ne trouverait

pas le défaut de cette cuirasse pour y glisser ses dards venimeux?

Quoique le hérisson soit un animal assez commun et qui se
rencontre même dans les jardins, ses mœurs ne sont pas très-
bien connues; les naturalistes ne sont pas d'accord sur les
aliments dont il se nourrit; il n'est pas sûr qu'il mange les
rats, mulots et souris. Suivant M. Fennelle, il peut avaler de
jeunes lapins et de petits chiens. Quelques-uns le rangent
parmi les frugivores; mais il ne pourrait manger que les fruits
qui tombent des arbres ou ceux qui sont à sa portée, car il
n'est pas grimpeur. Enfin, M. White le représente comme man-
geant les racines : « La manière dont il s'y prend pour couper
la racine du plantain, dit M. White, est vraiment curieuse.
Comme sa mâchoire supérieure proémine sur l'inférieure, il
fait tourner la plante jusqu'à ce qu'il l'ait saisie par le bout
de la racine et la mange jusqu'aux feuilles. »

Ce dernier fait m'a paru devoir être pris en grande considération dans l'introduction du hérisson à la Martinique. Vous
savez tous que la canne à sucre fait la richesse de nos colonies; elle est sucrée au ras de la terre, pour ainsi dire dès
le collet de la racine. Tous les animaux en sont très-friands,
particulièrement les rats qui en font de grands dégâts, car il
suffit qu'ils lui impriment la dent pour que la canne soit perdue; elle fermente, rougit et se dessèche. Le nombre des
cannes ainsi *ratées* sur certaines habitations est considérable
et forme une partie de la récolte. Aussi nos habitants exposés
à ce dommage en sont-ils très-touchés; ils vont jusqu'à préférer dans leurs cannes la présence du bothrops à celle des
rats, car il est reconnu que le bothrops est un grand destructeur de rats, qu'il n'attaque jamais l'homme, que bien
qu'il soit trop multiplié, il ne l'est pas encore autant que le
rat, et que, si jusqu'à un certain point on peut se préserver
des uns, on ne saurait se garantir des autres.

Que serait-ce si le hérisson, qui mange les fruits et la racine du plantain, venait à prendre goût pour la canne et à
faire concurrence aux rats? nos habitants ne trouveraient-ils
pas le remède pire que le mal? En 1843, la Société d'agriculture demanda l'ordre de la Légion d'honneur pour l'importa-
teur à la Martinique de l'herbe du Para, graminée qui fournit
un fourrage excellent, et devait faire révolution dans notre

bétail. Aujourd'hui, l'herbe du Para a tellement envahi les cultures et exige des sarclages si ruineux qu'on demanderait non-seulement la croix d'officier de la Légion d'honneur, mais même celle de commandeur pour qui nous délivrerait de cet affreux parasite. C'est pourquoi je pense qu'avant d'admettre le hérisson dans notre société coloniale, il serait convenable de le tenter et de le mettre en rapport avec la canne pour voir comment il se comporterait envers elle. Cette expérience serait des plus faciles (1).

(1) Je crois devoir rappeler ici une note sur la valeur du hérisson comme animal à opposer au bothrops lancéolé, par M. A. Chavannes, docteur-professeur de zoologie, publiée dans le tome VI, N° du 3 mars 1859, du *Bulletin de la Société d'acclimatation*. Cette note combat mes appréhensions sur l'introduction du hérisson à la Martinique. Personne ne désire plus que moi que l'opinion de M. Chavannes l'emporte sur la mienne. J'ai même fait des démarches pour que le *Ministère de l'Algérie et des Colonies* nous expédiât des hérissons d'Alger. Le difficile est de trouver des personnes qui prennent soin de ces animaux pendant la traversée. Oui, il faut toujours en venir à l'expérimentation. Aucune considération à *priori*, aucune analogie, ne sauraient dispenser de faire une expérience. On doit s'attendre que, dans cette grande et belle œuvre si éminemment civilisatrice que se propose la Société d'acclimatation, il y aura bien des essais inféconds, c'est l'histoire de l'industrie humaine; mais sur des centaines d'expérimentations n'en réussirait-il qu'une seule, ce succès sera un immense bienfait qui obtiendra une éternelle reconnaissance. La société doit imiter la providence, qui, en toutes choses, sème à pleines mains pour récolter peu.

Note sur la valeur du Hérisson comme animal à opposer au *Bothrop lanceolatus*, par M. A. CHAVANNES, docteur-professeur de zoologie.

Dans les renseignements qui suivent le rapport sur les animaux destructeurs du *Bothrops lancéolatus* (p. 11 du *Bulletin*, 1858), M. le docteur Rufz fait le procès du hérisson, et le condamne comme impropre à lutter contre le serpent venimeux de la Martinique. Il est même disposé à regarder l'introduction du hérisson aux Antilles comme pouvant être dangereuse, si cet insectivore venait à prendre goût à la canne.

Sur ce dernier point et sur l'aptitude du hérisson à attaquer des serpents venimeux, M. Rufz sollicite de nouvelles expériences; il demande qu'on mette le hérisson en présence de la vipère et de la canne à sucre.

Le hérisson attaque et mange les vipères sans être affecté par leur venin, c'est un fait mis hors de doute par les belles expériences de Lenz (*Schlangenkunde*, Gotha, 1832, 1 vol. in-8).

Voici la traduction de ce qui se rapporte aux expériences de Lenz :

« Le 30 août, j'introduisis une grosse vipère dans la caisse où le hérisson allaitait tranquillement ses petits. Je m'étais assuré que cette vipère
e manquait pas de venin, car elle avait, deux jours avant, tué un serin
n peu de minutes. Le hérisson la sentit bientôt (il se dirige par l'odorat
lutôt que par la vue), se leva de sa litière, s'approcha sans précautions,
flaira la vipère de la queue jusqu'à la tête et surtout à la gueule, sans
doute parce qu'il y sentait la chair. La vipère commença à siffler et mordit
le hérisson plusieurs fois aux lèvres et au museau : celui-ci, sans s'é-
loigner, se lécha, et reçut une morsure à la langue ; sans s'en inquiéter,
il continua à flairer la vipère et la toucha même avec ses dents, mais
sans mordre. Enfin, il saisit la tête, la broya avec les crochets et la
glande à venin, malgré les contorsions du serpent qu'il dévora jusqu'à la
moitié. Après quoi il retourna allaiter ses petits ; le soir, il acheva de
manger la vipère commencée et en dévora une autre petite. Le jour suivant, il consomma trois jeunes vipères, et demeura, ainsi que ses petits,
en parfaite santé ; on ne remarquait ni enflure, ni rien de particulier à
l'endroit où il avait été mordu.

« Le 1ᵉʳ septembre, le combat recommença. Le hérisson s'approcha
comme la première fois de la nouvelle vipère, la flaira, et reçut pas mal
de coups de dents au museau et dans ses épines. Pendant qu'il la flairait,
la vipère, qui s'était fortement blessée aux épines, chercha à échapper.
Elle rampait dans la caisse, le hérisson la suivait toujours flairant ; chaque
fois qu'il s'approchait de la tête, il recevait une morsure. Enfin, il la retint
dans un coin de la caisse : la vipère ouvre une large gueule en montrant
ses crochets ; le hérisson ne recule pas. Elle s'élance, et le mord à la
lèvre si fortement qu'elle y reste attachée ; il la secoue, elle décampe ;
il la poursuit, et reçoit encore plusieurs coups de dents. Cette bataille
avait duré douze minutes ; j'avais compté dix morsures qui avaient frappé
le museau du hérisson, vingt qui s'étaient perdues en l'air ou sur ses
épines. La vipère avait la gueule ensanglantée par suite des blessures
qu'elle s'était faites aux épines. Le hérisson saisit la tête entre ses dents,
mais la vipère se dégagea. L'ayant alors prise par la queue, puis derrière
la tête, je vis que ses crochets étaient encore en bonne condition.

« Lorsque je la rejetai dans la caisse, le hérisson la saisit de nouveau
par la tête, qu'il broya ; il la mangea lentement sans s'inquiéter de ses
contorsions, retourna ensuite à ses petits et les allaita sans ressentir d'inconvénients.

« Dès lors ce hérisson a souvent dévoré des vipères, et toujours en
commençant par leur broyer la tête, ce qu'il ne faisait point pour les serpents non venimeux. Il transportait souvent dans son nid le surplus de
ses repas pour le consommer à son aise. Le hérisson habite volontiers,
comme la buse, des localités où les vipères et d'autres serpents abondent,
et sans doute il en détruit bon nombre. »

Après cette traduction presque littérale, j'ajouterai que le danger de
voir le hérisson ronger la canne n'est pas à redouter. Lenz, qui l'a observé
longtemps, dit qu'il mange des coléoptères, des vers de terre, des grenouilles, même les crapauds, qui paraissent cependant lui répugner ; il
mange avec grand plaisir les orvets et les couleuvres, mais par-dessus
tout les souris ; il combat courageusement et avec succès contre le hamster.

Il est une autre expérience qui peut être faite ici et là-bas : ici chacun de nous peut mettre le hérisson en présence de la vipère, et là bas en présence du *Fer de lance*.

Pardonnez-moi, Messieurs, de répondre à tout ce qu'il y a de bienveillant dans cette offre d'animaux destructeurs du serpent par ces quelques critiques, et de ne pas les accueillir avec un reconnaissant enthousiasme. Ce que j'en dis ici, ce n'est pas pour décourager l'expérimentation et la repousser par une de ces *fins de non-recevoir*, si funestes aux découvertes et si chères à la paresse. Je sais qu'il faut laisser à l'expérimentation une grande latitude, qu'il faut même compter sur ses imprévus, que tel est l'esprit de la Société d'acclimatation. Cependant, je crois qu'une autre sorte de découragement pourrait naître d'essais trop infructueux en trompant notre attente, que ce n'est pas aller contre nos statuts que de consulter, pour faire des essais, de prudentes analogies, et qu'il ne faut pas abdiquer les données de la raison, même en faveur des promesses du hasard.

Enfin, nous avons à la Martinique un animal qui me paraît un *succédané indigène* des mangoustes et des hérissons, c'est le manicou ou marmose de Buffon, de qui nous pouvons ap-

Il ne mange de fruits qu'à défaut de nourriture animale. Celui qu'observait Lenz n'ayant pendant deux jours reçu que des fruits, il en mangea si peu que deux de ses petits périrent faute de lait.

Les hérissons placés dans des vignes dont les raisins atteignent le sol n'y touchent pas ; cependant ces fruits sont aussi sucrés que la canne et fort tendres, tandis que cette dernière, par sa dureté seule, serait à l'abri de la dent du hérisson. Je crois donc qu'il serait utile et facile de transporter à la Martinique une cinquantaine de hérissons ; puisqu'ils vivent en Algérie, il est probable qu'ils s'acclimateront sans peine dans l'île. S'introduisant facilement dans les champs de cannes, ils contribueront à y diminuer le nombre des rats, et par conséquent le nombre des cannes *ratées*.

Ils tendront indirectement à diminuer aussi la multiplication du bothrops en privant ce dernier d'une partie de sa nourriture. Le hérisson peut enfin détruire de jeunes bothrops, tout en étant à l'abri des adultes, qui ne peuvent pas facilement le mordre, l'étouffer ou le retourner pour l'attaquer par le ventre, comme ce qu'on dit, le chien et le renard.

L'introduction du hérisson peut d'ailleurs fort bien s'associer à celle du serpentaire et de la buse, qui se nourrit de rats et de serpents. Tous ces moyens de diminuer le bothrops doivent être employés simultanément ; mais le plus efficace serait sans doute une *prime* accordée à chaque tête de bothrops, comme l'a fort bien dit M. le docteur Rufz.

prendrequel serait le sort de ces nouveaux auxiliaires. Le manicou a le groin du porc; il a une puissante denteiure, des ongles longs et aigus, un cuir épais; il grimpe aux arbres. Des faits notoires apprennent qu'il se défend vaillamment contre le bothrops et lui vend chèrement sa vie. Mais plus souvent encore on trouve des manicous dans le ventre du bothrops.

Il nous reste maintenant à parler du dernier des animaux proposés par M. de Chastaignez, et considérés par lui comme spécifiques contre les reptiles, de l'oiseau appelé Secrétaire du Cap (*serpentarius reptilivorus*).

Le serpentaire reptilivore est un bel oiseau, dont M. Jules Verreaux vous a déjà entretenus : son travail a été publié dans le tome III de vos *Bulletins*. On l'appelle le *secrétaire* parce qu'il a autour du cou une fraise de longues plumes propres à écrire. Il a cela de singulier qu'il ne se tient debout que sur l'une de ses jambes, qui sont longues et couvertes d'écailles. (J'en ai vu un au Jardin des Plantes de Paris, qui, par suite d'un accident, portait une jambe de bois dont il se servait très-adroitement.) La longueur de ses pattes cuirassées le rend très-propre à saisir les serpents, et cette fraise de plumes lui met le cou et la tête à l'abri de leurs morsures. Entre autres détails intéressants sur ses mœurs, M. Verreaux nous apprend qu'au Cap, cet oiseau est protégé par la loi, à cause du grand nombre d'insectes et de serpents venimeux qu'il détruit. M. Verreaux émet le souhait que cet animal soit introduit à la Martinique pour combattre le bothrops lancéolé; il ignorait sans doute que l'essai eût été déjà tenté, car il n'en parle pas; mais dès l'année 1817, M. Moreau de Jonnès avait donné le même conseil. En 1825, M. l'amiral de Mackau introduisit à la Martinique deux serpentaires; l'un d'eux mourut malheureusement dès son arrivée. « On les avait déposés, dit M. le docteur « Guyon, au Jardin botanique où les curieux allaient les vi- « siter; là j'ai été souvent témoin de la manière dont l'ani- « mal se défait du reptile : d'abord, par des coups de pattes « lancés perpendiculairement sur la tête avec une précision « et une vigueur incroyables, il bientôt étourdi son adver- « saire; après quoi, tandis que d'une patte il l'assujettit sur « le sol en le serrant avec force, le saisissant avec le bec « derrière la nuque, par un mouvement rapide sdiontreo il

« lui luxe les vertèbres. J'ajoute que rien n'est beau comme
« l'animal, lorsque, apercevant sa proie, son œil s'anime, brille,
« et que tout son corps frémit. »

Songez, Messieurs, qu'il s'agit ici du serpentaire aux prises
avec le bothrops lancéolé lui-même. Nous ne sommes plus
dans les analogies. Croirait-on qu'on n'ait point donné suite à
une aussi heureuse expérience? le serpentaire est mort dans
l'isolement.

Mais en sera-t-il ainsi, Messieurs, lorsque par votre entre-
mise la colonie pourra se procurer des serpentaires en assez
grand nombre et faire l'expérience en grand et de manière
à obtenir l'acclimatation de ce précieux oiseau? Je suis assuré
du contraire. Le Martinicain n'a été arrêté que par la rareté
des communications qu'il lui est possible d'avoir avec le cap
de Bonne-Espérance; mais si vous voulez nous procurer le concours de votre correspondant au Cap, je ne doute pas que
nous ne profitions des facilités que nous peuvent offrir nos
nouveaux rapports avec l'Inde pour l'immigration des coolies,
et qu'en passant au Cap, nous n'ajoutions, avec le plus grand
empressement, aux coolies indiens le serpentaire (1).

Enfin, Messieurs, contre un ennemi comme le bothrops lancéolé, il ne me paraît pas assez sûr de nous reposer du soin de
notre défense sur un seul moyen, sur ces alliés naturels que
nous offre la nature. Ces préservatifs uniques, commodes, tout
faits, une fois trouvés, sur la confiance desquels nous pouvons
nous endormir, qui nous dispensent de tout autre soin, peu-

(1) M. Florent-Prévost, aide naturaliste du Muséum de Paris, qui depuis
trente ans se livre à de si utiles recherches sur l'alimentation des oiseaux,
a bien voulu me signaler comme se nourrissant de serpents et de
vipères : en Amérique, le caviama, le kamichi, l'agami, le tantale lacté;
en Afrique, le serpentaire (bec ouvert noir), le tantale rose, l'ibis sacré,
le marabou, l'ombrette; en Asie, le jabura, la cigogne chevelue, la cigogne
à sac et la cigogne à bec ouvert.

MM. les professeurs Jules Cloquet et Mocquin-Tandon ont appelé l'attention de la Société d'acclimatation sur la cigogne d'Europe, qui se
trouve en grande quantité dans l'Alsace et dans toutes les provinces rhé-
nanes. Il serait très-facile de s'en procurer un certain nombre, et comme
la cigogne est un oiseau qui reste dans un pays tout le temps qu'elle y
trouve de quoi se nourrir, si véritablement elle aime la chair des serpents, il faut espérer qu'elle ne quittera pas la Martinique tout le temps
qu'elle y trouvera es bothrops.

vent convenir à l'homme sauvage et suffisent à sa paresse. L'homme civilisé ne s'abandonne jamais à la garde des animaux; il saura trouver dans les ressources de son industrie bien d'autres défenses. Je voudrais voir rétablir ces primes et encouragements que d'autres habitants et moi-même avons plus d'une fois réclamés dans les conseils publics de la colonie, mais que nous n'avons pu jamais obtenir qu'à la somme bien insuffisante de quelques centaines de francs. Le conseil général de Seine-et-Marne a voté, l'an dernier, près de 8,000 francs contre la vipère de Fontainebleau, qui n'est certainement pas le bothrops lancéolé. Je voudrais voir à la Martinique une brigade de chasseurs de serpents en exercice permanent, sous l'excitation et le contrôle de l'autorité supérieure. Pourquoi, s'écriait Lacépède au commencement de ce siècle, un être aussi funeste existe-t-il encore dans les îles, où il serait possible d'éteindre son odieuse race? Pourquoi laisser vivre une espèce que l'on ne doit voir qu'avec horreur? et pourquoi chercher uniquement des remèdes trop souvent impuissants contre les maux qu'elle produit, lorsque, par une recherche obstinée et une guerre à toute outrance, l'on pourrait parvenir à purger de ces venimeux reptiles les contrées où ils ont été observés?

Je profiterai aussi de l'occasion pour vous dire quelques mots du pansement de la piqûre du bothrops, ce redoutable accident contre lequel il semble que l'habitant de la Martinique aurait dû appliquer toutes les forces de son intelligence. Ce pansement est le plus ordinairement abandonné et même réservé à quelques vieux nègres, rebut de notre société coloniale ; ils nous tiennent lieu de ces sorciers et de ces guérisseurs dont vos tribunaux font justice. Je ne saurais vous dire le découragement et l'indignation dont j'ai été souvent saisi à la vue des pratiques insensées dont les panseurs se rendent coupables.

Le panseur est souvent logé au loin, à une heure et plus ; il faut l'aller querir ; il se fait attendre, perd un temps considérable à broyer des herbes et marmotter des paroles d'incantation ; souvent il arrive que son pansement n'est appliqué que plusieurs heures après la piqûre. Ce sont, pour la plupart du temps, des herbes insignifiantes dont j'ai pu recueillir plus

de trente formules ; on perd ainsi le bon moment du pansement ; car l'absorption du venin, ainsi que le prouvent toutes
les expériences, se faisant au bout de quelques minutes, il
importe de l'empêcher le plus promptement possible, et il
est prouvé que par la ligature, par la succion, par le lavage
avec un liquide convenable et surtout par la cautérisation,
on peut étouffer ce venin dans les chairs, de même qu'on
étouffe un incendie en plaçant le pied sur l'étincelle qui le
peut allumer.

Toute personne donc doit être en ce pays panseur de la
piqûre du serpent, afin de pouvoir se secourir à temps, soi
et les siens.

Pour arriver à ce résultat si désirable, il faudrait répandre
dans les campagnes de sages instructions, et surtout placer
toujours à la portée de ceux qui sont exposés à être piqués
par le serpent les moyens de pansement reconnus les plus
efficaces ; de ce nombre et en première ligne, se trouve l'ammoniaque, alcali volatil.

Lorsque les nègres travaillent en atelier, à la coupe des
cannes ou au défrichement des terres, car c'est dans ces occasions qu'arrivent le plus souvent des accidents, tout habitant, ce qui ne se fait jamais, car l'incurie, je le répète, est
incroyable, tout habitant devrait être tenu d'avoir entre les
mains de son homme de confiance, chargé de surveiller le
travail, économe ou commandeur, un flacon d'alcali ou de
tout autre liquide reconnu bon pour le pansement. Ce liquide
servirait au premier pansement des hommes piqués, lequel
serait fait le plus promptement possible. Je voudrais que l'o-
mission de cette précaution fût suivie d'une pénalité, et que
le travailleur qui n'aurait pas trouvé le remède qui lui serait
dû aux termes de la loi, fût admis à réclamer contre le propriétaire. C'est une gêne sans doute, mais de pareilles gênes
ne sont-elles pas imposées ici à bien des usiniers dont l'industrie est réputée malsaine sans l'observance de certaines conditions ?

Enfin, nous nous associons au vœu formé par Sonnini, lorsque, de retour de son voyage dans la Guyane, se rappelant les
accidents dont il avait été témoin, il s'écriait : « L'Europe
voit avec admiration, et les Français avec attendrissement, les
établissements formés pour retirer les hommes pour ainsi

dire des mains de la mort : tels sont les secours établis pour les noyés et les asphyxiés. Ne pourrait-on pas avoir dans les colonies quelque établissement semblable pour les personnes piquées du serpent ? »

Je ne doute pas, Messieurs, que ces différents moyens contre le bothrops et l'introduction des animaux qui peuvent le combattre, et les primes pour sa destruction et les précautions pour diminuer la gravité de ses piqûres ; je ne doute pas, dis-je, que ces moyens recommandés à la bienveillance de notre collègue, M. Mestro, directeur des colonies, ne soient pris par lui en considération, et que la sollicitude paternelle qu'il porte naturellement aux colonies ne soit encore en cette occasion augmentée par les obligations de son titre de membre de la Société d'acclimatation.

C'est ainsi, Messieurs, que vous répondrez à la proposition qui vous est faite. Le seul fait, je peux vous l'assurer, d'avoir pris intérêt à cette question, va être pour nos compatriotes d'outre-mer une consolation et un encouragement, et votre initiative sera un bienfait pour ces beaux pays qui, suivant l'expression si vraie de M. de Chastaignez, sont aussi la France.

N° III

DE QUELQUES REMÈDES RÉCEMMENT PROPOSÉS

DU CÉDRON

Une des substances dont l'efficacité a été le plus vantée dans ces derniers temps, soit contre les effets du venin des serpents déjà introduit dans la circulation, soit même comme moyen préventif contre cette action, est le *cédron* : péricarpe d'un arbre de l'ordre des simaroubées, qui croît sur les plateaux de la cordillière des Andes. Ce péricarpe est caractérisé, comme la quassia amara et la plupart des végétaux de ce groupe, par une amertume extrême. En 1850, l'attention fut fixée sur ce produit végétal par une communication que le savant M. Jomard fit à l'Académie des sciences

(Comptes-rendus, tom. XXXI, p. 14), dans laquelle il lut une lettre que lui avait écrite M. Herran, chargé d'affaires de la république de Costa-Rica.

Les faits contenus dans cette lettre sont assez curieux pour qu'il ne soit pas sans intérêt d'en donner ici un extrait fort abrégé. Ce n'est qu'en 1828, dit M. Herran, que des Indiens sauvages apportèrent sur le marché de Carthagène quelques graines de cédron. Pour en démontrer la vertu infaillible, ils firent mordre des animaux, par les serpents les plus dangereux, appelés *Tobola corail de la Montagne*; la promptitude avec laquelle le poison était neutralisé parut si merveilleux, qu'on paya la graine jusqu'à un doublon (83 francs).

Pendant mon séjour dans l'Amérique centrale, ajoute l'auteur, j'ai eu moi-même occasion de recourir à la graine de cédron dans huit cas différents. Voici comme je l'employais : Cinq à six grains de cette graine étaient râpés ; cette poudre délayée dans une cuillerée d'eau-de-vie, je la faisais avaler au malade, puis j'en saupoudrais un linge imbibé d'eau-de-vie que j'appliquais sur la morsure. Rarement j'ai eu besoin de répéter la dose pour obtenir une guérison radicale.

Les renseignements qui précèdent sont empruntés à la notice historique sur la ménagerie du muséum, par M. A. Duméril. M. Duméril les accompagne du récit de quelques expériences faites au muséum, par M. Dumont, pour vérifier l'efficacité du cédron. Ces expériences ont été faites avec toute la rigueur désirable ; il en est résulté que le cédron n'est pas un remède prophylactique ; qu'il ne préserve pas des effets de la piqûre du serpent, lorsqu'il est donné immédiatement après l'accident ; mais que pris plusieurs heures avant, il en diminue la gravité, car la piqûre n'est alors suivie que d'accidents locaux et jamais de la mort.

Sur la foi de ces informations, je m'étais procuré du cédron à la Martinique ; j'en avais fait préparer une solution alcoolique déposée chez les pharmaciens de la ville de Saint-Pierre. Avis avait été donné par les journaux à Messieurs les habitants, qui pouvaient s'en procurer gratuitement. Au moment de mon départ, environ un an après cet avis, aucune demande de cédron n'avait été faite : on préférait toujours la routine des vieux nègres.

DES INJECTIONS IODURÉES

On a vu que la ligature et la succion n'étaient que des oyens provisoires en attendant un traitement plus efficace; ue les incisions et la cautérisation devaient agir profondément, produisaient de la douleur et laissaient des plaies qui exigent un certain temps pour guérir; que tous les remèdes internes préconisés jusqu'à ce jour sont trop incertains pour s'y fier complétement; d'une autre part, il est hors de doute que dans un grand nombre de cas (un sur dix, d'après MM. Harlhan et Brainard), par la rencontre de certaines circonstances encore inappréciées, la piqûre même des serpents les plus venimeux guérit sans aucun traitement. Dans cet état de la science, on comprend la répugnance des blessés et l'indécision des médecins à employer un moyen violent, indistinctement dans tous les cas. On voudrait esquiver la douleur et la perte du temps, et néanmoins guérir; il était donc à souhaiter qu'on trouvât une médication applicable à tous les cas indistinctement, mais sans aucun inconvénient pour les malades. C'est le but que M. Brainard, de Philadelphie, a cru atteindre par l'emploi des injections iodées, moyen efficace pour neutraliser le poison, mais pas assez actif pour détruire les tissus avec lesquels il est mis en contact.

Ne connaissant pas la nature du venin, ni l'action des substances injectées dans les tissus, il était difficile de se décider *à priori* pour telle ou telle solution. C'est pourquoi il a fallu se livrer d'abord aux tâtonnements de l'expérimentation.

Après avoir reconnu que le nitrate d'argent mêlé au venin ne lui ôte pas ses qualités délétères et que ces qualités délétères augmentent au contraire par la solution du venin dans l'alcool et dans l'huile de térébenthine, M. Brainard expérimenta le lactate de fer et l'iode, probablement à cause de la vogue dont ces substances jouissent aujourd'hui, ayant été inconnues à la matière médicale ancienne. En dernier lieu, il a donné la préférence à l'iode.

Il a préféré le mode de l'injection locale à l'administration interne par l'estomac, parce que le venin agissant très-promptement, il importait de le mettre très-promptement aussi en contact avec son antidote, afin d'en arrêter l'action, ce qui ne se peut obtenir par l'administration intérieure. Car le remède étant placé loin du lieu de l'introduction du poison, ne peut être porté à sa rencontre que par l'absorption et la circulation, deux fonctions dont le jeu exige un certain temps pendant lequel le mal se fait. Ajoutez que pendant ce temps le venin est porté plus avant dans les organes et en trouble les fluides et les tissus, tandis que le remède au contraire perd de sa propriété par son mélange avec les fluides de l'estomac et par la digestion qui en est faite. Ce sont ces considérations qui ont engagé M. Brainard à préférer l'injection locale, qui met immédiatement le venin en présence de l'iode ; l'expérience a justifié ces prévisions. L'auteur a constaté que l'iode injecté conserve la couleur du sang et empêche la désorganisation de ses globules, en même temps que cet agent a une influence très-marquée pour empêcher ou retarder l'action du venin, même quand on l'emploie en petites quantités et à faible dose.

Voici comment il conseille de pratiquer ces injections : Le plus tôt possible après la morsure, on se sert d'un petit trois-quarts et d'une petite seringue semblable à celle d'Anel, pour pousser dans tout le trajet de la piqûre ou le plus près possible, sous la peau, une injection. Cette injection se compose de 25 centigrammes d'iode et de 75 centigrammes d'iodure de potassium pour 30 grammes d'eau distillée. A cette dose, l'iode neutralise le venin, même lorsqu'il est imprégné dans les tissus, sans produire ni escarre ni suppuration de ces tissus.

Comme le remède peut ne pas se trouver sous la main, et qu'on a pu perdre un temps précieux avant d'en faire usage, M. Brainard conseille, en attendant, l'emploi de la ligature et des ventouses, comme moyen très-propre à retarder l'action du venin et à en empêcher le transport dans le reste du corps.

Si déjà il existe une tuméfaction locale assez considérable, la solution d'iode doit être plus étendue d'eau, et il faut l'injecter en large quantité dans toute la partie gonflée.

Ce traitement, dans plus de cent expériences faites sur des oiseaux, a toujours eu du succès entre les mains de M. Brainard ; malheureusement il n'a pas été employé une seule fois sur l'homme ; mais M. Brainard pense que, dans ce cas, son application serait encore plus facile et plus efficace, à cause de la plus grande perméabilité de notre tissu cellulaire sous-cutané.

Malheureusement aussi, le serpent dont s'est servi M. Brainard n'était pas le crotale durisse ou horrible, qui sont les deux espèces les plus redoutables de l'Amérique, mais le *crotalophorus ter geminus* (crotale à triples taches de Duméril), vulgairement connu sous le nom de *massagua*, et la morsure de ce reptile, comme l'avoue M. Brainard lui-même, est, suivant l'opinion générale, moins dangereuse que celle de quelques autres variétés.

En résumé, je pense que les injections iodées sont à essayer contre la piqûre du bothrops lancéolé ; qu'il est à souhaiter qu'en raison de leur peu d'inconvénient, elles deviennent la méthode générale du traitement de la piqûre de tous les serpents.

Il y a longtemps que cette idée des injections m'était venue, non pas avec l'iode, mais avec l'une ou l'autre de ces mille substances vantées contre la piqûre du serpent, voire même tout simplement avec de l'eau pure, dans le but de détruire une portion du venin inoculé et d'en affaiblir l'absorption. L'injection n'était alors conseillée que comme un des moyens accessoires, en attendant la cautérisation. Sur mes indications, M. le pharmacien Peyraud avait fait faire, sous forme de trousses portatives, un petit appareil à pansement où se trouvaient réunis des ventouses, des ligatures, des cautères, un bistouri et une petite seringue à injection semblable à celle de M. Brainard. J'espérais que les chasseurs et tant d'autres personnes exposées dans notre île à la piqûre du *Fer de lance* voudraient avoir sur eux les secours nécessaires en pareil cas. Mais je dois dire, à l'honneur du courage et de la résignation de mes compatriotes, qu'après vingt ans, malgré les annonces des journaux, pas un de ces petits appareils n'avait été acheté, et que la collection complète se trouve encore dans l'officine de M. Peyraud.

MARUBIUM VULGARE

On lit dans l'*Union médicale*, samedi 2 février 1859, n° 21

Il existe contre la morsure des serpents à sonnettes un re-

mède que l'on regarde comme souverain ; il consiste à prendre intérieurement la séve du marrube (*marrubium vulgare*) et
d'une espèce de plantain (*plantago*), et à poser extérieurement
sur la blessure un cataplasme de ces plantes broyées. L'assemblée de Virginie récompensa l'esclave qui avait découvert ce
remède en lui accordant, outre la liberté, une somme de
5,000 fr. de notre monnaie (*Siècle*).

Je suppose que la publication de ce fait, par le *Siècle* et par
l'*Union médicale*, a eu lieu à l'occasion du prix proposé par la
Société d'acclimatation pour la destruction du serpent *Fer de
lance*, dans sa séance du 27 février.

Avant tout, il faudrait s'assurer si le fait est vrai ; si réellement l'assemblée de la Virginie a décerné le prix en question.
Je pense que la rédaction du *Siècle* et de l'*Union médicale* ne
sera point blessée par ce point de doute que j'élève au bout
de leur annonce ; mais je n'ai trouvé ce fait mentionné dans
aucun des nombreux ouvrages que je viens de parcourir sur
les serpents américains.

Le marrube est une plante très-vulgaire qui a été préconisée en Europe contre la piqûre des vipères, comme bien d'autres, et sans avoir plus que bien d'autres fixé l'attention.

Il ne se passe pas de semaine sans qu'on lise dans les
journaux quelque remède contre la piqûre des serpents et des
vipères. Ce ne sont pas les remèdes, ce sont les bonnes expérimentations qui manquent.

N° IV

SYNONYMIE ZOOLOGIQUE DU SERPENT DE LA MARTINIQUE

Le serpent dont il est question dans ce travail n'a pas toujours été désigné sous le nom de *bothrops lancéolé* (1) qu'on
lui donne aujourd'hui. Nous avons adopté cette dénomination

---

(1) Ce nom de *bothrops* est composé de deux mots grecs, Βοθρος, *fos-
sula*, pour indiquer le petit creux placé près de l'œil, et de ωψ, visage.
Pris à la lettre, ce nom conviendrait à tous les crotaliens qui ont la fossette. On l'a réservé à celui-ci.

parce qu'elle a été choisie par M. le professeur Duméril dans son *Erpétologie*, qui est le dernier et le plus considérable ouvrage de ce genre publié de notre temps.

Voici la synonymie du bothrops lancéolé dans les livres qui en parlent :

Vipères jaunes. Dutertre.
Serpents de la Martinique. Labat.
Vipères jaunes ou rousses. Rochefort.
Vipère de la Martinique. Bonodet, année 1786, *République des lettres et des arts.*
Le Fer de lance. Lacépède, Latreille.
Coluber glaucus. Linné.
Vipera cærulescens. Laurenti.
Coluber Megara. Shaw.
Cophias lanceolatus. Merrem.
Trigonocéphale jaune. Cuvier, Moreau de Jonnès, Schlegel.
Craspedocephalus lanceolatus. Gray.
Bothrops lancéolé. Wagler, Duméril.

En lisant cette synonymie si multiple, qu'il n'y a pas deux auteurs ayant parlé du bothrops, qui se soient servis du même mot pour le désigner ; en voyant cette diversité de la nomenclature se reproduire à propos de chaque reptile, on reconnaît, avant de retrouver ces animaux sous les divers noms sous lesquels ils figurent dans la science, la nécessité préalable de constater leur identité. Perte de temps et labeur pour la mémoire qu'il serait à souhaiter qu'on pût s'épargner. Il en est de même dans toutes les branches de l'histoire naturelle. Les congrès scientifiques qui se tiennent chaque année dans les différentes villes du monde et dont la coutume entre heureusement de plus en plus dans les mœurs des savants, ces congrès ne pourraient-ils pas se donner pour mission de fixer pendant un certain nombre d'années, dans chaque branche de la science, la langue scientifique, quelque chose d'approchant ce que l'Académie française fait pour la langue usuelle ? Cette langue convenue serait, en quelque sorte, la langue officielle sacrée, à laquelle on ne retoucherait pas, jusqu'à une révision nouvelle, qui pourrait être faite, par exemple, au bout d'une période décennale.

CARACTÈRE ZOOLOGIQUE DU BOTHROPS LANCÉOLÉ

Voici maintenant le signalement actuel ou diagnose, d'après M. Duméril, du bothrops lancéolé.

I. — *Sous-ordre des solénoglyphes ou thanatophides.*

Crochets venimeux, susmaxillaires antérieurs, creusés d'un canal dans leur épaisseur, et perforés à leurs extrémités pour recevoir et distiller le venin. C'est par les crochets de cette sorte que les *solénoglyphes* diffèrent non-seulement des serpents non venimeux, mais des venimeux comme eux, *opisthoglyphes* et *protéroglyphes*, qui ont des crochets différents.

II. — *Famille ou série des crotaliens.*

Les solénoglyphes crotaliens ont une fossette lacrymale qui les distingue des vipériens, grande famille du même sous-ordre.

III. — *Genre bothrops.*

Les bothrops forment le onzième genre des solénoglyphes; ils diffèrent 1° des *crotales*, en ce qu'ils n'ont point la queue garnie d'un étui corné, formant la sonnette, si particulière aux crotales ; 2° du *trigonocéphale* (1) parce que M. Duméril a réservé ce nom aux solénoglyphes crotaliens, qui ont la tête revêtue de plaques et d'un écusson central ; 3° des Atropos (douzième genre) et du Tropidolaime (treizième genre), qui ont les écailles gulaires, rondes et lisses, ou pointues et carénées; 4° enfin des *Lachesis* dont ils n'ont pas les urostéges simples.

Le caractère particulier du genre bothrops, outre ceux qui lui sont communs avec tous les genres des solénoglyphes crotaliens, est d'avoir :

Des écailles surcilliaires, très-distinctes, lisses, convexes.

---

(1) Ce nom de *trigonocéphale* était très-vague, il comprenait plusieurs espèces de serpents vipères venues surtout des États sud de l'Union américaine, Caroline et Louisiane. Il était fondé sur la conformation de la tête de ces serpents et sa sonorité a dû contribuer beaucoup à le faire adopter.

IV. — *Espèce bothrops lancéolé.*

C'est la première espèce des bothrops, qui en compte sept autres. Ce sont :

2° Le bothrops atroce, qui vient de Surinam.

3° Le bothrops jaracara, qui vient du Brésil.

4° Le bothrops de Castelnau, dont on ignore la patrie et qui a été donné au muséum de Paris par MM. de Castelnau et E. Deville, au retour de leur voyage dans l'Amérique du Sud.

5° Le bothrops alterné, provenant du Paraguay, d'où il a été rapporté par M. d'Orbigny.

6° Le bothrops à deux raies, recueilli au Brésil par le prince de Neuwied.

7° Le bothrops vert et noir, envoyé de Ceylan et de Batavia.

Dans le tableau synoptique suivant, tiré de l'ouvrage de M. Duméril, on voit les caractères qui ont servi à distinguer ces différents bothrops.

TABLEAU SYNOPTIQUE

TABLEAU SYNOPTIQUE DES ESPÈCES DU GENRE BOTHROPS.

Conleur

brune ou jaunâtre; ligne du vertex

saillante; urostèges
- simples, ou sur un seul rang........................ 4. B. DE CASTELNA
- doubles; dessus du vertex
  - à bande claire entre les orbites...... 5. B. ALTERNÉ.
  - unicolore; gastrostèges
    - unicolores.. 1. B. FER DE LANC
    - tachetées... 2. B. ATROCE.

effacée; écailles antérieures du museau plus grandes...................... 3. B. JARARAÇA.

verte; écailles du vertex

granuleuses; sus-oculaires
- larges, non divisées.................. 7. B. DEUX-RAIES.
- étroites, divisées.................. 6. B. VERT.

lancéolées, plus grandes que celles du cou............................ 8. B. VERT ET NOI

330

Quand on considère les particularités si peu marquées auxquelles le naturaliste est obligé de se rattacher pour classi-
fier des êtres d'une organisation aussi simple que le serpent :
la forme des écailles, de la tête ou du museau! Il est facilement concevable qu'il doit être souvent impossible à l'œil
de saisir ces particularités, pour ainsi dire au juger, lorsque
l'animal est vivant, en pleine liberté, au milieu de ses
domaines, les halliers ou la forêt, fuyant ou prêt à faire usage
de ses redoutables crochets contre qui voudrait le regarder
de trop près. Car même sur la table du laboratoire, avec des
livres et des gravures, cette détermination de la famille du
genre ou de l'espèce ne peut se faire sans une étude attentive. Je ne m'étonne donc plus si des voyageurs, des habitants, étrangers à l'histoire naturelle, interrogés par moi,
comme on a pu le voir dans la première partie de cette
enquête, afin de constater si le bothrops lancéolé existait
dans d'autres lieux que la Martinique et Sainte-Lucie,
n'ont pu me faire que des réponses peu sûres. Aujourd'hui,
après avoir examiné la collection du muséum de Paris et les
livres de la science, je puis affirmer que les bothrops lancéolés, qui y sont conservés, ne proviennent que de la Martinique ou de Sainte-Lucie. Peut-être même existe-il quelque légère différence entre les individus rapportés de chacune de
ces colonies. Mais la provenance de l'une ou de l'autre n'étant
pas toujours certaine, j'indique ce fait aux observateurs qui
seront à même de reprendre plus exactement cette comparaison. M. Badier, dit Lacépède, très-bon observateur, qui a
passé plusieurs années à la Guadeloupe, m'a montré deux
serpents de l'espèce de la vipère *Fer de lance*, qu'il croyait de
Cayenne et de la Dominique.

J'ai déjà dit, page 4 de l'enquête, que très-certainement il
n'existait à la Dominique aucune espèce de serpent venimeux.
Dans la collection du muséum, je n'ai trouvé qu'un *bothrops
atrox* indiqué comme provenant de Surinam. Les descriptions
que Sonnini et Bajon donnent des serpents de la Guyane
se rapportent au crotale horrible. Cependant la continuité
du territoire peut faire penser que le bothrops atrox se
trouve aussi bien dans la Guyane française que dans la
Guyane hollandaise. Si l'on considère combien les caractères spécifiques qui font distinguer le *bothrops atrox* du *bo-*

throps lancéolé sont, pour ainsi dire, microscopiques, on admettra facilement que les voyageurs et autres personnes, qui ne regardent pas de si près, peuvent les confondre (1). Que si on entend rarement parler dans notre colonie de Cayenne de gens morts de la piqûre de serpents, ce doit être à cause de la rareté, de la dispersion et de l'isolement des habitants, qui ne permettent pas à ces accidents d'arriver à la notoriété publique et les ensevelissent dans la solitude des forêts vierges.

Dans le tableau synoptique dressé par M. le professeur Schlegel de la distribution géographique des reptiles, un grand nombre est rapporté à la Martinique, dont la colonne des serpents vénéneux se trouve ainsi très-chargée. Je répète encore affirmativement qu'excepté le bothrops lancéolé et la couresse, il n'y a pas à la Martinique d'autre ophidien. Une note de M. Duméril, dans son Erpétologie, explique les erreurs de M. Schlegel. M. Duméril a été aussi frappé du grand nombre des reptiles dont la Martinique est indiquée comme lieu de provenance. Tous les spécimens qui manquent d'indication, sont rapportés à cette colonie : tel est l'élaps cerclé envoyé par M. Plée. Il est cependant hors de doute qu'il n'existe à la Martinique aucun élaps. Mais la Martinique étant la plus commerçante des colonies françaises est un entrepôt par où passent les envois faits à la France ; en outre, la terrible renommée du Fer de lance, particulier à cette île, absorbe toutes les autres, et nous fait attribuer tous les serpents. Evidemment le proverbe, qu'on ne prête qu'aux riches, nous est rigoureusement appliqué.

---

(1) M. Duméril père lui-même s'est laissé prendre à une confusion de ce genre. Il raconte que, en 1851, dans la forêt de Fontainebleau, ayant saisi une vipère (Pelias Berus) pour une couleuvre vipérine, elle lui fit des blessures qui furent suivies d'accidents assez effrayants. (Voyez *Erpétologie*, t. vii.)

PARTIE ANATOMIQUE

INTRODUCTION

Pour achever de faire connaître complétement le serpent
Fer de lance, j'avais entrepris de faire suivre *l'enquête* de la
description anatomique de l'animal. Comme j'étais alors à la
Martinique, et que j'écrivais pour les Martiniquains, qui sont
surtout intéressés à étudier le fer de lance, mais qui sont
étrangers au langage de l'anatomie, j'avais d'abord essayé
(chose à laquelle je dus bientôt renoncer) de mettre aussi cette
partie de mon travail à la portée d'être entendue de tout le
monde : c'est pourquoi je la fis précéder de ces quelques paroles d'introduction, dans l'espoir encore de gagner des col-
laborateurs.

C'est d'abord à vous, lecteurs ordinaires, que nous nous
adressons, vous priant de ne point vous effrayer de ce mot
anatomie; nous ne venons point faire passer sous vos yeux
l'aride technologie des organes considérés sous toutes leurs
faces, dans toute la diversité de leurs rapports, avec cette
précision si belle dans l'anatomie humaine, et qui permet de
porter le fer et le feu à travers les chairs, sans faire courir
à la vie aucun danger. Nous ne sommes pas si pythagoricien.
(*La Société protectrice des animaux* n'existait pas alors) et notre tendresse pour le trigonocéphale ne va pas jusqu'à vouloir
le guérir de ses maladies. Nous ne parlerons des organes que
pour en faire connaître le jeu, la fonction, pour établir quelques rapprochements avec les mêmes organes et les mêmes
fonctions chez l'homme, modèle et résumé de toutes les or-
ganisations. Nos connaissances en histoire naturelle ne nous
permettent pas d'ailleurs d'aller au-delà ni d'étendre nos
comparaisons à toute l'échelle animale. Nous ne pouvons
nous donner ce plaisir de suivre *une pensée* de Dieu dans
tout son développement, plaisir qui est, à notre sens, le plus

grand qu'il soit donné à l'homme d'éprouver. La religion en a fait le bonheur des anges.

Que les vrais naturalistes entre les mains de qui ce livre pourrait tomber, ne s'arrêtent point à cet avertissement un peu suspect; qu'ils n'y voient pas une précaution anti-scientifique; qu'ils ne détournent point leurs yeux de ces pages, les croyant écrites seulement pour des yeux vulgaires. Nous pensons que, par le fait seul de notre position, il nous a été possible de faire l'anatomie du trigonocéphale un peu plus exactement que la science ne la possède aujourd'hui, et que ce travail, en attendant mieux, ne sera pas sans intérêt pour ceux qui voudront comparer ensemble l'organisation des divers reptiles qui sont sur la terre.

Notre ambition eût été de pouvoir offrir à la science quelque chose dans le goût et dans la méthode de Strauss et de Lyonnet; — de Lyonnet, qui a consacré dix années de sa vie à l'anatomie d'une seule chenille (chenille de la saule) — de Strauss, qui a démonté pièce à pièce le hanneton, ainsi qu'un habile ouvrier démonterait la plus simple machine. « Dans ce petit corps à peine d'un pouce de longueur, « dit Cuvier, il a compté 306 pièces dures servant d'enve- « loppe, 494 muscles propres à les mouvoir, 24 paires de « nerfs pour les animer, toutes divisées en des filets innom- « brables, 48 paires de trachées non moins divisées, pour « porter l'air et la vie dans cet inextricable tissu. C'est un « spectacle ravissant par sa finesse et sa régularité. » L'imagination est confondue par le simple exposé d'un pareil travail; on ne peut s'empêcher d'être saisi d'une sorte de respect pour les hommes qui mettent là le but et la gloire de leur vie; car nous ne sommes pas de ceux qui osent proférer un dédain impie pour ces dévotes occupations de la science, parce que nous en sommes incapables; nous pensons avec le poète du siècle que

Aux regards de celui qui fit l'immensité,
L'insecte vaut un monde; ils ont autant coûté.
LAMARTINE.

Toutes les parties de cet univers, grandes ou petites, végétales ou animales, insecte ou soleil, homme ou reptile, *macroscome* ou *microscome*, toutes racontent pour nous avec une égale éloquence l'habileté de leur auteur, toutes sont dignes de fixer la plus forte attention humaine. Nous ne connaissons pas de plus beau sermon, ni de prédication plus religieuse, qu'une leçon d'histoire naturelle, d'un Cuvier ou d'un Geoffroy Saint-Hilaire! La vraie mission de l'homme sur la terre, c'est voir, contempler, étudier le bel œuvre de Dieu. A en prendre la moindre des parties, le premier venu des insectes, un des plus prodigués par la nature, un de ces êtres que le vulgaire traite avec tant de mépris, une mouche! une fourmi! qui vient à songer que sous cet atome il y a tant d'appareils divers, un pour le sang, un pour la respiration, un pour le mouvement, pour les sensations ; tant de vaisseaux, tant de tissus, tant de fluides différents, etc., etc. Qui se laisse aller à cette intuition seulement une minute, et qui reste froid et insensible, ne mérite pas qu'on lui parle! Que sera-ce, lorsque l'on vient à considérer que l'air, l'eau, la terre sont remplis et surchargés de cette myriade d'êtres, de cette poussière vivante? N'est-ce pas à tomber sur ses deux genoux et à crier, avec tout le sentiment de l'adoration : *Grand! grand! grand!* est le créateur de cette infinité? Est-il donc étonnant qu'il ait des hommes qui s'abiment et se perdent dans cette contemplation ? Mais est-ce à dire que je viens combattre ici et rabaisser les applications usuelles de la science, qui se louent d'elles-mêmes par leurs effets ; non certes, mais je dis que dans une distribution rationnelle de l'activité humaine, à côté des utilitaires, des hommes pratiques, il en faut d'autres qui cherchent la vérité pour la vérité, qui étudient pour étudier, des chercheurs de terres désertes et profondes, qui ouvrent des routes et font des pointes dans l'inconnu, des Colomb qui vont à la découverte sur les vastes mers et dans les champs infinis de l'intelligence, de pieux cénobites uniquement consacrés aux autels de la science; il faut, en un mot, dans la ruche humaine, des travailleurs à la science pure, qui sans but arrêté, sans préoccupation industrielle, sans jamais se baisser, comme Atalante, pour ramasser les pommes d'or, vont droit devant eux, toujours semant, sans espoir de recueillir; le *sic vos non vobis*, dût-il être leur devise; leur plus grande récompense est dans le plaisir que leur donnent ces travaux.

Que ces idées sont éloignées des idées régnantes! que

cette estimation cadre mal avec l'estimation du plus grand nombre! qu'on est loin de considérer la profession de savant comme une vie tout comme une autre! Où est-il le père de famille qui, apprenant que son fils tourne à la chimie, à la botanique, à l'histoire naturelle, qu'il passe ses journées à courir l'herbe des champs, et consume ses veilles à contempler l'aile d'un insecte ou le bulbe d'un poil? Où est-il ce père de famille qui ne sera pris d'un effroi presque aussi grand qu'à l'annonce de quelque grave maladie ou de quelque écart des passions, qui ne regrettera ses sacrifices et ses espérances perdues, qui n'écrira plaintes sur plaintes, reproches sur reproches? Est-il cependant un tableau meilleur à opposer à l'agitation du siècle, que celui du vrai savant qui, tandis que la foule tourbillonne autour de lui dans toutes les voies de la fortune, assis à l'écart, dans quelque retraite paisible, reste absorbé par la contemplation d'un insecte, le veut voir en tous sens, à toutes les lumières, à l'œil nu, sous la loupe, au soleil, à la lueur de la lampe, le tourne et le retourne, le démonte, le scrute, l'interroge et poursuit le principe de la vie jusque dans ses dernières limites, jusque dans cette merveilleuse molécule vivante; tel souvent à travers les vitres de son office on voit bien avant dans la nuit un laborieux horloger rechercher le grain de poussière qui embarrasse les rouages d'une montre dont l'aiguille attardée ne suit plus la course du soleil.

Mais nous, emportés par les continuelles urgences de la profession, nous, obligés de fermer l'oreille aux séductions de la science pour obéir à la voix plus imposante de l'humanité, nous ne pouvons offrir à l'histoire naturelle que ce témoignage d'une inclination malheureuse et d'une bonne volonté tardive et désormais impuissante.

VUE GÉNÉRALE DU BOTHROPS LANCÉOLÉ

Forme. Le bothrops lancéolé a la forme des serpents, caractère le plus général des reptiles et par lequel ils peuvent être confondus entre eux. C'est la forme allongée, ronde, sans appendices détachés qui répondent aux

aux membres des autres animaux : forme élémentaire, et des plus répandues dans la nature.

Il a été remarqué que les productions d'un même sol, non-seulement dans le même règne, mais dans tous, minéral, végétal ou animal, offraient souvent de grandes similitudes entre elles, une sorte d'harmonie de forme, un air de climat ou de nationalité, qui feraient croire que la nature se plaît à raccorder ses œuvres comme nous aimons à le faire pour les nôtres. Ainsi les serpents naîtraient de préférence dans le pays des lianes, M. Duméril les appelle même des *lianes animées*. Beaucoup de plantes affectent, sur les bords de la mer, la forme des poissons ; les rochers, celle des animaux qui habitent la contrée où ils se trouvent. L'imitation serait une des lois qui dirigerait les forces productives de la nature, et l'on pourrait appliquer aux produits d'une même terre ces vers du poëte :

Facies non omnibus una,
Nec diversa tamen quales decet esse sororum.

Pour le bothrops lancéolé, nous avons vu que cette similitude avec les objets qui l'entourent est une des perfidies de sa nature.

Sa tête est aplatie et triangulaire. Des trois angles de cette tête l'antérieur présente le museau et les orifices des organes des sens ; les postérieurs sont formés par les os maxillaires. Ces os s'écartent latéralement du corps de l'animal ; il en résulte cette forme ailée ou en fer de lance qui a fait donner à l'animal les noms de *Fer de lance, de trigonocéphale et de bothrops lancéolé*. Cette disposition est plus visible lorsque la tête est dépouillée de la peau, que lorsqu'elle en est encore recouverte.

Le corps ou tronc paraît souvent fusiforme, surtout dans l'état de digestion, lorsque l'animal a dégluti quelque grosse proie, ou bien lorsque la femelle est dans l'état de gestation. La partie qui répond au ventre est alors plus dilatée.

La queue plus épaisse, lorsqu'elle se détache du tronc, finit en pointe; elle forme la dixième partie du tronc. Elle est plus effilée chez la femelle que chez le mâle, dont elle contient les organes sexuels. Ce caractère est le seul qui à vue d'œil peut faire distinguer le mâle de la femelle.

Sur un bothrops lancéolé de cinq pieds, la tête avait deux pouces de long et la queue six.

Cette configuration du bothrops, qui donne de la souplesse et de l'élégance à tous ses mouvements, le rend aussi propre à se rouler autour des arbres et à fendre l'eau qu'à ramper sur le sol; mais comme cette dernière position est celle où l'on rencontre le plus souvent le bothrops lancéolé, c'est pour cela qu'il est considéré comme un serpent terrestre.

Dimension. — J'ai constaté, dans la première partie de l'enquête, qu'aujourd'hui les *Fer de lance* de six pieds étaient rares, que leur dimension moyenne était entre 4 et 5 pieds : depuis, j'ai reçu quelques faits qui contredisent cette assertion. On m'a parlé de serpents de 8 pieds, et même plus. « M. Dupont, ancien géreur, assure avoir tué sur l'habitation « du Charpentier, à Sainte-Marie, un serpent de 11 pieds et « quelques pouces. Dernièrement, dans le marais du bois de « la Côte-d'Or, on a tué un serpent qu'on dit être d'une gros-« seur extraordinaire; beaucoup de curieux sont allés le voir, « mais je ne crois pas qu'on l'ait mesuré. »

(Lettre de M. Duchatel.)

Mais, je le répète, de pareils individus sont rares, extraordinaires. Je ne nie pas qu'il en ait existé, car parmi les serpents comme parmi les hommes et les autres animaux, il peut y avoir des monstruosités. En façonnant la *matière animale* quelle qu'elle soit, la nature peut faire les mêmes écarts, tant ses procédés sont uniformes. Dans ces sortes d'appréciations faites à l'œil simple, sans mesurer, il faut tenir compte de la surprise ou de la peur qui grossissent les objets.

Couleur. — Pour donner une idée des variétés de couleur que peut offrir le *Fer de lance*, je m'étais arrêté à la description un peu *en gros* qu'en donne M. Blot (voir page 7); depuis, le grand nombre de ces animaux que j'ai été à même de voir, et qui m'ont été envoyés de tous les côtés, me permet d'établir sept variétés.

1.° Le serpent gris, qui est le plus commun, et qui est toujours tacheté de points noirs; 2° le serpent noir, qui présente deux sous-variétés : le noir à ventre jaune et le noir à ventre rose; 3° le cendré; 4° le lie de vin, mélangé de noir et de rose ; 5° le jaune laque; 6° le jaune clair ou jaune de fleur; 7° le jaune foncé ou jaune écorce d'arbre.

Outre ces variétés, on peut reconnaître une autre sous-variété qui se rencontre particulièrement sur le serpent gris, et

que je désignerai par le mot de *serpents à croissant* ou *à sour-
cil*. En effet, ces derniers présentent deux larges plaques noires
elliptiques en forme de sourcils, mais placées en dehors et sur
la même ligne que l'œil. Je n'ai pas vu d'individu jaune avec
cette tache.

La coloration jaune claire est plus particulière aux petits
serpents; ils sont alors très-agréables à la vue, et l'on m'a raconté plus d'une histoire de nouveaux débarqués dans l'île
qui ont été arrêtés au moment où ils étaient prêts à porter la
main sur ces jolis petits animaux. Plusieurs personnes prétendent que les jaunes et les lie de vin sont plus alertes, plus
vifs et plus méchants que les gris.

Outre la teinte générale, quelques-unes de ces variétés offrent des taches noires semées sur le dos, et sont pour ainsi
dire tigrées, tels sont les gris, les cendrés. Ces taches sont très-
variées; j'en ai vues qui avaient la forme d'étoiles très-régu-
lières, elles sont toujours d'un noir plus foncé que la teinte
générale de l'animal; mais les jaunes sont uniformes et n'offrent aucune remarque particulière.

J'avais annoncé, d'après des renseignements fournis par
quelques nègres, que les serpents jaunes devenaient noirs en
vieillissant; de là, disais-je, la rareté de vieux serpents jaunes.
Cette assertion a été contredite par plusieurs personnes.—
« Il n'est pas vrai, dit M. Duchatel, que les serpents jaunes
deviennent noirs en vieillissant. J'ai tué, il n'y a pas longtemps,
dans mes bois, d'un coup de fusil, un serpent de plus de
8 pieds, très-vieux, et qui pourtant était d'un beau jaune. —
Je tiens de M. Baldara qu'il a tué un serpent énorme, et qu'il
était d'un blanc mat. » A la rigueur, le serpent cendré pourrait être pris par quelques personnes pour un serpent blanc,
surtout au moment de la mue, lorsque l'épiderme est déjà dé-
tachée et prête à être dépouillée, et tel était sans doute le serpent de M. Baldara. Je n'ai jamais ouï parler par personne
autre de serpent blanc.

Telles sont les diverses variétés de couleur qui ont été observées par moi. Mon observation s'est trouvée parfaitement conforme avec celle de M. Barillet, directeur du Jardin des Plantes
de saint Pierre. J'ai vu au muséum de Paris, parmi les spécimens
conservés, des serpents jaunes de bien grandes dimensions.

Ces diversités de coloration ne constituent pas des carac-

tères assez tranchés pour établir des espèces particulières;
car sous tous les autres rapports de mœurs et d'organisation,
les *Fer de lance* gris, jaunes ou cendrés sont identiques. En
a-t-il été toujours ainsi? on inclinerait à penser, d'après un
passage du P. Dutertre, que de son temps il y a eu une autre
espèce de serpents? « Il se rencontre ordinairement, dit-il,
« trois sortes de serpents fort dangereux : les uns sont d'un
« gris velouté et tacheté de noir en plusieurs endroits; les au-
« tres, jaunes comme de l'or, et les troisièmes roux. Je crois
« fermement que les gris veloutés sont de véritables vipères,
« celles principalement qui portent plus de 2 pieds de lon-
« gueur, et qui sont quelquefois plus grosses que le bras. Cette
« grosseur est égale jusqu'à deux ou trois pouces proche de la
« queue, laquelle, depuis cet endroit, se termine tout à coup
« en pointe par un petit ongle; elles ont la tête très-large,
« quasi comme la main. Tant les uns que les autres naissent
« souvent d'une même mère, ce qui me fait croire que les
« mâles s'accouplent indifféremment avec les femelles de l'une
« et de l'autre espèce. »

Ces deux traits dans la description du P. Dutertre, — *la
queue se termine par un petit ongle* et *la tête est large comme la
main*, ne peuvent se rapporter qu'à une espèce de serpent qui
n'existerait point aujourd'hui; mais si l'on prend en considération l'esprit général du livre, qui est un récit de voyage et
non pas une classification d'histoire naturelle, on verra que
la description du P. Dutertre ne doit pas être prise à la lettre,
et que lui-même, s'il pouvait revivre, avouerait qu'il ne réclame pas pour elle la même autorité que pour la scrupuleuse
exactitude de nos méthodes actuelles. Surtout ces autres paroles — *tant les unes que les autres naissent d'une même mère, et que
les mâles s'accouplent indifféremment avec toutes les femelles*, —
achèvent de montrer que l'auteur n'entendait pas établir une
espèce particulière. D'ailleurs aucun des voyageurs qui ont
écrit après le P. Dutertre sur le serpent de la Martinique, ne
parlent de plusieurs espèces différentes.

Les colorations diverses du *Fer de lance*, dont nous n'avons
pu donner une idée qu'en les comparant à celle de fleurs ou
d'écorces d'arbres, jointes à la forme en branches et en lianes,
qui sont les objets parmi lesquels vit cet animal, sont des
perfidies de sa nature, qui exposent l'homme, comme je l'ai

dit, à de cruelles méprises. Ce fait concorde mal avec une des vues de Bernardin de Saint-Pierre. Dans ses *Études de la nature*, cet auteur prétend que toutes les bêtes nuisibles à l'homme lui sont indiquées par des couleurs tranchantes, qui font sur lui une impression désagréable et l'avertissent en quelque sorte de se tenir sur ses gardes. « Partout, dit-il, les « reptiles venimeux ont des couleurs meurtries, heurtées ; par- « tout les oiseaux de proie ont des couleurs terreuses oppo- « sées à des couleurs fauves, et des mouchetures blanches « sur un fond sombre. La nature a donné une robe fauve rayée « de brun et des yeux étincelants au tigre en embuscade dans « l'ombre des forêts du midi, et elle a teint de noir le museau « et les griffes de l'ours blanc, et de couleur de sang sa gueule « et ses yeux, de manière à le faire distinguer, malgré la blan- « cheur de sa peau au milieu des neiges du nord. Jusqu'à la « guêpe carnivore jaune bardée de noir, et au cousin avide « de sang humain, etc., etc. » (*Études*, t. 8, p. 80.)

Mais il n'est malheureusement que trop vrai que le *Fer de lance* ne peut entrer dans cette généralisation ; que par ses couleurs aussi bien que par sa forme, il met en défaut même la continuelle défiance qui dans ce pays préside à tous nos pas, au milieu des plus riantes campagnes.

La variété des couleurs du trigonocéphale nous paraît en- core contredire une autre assertion que nous avons trouvée dans Buffon. Suivant ce grand naturaliste, les animaux sau- vages ont tous un pelage sombre, uniforme dans la même es- pèce ; tels sont les lièvres, cerfs, buffles, loups, qui tous, quant à leurs couleurs, sont fauves et ne peuvent être distingués les uns des autres ; tandis que les animaux domestiques, poules, lapins, chiens, bœufs, etc., ont des couleurs si di- verses, si variées, qu'il est difficile de rencontrer deux indi- vidus semblables.

Or, il nous semble, d'après ce que nous venons de dire des couleurs de notre serpent, que le *Fer de lance*, tout sauvage qu'il est (car nous ne pensons pas que personne lui conteste cette qualité), est plutôt dans la dernière que dans la pre- mière des deux catégories établies par Buffon. Ceci prouve combien il est difficile à l'homme, au milieu des effets infinis de la fécondité de la nature, de saisir des généralités et des principes, opération dont il est pourtant si avide et si fier, qu'en comparaison de celle-là toute autre lui paraît inférieure et subalterne.

Qui croirait que pour la beauté et la richesse des couleurs, la nature a été aussi libérale envers les serpents qu'envers les oiseaux, les insectes et même les fleurs? C'est ce dont l'œil est agréablement surpris, en parcourant la collection des pein-tures qu'une foule d'auteurs ont données de ces animaux, « tan-« tôt uniformes et ternes, dit M. Schlégel, tantôt brillantes, ve-« loutées, d'un éclat semblable à celui des métaux et des pierres « précieuses; leurs teintes sont variées à l'infini, non-seule-« ment chez les différentes races, mais aussi chez les espèces « du même genre. »

Quelques personnes veulent rapporter la diversité des co-lorations à celle des lieux habités. Ainsi, à la Martinique, j'ai souvent entendu dire que le serpent jaune était particulier à certain terrain. C'est un des points sur lesquels j'avais appelé l'attion, lors de la première publication de l'enquête. Tous les renseignements qui me sont depuis parvenus me por-tent à penser qu'on trouve partout des serpents de toutes les couleurs, dans les terres fortes et grasses du sud de l'île, aussi bien que dans les sablonneuses et les volcaniques du nord, et sur les montagnes comme sur les bords de la mer.

En Europe, on a renoncé à consulter la coloration pour établir le diagnose des vipères; il a été reconnu que la vipère *Bérus*, aussi bien que la vipère *Aspic*, qui sont les deux seuls genres admis aujourd'hui, présentaient dix ou douze variétés de couleurs, auxquelles on ne peut assigner aucune règle, et que la coloration, prise pour caractère de la classification, avait été la cause de la confusion qui a régné si longtemps dans la détermination des différentes espèces de vipères. M. A. Du-méril fait voir à ce sujet, dans son cours, une collection de desseins très-remarquable, faite par M. Bocourt, l'habile ar-tiste du Jardin des Plantes. Suivant M. Host, les teintes de la vipère ammodyte sont si variées, que sur une trentaine d'in-dividus qui lui furent apportés, des environs de la rivière de Vienne, il n'en trouva pas deux de parfaitement semblables. Les modifications de couleur des serpents, dit M. Schlégel, sont innombrables.

TÉGUMENTS

Ces téguments se composent d'un *épiderme*, d'un *tissu colorant* et d'un *derme*.

L'épiderme, comme chez tous les animaux, est un tissu très-mince, diaphane, corné, qui recouvre toutes les parties extérieures de l'animal, même les écailles. C'est cet épiderme qui se détache à certaines époques et qui constitue ce que l'on nomme le changement de peau ou *mue* du serpent. La dépouille rejetée représente si complètement toutes les parties qu'elle enveloppait, qu'elle paraît comme une sorte de moule sur lequel l'on peut distinguer la forme des écailles, et jusqu'au cercle de la cornée. On trouve cette dépouille souvent toute d'une pièce, sans déchirures, renversée à l'envers, depuis la tête jusqu'à la pointe de la queue ; elle représente la face qui était à l'intérieur lorsqu'elle faisait partie de l'animal, absolument comme un doigt de gant retourné. Je ne sais si jamais quelqu'un a surpris le serpent dans cette opération ; mais voici comment on la raconte : — On suppose que le serpent se débarrasse de son épiderme par un mouvement lent et progressif, en se frottant contre un corps raboteux, ou bien qu'il passe entre deux corps ronds comme entre deux cylindres, ou bien qu'il s'aide de quelque épine ou de quelque autre corps pointu qui arrête l'épiderme à mesure que l'animal s'en retire. C'est pourquoi on rencontre souvent de ces peaux dans les cases à bagasses, dont les cannes desséchées présentent ces conditions.

On ne sait pas au juste combien de fois le *Fer de lance* change de peau pendant l'année. Suivant M. de Lacépède, ce dépouillement chez la vipère a lieu deux fois : dans les beaux jours du printemps et vers la fin de l'automne. Suivant Linné, une seule fois au printemps : « *exeunte vere exeunt exuvias.* » Suivant M. Barillet, qui a observé un grand nombre de *Fer de lance* tenus en captivité, leur dépouillement aurait lieu un nombre de fois indéterminé, trois ou quatre fois au moins dans l'année. Il pense que l'animal change plus souvent encore de peau lorsqu'il est à l'air libre que lorsqu'il est dans l'obscurité, à l'ombre, et comme il se tient souvent dans les trous, cela fait que, même à l'état libre, les époques du dépouillement sont très-variables. En effet, on m'a dit qu'à toutes les époques de l'année on trouvait des peaux de serpents. D'après Lacépède, à quelque moment qu'on prenne des vipères, on les trouve revêtues d'un double épiderme : de l'ancien, qui est plus ou moins altéré, et du nouveau, placé au-dessous, plus frais, et prêt à remplacer l'ancien. La même chose a lieu pour le bothrops lancéolé; j'en ai fait la remarque sur tous les individus que j'ai eu occasion d'examiner: il suffisait de frotter le doigt un peu fortement sur leur corps pour détacher l'épiderme placé superficiellement et qui ne tenait plus à rien. Au dessous s'en trouvait un autre plus beau et d'une couleur plus éclatante, de sorte qu'en tout temps le bothrops lancéolé comme la vipère, a un double épiderme. L'établissement d'une ménagerie de reptiles vivants, au muséum de Paris, a permis de faire, sur la mue, de ces animaux des observations très-précises. « On sait aujourd'hui d'une manière certaine, dit M. Auguste Duméril, que dans de bonnes conditions d'alimentation et de température, les serpents perdent en moyenne, dans une année, cinq ou dix fois leur épiderme, c'est-à-dire tous les mois, à partir d'avril jusqu'à la fin de septembre; d'où il résulte qu'il n'y a point de changement de peau entière. En est-il de même sous les tropiques, où l'engourdissement n'a pas lieu? »

« C'est dans le commencement de la saison des pluies, dit « le père Labat, que les crabes, les tourlouroux, les lézards et « les serpents quittent les bois et les cannes pour venir à la « mer. Après que ces derniers s'y sont baignés; ils passent « entre quelques bois qui aient des crocs ou des épines, et « s'y accrochent par le col; ils y laissent leur peau toute en- « tière et vont se cacher entre des racines d'arbres ou dans « quelque trou, jusqu'à ce que leur nouvelle peau soit assez « endurcie pour paraître à l'air. Dans le temps qu'ils sont obli- « gés de demeurer ainsi en retraite, ils deviennent maigres, « et sont très-faibles et n'ont pas la force d'aller chercher « leur nourriture. J'en ai trouvé quelquefois qui n'avaient pas « la force de se traîner; leur faiblesse n'excite la compassion « de personne, on ne leur pardonne jamais. »

Beaucoup de nègres m'ont parlé de cet état de faiblesse du serpent au moment de sa *mue*. Dernièrement, ayant trouvé une de ces dépouilles rejetées, je fis procéder à la recherche du serpent dont elle pouvait provenir, et je trouvai dans un trou voisin un individu qui présentait les dimensions de celui auquel cette dépouille pouvait avoir appartenu. Il était très-faible et dans un état de maigreur extrême. — D'autres personnes m'ont dit que, sur le point de changer de peau, le serpent voyait moins que de coutume, à cause de l'épiderme qui se détache de devant la cornée et qui obstrue la vision, et que sa reptation sur le sol est plus difficile.

Cette faiblesse des serpents, au moment de la *mue*, est aujourd'hui un fait bien observé à la ménagerie du Muséum. « Ce trouble, dit M. Auguste Duméril, consiste dans l'engourdissement de l'animal et dans des changements de coloration; pendant six ou sept jours les teintes deviennent plus foncées et plus ternes, du liquide s'épanche sous l'épiderme et donne aux yeux un aspect opalin et comme laiteux : c'est alors que le serpent reste pendant deux ou trois jours dans un état de torpeur. Il y a un abaissement de température de 1/4 de degrés jusqu'à 1 degré; vingt-quatre ou quarante-huit heures avant la *mue*, l'opacité disparaît, l'agilité revient, etc. »

Cette souffrance de l'animal, pendant la *mue*, doit entraîner une sorte de paralysie de ses mouvements; il est alors moins agressif, moins disposé à se jeter sur ceux qui passent à sa portée, et aussi annulé que pendant le sommeil, qui est si fréquent chez lui, que pendant la digestion, et la parturition. Or, c'est la fréquence de ces états d'impuissance qui explique la rareté des piqûres du serpent à la Martinique, proportionnellement au grand nombre de ces animaux; beaucoup d'habitants racontent que, pendant des années, ils ont pu traverser les bois, les halliers, les pièces de cannes, sans rencontrer un serpent. Rappelez vous aussi que c'est un animal nocturne et qui ne voyage que la nuit. Dans ces entraves naturelles, qui limitent l'action des causes malfaisantes, qui empêchent les serpents de mordre en toutes les rencontres où ils le pourraient faire, qui ne permettent pas aux épidémies de frapper indistinctement toute une population, et leur opposent des conditions mystérieusement préservatrices, dont on jouit sans s'en rendre compte, ne nous semble-t-il pas voir l'ombre de cette grande main, qui a tout créé avec intelligence, qui veille sur tout et qui arrête la mer et l'empêche d'aller plus loin? *Omnia fecit pondere et numero.*

Chez les anciens, le changement de la peau des serpents était considéré comme l'emblème du rajeunissement. Qui ne connaît le beau vers de Virgile :

Nunc positis novus exuviis nitidusque juventa !

Ce que nous venons de dire de la faiblesse du serpent à l'époque de la *mue*, cadre mal avec cette poétique opinion.

Voici une observation plus pratique. Un jour que je recommandais à un nègre de rechercher un serpent, parce qu'une peau avait été trouvée dans le voisinage de la maison. — Qui a relevé cette peau? demanda-t-il? — Et pourquoi fais-tu cette question? lui dis-je. — C'est pour savoir de quel côté était tournée la queue; car c'est de ce côté-là que le serpent a dû continuer sa route. Cette remarque était digne d'un chasseur consommé. On voit comment une induction importante peut être tirée d'une circonstance qui de prime-abord paraît insignifiante.

Comme les couleuvres changent de peau, il n'est pas sans utilité de savoir distinguer la dépouille d'une couleuvre d'avec celle d'un serpent. C'est ce que l'on reconnaîtra à la forme de la tête, plus elliptique et moins triangulaire de la couleuvre, et aussi à une particularité des écailles qui n'ont point chez la couleuvre une petite arête ou nervure qui chez le serpent partage les écailles du dos en deux parties symétriques. Le nombre des écailles peut aussi, comme nous le dirons, servir d'indice.

Le tissu colorant de la peau du trigonocéphale est placé sous l'épiderme et revêt les écailles; il peut présenter des nuances très-différentes, ainsi que nous l'avons vu. On le sépare difficilement du derme par la macération; il est détruit par l'alcool.

On ne distingue point chez le *Fer de lance* de glandes ni pores de la peau qui donnent lieu à quelque sécrétion particulière.

Quoi qu'en dise le P. Dutertre, « qu'il y a des habitants, « principalement les nègres, qui connaissent les serpents au « flair et les éventent comme les chiens font la venaison, » je puis affirmer que je n'ai rien vu de semblable, et que pour moi le *Fer de lance* vivant n'exhale d'autre odeur que celle de la marée fraîche, mais encore cette odeur n'est pas très-forte.

21

Le derme est une membrane fibreuse très-résistante, quoique mince, souple, extensible; on peut l'enlever facilement, en totalité, de la tête à la queue de l'animal, sans lui faire subir aucune déchirure et sans éprouver aucune résistance, même au niveau de la crête des vertèbres ; elle n'adhère un peu qu'à l'entrée de la gueule de l'animal, sur la ligne des lèvres. Elle n'offre aucune particularité, si ce n'est d'être hérissée d'écailles à sa face libre.

Considéré à sa face interne, le derme du Botrops lancéolé n'offre que la marque des écailles extérieures, à cause de sa transparence.

Au temps du P. Dutertre, on se servait de la peau des serpents pour faire des baudriers qui, dit-il, étaient *parfaitement beaux*. Si l'industrie européenne, cette admirable fée qui tire parti de tout, pouvait pendant quelques années passer dans notre Martinique, je ne doute pas que la peau de notre serpent pût être métamorphosée en de charmants ouvrages de bimbeloterie, tels que étuis, etc., etc. J'ai tanné cette peau en la saupoudrant d'alun ou de poudre d'écorce de grenade. J'en ai déposé deux beaux spécimens au Musée des produits coloniaux.

Ces écailles sont de petites *lames* ou *plaques* formées par le derme épaissi à leur niveau et recouvertes par l'épiderme ; elles sont côte à côte, lorsque l'animal est au repos, montant les unes sur les autres, à la façon dont les tuiles sont placées sur les toits ; c'est pourquoi on dit qu'elles sont entuilées ou imbriquées. Dans la dilatation du corps, les écailles s'écartent, leur imbrication cesse, et on voit alors entre elles le derme plus aminci, plus blanc. Ces écailles diffèrent suivant les parties qu'elles recouvrent. Chez le Bothrops lancéolé, celles du dos, depuis la tête jusqu'à la queue, sont très-petites, très-serrées, uniformes : elles représentent de véritables folioles, avec une nervure au milieu, que l'on nomme *carène* ; elles sont immobiles, n'ont pas d'extrémité libre, tiennent à la peau par toute leur surface, ne se hérissent point, comme les plumes ou les poils, pour exprimer les passions de l'animal.

Sous le ventre, les écailles sont larges, rectangulaires, simples, imbriquées les unes sur les autres, de manière que la partie qui empiète sur l'écaille voisine est libre, peut être re-

dressée, et jouit d'un certain mouvement : ces écailles forment ainsi autant d'appendices membraniformes qui servent
à la progression. On les nomme *gastrostèges*. Sous la queue,
les écailles, appelées par les erpétologistes, *urostèges*, sont
disposées différemment : elles sont doubles, symétriques,
adhérentes partout et réunies sur la ligne médiane par une
ligne qui forme un raphé.

C'est dans les écailles du dos qu'existe la matière colorante
propre à l'animal; les écailles du ventre sont blanchâtres;
cependant, comme nous l'avons dit, chez quelques Bothrops
elles présentent une légère nuance jaune ou rosée, plus prononcée sur les parties latérales de l'animal.

Entre les écailles du dos et celles du ventre, il en existe
d'une forme particulière, intermédiaires aux deux autres,
mais dont les naturalistes n'ont tiré aucun caractère.

La considération des écailles du ventre et de la queue a
servi pendant longtemps pour distinguer les serpents. M. de
Lacépède porte à 228 le nombre des écailles sous-ventrales,
et à 62 les sous-caudales. M. Duméril compte 220 à 270 gastrostèges et 60 à 68 urostèges. Sur 20 individus examinés par moi, les sous-ventrales variaient de 212 à 229,
et les sous-caudales de 42 à 70; l'âge et la dimension de
ces individus étaient différents. L'individu qui n'en présentait que 212 était un serpent de 1 pied 2 pouces, par conséquent très-jeune, et celui qui en présentait 229 était long
de 5 pieds et demi. Doit-on induire de là que les écailles
poussent avec les années, et que ce moyen pourrait servir à déterminer l'âge de l'animal? Je ne le pense pas. Cette
diversité dans le nombre des plaques n'est qu'une de ces diversités individuelles, si fréquentes dans les espèces animales.
C'est aussi l'opinion de M. Schlégel, qui a fait sur ce point
de nombreuses vérifications sur les espèces de serpents les plus
divers.

Mais ce sont surtout les écailles de la tête qui, par leurs
formes plus variées, ont servi de caractères pour déterminer
le genre et les espèces du serpent.

Nous avons vu que le Bothrops lancéolé était distingué des
autres genres de crotaliens par l'écaille lisse, large, con-
vexe, qui recouvre les orbites et qui est appelée plaque
surcilière.

Les écailles de la tête ou sus-céphaliques sont irrégulières, disposées sans ordre, de même forme que celles du tronc, mais plus petites. Celles de la partie antérieure de la tête sont plus développées que les postérieures.

L'œil est recouvert en haut par la plaque surcilière, qui l'emporte en dimensions sur toutes les autres plaques sus-céphaliques; en avant par la plaque préoculaire, qui est aussi très-développée; en arrière et en bas par de petites plaques intermédiaires entre l'œil et les plaques sus-labiales. Les plaques sus-labiales supérieures sont au nombre de sept ou huit; elles sont placées le long de la lèvre supérieure, qu'elles contribuent à former, ne sont pas égales ni régulières. Celles du milieu sont plus développées que celles des extrémités de la lèvre.

La plaque intermaxillaire ou rostrale supérieure, placée sur la ligne médiane, sépare le côté gauche de la lèvre supérieure d'avec le côté droit; sa forme est celle d'un cône tronqué, dont la base ou partie la plus large répond à la lèvre et le sommet au crâne, sans se replier sur sa convexité. C'est cette plaque intermaxilliaire qui donne au museau du Bothrops lancéolé l'aspect d'un groin de cochon, auquel on l'a quelquefois comparé.

Les orifices des narines, placées latéralement, sont tournées en haut et en arrière. Elles sont entourées par deux plaques, quelquefois par trois, une antérieure, l'autre postétieure; la troisième, lorsqu'elle existe, plus petite, est inférieure.

L'orifice de la fossette, appelée trou borgne, est plus large et plus visible que celui des narines; il est placé en arrière de celui-ci, entre l'œil et la lèvre supérieure, tourné en avant et garni de plusieurs petites plaques réunies qui n'offrent rien de particulier.

L'espace entre la plaque préoculaire et la nasale postérieure est occupé par une plaque dite frénale, au-dessus de laquelle on voit une portion repliée des plaques sus-céphaliques.

Les plaques labiales inférieures, au nombre de 10, forment la lèvre inférieure. Celles du milieu, comme à la lèvre supérieure, sont plus développées que celles des bouts. La plaque intermaxillaire, qui répond à la rostrale supérieure, a la forme d'un coin, mais est moins développée qu'à la lèvre supérieure.

En dessous et en arrière des plaques labiales inférieures, se trouvent les gulaires ou sous-maxillaires ou sous-mentales, plus espacées entre elles que les autres écailles ; en aucune autre partie du corps, les écailles ne laissent plus voir de ces vides où le derme paraît à nu et blanchâtre. On distingue deux de ces paires maxillaires, qui sont plus développées que les autres et qui précèdent les premières plaques gastrostèges.

Le nombre, la disposition et la configuration des écailles de la tête du Bothrops lancéolé sont très-importants à connaître, parce que ce sont là présentement les seuls caractères génériques et spécifiques qui servent à la classification de ce serpent et qui pourront servir à faire reconnaître définitivement si le Bothrops lancéolé n'existe qu'à la Martinique seulement, ou si on le trouve en d'autres lieux. Cette description a été faite par moi à la Martinique, sur un très-grand nombre de *Fer de lance*, et vérifiée sur les individus qui font partie de la collection du Muséum de Paris.

On conçoit que l'examen des écailles de la couresse est un moyen sûr de distinguer la dépouille de cette couleuvre d'avec celle des *Fer de lance*. Le nombre de ces écailles sous-ventrales, chez les couleuvres, varie de 170 à 195 ; leur forme est aussi différente. Les plaques sous-caudales sont de 60 à 66, mais celles surtout de la tête ne peuvent donner lieu à aucune erreur.

TISSU CELLULAIRE SOUS-CUTANÉ

Lâche, à larges cellules sur le dos, il est un peu plus serré sous le ventre et principalement sur la queue ; il n'offre d'ailleurs rien de remarquable : en aucun point il n'est adipeux, car la graisse du serpent ne se trouve que dans le ventre de l'animal, ainsi que nous le verrons plus tard.

SYSTÈME OSSEUX

Le squelette du Bothrops lancéolé, comme celui de tous les serpents, n'est composé que de vertèbres, surtout si, comme quelques anatomistes modernes, on ne veut voir dans le crâne qu'un assemblage de ces petits os.

Le nombre des vertèbres comptées par moi sur plusieurs trigonocéphales a toujours été trouvé égal à celui des écailles du ventre, c'est-à-dire variant de 212 à 230, suivant les individus ; de sorte que ces deux appareils de l'animal semblent se correspondre pour un même usage, dans la progression.

La forme des vertèbres du serpent est celle de toute vertèbre en général, et se compose de diverses parties :

1° Du corps de la vertèbre, ramassé, à peu près égal en hauteur et en largeur, qui présente deux faces articulaires : l'une qui s'articule avec la vertèbre antérieure, l'autre avec la vertèbre postérieure (le serpent étant considéré dans la position horizontale, qui est sa position naturelle) ; — 2° d'un trou vertébral de forme parabolique, parallèle à l'axe de la colonne et destiné à contenir la moelle épinière, dont la grosseur, chez un gros trigonocéphale, est à peu près celle du nerf radial chez l'homme ; — 3° d'une apophyse supérieure qui répond à l'apophyse épineuse de la vertèbre humaine, mais qui est chez le serpent droite, perpendiculaire, large, quadrilatère, comme l'apophyse épineuse des vertèbres lombaires chez l'homme ; 4° d'une apophyse inférieure, n'ayant point d'analogie chez l'homme, et méritant bien plus que l'autre le nom d'épineuse, car elle est véritablement pointue, *épineuse*. La série de ces apophyses inférieures couchées les unes sur les autres représente absolument la disposition des apophyses épineuses de l'homme ; mais elles sont placées en sens inverse de ce qu'elles sont sur nous, c'est-à-dire à la partie antérieure du corps de la vertèbre, et correspondent à la cavité abdominale. De sorte que le corps de la vertèbre du serpent se trouve ainsi entre deux rangées d'apophyses supérieures et inférieures ; c'est la même disposition que la colonne vertébrale de certains poissons ; — 5° de deux apophyses transverses, gauche et droite, peu développées ; — 6° de trous intervertébraux s'ouvrant à la base des apophyses transverses et donnant sortie aux nerfs fournis par la moelle épinière.

En raison de l'inclinaison des apophyses épineuses chez les serpents, il est évident qu'il doit leur être difficile de faire mouvoir l'échine en dessus et en dessous, et que leur progression doit s'opérer par des mouvements latéraux.

Toutes les vertèbres du tronc se ressemblent et ne varient que par leur grosseur ; elles n'offrent point entre elles de modifications qui permettent de les distinguer comme chez l'homme, en *cervicales*, *dorsales* et *lombaires*. Celles de la partie moyenne de l'animal sont les plus développées et par conséquent sont celles qui présentent plus distinctement les diverses parties que nous venons d'énumérer. A mesure qu'on approche de la tête ou de la queue, le volume de ces vertèbres s'amoindrit. Les deux premières vertèbres du cou, l'atlas et l'axis, ont seules une forme particulière. L'atlas consiste en un simple cercle osseux plus large dans sa moitié supérieure, étalé en selle, avec une nervure centrale; arrondi et rétréci en anneau inférieurement; offrant dans son ensemble la forme des bagues appelées *bagues chevalières*; sans apophyses supérieure ni inférieure; le trou vertébral partagé en deux par une cloison osseuse; le premier donne passage à la moelle nerveuse, le second à l'apophyse odontoïde de l'axis qui la traverse pour aller s'articuler avec une petite cavité que présente l'occipital. L'atlas lui-même s'articule en avant avec l'occipital par son pourtour et en arrière avec l'axis également par son pourtour et par l'apophyse odontoïde, à laquelle il offre, à son intérieur, une facette articulaire sur laquelle roule celle-ci. L'axis n'est remarquable qu'antérieurement par son apophyse odontoïde, qui se présente sous la forme d'un saillie arrondie qui traverse le trou inférieur de l'atlas en roulant sur la facette qu'il lui présente, pour aller s'articuler avec l'occipital. En arrière, l'axis a la conformation des autres vertèbres. Cette articulation de la tête avec la colonne vertébrale n'est point différente de ce qu'elle est chez les autres animaux vertébrés.

Les vertèbres caudales sont distinctes des autres en plusieurs points : 1.º par leurs apophyses inférieures qui se bifurquent dans toute leur longueur en deux lames, et 2.º par leurs apophyses transverses qui se prolongent comme si c'étaient des côtes rudimentaires. Cette disposition, visible dans toute la série de ces vertèbres jusque dans la dernière, qui n'excède pas un grain d'orge en volume, est surtout très-sensible dans les premières, qui sont du côté du tronc. Toutes ces vertèbres caudales présentent un trou destiné à contenir la moelle épinière, laquelle se prolonge jusqu'à l'extrémité de la queue.

Toutes les vertèbres portent deux côtes, depuis le cou jusqu'à l'origine de la queue.

Les côtes sont rangées le long des vertèbres, disposées par paire, une côte gauche, l'autre droite, pour chaque vertèbre. Ce sont des cercles osseux qui se perdent dans les chairs inférieurement, et qui sont en même nombre que les vertèbres et les écailles; elles ne sont point partout de la même dimension, varient suivant la circonférence de la partie du tronc qu'elles doivent embrasser; une de leurs extrémités s'articule avec le corps de la vertèbre correspondante, l'autre se termine en un cartilage qui se prolonge sur les bords des plaques abdominales. Elles jouissent d'une grande mobilité, et très-prononcées vers le milieu du tronc de l'animal, elles diminuent à mesure qu'on approche de la tête et de la queue; elles ne s'articulent point avec le sternum, qui n'existe pas, et servent de points d'attache aux muscles qui font mouvoir les écailles; servent tout à la fois de leviers pour la progression et de parois pour la grande cavité splanchnique qui renferme les organes internes du serpent.

Je n'ai point soumis les os du serpent à l'analyse chimique; ils m'ont semblé tenir le milieu entre les os des poissons et des mammifères, moins cartilagineux que les uns, plus souples, plus brillants que les autres, par conséquent moins calcaires que les os des mammifères, mais durs et solides néanmoins.

ARTICULATIONS

Sont de deux sortes, outre celles de l'atlas et de l'axis avec la tête; celles des vertèbres entre elles et celles des côtes avec les vertèbres. L'articulation des vertèbres entre elles consiste : 1° en une *énarthrose orbiculaire*, forme la plus favorable à la flexibilité des mouvements en tous sens: c'est une tête ou portion de sphère fournie par le corps de la vertèbre antérieure, et qui s'emboîte dans une cavité profonde (*cavité cotyloïde*) que présente le corps de la vertèbre postérieure; 2° en deux petites facettes placées sur les apophyses transverses, mobiles, mais moins que les précédentes. Ce sont des *amphiarthroses*.

L'articulation des côtes avec les vertèbres est également une amphiarthrose qui permet quelques mouvements.

Je n'ai trouvé pour maintenir ces articulations que des *ligaments blancs*; malgré son extrême élasticité, le serpent Fer de lance n'a point de *ligaments jaunes*.

Les côtes, les vertèbres et les plaques écailleuses abdominales forment un ensemble qui constitue l'appareil de locomotion du serpent. Cette disposition du squelette, en pièces nombreuses, de petite dimension, enchaînées les unes dans les autres et néanmoins indépendantes et mobiles, explique la grande flexibilité des serpents, et comment ils peuvent s'adapter à toutes surfaces. Pour grimper le long des arbres ou des murs, le serpent profite des moindres inégalités qui servent de points d'appui aux écailles abdominales, et par suite aux côtes et à la colonne vertébrale qui en reçoivent l'impulsion. Les mouvements n'ont lieu que dans le sens latéral ou vertical, encore la mobilité, dans ce dernier sens, est-elle bornée par la conformation des apophyses épineuses.

APPAREIL MUSCULAIRE

Le *Fer de lance* n'a point de membres : il n'y a dans cet animal que des muscles du tronc. Ces muscles sont de quatre ordres : 1° les *vertébraux*; 2° les *costaux*; 3° les *muscles des écailles*; 4° *ceux de l'appareil à venin* ou *maxillaires*.

Les muscles vertébraux sont supérieurs et inférieurs. Les vertébraux supérieurs, ou *dos* de l'animal, sont une masse musculaire occupant les gouttières vertébrales; ils présentent de grands rapports avec la masse des *sacro-lombaires*, *long dorsal* et *transversaire épineux* chez les mammifères. En effet, ce sont trois muscles placés à côté les uns des autres, qui se recouvrent et s'emboîtent ensemble depuis l'occiput jusqu'à l'extrémité de la queue. Ils ne se réunissent point, comme chez l'homme, en une masse commune, mais se terminent insensiblement en diminuant de volume, toujours distincts les uns des autres.

Le premier ou le plus externe de ces trois muscles consiste en une série de tendons de plusieurs lignes, très-distincts, lesquels ont leurs points d'attache à chaque apophyse transverse correspondante, et en un long faisceau de fibres charnues qui paraissent continues, d'un *même fil* pour ainsi dire, depuis la tête jusqu'à la queue, et auxquelles aboutissent tous les tendons latéraux; ce muscle se divise sur le cou en deux parties dont l'intérieure s'attache à l'atlas, tandis que l'extérieure se prolonge sur l'occiput pour remplir les fonctions de releveur de la tête.

Le deuxième muscle, qui répond à notre *long dorsal*, est placé en dedans du précédent. Il consiste aussi en une série de tendons d'attache aux mêmes apophyses transverses, lesquels s'entre-croisent avec les tendons d'attache du muscle précédent. Ces tendons donnent naissance à un long faisceau charnu qui s'étend aussi depuis l'occiput jusqu'à la pointe de la queue. Du bord interne de ce faisceau charnu partent d'autres tendons qui vont s'attacher aux sommets des apophyses épineuses; de sorte que la partie musculaire se trouve entre deux rangées de tendons, comme la tige d'une plume entre ses barbes.

Le troisième muscle de la gouttière vertébrale, presque caché sous le précédent, est adossé contre les lames des apophyses transverses, et se compose comme chez l'homme de fibres transversaires épineux, intertransversaires et interépineux.

Ces trois muscles, pressés dans la gouttière vertébrale, contrastent par la direction longitudinale de leurs fibres avec la direction transversale des muscles costaux.

Muscles vertébraux antérieurs ou *inférieurs*. — Ce sont deux faisceaux charnus et aponévrotiques disposés le long du corps des vertèbres, à peu près comme le long du col et le droit antérieur chez l'homme, mais s'étendant depuis la tête jusqu'à la queue, et correspondant à la face splanchnique de la colonne vertébrale.

Les muscles que nous venons de décrire s'étendent jusqu'au devant de la queue et servent à ses divers mouvements.

Muscles costaux. — Peuvent se diviser, comme chez l'homme, en *intercostaux*, qui vont d'une côte à l'autre; en *surcostaux*, qui vont des côtes aux apophyses du dos; et en *antecostaux*, qui vont des apophyses épineuses du ventre à la face splanchnique des côtes.

Les muscles costaux finissent avec les côtes, et comme le

serpent n'a point de sternum, lorsque sa longue cavité splanchnique est ouverte par l'enlèvement des écailles, les côtes revêtues de leurs muscles forment les rebords de cette cavité. Pour fermer cette cavité, outre les écailles et leurs muscles propres, on trouve une large toile musculaire grisâtre qui présente sur la ligne médiane une sorte de *ligne blanche* ou de raphé très-distinct et qui montre que cette toile se compose de deux muscles, l'un droit, l'autre gauche. La toile résultant de leur jonction est très-mobile, passe à la face interne des côtes et va s'attacher auprès des attaches des muscles antecostaux aux côtes. Cette toile ferme toute la cavité splanchnique du serpent, passe au-devant des organes thoraciques aussi bien qu'au-devant des organes abdominaux ; on ne saurait la comparer, chez l'homme, qu'aux muscles des parois abdominales ; elle paraît agir comme un muscle moteur et constricteur de l'ensemble des côtes et des écailles, en même temps qu'elle presse les organes intérieurs. Ce muscle est le plus curieux de ceux que présente le *Fer de lance* : au premier abord il peut être confondu avec le péritoine.

Muscles des écailles. — Outre ce long muscle dont nous venons de parler, destiné à leur ensemble, les écailles ont des muscles qui sont particuliers à chacune d'entre elles. Ainsi, des angles de chaque côte, il part de chaque côté un muscle qui se porte en bas et en arrière à la troisième écaille placée en dessous ; on voit très-bien la série de ces muscles latéraux des écailles, lorsqu'on enlève la peau par une lente traction.

Les autres sont des muscles qui vont d'une écaille à l'autre.

Mais ces muscles des écailles sont particuliers aux larges écailles de la face inférieure ; on ne voit rien de semblable pour les écailles du dos, de la tête ou de la queue, de sorte que le *Fer de lance* n'offre point, comme certains mammifères, un peaussier général destiné à hérisser la surface de sa peau. Près du cou et à la face inférieure de la mâchoire, on trouve quelques fibres peaussières qui doivent permettre à l'animal de froncer la peau de ces régions.

Je parlerai des muscles de l'appareil à venin en décrivant cet appareil. Le serpent n'a point de diaphragme : tous ses organes sont contenus dans une seule cavité.

La considération des muscles du tronc, chez le serpent, rend raison des mouvements de cet animal. La division des muscles vertébraux en un grand nombre de petits tendons qui en font pour ainsi dire autant de muscles particuliers qu'il y a de tendons, explique comment le serpent peut remuer les diverses parties du tronc isolément les unes des autres. Ainsi, lorsqu'il veut changer de place, il commence par appuyer la partie antérieure de son corps sur la terre au moyen des côtes, ensuite il soulève la partie moyenne en attirant la partie postérieure ; sa progression consiste en une série de mouvements brisés. Or, il faut pour exécuter ces divers mouvements que les muscles qui correspondent à une série de vertèbres soient contractés, tandis que d'autres sont relâchés ; de là une chaîne d'arcs successifs qui se tendent et se détendent et exécutent des sinuosités latérales : tout est disposé pour la reptation.

Les écailles mises en mouvement par leurs muscles latéraux et constricteurs font l'effet des jambes et servent à former les pas de l'animal.

Quant aux muscles costaux, il est évident que chez le serpent ils servent autant à la progression qu'à la respiration, qui chez les mammifères est leur fonction principale. Je crois que c'est une erreur de faire de la queue le pivot de la reptation. Cette queue est trop faible et ses muscles trop peu développés pour fournir un point d'appui et d'impulsion à la totalité du corps, encore moins le serpent se peut-il ériger perpendiculairement en s'appuyant sur la queue. Tout au plus peut-il redresser le tiers antérieur de son corps, tout le reste reposant sur le sol. La progression a lieu par des mouvements latéraux. C'est en ce sens que les articulations vertébrales se prêtent au glissement des unes sur les autres. Elles ne se meuvent point de haut en bas.

Un fait particulier, qui m'a été signalé par M. le pharmacien Peyraud, et que je consigne ici, c'est que le serpent se *love* toujours dans le même sens, en se tournant de droite à gauche. L'attention de M. Peyraud a été appelée sur ce fait par la difficulté qu'il éprouvait à *lover* en sens inverse les serpents qu'il voulait conserver dans les bocaux d'alcool. Il est impossible, m'a-t-il dit, de placer le serpent de gauche à droite. Je ne trouve dans les os, dans les articulations, dans les muscles du serpent, rien qui explique cette particularité. Serait-ce un effet de l'habitude que l'animal a de se lover toujours d'un même côté, de même que chez l'homme on remarque que le nez est tourné du côté de la main avec laquelle l'individu a l'habitude de se moucher.

Quelques personnes, en effet, m'ont assuré que le serpent se délovait et s'élançait toujours d'un même côté, dans le sens de la concavité de son enroulement, qu'il ne pouvait se déjeter par la convexité. C'est pourquoi elles donnent le conseil, lorsqu'on l'attaque, de se placer du côté où il ne lui est pas possible de se détourner. Je ne sais jusqu'à quel point cette observation est fondée.

C'est une observation très-ancienne que la vipère, saisie par la queue et tenue droite comme un bâton, la tête en bas, ne peut se replier pour mordre celui qui la tient de cette sorte. « Ainsi « prinses par la queue, dit un vieil auteur, elles ne se peuvent « redoubler pour mordre, comme ferait un autre serpent « commun, à cause que les apophyses des vertèbres de leur « dos se produisent les unes sur les autres. Ce qui empêche « leur reduplication supine pour se guinder en haut. » C'est un tour que les jongleurs du pays font avec les Fers de lance. M. Barillet m'a assuré l'avoir souvent exécuté. Il suffit que la face inférieure ou ventrale de l'animal soit toujours tournée du côté de la personne qui le tient. Cette précaution est, dit-on, nécessaire. Au serpent ainsi suspendu par la queue, il est évident que cette queue ne peut servir de point d'appui.

La chair musculaire du serpent se compose de fibres charnues et de fibres tendineuses ; elle est généralement pâle comme celle des muscles de la vie organique chez l'homme ; elle rougit dans l'alcool, ce qui permet de la mieux étudier.

On dit généralement ici que la chair du serpent est bonne à manger, et que certains nègres la recherchent. Le P. Labat rapporte que faisant une battue de nègres marrons, il trouva dans un ajoupa au milieu des bois, un *coui* rempli de tronçons d'anguilles, qu'il reconnut pour être du serpent salé. Plusieurs personnes m'ont raconté que le chef de l'une des grandes familles de ce pays, un des plus illustres magistrats de notre histoire coloniale, M. de ***, se faisait un malin plaisir de servir à sa riche table du *serpent*, qu'on ne s'attendait guère à trouver là, caché non sous des fleurs, mais sous des sauces. Les convives n'étaient avertis de la nature du plat qu'après qu'ils en avaient mangé. La tradition ajoute que presque toujours le mets était trouvé *excellent*. Partant de certaines histoires qu'on trouve dans presque toutes les matières médicales, sur l'efficacité de la chair des vipères contre la *lèpre*, j'avais déterminé le jeune infortuné ***, atteint d'un éléphantiasis des Grecs, et à bout de tous les remèdes, à se nourrir pendant quelque temps de la chair du serpent. — Que ne fait faire le désir de recouvrer la santé? — Ce jeune homme, pendant près de six mois, mangea plus de cent serpents à toutes sauces; il en déjeunait et il en dînait. Malheureusement il ne fut pas récompensé de sa persévérance: il ne guérit pas. Interrogé plusieurs fois par moi sur le goût qu'il trouvait à cette chair, il répondit qu'elle n'était pas désagréable, qu'elle se rapprochait de la chair du poisson.

En Europe, la chair des vipères était autrefois employée dans un grand nombre de préparations pharmaceutiques. M. de Castelnau raconte que la chair des serpents à sonnettes est recherchée en Amérique, et Bartram, qu'ayant tué un de ces reptiles dont il fit cadeau au gouverneur d'une ville de la Caroline, celui-ci en fit préparer un ragoût qui fut très-prisé par ses convives, mais pour lequel lui Bartram, qui était dans le secret, éprouva une grande répugnance. Ces faits cessent d'étonner, depuis les belles expériences de M. Renault d'Alfort, qui a démontré qu'il n'y avait aucun danger pour l'homme à manger la viande cuite provenant d'animaux atteints de maladies virulentes, ni de se nourrir du lait qu'ils fournissent. Ces derniers faits sont même plus étonnants; car dans les maladies virulentes, le poison est disséminé dans les chairs, tandis que dans le serpent il est isolé dans un appareil particulier.

DU CRANE.

Le crâne offre supérieurement une surface plane horizontale; inférieurement la forme *en carène*, par la présence de la crête sphénoïdale; ses bords sont irréguliers et creusés de sinuosités; il se compose de seize os; en les comptant d'avant en arrière, ce sont : 1° deux os pairs, irréguliers, recourbés sur eux-mêmes comme les naseaux des mammifères, adossés plutôt qu'articulés sur la ligne médiane; séparés des os, placés en arrière d'eux, par une membrane demi-transparente, comme la fontanelle du fœtus humain ; en avant ces os forment le bord antérieur du crâne. Ce sont les naseaux ou ethmoïdaux des auteurs. (Cuvier, Duvernoy, Meckel, Dugès, Soubeiran); 2° deux os pairs irréguliers, en arrière et un peu en dehors du précédent, qui appartiennent autant à la face qu'au crâne ; par leur partie antérieure ou faciale, ces os complètent la fossette appelée trou borgne ; cette fossette, particulière aux crotaliens, n'est, suivant les uns, qu'une double narine ; suivant Cuvier, un larmier : d'autres ont voulu y voir un canal auditif. Ces os, à leur face externe, sont creusés d'une anfractuosité qui fait suite au trou borgne ; ils s'articulent en avant avec l'os maxillaire supérieur et contribuent antérieurement à fermer l'orbite : ce sont les frontaux antérieurs ; 3° deux os pairs, quadrilatères, à face supérieure plane ; l'inférieure est creusée d'une gouttière qui donne passage aux nerfs olfactifs ; ils sont séparés antérieurement des naseaux par la fontanelle indiquée, et postérieurement ils s'articulent avec les pariétaux ; sur la ligne médiane ils s'articulent entre eux par leurs faces externes, et sur leur bord externe ils offrent une échancrure qui constitue les 3/4 de l'orbite : ce sont les frontaux moyens ; 4° un os impair sur la ligne médiane, formant à lui seul les 3/4 de la partie supérieure du crâne, se dédoublant à sa partie inférieure pour constituer la plus grande partie de la cavité crânienne ; articulé antérieurement avec les frontaux moyens, postérieurement avec les occipitaux, inférieurement avec le sphénoïde, cet os offre sur ses bords des échancrures qui répondent aux fosses temporales : c'est le pariétal, c'est lui qui détermine la forme de la tête, il est unique chez les ophidiens ; 5° à l'extrémité antérieure du bord externe du pariétal sont deux petits os de 3 à 4 millimètres, articulés avec le pariétal et qui ferment l'échancrure orbitaire postérieurement : ce sont les *frontaux antérieurs ;* 6° en arrière du pariétal sont trois os carrés articulés ensemble, ce sont l'*occipital supérieur* et les *occipitaux latéraux* ou *temporaux.* Ces occipitaux complètent la cavité crânienne, les latéraux sont percés d'un premier trou pour la sortie du nerf trijumeau et d'un second sur lequel vient s'adosser un petit osselet filiforme distinct des os du crâne ; le trou est la *fenêtre ovale* et l'osselet la *columelle* (nous parlerons de ce petit appareil, en traitant de l'appareil de l'ouïe) ; 7° en arrière des occipitaux que nous venons de décrire, sont deux autres os de même forme à peu près et de même dimension, ce sont les *occipitaux postérieurs* : ces occipitaux par leur réunion forment le trou occipital.

A sa surface inférieure, le crâne est formé 1° par un os de forme très-irrégulière, c'est le *sphénoïde* qui ferme la cavité crânienne et en est, comme chez tous les animaux, la clef de voûte ; articulé par ses bords avec le pariétal, il offre inférieurement une crête bien saillante qui correspond au pharynx et se termine en arrière par une saillie ou crochet en forme de soc de charrue, très-remarquable ; cette saillie articule le sphénoïde avec l'*occipital inférieur ou basilaire*, qui est le deuxième os de la base du crâne ; 2° cet occipital inférieur ou basilaire, articulé avec les occipitaux postérieur, supérieur et latéraux, achève postérieurement la cavité crânienne ; inférieurement, il offre, par sa jonction avec le sphénoïde, le crochet que nous venons d'indiquer, lequel crochet sert d'attache aux muscles vertébraux antérieurs du fléchisseur de la tête, et ne contribue en aucune façon à l'articulation de la tête avec la première vertèbre, ainsi que l'ont cru MM. Blot et Guyon, mais en arrière, l'occipital inférieur offre un condyle situé au-dessus du grand trou vertébral formé par la réunion des occipitaux. Ce condyle est creusé d'une petite cavité pour recevoir la tête de l'apophyse odontoïde, qui est le pivot de l'articulation de la tête avec la colonne vertébrale. (Voyez plus haut la description de cette articulation.)

FACE.

On peut rapporter à la face du serpent cinq os, dont l'un impair, situé sur la ligne médiane, a la forme d'un T : c'est l'os intra-articulaire, qui s'avance entre les naseaux ; 2° l'unguis, qui est pair, et 3° le vomer, qui est pair aussi : ces os sont de forme-très irrégulière ; leurs deux côtés se réunissent sur la ligne médiane ; ils forment la cloison des fosses nasales et tiennent au crâne et entre eux par des ligaments qui paraissent leur laisser un certain mouvement.

Mais on peut aussi rattacher à la face l'appareil maxillaire ; celui-ci se compose 1° de l'os maxillaire supérieur, très-court

chez le Bothrops lancéolé, comme chez tous les serpents venimeux ; ramassé sur lui-même, ce petit os forme à lui seul
presque toute la face proprement dite, est creusé en dessus
d'une fossette qui forme la presque totalité du trou borgne,
ou fossette lacrymale, caractéristique des crotaliens, s'articule
supérieurement avec le frontal antérieur, sur lequel il pivote
d'avant en arrière, tiré par certains muscles, ou d'arrière en
avant, poussé par le ptérygoïdien externe, sur lequel il s'appuie supérieurement.

2° Du ptérygoïdien externe, court chez les couleuvres,
mais qui s'allonge chez les serpents venimeux ; long de près
d'un pouce chez un Bothrops de quatre pieds offrant la forme
d'une béquille, cylindrique dans son corps, aplati à ses extrémités, s'articulant antérieurement avec le maxillaire supérieur dont il redresse les crochets en lui imprimant un mouvement de bascule, et en arrière avec le ptérygoïdien interne,
sur lequel il prend un point d'appui.

3° Le ptérygoïdien interne, placé en dedans de l'externe,
plus long, plus irrégulier, offre deux parties, l'une horizonta'e,
arrondie, qui supporte à son bord inférieur 14 à 15 petites
dents de 1 à 2 millimètres, courbes, solides, qui vont en décroissant du museau vers le pharynx, vers lequel elles sont
dirigées. L'autre partie du ptérygoïdien interne forme une
branche montante vers le crâne et par conséquent un angle
ouvert avec la précédente ; elle est aplatie, étalée en aile.
C'est à l'angle formé par la réunion de ces deux parties si
distinctes du ptérygoïdien interne que vient s'appuyer l'extrémité postérieure du ptérygoïdien externe, plutôt par une
simple juxta-position que par une articulation véritable,
quoique cette jonction soit maintenue par un ligament. Le
ptérygoïdien interne s'articule en arrière avec l'os maxillaire
inférieur ou mandibulaire, antérieurement il se joint ou
plutôt se continue avec un petit os à peu près de même
forme que lui, qui supporte aussi quatre ou cinq petites dents,
mais que les auteurs ont distingué du ptérygoïdien interne
et appelé os palatin.

4° L'os mandibulaire ou maxillaire inférieur, os pair, le
plus long des os du squelette du Bothrops, courbe, à concavité
supérieure, peut être divisé en trois portions : l'antérieure, qui
supporte sept petites dents plus développées que les dents

22

supérieures; la médiane, arrondie et courbe; la postérieure, aplatie en spatule et offrant le trou qui sert de passage aux nerfs dentaires inférieurs, lequel trou est bien visible. Les deux os mandibulaires, gauche et droite, ne sont pas soudés sur la ligne médiane, ils sont unis par un ligament très-extensible qui permet à la bouche une dilatation extrême; en arrière l'os mandibulaire s'articule avec le carré ou tympanique.

5o L'os carré ou tympanique, ou intra-articulaire, long, arrondi, dirigé obliquement en dehors, en arrière et en bas, terminé à ses deux extrémités par deux têtes, dont l'une s'articule inférieurement avec l'os mandibulaire et l'autre avec l'os mastoïdien. C'est vers la partie moyenne de cet os que l'on trouve la columelle, et c'est à son articulation avec l'os mandibulaire que se joint l'extrémité du ptérygoïdien externe.

6e Les mastoïdiens sont des os qui se rattachent autant au crâne qu'à l'appareil maxillaire; ils sont très-développés chez le Bothrops lancéolé; chez un individu de cinq pieds, le mastoïdien avait deux lignes de longueur : cet os est aplati et long, il s'articule en haut avec l'occipital latéral, en arrière avec l'os tympanique. C'est une sorte de clavicule qui unit l'appareil maxillaire des reptiles au crâne, comme les clavicules, chez les mammifères, rattachent les membres au tronc.

Excepté par leurs dimensions qui varient suivant la taille de l'animal, les os du crâne et de l'appareil maxillaire, chez les divers serpents solénoglyphes, sont si parfaitement semblables sous le rapport du nombre et de la configuration, qu'il n'est pas possible de distinguer la tête d'une vipère d'avec celle d'un Bothrops et d'un crotale. La tête d'une grosse vipère passerait facilement pour celle d'un jeune *Fer de lance*. En voyant chez cette classe d'animaux l'appareil maxillaire composé d'une série de leviers brisés qui se meuvent si rapidement les uns sur les autres, on comprend que cet appareil n'est pas à proprement parler une mâchoire, comme chez les mammifères, dont la mâchoire se compose d'un seul os; en effet, il est propre à saisir et à retenir une proie, mais non à la mâcher. Il a été ainsi mobilisé non-seulement pour la dilatation nécessaire pour avaler des proies en apparence disproportionnées avec les dimensions de la gueule de l'animal, mais aussi pour la rapidité des coups que celui-ci doit porter; en ce sens, le système maxillaire du serpent fait partie de son appareil à venin, il en est le support et le squelette.

APPAREIL A VENIN.

Cet appareil se compose, 1° de la glande ou vésicule à venin, et de son conduit ; 2° des dents venimeuses appelées crocs ou crochets ; 3° du sac destiné à renfermer les crochets ; 4° du venin.

VÉSICULE OU GLANDE A VENIN.

Sur une tête de *Fer de lance*, dont la peau a été enlevée, à la partie latérale et postérieure, au point où la joue paraît renflée, on voit une surface bombée, blanchâtre, qui occupe la moitié de cette région; l'autre moitié supérieure est occupée par une masse musculaire ; la portion blanchâtre peut être isolée ; on reconnaît qu'elle est comme engaînée dans la portion musculaire qui lui sert d'enveloppe ; c'est un corps distinct ayant la forme en amande, fermé de toute part comme un sac, et qu'on sépare des parties voisines, excepté à l'endroit d'un conduit qui le rétrécit et le continue jusqu'aux crochets : ce corps est le réservoir ou glande à venin ; peu visible dans la vipère, où il a pu être méconnu, il saute aux yeux dans le Bothrops lancéolé. Ce réservoir à venin occupe donc, dans l'épaisseur de la lèvre supérieure entre l'œil et la branche montante du maxillaire, toute la région qui chez les mammifères forme la fosse temporale. C'est sa présence en ce point, jointe à l'écartement des maxillaires, qui donne à la tête du Bothrops lancéolé cette forme ailée et triangulaire qui l'a fait comparer à un fer de lance. Il se compose, 1° d'une enveloppe propre, blanchâtre, nacrée, évidemment tendineuse, épaisse d'environ un millimètre, laquelle après avoir couvert la glande, se rétrécit en goulot et forme le conduit qui aboutit aux crochets ; il est plus ou moins distendu par un liquide qui est le venin et que l'on fait sortir à l'extrémité du conduit lorsqu'on presse sur la glande. Une coupe pratiquée à travers ce corps montre qu'il est composé d'un tissu jaunâtre, spongieux, lequel est partagé en plusieurs compartiments par des lamelles blanchâtres qui paraissent être des prolongements intérieurs de l'enveloppe tendineuse. Ce tissu propre emplit la capacité circonscrite par l'enveloppe et rappelle un peu la texture du parenchyme testiculaire de l'homme. Dans ces derniers temps, M. Léon Soubeiran a reconnu que chez la vipère cet appareil est constitué par des follicules rameux dont les petites tiges frangées porteraient des feuilles pennées, creusées de petits canaux qui tous aboutissent dans un seul conduit qui devient le canal unique et excréteur. Ce canal excréteur aboutit au crochet, après s'être légèrement dilaté pour former une sorte de réservoir où l'humeur sécrétée peut s'accumuler. M. Léon Soubeiran, dans des préparations soumises à l'Académie des sciences en 1858, a très-bien démontré cette disposition chez la vipère Bérus ; suivant lui, ce renflement dont les parois sont garnies d'un système de follicules simples, forme un appareil spécial non décrit par les auteurs et est la seule partie de la glande qui peut être considérée comme un réservoir à venin. La nécessité, dit-il, d'un réservoir spacieux pour contenir le venin, tel que l'ont décrit et figuré les auteurs, ne me semble pas bien démontrée, et je suis plus disposé à croire que, chez la vipère, la sécrétion se fait d'une manière active seulement au moment où le besoin d'un afflux de liquide se fait sentir, exactement comme il y a augmentation d'activité dans la sécrétion de la salive chez l'homme au moment du repas. Si le liquide sécrété ne s'écoule pas continuellement par le canal du crochet, cela tient à ce que le crochet, en se repliant le long de l'os palato-maxillaire, détermine un pli prononcé dans la direction du conduit, et par suite obstrue le canal en rapprochant ses parois l'une contre l'autre. Quand au contraire le crochet est redressé, le pli disparaît et l'écoulement du fluide venimeux ne reconnaît plus d'obstacle.

Plusieurs anatomistes avaient déjà reconnu que le mot de *réservoir* ou de *vésicule* appliqué à l'organe d'où sort le venin, était un mot impropre ; que cet organe était une véritable glande ; quelques-uns, J. de Muller entre autres, l'avaient rangée au nombre des glandes conglomérées, et Home en avait reconnu la disposition en tige de plume, ainsi que le dit l'expression de *pinnatified structure* qu'il lui donne.

Le venin n'est donc pas sécrété et accumulé d'avance comme l'urine dans la vessie, jusqu'au moment où l'animal le pousse au dehors, il est renfermé dans les petits canaux qui forment le tissu de la glande, aussi qu'on en peut juger par l'état de distension très-variable de la glande, suivant qu'elle contient plus ou moins de venin sécrété ; il est probable que, sous l'influence de la colère, cette sécrétion continue un certain temps, comme celle de la salive, pendant la mastication.

Au sortir des petits canaux sécréteurs, le venin passe dans le conduit d'excrétion qui se remarque au-devant de la glande. Celui-ci chez un Bothrops lancéolé de cinq pieds, a la dimension de l'artère radiale d'un adulte, et est long d'un centimètre et demi; il est extérieurement formé par le tissu tendineux de l'enveloppe glandulaire. Tout à fait vide à l'intérieur, c'est un vrai canal; au moment de son dégagement de la glande, il forme un coude visible chez la vipère et si prononcé chez le Bothrops, que ce coude donne à ce conduit, lorsque l'animal est au repos, la courbure d'un col de cygne. Cette plicature est placée au-dessous de l'œil. Je crois, comme M. Soubeiran, qu'elle est destinée à retenir le venin dans la glande, à faire obstacle à sa sortie, et que lorsque l'animal met ses crochets en érection pour s'en servir, par l'élongation du conduit, le coude disparaît et le venin coule facilement dans les crochets. Ce mécanisme fort simple me paraît suffisant pour expliquer la rétention aussi bien que la sortie du venin de la glande.

Je n'ai pas observé chez le Bothrops, comme M. Soubeiran l'a vu sur la vipère, *une dilatation du conduit excréteur qui pût être pris pour un réservoir à venin.* Cette dilatation serait toujours très-peu prononcée, et comment le venin pourrait-il s'y accumuler et s'y maintenir? Que si, après la plicature, le conduit paraît d'un calibre un peu plus fort, cela est tout naturellement l'effet du froncement de la plicature. *Quant aux follicules particuliers,* formant, suivant M. Soubeiran, *un appareil spécial, dont serait garnie cette portion dilatée du conduit excréteur qui peut être considérée comme un réservoir à venin,* je n'ai pu en reconnaître l'existence chez le Bothrops lancéolé, par la dissection d'un tête fraîche. Mais ce petit appareil ne répondrait-il pas plutôt aux glandes de Cowper, dans l'urètre, plutôt qu'à une prostate destinée à fluidifier le venin lorsque celui-ci vient à se concréter dans le réservoir? Je n'ai jamais trouvé de venin amassé et encore moins concrété dans une partie quelconque du trajet du conduit excréteur, chez le grand nombre de Bothrops lancéolés que j'ai eu occasion d'examiner.

Par son extrémité antérieure, le conduit excréteur du venin

s'abouche avec les crochets. Nous verrons plus bas, après avoir décrit ces crochets, comment se fait cet abouchement.

DES CROCHETS OU DENTS VENIMEUSES.

Ces crochets sont des dents particulières aux serpents venimeux. Elles n'existent qu'à la mâchoire supérieure; leurs dimensions varient suivant la grosseur de l'animal. Sur un individu du Muséum de Paris dont nous donnons l'image (Planche I), le crochet le plus développé a quinze lignes. Ces crochets sont coniques, plus larges à leur base qu'à leur pointe. Leur base est implantée dans l'os maxillaire supérieur et leur pointe est libre. On a comparé leur forme à celle d'une corne, ou mieux à celle du petit instrument des cordonniers, appelé *alène*. Ils sont courbes dans leur ensemble, mais à une ligne environ de leur extrémité libre, ils se redressent, deviennent droits et offrent ainsi la configuration d'un petit S. On ne trouve pas chez tous les Bothrops lancéolés le même nombre de crochets, parce qu'il en peut manquer, par suite de la cassure de un ou de deux. J'en ai trouvé quelquefois sept, quelquefois neuf; ils ne sont pas d'égale dimension ni au même degré de perfection; ils offrent même entre eux des différences très-sensibles; c'est pourquoi il faut les distinguer en trois sortes, que je nommerai : 1° Les crochets en exercice; 2° les crochets d'attente ; 3° les crochets de réserve.

Les crochets en exercice et les crochets d'attente sont les seuls crochets montés, c'est-à-dire fixés dans les alvéoles que leur fournissent les os maxillaires supérieurs; ils sont au nombre de deux de chaque côté de la mâchoire: un monté, un d'attente. Ils ne sont point implantés dans l'alvéole par une racine, comme les dents des mammifères, ils sont soudés avec cette alvéole et font corps avec elle, quoique leur tissu propre en diffère, étant plus éburné.

Ces crochets présentent sur leur convexité deux orifices, l'un inférieur (l'animal étant considéré dans sa pose naturelle, sur le ventre) à l'extrémité libre, très-fin, cannelé, n'arrivant point jusqu'à la pointe du crochet, mais ouvert seulement à une ligne de cette pointe, laquelle reste pleine et aussi effilée que l'aiguille la plus fine, disposition admirable pour rendre l'arme propre à remplir son but sans lui retirer de sa force, et qui montre à quelle minutieuse précaution s'astreint la nature dans ses ouvrages. Car ainsi la voie est faite à l'avance à l'orifice qui verse le venin, par la pointe de la dent, de manière qu'il ne s'en puisse perdre aucune goutte. Cet orifice occupe la huitième partie environ de la dent. Il est elliptique et semblable à la cannelure d'une aiguille à inoculation. L'autre orifice supérieur ou alvéolaire est carré, moins long, mais plus large, plus haut et par conséquent plus visible : c'est à lui qu'aboutit le conduit excréteur du venin, qu'il semble continuer, de manière que, dans son ensemble, le canal excréteur du venin peut être considéré comme composé de deux parties, une molle et charnue, formée par le conduit de la glande, l'autre dure et osseuse, formée par les crochets.

Les crochets montés (crochets en exercice et crochets d'attente) sont les seuls qui présentent leurs deux orifices complets, à l'état parfait. Ces deux orifices sont joints, à l'intérieur du crochet, par un canal intra-osseux qui occupe l'espace laissé entre eux. Ce canal va se rétrécissant de la base à la pointe, c'est-à-dire de l'orifice supérieur à l'inférieur.

Lorsque l'on casse à diverses hauteurs l'une de ces dents ou crochets, outre le canal que nous venons de décrire, on découvre dans leur épaisseur une autre cavité, si bien indiquée par Fontana, que nous lui en donnerons le nom : *la cavité de Fontana*, placée du côté de la concavité de la dent, se terminant vers son milieu, sans communication au dehors, ni avec le canal du venin, et destinée à recevoir les nerfs et les vaisseaux nourriciers de la dent.

Entre le crochet en exercice et le crochet d'attente, qui présentent à l'œil la même forme, il y a cette différence que leurs pointes ne sont point placées sur le même plan. Le crochet en exercice est plus redressé, et le crochet d'attente un peu plus dévié et courbé dans la gueule, de manière qu'ils paraissent ne pas pouvoir être enfoncés à la fois dans une même surface. Cette divergence augmente encore au moment où la pointe du crochet en exercice ayant pénétré dans un corps, ce corps rencontre la courbure, au lieu de la pointe du crochet d'attente et repousse celui-ci, au lieu de s'en laisser pénétrer. Cet écartement est facilité en outre par une plus grande mobilité du crochet d'attente; jamais il n'est aussi solidement fixé que

e crochet en exercice ; il a par conséquent un mouvement qui
ui est propre, tandis que le crochet en exercice n'obéit qu'au
nouvement de totalité et de bascule que lui imprime la mâchoire supérieure, et se casserait plutôt que de céder à toute
autre impulsion.

Ces deux crochets sont placés côte à côte, leurs bases se
touchent, n'étant séparées que par une lamelle à l'intérieur des
alvéoles et à l'extérieur par une crête assez saillante, visible sur
la face de l'os maxillaire ; comme les bases sont plus épaisses
que les pointes, il en résulte que celles-ci laissent entre elles un
intervalle de 1/2 ligne au moins. Cet écartement devrait se
reproduire entre les empreintes laissées par les pointes des
crochets, si l'animal mordait avec les deux crochets de chaque
côté. Mais je puis assurer que, dans toutes les blessures faites
par le *Fer de lance* et que j'ai été à même d'examiner, soit sur
les hommes, soit sur les animaux, je n'ai trouvé qu'une seule
piqûre pour chaque côté, ou bien deux pour l'ensemble de la
blessure. Mon attention était d'autant plus attirée sur ce point,
qu'étudiant les morsures du *Fer de lance*, surtout sous le rapport du traitement, j'ajoutais une grande importance au nombre des voies, c'est-à-dire des piqûres par lesquelles le venin
peut être introduit, afin de n'en négliger aucune dans le pansement ; je dois dire que l'opinion générale du pays est aussi qu'il
n'y a qu'une piqûre de chaque côté, et si l'on parle de deux
trous par les crocs, c'est qu'on entend l'ensemble de la blessure faite par les deux mâchoires. Si le serpent se servait de
ses deux crocs montés de chaque côté, il devrait y avoir quatre
ouvertures, séparées suivant la grosseur de l'animal, en deux
groupes, par la distance qui sépare le maxillaire supérieur
gauche du droit, distance qui peut être chez les très-gros serpents de un centimètre et demi environ.

J'ai donc été très-étonné de trouver dans l'ouvrage de Fontana le passage suivant :

« Lorsque la vipère veut mordre, les dents canines s'élèvent
« par un mécanisme que Nicholls a parfaitement bien décrit
« dans l'appendice anatomique qu'on a joint au traité des
« poisons de Mead. Mais *celles des grosses dents qui tiennent*
« *moins fortement à leur alvéole s'élèvent d'autant moins qu'elles*
« *sont plus mobiles et moins bien assurées sur la mâchoire*. Ni-
« cholls prétend que lorsqu'il y a une ou deux de ces quatre

« grosses dents qui sont mobiles, la vipère ne peut mordre
« qu'avec une seule dent de chaque côté. Il ne fonde à la vé-
« rité son opinion sur aucune expérience; mais il paraît s'en
« rapporter à certaines causes finales, que je ne saurais ad-
« mettre, parce qu'en physique, ces sortes de preuves ne sont
« plus d'aucun poids. Il remarque qu'il y a une telle distance
« entre les deux dents canines du serpent à sonnettes, que
« l'humeur jaune, qui est portée par un conduit entre l'une
« et l'autre de ces dents, *entrerait tout entière dans la gaîne,*
« et n'irait point à la blessure de l'animal que ce serpent au-
« rait mordu; et c'est pour cela qu'il ne balance pas à croire
« que le conduit de cette liqueur vient s'appliquer précisé-
« ment au trou de la base de la seule dent, de chaque côté,
« avec laquelle la vipère saisit ce qu'elle mord. Mais outre
« qu'on ne voit point d'organes pour exécuter cette fonction,
« et qu'on n'en découvre pas le mécanisme, *je puis assurer*
« *que j'ai vu quelquefois, dans la vipère, toutes les quatre dents*
« *canines également fermes et bien plantées dans leurs alvéoles, et*
« *plus souvent j'en ai vu trois bien implantées* et très-fort en état
« de saisir et de mordre. Il n'est pas douteux que, dans ce cas-
« là, la vipère ne peut pas mordre seulement avec deux dents,
« une de chaque côté, mais qu'elle doit saisir également avec
« toutes celles qui sont fixées solidement dans leurs alvéoles,
« et je m'en suis assuré par l'expérience même. Il n'est donc
« pas vrai, comme le prétend Nicholls, que le conduit de cette
« liqueur jaune ne s'adapte qu'à une seule dent lorsque la vi-
« père mord. D'ailleurs cet intervalle qu'il a observé entre les
« dents canines du serpent à sonnettes ne se trouve pas de
« même dans nos vipères, dont les dents se touchent et se ser-
« rent, presque depuis la base jusqu'à la pointe; en sorte qu'il
« n'y peut passer aucun fluide, et encore moins la liqueur
« jaune et venimeuse qui est un peu gluante; *de plus, il est cons-*
« *tant que la vipère mord et saisit non-seulement avec les dents qui*
« *sont arrêtées dans leurs alvéoles, mais encore souvent avec*
« *celles qui sont mobiles.* De dix vipères que j'ai examinées, il
« y en avait trois qui avaient deux dents mobiles et deux fer-
« mes dans leurs alvéoles, les sept autres n'avaient qu'une
« dent mobile et deux fermes et bien arrêtées; si j'en excepte
« une des trois premières vipères et deux des sept dernières,
« toutes les autres auxquelles je présentai un morceau de ten-

« don de bœuf bouilli et bien dépouillé de sa graisse, le saisi-
« rent avec force et y laissèrent bien imprimées les traces de
« toutes leurs dents; il faut dire cependant que leurs dents les
» moins fermes n'étaient pas des plus mobiles, et que, quand
« elles sont bien vacillantes, je me suis assuré qu'elles s'élèvent
« alors si peu, qu'il est absolument impossible que leur pointe
« vienne s'appliquer sur le corps que la vipère saisit. » Et
ailleurs, page 45, à propos d'expériences faites en pressant la
vésicule à venin, il dit :

« Ce n'est point seulement de la pointe de la dent que j'ob-
« servais, que j'ai vu sortir cette humeur jaune, mais encore
« de la dent voisine, lorsqu'elle y était : en sorte qu'elle vient
« également de toutes les dents canines à la fois, sans en ex-
« cepter même celles qui sans être tout à fait raffermies dans
« leurs alvéoles, le sont cependant assez pour s'élever avec les
« autres. En un mot, j'ai vu, dans toutes les têtes de vipères
« que j'ai observées, cette humeur sortir constamment de
« toutes les dents canines qui s'élèvent assez lorsqu'on presse
« sur les muscles du palais et qu'on ouvre la gueule de force
« pour pouvoir blesser l'animal que la vipère avait saisi. On
« voit, d'après cela, que Nicholls se trompe lorsqu'il prétend
« que le venin ne sort jamais que d'une dent à la fois de
« chaque côté. »

Avant de lire ce passage de Fontana, on a vu que j'étais tout
à fait de l'opinion de Nicholls, que le serpent ne mord qu'a-
vec un seul crochet de chaque côté. Mais l'opinion de Fontana
est exposée d'une façon si précise et avec tant d'assurance,
et cet observateur est ordinairement si exact, si patient, si
ingénieux, que j'avoue qu'il m'a mis en défiance sur mon
expérience des blessures faites par le *Fer de lance*, expérience
que je croyais complète, arrêtée, je dirais presque infaillible ;
mais, je le répète, le respect que j'ai pour Fontana a élevé des
doutes dans mon esprit ; n'étant plus à même de vérifier par
des expériences directes, *de visu*, si la morsure du Bothrops
lancéolé, soit sur l'homme, soit sur les animaux, laisse deux
piqûres de chaque côté, et par conséquent quatre *trous*. Je me
bornerai présentement à un examen critique de l'opinion de
Fontana, parce qu'elle paraît, en quelques points, offrir des
obscurités et même des contradictions.

D'abord je ferai observer que Fontana expérimentait sur la

vipère, et que Nicholls a observé le serpent à sonnettes. Or, le serpent à sonnettes étant d'une dimension bien autre que la vipère, les circonstances relatives aux blessures de cet animal sont plus saillantes, pour ainsi dire, plus distinctes et peuvent être mieux étudiées que celles des blessures de la vipère. Notre *Fer de lance* se rapproche plus du serpent à sonnettes que de la vipère ; les effets produits par sa blessure sont pour ainsi dire celles de la vipère vues au verre grossissant.

Fontana convient, dans des lignes soulignées par moi, *que celles des grosses dents qui tiennent moins fortement à leurs alvéoles, s'élèvent alors d'autant moins qu'elles sont plus mobiles et moins bien assurées sur la mâchoire.*

Alors ces dents moins élevées ne se trouvent plus sur le même plan que les autres, et comme elles sont courbes, comment leurs pointes qui sont dirigées dans des sens différents, peuvent-elles s'enfoncer dans une même surface ? De plus, elles sont plus mobiles.

Il est vrai que Fontana n'hésite pas à assurer *que la vipère mord et saisit non-seulement avec les dents qui sont arrêtées dans leurs alvéoles, mais encore souvent avec celles qui sont mobiles.*

Mais comment mordre et saisir avec des dents mobiles ? Cette assertion me paraît si évidemment fausse et sa fausseté si facile à démontrer, que j'en ai conçu de la défiance pour tout le reste de l'opinion de Fontana dans cette occasion ; en effet, il suffira de lire un peu plus bas la description de ces *crochets mobiles* appelés par moi *crochets de réserve*, pour reconnaître qu'il est impossible qu'ils puissent mordre : d'abord, parce qu'ils n'ont point de base solide qui leur serve de point d'appui ; qu'ils ne tiennent au maxillaire supérieur que par un pédicule mou, gélatineux, évidemment vasculaire ; qu'on les en détache par la plus légère traction ; qu'ils restent couchés dans la gaine qui leur sert de fourreau, et ne sont susceptibles d'aucun mouvement ; qu'enfin la plupart, excepté les deux montés, sont rudimentaires et ne sont point parfaits, qu'ils n'offrent pas les orifices nécessaires au cours du venin, surtout l'orifice alvéolaire qui s'abouche avec le conduit de la vésicule.

Il est vrai qu'il semble résulter de la lecture de Fontana que le maxillaire supérieur de la vipère peut présenter trois ou quatre alvéoles de chaque côté : *je puis assurer que j'ai vu quelquefois dans la vipère toutes les quatre dents canines également fermes et bien plantées dans leurs alvéoles et plus souvent j'en ai trouvé* trois bien implantées et très-fort en état de saisir et de mordre ; il n'est pas douteux *que dans ce cas la vipère ne peut pas mordre avec deux dents, une de chaque côté, mais qu'elle doit le faire également avec toutes celles qui sont fixées solidement dans leurs alvéoles.*

Ceci est un peu obscur : Fontana parle *de trois dents bien implantées.* Il ne dit pas clairement si c'est dans trois alvéoles de chaque côté.

Je puis assurer, de mon côté, que dans tous les *Fer de lance* disséqués par moi à la Martinique, je n'ai jamais noté que deux alvéoles de chaque côté pour les crocs montés ; depuis que j'ai lu le passage de Fontana, j'ai examiné plusieurs individus de *Fer de lance* conservés au Muséum de Paris, et je ne leur ai trouvé que deux alvéoles de chaque côté, et Fontana lui-même ne semble-t-il pas se contredire lorsqu'il dit, un peu plus bas ; *de dix vipères que j'ai examinées, il y en avait trois qui avaient deux dents mobiles et deux fermes dans leurs alvéoles, les sept autres n'avaient qu'une seule dent mobile et deux fermes et bien arrêtées ; toutes les autres, auxquelles je présentai un morceau de tendon de bœuf bouilli et bien dépouillé de sa graisse, le saisirent avec force et y laissèrent bien imprimées les traces de toutes leurs dents ; il faut dire cependant que leurs dents les moins fermes n'étaient pas des plus mobiles, et quand elles sont bien vacillantes, je me suis assuré qu'elles s'élèvent alors si peu, qu'il est absolument impossible que leur pointe vienne s'appliquer sur le corps que la vipère saisit.*

J'étais curieux de vérifier si la proposition générale émise par Fontana, que la vipère peut mordre avec trois ou quatre crochets à la fois de chaque côté, se trouvait justifiée par les détails de ses observations particulières qui sont si nombreuses ; dans toutes il se contente de dire qu'il a fait mordre un pigeon ou un lapin, mais dans aucun il ne relate le nombre des piqûres.

J'ai consulté aussi les observations de vipères recueillies sur l'homme. Toutes ne font mention que d'une seule piqûre ou de deux, une dans ces derniers cas de chaque côté. J'en excepte l'observation due à M. Quain (voir *Lancet anglaise*), de la piqûre faite par un naja près l'aile du nez du gardien du jardin zoologique de Londres : Mr Quain dit qu'il y avait trois *piqûres*.

Dans les piqûres de *Fer de lance* que j'ai été à même d'examiner, outre les ouvertures faites par les crocs et d'où le sang s'écoulait quelquefois assez abondamment, j'ai noté quelquefois aussi, à côté et sur un autre plan, de petites empreintes ou écorchures à peine marquées, qui par leur peu de profondeur et leur position m'ont semblé être les empreintes des dents du maxillaire inférieur et non des crochets. Le serpent s'aide alors du maxillaire inférieur, comme point d'appui pour enfoncer les crochets. Il exerce alors avec ces dents un commencement de préhension de la proie. Ceci explique peut-être la troisième piqûre de l'homme piqué par le Naja.

J'ai insisté sur le nombre des ouvertures faites par la piqûre des crochets, parce que ce sont autant de voies d'entrée pour l'introduction du venin, et qu'il importe de n'en négliger aucune dans le pansement, de peur que la négligence d'une seule ne rende tous les autres soins inutiles.

Suivant moi donc, le Bothrops lancéolé ne mord qu'avec un seul crochet de chaque côté, quoiqu'il ait deux crochets montés.

Le crochet monté qui n'agit pas est le *crochet d'attente*, destiné à remplacer le crochet en exercice lorsque celui-ci vient à se casser, ce qui arrive très-souvent, à cause de la friabilité de la substance de ces crochets et de leur forme courbe qui fait que l'animal ne peut les retirer de la blessure qu'il fait, qu'avec la plus grande difficulté, et souvent les y laisse. Non-seulement sur les individus de *Fer de lance* observés par moi à la Martinique, mais sur ceux conservés au Muséum de Paris, j'ai rarement trouvé intacts les quatre crochets montés : le plus ordinairement, il en manque un ou deux et quelquefois les quatre sont cassés. M. Auguste Duméril a noté qu'à la ménagerie des reptiles venimeux, le gardien qui nettoie les cages est obligé pour ce soin de se servir de gros gants, afin d'éviter la piqûre des crochets cassés et rejetés qui se rencontrent sur le sol de ces cages. On les trouve dans les *fèces* de l'animal ; dans une boîte dans laquelle on avait envoyé un crotale, M. Auguste Duméril a trouvé dix-huit de ces crochets.

Un des motifs qui ont fait croire à Fontana que les vipères

mordaient avec les deux crochets montés, c'est qu'en pressant sur la vésicule à venin, il voyait refluer et sortir le venin également par les extrémités de tous les crochets montés ; mais chez la vipère, comme l'avoue Fontana, ces crochets sont si rapprochés, si serrés, que cette petite expérience, la sortie du venin à la fois par tous les crochets montés, peut n'être pas très-distincte, et laisser quelque confusion. Nicholls paraît avoir vu le contraire sur le serpent à sonnettes. Je regrette de n'avoir pas connu le dissentiment qui existait entre ces observateurs, sur ce point, lorsque j'étais à même de pouvoir répéter à la Martinique, sur des *Fers de lance* récemment tués, les expériences qui auraient pu éclaircir ce point dont les conséquences pratiques sont si importantes. J'espère que l'attention de quelque autre observateur, éveillée par moi, pourra suppléer à cette omission et décidera : 1° Si chez le *Fer de lance*, la glande à venin étant comprimée, le venin sort également par les deux crochets montés, crochet en exercice et crochet d'attente ; 2° s'il y a des cas de piqûre où l'on retrouve les impressions des quatre crochets gauches et droits.

Lorsqu'on essaie de suivre le conduit excréteur du venin jusqu'à son abouchement avec les crochets, on reconnaît qu'il ne se divise point et ne se partage point entre les crochets montés, il se termine par une ampoule ou sac qui embrasse la base des deux crochets montés. A l'intérieur de ce sac flotte un repli de la membrane qui a servi à le former comme une sorte d'épiploon, et qui s'étend entre le crochet en exercice et le crochet d'attente comme pour les séparer. Mais ce repli offre à sa base un trou parabolique bien remarquable, qui semble destiné à établir une communication entre la partie du sac qui répond au crochet en exercice, et celle qui répond au crochet d'attente, à peu près comme le trou de Botal chez le fœtus, entre les deux oreillettes. A la racine de ce repli ainsi perforé se trouve un orifice à bords mousses, aplati, qui n'est pas visible à l'œil nu, mais qui devient très-apparent lorsqu'on fait passer une soie de sanglier du conduit excréteur du venin vers les crochets. Cette soie ne sort pas par les crochets, mais par l'orifice situé à la partie interne du sac, et à la base de son repli intérieur. C'est ce que nous avons fait représenter dans la planche III, n°° 1 et

BOTHROPS LANCÉOLÉ.

1

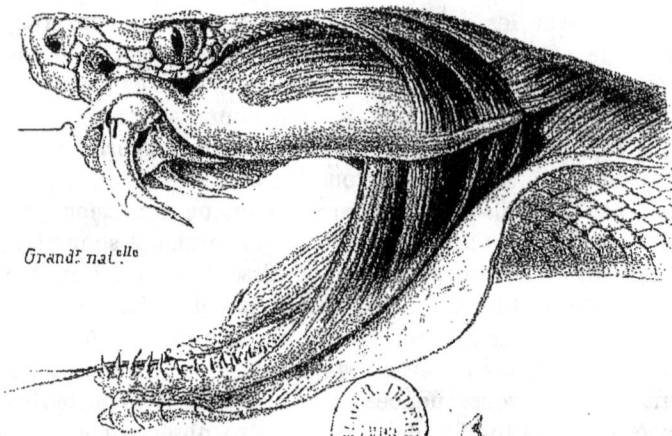

Grand.^r nat.^{elle}

3

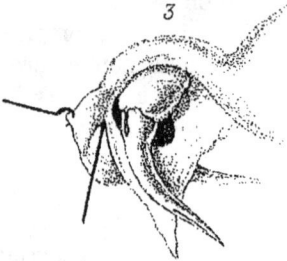

4

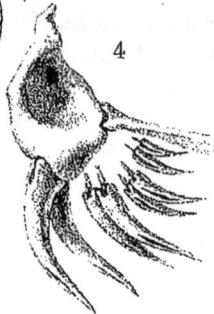

2

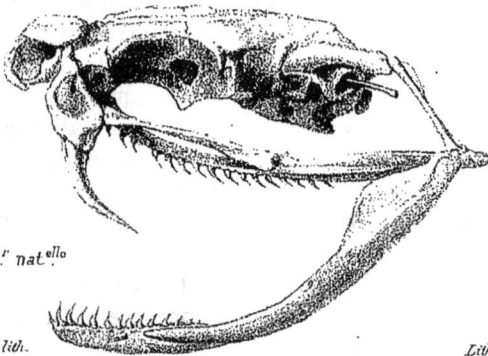

Grand.^r nat.^{elle}

1. Muscles de l'appareil à venin.
2. Tête osseuse.
3. Embouchure libre du conduit venimeux dans la gaîne des crochets.
4. Série des crochets.

3.; il en résulte que cet orifice est libre, n'est point accolé à demeure avec l'orifice supérieur du crochet; que pour y faire passer le venin, il est nécessaire qu'il s'applique par une sorte de mouvement vital à cet orifice du crochet, auquel cette application le fait correspondre bout à bout. En effet, lorsqu'on renverse ce sac, de manière à écarter l'orifice d'abouchement du conduit, on voit toujours ouvert et béant le trou dont la base du crochet est perforé. Cette liberté de l'extrémité d'abouchement du conduit excréteur du venin explique comment cette extrémité peut se porter et s'adapter tantôt au crochet en exercice, tantôt au crochet d'attente, lorsque le premier vient à être cassé et qu'il est remplacé par son vicaire, et comment la nature n'a pas eu besoin de créer plusieurs conduits pour chacun des conduits. Cette disposition que je crois être le premier à bien démontrer, avait été entrevue par Fontana sur la vipère. « Il faut nécessairement, dit-il, que le venin qui sort de son conduit par le petit orifice entre tout entier dans le trou de la dent, et quoiqu'il coule avec abondance par ce canal, il n'a garde de se répandre dans la gaîne, vu que l'orifice par où il sort est infiniment plus petit que le trou parabolique du crochet, auquel l'application intime de la gaîne le fait correspondre immédiatement; en un mot, il y passe tout entier, surtout lorsqu'il n'y a qu'une seule de ces dents. Bien plus, j'ai observé que si on replie la gaîne de dessus la base des dents, et qu'on presse un peu de proche en proche sur le conduit, le venin se porte par une pente naturelle vers le trou de la dent, qu'il remplit en entier, avant qu'il s'en répande une goutte dans la gaîne. Or cette pente naturelle n'a d'autre cause qu'une petite fossette (1), qu'on découvre à peine au microscope sur la mâchoire et qui s'étend jusqu'au trou parabolique du crochet.

___

(1) Je n'ai point trouvé cette fossette chez le Bothrops lancéolé. Mais les deux alvéoles que présente aux crochets montés l'os maxillaire supérieur, sont séparées par une crête dont les parties latérales forment des dépressions que doit suivre l'écoulement du venin. La membrane flottante que fournit le sac pour séparer les crochets et la fente dont ce repli est percé à sa base, explique comment le venin est dirigé, tantôt vers l'un ou l'autre des crochets, sans passer par les deux simultanément. Ce dernier cas peut arriver cependant lorsque le venin est très-abondant et que l'orifice d'abouchement ne s'adapte pas exactement à celui du crochet, comme cela arrive après la mort.

Je ne prétends pas dire cependant qu'il n'y ait tel cas particulier où cette liqueur ne puisse se répandre d'abord dans la gaîne, et glisse même jusqu'à la pointe des dents, surtout lorsqu'il y en a deux assez rapprochées pour se toucher, et ne laisse ainsi qu'un sillon entre deux, et lorsque la vipère mord assez profondément pour faire entrer ses dents bien avant dans la chair et bouche même le trou parabolique du crochet, et qu'elle serre assez fort et assez longtemps pour comprimer la vésicule et donner le temps à la liqueur de se glisser entre ces deux dents. Ces cas sont rares : pour lors il n'est pas douteux que cet animal ne puisse même tuer sans que le venin ait passé par le conduit ordinaire de la dent. J'ai essayé quelquefois de boucher avec de la poix, tantôt le trou parabolique, tantôt le trou elliptique des crochets, et aussi quelquefois tous les deux ; mais pour lors cette liqueur jaune qui est le venin, ne parvenait jusqu'au fond de la gaîne que difficilement et après qu'on avait comprimé fortement et pendant longtemps le réservoir à venin et son muscle constricteur. »

Cette possibilité du reflux du venin autour des crochets, sans passer par leur intérieur, s'explique par la disposition que nous venons de faire connaître; et cette disposition explique l'erreur de Redi et de Mead, qui croyaient que la gaîne des dents constituait le sac à venin et que ce venin était sécrété par une glande placée sous l'œil, parce qu'ils avaient vu le venin sortir quelquefois de la gaîne sans sortir par les crochets; elle montre aussi que la pratique de certains charlatans, de faire mordre aux vipères un corps enduit de poix pour boucher l'orifice des crochets, peut n'être pas toujours sans danger, puisque par le mode d'abouchement du conduit excréteur du venin, qui n'est ni accolé ni anastomosé avec le canal du crochet, il peut arriver que le venin passe le long de ces crochets et pénètre ainsi tout de même dans les plaies qu'ils font.

Venons maintenant aux crochets de réserve : il est hors de toute contestation possible qu'ils ne sont que des crochets en germe et sans aucun service, jusqu'à ce qu'ils soient appelés à remplacer les crochets montés; on en compte de 5 à 7, tous plus petits les uns que les autres, de façon que sur un *Fer de lance* de 5 pieds, dont le crochet en exercice avait un centi_ mètre 1/2 de long, le dernier crochet de réserve avait à peine

2 millimètres ; de ces crochets, les plus développés offrent un commencement d'orifice alvéolaire plus ou moins marqué, mais non complet, mais tous présentent l'orifice elliptique de la pointe par où doit sortir le venin. On a pensé que le canal du crochet des serpents solénoglyphes n'était que la rainure ou cannelure de celui des protéroglyphes qui se transforme en canal par le rapprochement de ses bords ; cette disposition, dit-on, serait visible sur les crochets les moins développés et encore rudimentaires lorsqu'on les examine à la loupe. En effet, lorsque l'on examine les plus petits de ces crochets, qui ne présentent que des bouts de crochets, on voit que l'orifice du venin n'est qu'une fente ; mais à mesure que le crochet se développe, le canal apparaît aussitôt, et si à la loupe on distingue encore une ligne blanchâtre le long du crochet, c'est là la trace diaphane du canal et non de la persistance de la rainure. C'est ce dont on peut s'assurer au moyen d'une soie passée d'un orifice à l'autre.

Les crochets de réserve n'ont point d'alvéole qui leur correspond. Ce fait, malgré l'obscurité laissée par la description de Fontana, me paraît hors de doute ; ils ne tiennent à l'appareil à venin que par un pédicule mou et vasculaire qui les rattache à la membrane interne de la gaîne des crochets ; ils sont ramassés en grappe à la base des crochets montés, et placés les uns à côté des autres, (voir planche III, n° 4), de manière que les plus développés au premier coup d'œil cachent ceux qui le sont moins ; ils ne tiennent guère à la gaîne et on les en détache par la plus légère traction.

Les crochets de réserve sont évidemment destinés à remplacer les crochets montés par un mécanisme vital qu'il n'est possible de constater que par son résultat. Fontana a vu que ce remplacement s'opérait en 20 jours. « J'arrachai tout exprès, dit-il, à une grosse vipère, une de ces dents qui était mobile et mal assurée dans son alvéole, et quelque temps après je m'aperçus que la plus grosse de celles qui sont placées sous la gaîne et au-dessous de l'alvéole, s'était un peu avancée vers l'alvéole vide ; quelques jours après, je crus l'en voir encore plus rapprochée. Je poursuivis mes observations tous les deux jours, et je vis à la fin que cette dent s'était parfaitement logée dans l'alvéole, où elle était encore très-mobile et mal assurée. Cet acheminement successif s'était fait dans l'espace

23

de vingt jours. » Quant à moi, j'ai vu que chez les bothrops lancéolés dont j'avais cassé les autres crochets montés, les piqûres redevenaient visibles et venimeuses en moins de douze jours, et les crochets remplacés offraient alors toute leur solidité.

Les trois sortes de crochets que nous venons de décrire, lorsque l'animal est en repos, sont renfermés dans une gaîne placée à la partie antérieure des alvéoles et en dedans de la bouche. Cette gaîne est formée par une double membrane, l'une qui est la continuation de la membrane muqueuse buccale, l'autre qui est une membrane fibreuse fournie par celle des gencives : elle a la forme d'une bourse et paraît s'ouvrir, comme une bourse, en glissant sur la convexité des crochets montés et se repliant à leur base lorsque l'animal vient à les dresser. Mais alors les crochets de réserve sont pressés et contenus par elle, et restent enfermés dans sa cavité. Cette gaîne s'étend à la base des crochets montés, et comprend la partie où se voit l'abouchement du conduit excréteur du venin.

Lorsque les crochets montés sont au repos et repliés vers l'œsophage dans la bouche, la gaîne les recouvre aussi, à peine en paraît-il les pointes entre les bords de l'orifice de cette gaîne. Cette disposition permet à l'animal d'introduire sa proie dans la gueule sans être gêné par les crochets. Mead a dessiné l'ouverture de cette gaîne ou bourse, comme si elle était frangée : je l'ai toujours trouvée arrondie et mousse.

Après avoir examiné la disposition anatomique si distincte de l'appareil à venin : la vésicule et son conduit, les crochets et la gaîne qui les renferme, on ne comprend pas comment les anatomistes qui ont étudié cet appareil aient pu se tromper sur la destination réelle de ses diverses pièces. Il est certain cependant qu'il y a eu entre eux à cet égard de très-vives discussions. Croirait-on que pendant des siècles on ait imaginé que le siége du venin des serpents était au fiel et que de là, il montait directement aux gencives par des vaisseaux. Il faut arriver à l'année 1666, aux expériences de Redi et de Charras, pour que l'appareil à venin soit mentionné : encore Charras fait-il consister le venin dans les esprits irrités, tandis que le suc jaune contenu dans les vésicules des gencives n'est pour lui qu'une pure et très-innocente salive. Il distingue bien les crochets des autres dents, la vésicule, la gaîne des crochets : mais il méconnaît le cours du venin à travers le canal et prétend que le suc jaune ne sert qu'à humecter les ligaments de ces parties ou à nourrir les crochets de réchange qui se trouvent dans la capsule. Redi s'assura que les crochets avaient une cavité interne, mais il nie que cette cavité soit un conduit de l'humeur jaune, qu'il fait provenir de la gaîne et qui, suivant lui, coule le long des crochets et ne sort point de leurs extrémités. Vallisnieri, Mead, Nicholls, Tyson, Ranby, Fontana, Duvernoy, Meckel, Cuvier, se sont occupés du même sujet, en l'éclaircissant de plus en plus. Mais on voit qu'aujourd'hui encore, sur un point en apparence facile à vérifier au premier coup d'œil, il existe un dissentiment assez important, à savoir *si la vipère fait sa morsure avec une seule ou plusieurs dents de chaque côté.* Ces incertitudes montrent que les sciences d'observation ne peuvent être écrites par un seul homme, qu'elles sont l'œuvre du temps, *non solum ingenii humani,* comme dit Baglivi, *sed temporis filiæ.* Il leur faut marcher de vérifications en vérifications, et l'axiome populaire, que deux yeux voient mieux qu'un seul, y est souvent applicable.

DU VENIN.

Le venin du Fer de lance est un fluide blanc légèrement jaunâtre, ayant la consistance d'une solution de gomme arabique (Blot, Guyon, Moreau de Jonnès). C'est tout ce que présentement on peut en dire ; c'est toute sa chimie actuelle. On ne sait même pas s'il rougit la teinture de *tournesol ;* les uns disent oui, les autres disent non. On ne s'accorde pas non plus sur l'impression qu'il produit lorsqu'il est placé au contact de la langue. La vie humaine est le seul réactif de ce poison dont les effets soient connus. Je n'ai jamais essayé d'apprécier exactement la quantité de venin renfermée dans la glande d'un *Fer de lance.* Fontana dit que la vipère n'en a jamais plus de 10 centigrammes; il me semble, de mémoire, que le *Fer de lance* en a davantage, et que j'ai fait quelquefois couler de sa glande près d'une cuillère à café de venin. Si l'on considère la rapidité avec laquelle sont faites la plupart des blessures, l'étroitesse des divers orifices que doit traverser le venin, sa sécrétion au fur et à mesure que le besoin s'en fait sentir, le défaut de tout réservoir de ce fluide, et enfin l'absorption qu'en doivent faire souvent les vêtements du blessé, en essuyant les crocs qui les traversent, on comprendra qu'il ne doit se faire à chaque blessure qu'une très-petite inoculation du venin; et comme plusieurs animaux en peuvent mourir coup sur coup et à la suite les uns des autres, il faut admettre que le venin, qui continue à se sécréter, continue aussi, pendant un certain temps, à conserver ses qualités délétères, et qu'il n'en faut qu'une très-minime quantité pour déterminer les plus graves accidents.

C'est une opinion générale dans le pays que le venin conserve ses qualités délétères, même après la mort : aussi, lorsque les nègres tuent un serpent, ont-ils soin de lui couper la tête et de l'enterrer, de peur que les crochets ne piquent les pieds qui la rencontreraient, ce qui pourrait arriver bien souvent sans cette précaution, le nègre allant toujours pieds nuds. Mais je n'ai jamais entendu parler d'accidents particuliers arrivés à ce sujet. Dans les monstrueuses histoires d'empoisonnement pratiqués par les nègres, qui pendant longtemps ont fait la terreur du pays, on prétendait que le venin du serpent jouait un grand rôle. Pour apprécier la valeur de cette accusation, j'ai fait, dans mon travail sur les *Empoisonnements par les nègres*, des expériences avec le venin recueilli sur des Fer de lance fraîchement tués, j'ai introduit de ce venin avec ou sans les crochets, dans la chair de gros animaux, bœufs et mulets (*Annales d'hygiène et de médecine légale*) : je n'ai jamais observé d'accidents généraux par suite de l'absorption du venin, mais seulement de petits abcès locaux.

C'est aussi une très-vieille dispute entre les observateurs et qui remonte aux premières études sur l'appareil venimeux du serpent, de savoir si le fluide venimeux conserve les mêmes qualités, inoculé par l'animal ou recueilli avant ou après la mort pour être introduit par un instrument artificiel. Charras, fidèle à sa doctrine des esprits irrités, affirme qu'il a introduit le venin recueilli dans les chairs des animaux, sans jamais en avoir vu aucun mauvais effet. Redi l'a combattu très-vivement. Fontana a confirmé l'opinion de Redi par plus, dit-il, de dix mille expériences. « Le venin de la vipère, dit-il, se conserve des années dans la cavité de sa dent, sans perdre de sa couleur ni de sa transparence : si l'on met alors dans de l'eau tiède cette dent, le venin se dissout très-promptement et se trouve encore en état de tuer les animaux. En outre, le venin de la vipère, séché et mis en poudre, conserve pendant plusieurs mois son activité, ainsi que je l'ai éprouvé plusieurs fois d'après Redi: il suffit qu'il soit porté, comme à l'ordinaire, dans le sang par le moyen de quelque blessure. Mais il ne faut pas cependant qu'il ait été gardé trop longtemps, je l'ai vu souvent sans effet au bout de dix mois.» D'autres observateurs sont moins affirmatifs; je suis de ce nombre. Mes expériences faites, il est vrai, sur de gros animaux, me font penser que le venin du Fer de lance ne produit que des effets locaux; M. Guyon le croit plus délétère, mais il a expérimenté sur de petits animaux.

Voici l'opinion de M. Duvernoy:

« J'ai voulu constater, dit-il, s'il serait dangereux de se « blesser avec un scalpel qui, ayant servi à disséquer la glande « venimeuse d'un animal conservé dans l'esprit de vin, aurait « été imprégné du venin de cet animal. J'ai pris sur une lan- « cette une assez forte portion de ce venin, recueillie dans la « glande d'un *crotalus durissus*; il était d'une couleur jaune « et il avait la consistance d'une pommade épaisse, je l'ai in- « troduite sous la peau de l'intérieur de l'oreille et de la partie « interne de la cuisse d'un lapin. Il n'en est résulté pour cet « animal que le petit inconvénient de cette opération, — J'ai « dès lors continué ma dissection avec moins de réserve, es- « pérant qu'il en résulterait peut-être quelque intérêt pour la « science et pour l'humanité. »

N'est-ce pas, je le répète encore à ce propos, une chose surprenante et bien regrettable, que cette diversité de sentiments dans les sciences sur des points qui paraissent, de prime-abord, si faciles à résoudre, qu'ils ne devraient être susceptibles que d'une seule solution possible. Cela vient de ce que les observateurs ne se sont point placés dans les mêmes conditions: celui-ci s'est servi de vipères vivantes, celui-là de vipères mortes, l'un a fait piquer de petits animaux, l'autre de gros, etc., etc. Il faudrait pouvoir tenir compte des nombreuses circonstances qui influent sur la nature du venin, et de celles aussi qui sont particulières à l'animal blessé. Il y a peu d'expériences qui soient parfaitement identiques et permettent une comparaison adequate. Tout cela prouve combien l'expérimentation est difficile et décevante. *Experimentum fallax!*

Dans les nombreuses dissections et expériences faites par moi sur les bothrops lancéolés, je maniais le venin, sans y penser, sans précaution aucune, et il ne m'est jamais arrivé d'accident.

M. W. J. Burnett, ayant recueilli du venin sur un crotale vivant mais endormi à l'aide du chloroforme, mélangea ce venin avec du sang frais et reconnut, par le microscope, que les globules sanguins s'étaient pour ainsi dire dissociés; la fibrine semblait avoir disparu; on jurerait, dit-il, que le sang aurait subi une profonde altération dans sa vitalité, dans sa structure et dans sa composition.

La science attend de la chimie une étude comparative du venin des divers serpents venimeux; le sujet en lui-même excite assez la curiosité, pour croire que la chimie, qui ne laisse rien d'inexploré, eût depuis longtemps rempli ou essayé de remplir ce desideratum, s'il eût été possible de mettre à sa disposition ces subtils et dangereux poisons. La chose ne nous paraît pas impraticable présentement pour le Fer de lance, le crotale et même le naja, qui se trouvent dans des contrées civilisées. Une analyse du venin de la vipère, faite dans les derniers temps par un chimiste d'un grand nom, M. le prince Louis Lucien Bonaparte, est de bon exemple et de grande espérance. Il résulte de cette analyse (*Gazetta Toscana delle scienze medico fisiche, anno* 1843), que le venin de la vipère, bien transparent, obtenu sur un verre de montre, soumis à la morsure d'un animal sain, à jeun depuis quelque temps, etc , etc, est essentiellement constitué: 1° par un principe particulier que le prince Bonaparte a appelé *Echnidine* du mot grec *Ecnida,* qui signifie vipère; 2" d'une matière jaune soluble dans l'alcool, d'albumine ou de mucus, d'une matière grasse et de sels consistant surtout en phosphates et en chlorures. Que la seule echnidine jouit de la propriété venimeuse, et que son énergie toxique est à peu près égale à celle du venin naturel de la vipère, qu'on peut regarder comme de l'echnidine légèrement impure. Le prince donne longuement les caractères de l'echnidine, et les procédés qu'il a employés pour l'obtenir. Il serait donc bien à souhaiter que de semblables expériences fussent reprises, re-

vues, développées et complétées par d'autres chimistes. Ce
que l'on sait aujourd'hui de certains principes des liqueurs
animales: de la *ptyaline*, de la *pepsine*, de la *cantharidine*,
sont des analogies qui doivent encourager les recherches.

Ne voulant point quitter le fil des faits, je ne dis rien de
cette théorie nouvelle dite *catalyse métamorphosante*, par laquelle quelques chimistes modernes s'efforcent d'expliquer
l'action vitale des venins sur nos fluides. On peut consulter
sur ce point le traité de chimie anatomique de MM. Ch. Robin
et Verdeil. Cette action est comparée à celle des *corps brutes
organiques* qui deviennent des ferments, c'est-à-dire qu'ils
déterminent l'altération des autres corps par simple contact,
sans se décomposer ni changer de composition chimique; de
là les transformations morbides du sang, et, par suite, les altérations des tissus, etc. Tout cela n'est pas encore de la
science courante, et demande d'être vérifié.

MUSCLES DE L'APPAREIL A VENIN.

Ces muscles sont disposés autour de cet appareil, en deux
couches : l'une superficielle, l'autre profonde; la première
consiste en une masse musculaire qui s'offre à la vue, lorsque
la peau de la tête est enlevée (planche 3), et forme avec la
glande le renflement maxillaire ou buccal. Cette masse musculaire qui tient au crâne par des fibres aponévrotiques faciles
à détacher, adhère en bas à la glande, avec laquelle elle semble
faire corps. Dugès, Duvernoy, Soubeiran la divisent en trois
muscles distincts : 1° le temporal antérieur qui en forme la
plus grande partie, se compose de fibres qui partent de derrière l'orbite et vont s'attacher au bord supérieur de la glande
à venin dont ils recouvrent près d'un tiers; c'est évidemment
un muscle compresseur de la glande; quelques-unes de ses
fibres postérieures forment un faisceau qui se portent à l'os
maxillaire inférieur, qu'ils élèvent contre la glande. C'est ce
faisceau que l'on voit, lorsque l'animal ouvre la gueule, faisant
saillie sous la membrane muqueuse et formant les com-
missures. L'aponévrose fournie par ce muscle à la glande est
très-remarquable, elle l'entoure comme d'une double coque
fibreuse, envoie en arrière un prolongement nacré, très-distinct, qui va s'attacher à l'angle de l'os maxillaire inférieur.

M. Soubeiran parle chez la vipère de deux autres languettes qui se rendent antérieurement à la glande lacrymale et à la mâchoire supérieure. Celles-ci sont moins visibles chez le bothrops lancéolé. D'autres brides à la face interne de la glande la rattachent à l'os ptérygoïdien externe. Ces prolongements aponévrotiques sont destinés à maintenir la glande en place, dans ses mouvements de contraction et de dilatation.

2° Le temporal postérieur, placé en arrière de l'antérieur, dont à la rigueur il peut être considéré comme la continuité, fixé au bord pariétal du crâne, descend le long de l'os intra-articulaire pour s'attacher à la face externe du tiers postérieur de la mandibule. C'est un muscle élévateur de la mâchoire inférieure. Il agit aussi en comprimant la glande à venin de bas en haut.

3° En arrière du temporal postérieur est un muscle qui ouvre la bouche et que, pour cela, les naturalistes ont appelé *digastrique*. Il descend du crâne, le long de l'os intra-articulaire qu'il recouvre, et vient s'insérer à l'extrémité postérieure de la mandibule. Agissant ainsi comme un levier du premier genre; en même temps qu'il élève la partie postérieure de la mandibule, il en abaisse la partie antérieure et ouvre la bouche.

La couche profonde comprend trois muscles :

1° Le temporal moyen, placé sous la glande à venin et sous le temporal postérieur, offrant la forme d'un ruban carré très-distinct, dirigé de haut en bas perpendiculairement, s'insère en haut, au bord de la crête pariétale, et, en bas, au bord interne et supérieur de la mandibule. C'est un élévateur de la mâchoire inférieure et le compresseur postérieur de la glande à venin.

2° Le ptérygoïdien externe, placé sous le précédent dont il croise la direction, se dirige horizontalement d'arrière en avant, le long de l'os ptérygoïdien externe auquel il s'attache en arrière, ainsi qu'à l'os mandibulaire, passe sous une expansion aponévrotique qui unit la glande à venin à l'os ptérygoïde, se divise en avant en deux tendons et va se fixer aux deux faces internes et externes de l'os maxillaire supérieur, auquel il imprime un mouvement de bascule qui redresse les crochets, en leur faisant décrire un quart de cercle, ou bien les ramène au repos en leur imprimant un mouvement de rétraction vers la voûte du palais. Ce muscle envoie un tendon à la gaîne des crochets, qu'il ouvre ou ferme, suivant que l'animal veut ériger ou détendre ses crochets.

3° Le ptérygoïdien interne part de l'angle de la mâchoire inférieure comme le précédent et se porte à la face externe de l'aile ptérygoïde de l'os ptérygoïde interne. Il porte cette aile en arrière et en dehors. C'est le muscle rétracteur des crochets.

4° Le sphéno-ptérygoïdien va de la face opposée à la base du crâne, et tire l'os ptérygoïde interne en avant et en dedans.

5° Le sous occipito-articulaire est une bande de fibres musculaires qui s'attachent à l'occipital par un fort tendon et à l'os mandibulaire par leur autre bout, près de son articulation avec l'os tympanique; ce muscle rapproche de la ligne médiocre les os mandibulaires gauche et droit et doit modérer leur écartement dans la déglutition des grosses proies.

6° On trouve encore à la voûte palatine du serpent d'autres fibres musculaires, désignées suivant leurs directions et leurs attaches, en : sphéno-palatin, sphéno-vomérien, sphéno-ptérygoïdien et post-orbito-ptérygoïdien. Ces muscles servent surtout à la déglutition.

7° Outre ces muscles qui prennent leurs attaches sur le crâne, il y en a d'autres qui viennent des parties voisines de la colonne vertébrale et qui concourent aussi soit à l'ouverture de la gueule, soit à l'expulsion du venin; ce sont les cervico-maxillaires, situées en arrière de la tête et sur la nuque, allant des vertèbres cervicales à la mandibule, et recouvrant le muscle digastrique en formant le plancher inférieur de la gueule.

8° Les costo-mandibulaires et les costo-hyoïdiens, qui, comme l'indique leur nom, vont des côtes à la mandibule et au cartilage hyoïde et abaissent aussi la mâchoire inférieure.

Les différentes pièces de l'appareil à venin, les os qui lui servent de leviers, les muscles qui le mettent en mouvement, sont, comme les os du crâne, exactement les mêmes chez le bothrops lancéolé que chez la vipère d'Europe, et en général que chez tous les solénoglyphes. On peut donc dire que ces animaux ont été jetés dans un même moule dont les dimensions varient. Les distinctions entre les genres et les espèces qui composent ce sous-ordre des serpents venimeux ne sont point fondées sur des caractères plus différentiels que ceux qui servent à distinguer les races humaines; la taille, la couleur, ou quelque conformation particulière de leur enveloppe extérieure. Si l'expérience n'était dangereuse, il serait curieux de vérifier l'action du climat sur ces différents genres; de voir, par exemple, si la vipère deviendrait bothrops à la Martinique, et le bothrops, vipère en France?

La considération des attaches des muscles et de la direction de leurs fibres, explique l'action de chacun d'eux. Ces muscles concourent à deux actes de l'animal qui se coordonnent très-bien entre eux. 1° Les blessures qu'il fait pour arrêter sa proie et la déglutition de cette proie, dont il se nourrit.

Ainsi, lorsque l'animal veut avaler une proie, ou qu'il se situe pour mordre, il ouvre la gueule. Alors agissent les muscles abaisseurs de la mâchoire inférieure : digastrique, cervico-mandibulaires, costo-mandibulaires et costo-hyoïdiens. En même temps la mâchoire supérieure, qui fait corps avec le crâne, est porté en arrière par les muscles vertébraux. Ce mouvement de totalité augmente l'écartement des deux mâchoires supérieure et inférieure, et par conséquent l'ouverture de la gueule.

Cette ouverture de la gueule est également nécessaire pour mordre et pour saisir la proie. S'agit-il d'avaler cette proie? le rapprochement des mâchoires est opéré de haut en bas par les temporaux élévateurs du maxillaire inférieur et par les sous-occipito-articulaires qui rapprochent les côtés gauche et droit de cet os. La proie ainsi pressée chemine vers la gorge. Ces différents muscles font l'office des constricteurs orbiculaires des mammifères.

Les muscles qui vont du sphénoïde et des os de la base du crâne à l'os ptérygoïde interne et au palatin sont particuliers aux mouvements de cet os et mettent en jeu les petites dents dont ceux-ci sont garnis, lesquelles sont tournées en arrière, empêchent la proie de refluer en dehors de la gueule et la forcent de se diriger vers l'œsophage. Ces petites dents sont donc des points d'arrêt qui retiennent la proie. Il n'y a aucune mastication.

C'est surtout par des mouvements de latéralité qu'agissent les mâchoires séparément et distinctement; ainsi, l'on voit le côté droit de l'os mandibulaire s'avancer sur la proie, s'y enfoncer, tandis que le côté gauche est immobile. C'est au contraire le gauche qui avance, quand le droit reste en place. Ce mouvement de latéralité est très-remarquable. On dirait celui des jambes d'un cheval, allant l'amble. La proie ainsi saisie, tantôt à droite, tantôt à gauche s'enfonce dans la gorge. Les crochets de l'animal, dans cet acte de la préhension des aliments, sont ses grappins, et ses petites dents, des tenailles.

Lorsque l'animal ne fait que mordre, ou plutot *piquer*, les mouvements de totalité imprimés aux deux mâchoires ouvrent la gueule. Mais c'est surtout la mâchoire supérieure qui, par le redressement de la tête, contribue à cette ouverture, l'inférieur s'abaisse alors moins. En même temps l'os maxillaire supérieur, en basculant sur le frontal, éprouve un mouvement particulier qui dirige les crochets en avant et les rend horizonnaux et perpendiculaires à la bouche. Il est mû par l'os ptérygoïdien externe et par son muscle, qui agissent comme la détente d'un fusil, soit pour armer, soit pour lâcher le coup. Les crochets implantés dans les alvéoles du maxillaire supérieur, n'ont aucun mouvement qui leur soit propre. Rien de plus précis, rien de plus admirable que le jeu de ce petit appareil à venin. Les crochets enfoncés, les mâchoires se rapprochent ; c'est alors que l'inférieure sert de point d'appui à la supérieure et peut ajouter à sa force et à l'enfoncement des crochets. C'est aussi en ce moment, que se fait, dans certains cas, l'impression des petites dents inférieures qu'on voit quelquefois à côté des blessures, bien autrement profondes, faites par les crochets. Mais la gueule ne se ferme jamais brusquement par le rapprochement des machoires, comme dans les morsures ; si les choses se passaient autrement, lorsque l'animal manque son but, il serait exposé à se blesser avec ses crochets dressés et ramenés brusquement contre la machoire inférieure. Tous les mouvements imprimés aux leviers formés par les os, viennent des muscles élévateurs et abaisseurs. Ceux-ci, en agissant sur les leviers, agissent aussi sur la glande à venin, l'avertissent d'entrer en action, de sécréter le venin et par la compression qu'ils exercent sur elle, ils l'aident à chasser ce venin au dehors. Il y a là une synergie des plus remarquables, pareille à celle de la sécrétion de la salive et des mouvements nécessaires à la mastication.

L'expulsion du venin accomplie, on conçoit qu'il y ait détente dans la tension de l'appareil, et que l'os ptérygoïdien

externe, revenant sur lui-même en arrière, ramène l'os maxillaire supérieur à sa place et porte les crochets en arrière
contre le palais, de façon qu'ils ne peuvent pas s'opposer à
l'entrée de la proie dans la gueule et par suite à la déglutition.

a simple élasticité des tissus suffirait pour expliquer ce retour des choses, au repos, puisque ces mouvements peuvent
être exécutés même après la mort, en ouvrant la gueule de
l'animal. Mais il est probable que les muscles ptérygoïdiens
exercent aussi une action volontaire de rétraction d'abord
sur l'os ptérygoïdien externe et puis sur le maxillaire supérieur sur lequel le muscle pterygoidien externe a une attache.

Par là s'explique le dissentiment qui existe entre quelques
anatomistes relativement à la coordination des mouvements
de la déglutition avec ceux qui déterminent le redressement
des crochets. Les uns, comme Duvernoy et Cuvier, attribuent le
redressement des crochets à un mécanisme particulier et volontaire ; les autres ne veulent voir dans cet acte que l'effet
mécanique de l'ouverture de la gueule. Ces deux opinions
n'ont que le tort d'être exclusives l'une de l'autre, car les
deux sont également vraies.

Dans ces mouvements dont la gueule du serpent est susceptible, je n'en vois aucun qui puisse se rapporter à la succion
dont certains auteurs le croient capables. Tout, au contraire,
dans la gueule de cet animal, paraît être contraire à cet acte.
Il n'a point de lèvres pour saisir le conduit lactifère, ni de
langue, ni de joues pour faire le vide nécessaire à la traction
du lait; ses crochets et ses dents sont aussi contraires à l'exercice de cet acte.

DES ORGANES DES SENS.

Excepté l'œil, qui chez le bothrops lancéolé offre à peu près
la même organisation que chez les animaux vertebrés, les
appareils destinés à l'exercice des autres sens sont réduits à
des proportions telles qu'on peut juger par leur seule inspection que les facultés dont elles sont les instruments doivent
être aussi très-restreintes.

DE L'ODORAT.

Les fosses nasales sont situées sur la ligne médiane, à l'extrémité du museau ; elles sont doubles, ont une ouverture externe tournée en haut, garnie d'écailles particulières et une ouverture postérieure, ouverte dans la cavité buccale, à la voûte palatine vis-à-vis le point où s'ouvre le larynx ; ayant au plus une ligne et demie de longueur chez les plus gros Fers de lance, de manière que lorsqu'une proie emplit la gueule et bouche le larynx, l'animal peut respirer par les narines. Les fosses nasales sont tapissées par une membrane muqueuse et présentent deux saillies qui peuvent passer pour des cornets. Les serpents n'ont point de sinus nasaux pour retenir les odeurs. On ne peut douter cependant qu'ils ne sentent, car ils atteignent leur proie à travers les halliers, où la vue ne saurait pénétrer. Ils sont attirés par l'odeur des poulaillers. On peut les prendre pour ainsi dire à la ligne, en cachant un hameçon dans le corps d'un poulet mort. J'en ai cité un exemple dans la première partie. Depuis, j'ai lu que cette pratique était très-commune à Java et était le moyen employé à la destruction des serpents. Le fait suivant m'a été raconté par M. Asselin fils. Averti qu'un gros Fer de lance, vu à diverses reprises, se réfugiait dans un trou creusé dans le parois d'une falaise très-abrupte où l'on ne pouvait atteindre, M. Asselin voulut faire usage du piége de l'hameçon caché dans un poulet. Mais le serpent passa et repassa à côté du poulet sans s'en soucier, d'où M. A. conclut que le serpent ne sentait pas. On aurait pu conclure tout aussi justement, ce nous semble, qu'il ne voyait pas aussi, car le poulet était exposé à sa vue autant qu'à son odorat. N'est-il pas plus probable qu'il avait flairé le piége ? L'étendue de la prudence humaine n'est pas toujours facile à mesurer, pourquoi serions-nous plus habiles à deviner l'instinct des animaux ?

DU TOUCHER.

La peau écailleuse du serpent est surtout une défense. Ce n'est pas, comme la nôtre, un organe du tact. Le serpent doit sentir le sol et les corps avec lesquels il est en contact. Nous avons vu que les écailles du ventre étaient de véritables auxiliaires des organes de la locomotion, mais leur substance dure et cornée s'oppose à toutes les idées que nous pourrions nous faire du tact. Tout au plus, par la possibilité de s'enrouler autour des corps, le serpent en peut-il juger les formes, les dimensions et la température.

DE LA VUE.

La cornée occupe le tiers antérieur du globe de l'œil et la sclérotique le reste. Toutes les autres parties sont les mêmes que dans les yeux des animaux les plus parfaits. Les procès ciliaires sont peu distinctes ; l'iris offre une pupille verticale, linéaire, très-dilatable, comme chez les animaux nocturnes ; il a une coloration orange avec des reflets rouges, ce qui donne au serpent l'air féroce qu'on lui voit. L'humeur vitrée est peu abondante. Le cristallin est très-développé, sphérique ; il emplit presque la totalité du globe de l'œil. La rétine n'offre rien de particulier ; le nerf optique traverse la membrane de l'œil directement par un trou rond. L'œil n'est point caché dans un orbite complétement osseux. La paroi supérieure de l'orbite est la seule qui soit osseuse, elle est formée par le frontal moyen. Le reste du contour est achevé par les parties molles de la paupière inférieure. Cette paupière inférieure est unique. Le Bothrops lancéolé n'a point de paupière supérieure. C'est pourquoi l'œil ne peut être jamais complétement fermé et c'est ce qui a fait dire que le serpent dormait les yeux ouverts. La paupière inférieure résulte de trois couches ou feuillets superposées. La première ou la plus externe est formée par l'épiderme qui se détache dans la mue. La seconde est le derme très-aminci dans cette région, et la troisième est la conjonctive qui couvre l'œil. Cette conjonctive n'offre point le repli appelé, chez les animaux nocturnes, membrane clignotante. La paupière inférieure dans son ensemble est assez large ; on distingue sur son bord le point lacrymal, à sa place ordinaire, il communique par un petit canal avec un trou dont l'os unguis est perforé et par lequel les larmes coulent dans les fosses nasales et delà dans la bouche. Les larmes font ainsi partie de ces humeurs si abondantes dont les serpents enduisent leur proie avant de l'avaler.

Les larmes sont sécrétées par une glande lacrymale qui chez le bothrops lancéolé ne déborde pas l'orbite et n'a pas les dimensions qu'elle a chez les couleuvres; elle est entièrement sous le globe de l'œil, dans une position analogue à celle qu'elle occupe chez les mammifères.

DE L'OUÏE.

Les serpents entendent-ils? Ce fait est en question à la Martinique. Les nègres assurent que dans la coupe des cannes, malgré le bruit que produit ce travail, mêlé souvent de chants, de rires et de conversations, les serpents ne bougent que lorsqu'ils sont à portée de voir les travailleurs, et loin de fuir et de gagner les falaises, les bois et les halliers qui bordent la pièce de cannes et où ils seraient en toute sûreté, ils ne se lèvent que pour aller se *relover* à très-peu de distance, comme s'ils n'avaient aucun souci du danger. Ce qui permet d'en tuer à la fin un assez bon nombre, en mettant le feu à un bouquet de cannes qu'on leur ménage pour dernier asile. Un habitant très-croyable, M. Auguste de Belligny, m'a raconté qu'ayant trouvé un serpent endormi, il lui avait tiré un coup de fusil à poudre, sans l'éveiller. Voici une autre expérience que j'ai plusieurs fois répétée. Devant la cage à claires voies où étaient des Fers de lance, lorque je tirais des coups de pistolet, ils s'agitaient aussitôt le coup tiré. Si je tirais par derrière la paroi *mat*, de manière que le feu de l'arme ne fût pas vu, les Fers de lance ne bronchaient pas et restaient impassibles. Tout cela joint à l'absence complète de tout ce qui pourrait tenir lieu de l'oreille externe et du tympan, me faisait croire que le serpent était sourd.

L'étude anatomique que je viens de faire de cet animal m'a appris qu'il y avait cependant, dans son organisation, deux parties que les naturalistes rapportaient à l'audition. La première est un petit stylet osseux, d'une ligne et demie au plus de long, chez les plus gros bothrops lancéolés, caché dans l'épaisseur des chairs, sous l'os mastoïdien, dont le bout externe est dirigé en dehors, et en arrière vers l'os tympanique

et dont le bout interne tient au crâne vis-à-vis d'un trou orbiculaire qui, au dire de l'anatomiste Wendischman, serait la
fenêtre ovale. Point d'autres osselets, ni caisse, ni tympan,
ni canaux demi-circulaires, ni labyrinthe, ni rien qui puisse
être rapporté à l'oreille interne des animaux chez lesquels le
sens de l'ouïe est plus développé. Ce petit os serait l'analogue
de la columelle plus visible chez les sauriens. L'ouïe serait
ainsi, chez les ophidiens venimeux, réduite à sa plus simple
organisation. Le serpent ne percevrait point les ondes aérien-
nes sonores. Mais, par l'intermédiaire du corps appuyé sur le
sol, il recevrait l'impression des sons développés dans la
continuité des corps solides ambiants. Il entendrait ainsi les
pas de l'homme et non sa voix.

Suivant d'autres anatomistes anciens, il est vrai, Bonneterre,
Charras, Blot, l'oreille externe du serpent pourrait bien être
ce trou ou orifice singulier qui a servi à distinguer la famille
des crotaliens et qui est placé entre l'œil et les narines dont
ils semblent, au premier abord, une double ouverture. Ce
trou qui a donné son nom aux *bothrops*, est arrondi ; chez les
gros individus, il est très-distinct et peut offrir une ligne de
diamètre. Il est entièrement recouvert par la peau qui adhère
solidement aux parties osseuses sous-jacentes et qui en fait un
véritable trou borgne, sans aucune communication avec les
parties sous-jacentes. Quelquefois l'épiderme demi-transparente qui s'en détache, peut offrir l'apparence d'une membrane du tympan, mais par la moindre traction il est possible
de s'assurer que ce n'est qu'une lame épidermique qu'on a
sous les yeux. La peau enlevée, on reconnaît que le trou borgne est formé par une fossette osseuse creusée en grande partie
dans le maxillaire supérieur et complété en haut par le frontal
antérieur. Au fond se trouve un trou qui perfore la paroi
osseuse et fait communiquer la fossette avec un sinus ou anfractuosité creusée à la face interne du frontal antérieur. Un
nerf considérable, qui est la branche la plus forte des nerfs
de la face des serpents, vient se rendre à ce petit appareil,
qui d'ailleurs est sans rapport avec la columelle décrite précédemment.

On a donc pensé que cet appareil, autant que l'osselet considéré comme une columelle, pouvait être l'organe de l'audition chez les reptiles venimeux, et que s'il est placé au milieu

de la face, au lieu d'être sur ses parties latérales, c'est que sa place était prise par l'appareil à venin, qui exigeait une grande mobilité et des dimensions très-variables, et par conséquent un appareil musculaire très-développé. Il faut dire que la columelle se trouve chez tous les ophidiens, tandis que le trou borgne n'existe que chez les venimeux.

Suivant d'autres, le trou borgne ne serait qu'un appendice des fosses nasales comparable au sinus maxillaire. Eve-rard, Home et Cuvier en font un larmier analogue à celui des mammifères qui sont pourvus de cet appareil. M. Auguste Duméril croit que la pénétration de l'air dans ces petites ca-vités n'est peut-être pas sans influence sur les propriétés du venin. Mais les protéroglyphes, entre autres le Naja, qui sont très-venimeux, ne présentent pas de trous borgnes : il en est de même des solénoglyphes vipériens. Jusqu'à présent on doit dire que l'usage du trou borgne ou fossette des crotaliens est loin d'être connu.

DU GOUT.

La langue de la vipère est placée entre les deux branches de l'os mandibulaire, immédiatement à l'entrée de la gueule, sur la ligne médiane; une petite échancrure, au bout du mu-seau, permet au serpent de darder cette langue au dehors, sans ouvrir la gueule. Cette langue est singulièrement protrac-tile et rétractile. Chez un individu de cinq pieds, elle offrait qua-tre pouces de long et à peine une demi-ligne de diamètre. Postérieurement elle se termine à la rainure du tiers antérieur de la trachée artère, au-devant de laquelle elle est placée, avec ses deux tiers postérieurs. Antérieurement elle se bifurque en deux filets grêles très-flexibles et charnus. Au repos, elle est renfermée dans une gaîne fibro-cellulaire qui la cache entiè-rement. La partie projetée au dehors est d'une couleur plus foncée que l'autre, qui paraît tout à fait charnue. On n'y ob-serve ni aiguillon ni rien qui justifie l'idée de dard que s'en fait le vulgaire; ni aspérités ni viscosité. Par son peu de volume et par sa position, la langue n'est point un organe de goût et ne contribue aucunement à la déglutition. C'est un organe de tact, plus semblable à la main qu'à la langue des autres ani-

24

maux; elle sert à palper les corps, à reconnaître peut-être leurs dimensions et leur résistance. Par les mouvements rapides que le serpent lui imprime lorsqu'il est en colère, la langue sert évidemment à exprimer cette passion.

Le peu de développement de la langue, et l'état des corps que le serpent avale, tout couverts de poils et de plumes, indiquent aussi que le sens du goût doit être peu développé chez cet animal.

La bouche est tapissée par une membrane muqueuse assez lisse et peu villeuse; on trouve près de la commissure des lèvres un amas de cryptes sus-mandibulaires assez distinctes; mais il n'existe rien de semblable sur la lèvre supérieure. Il n'y a rien qui puisse être pris pour les glandes parotide, maxillaire, sublinguale ou amygdale.

Aux deux côtés de la langue sont deux baguettes fibro-cartilagineuses très-minces, arrondies, fixées antérieurement aux côtés des branches de l'os mandibulaire. Chacune de ces baguettes reçoit des fibres musculaires qui s'attachent également à la mandibule. C'est l'appareil hyoïde qui chez le serpent sert de point d'appui à la langue.

Lorsque la gueule du serpent est largement ouverte, les différentes parties que nous venons de décrire se présentent dans l'ordre suivant: sur la ligne médiane, les dents mandibulaires placées transversalement, petites et un peu courbes, mais moins que les supérieures ; 2° l'orifice du fourreau de la langue d'où sortent les bouts de ses filets, l'orifice du larynx en haut; 3° la voûte palatine très-courte ; 4° l'orifice postérieur des fosses nasales, sur les côtés; 5° les petites dents sus-maxillaires, sur deux rangées longitudinales gauche et droite, dirigées d'avant en arrière, en sens différent des mandibulaires, offrant l'aspect d'une carde ; plus en dehors et en avant, les crochets dressés ou en repos, recouverts de leur gaîne, leur conduit et la vésicule, recouverts par la membrane muqueuse buccale.

Cette membrane muqueuse, très-extensible, offre aussi des plis pour se prêter à l'extrême dilatation qu'exige la déglutition de proies considérables.

DE LA DÉGLUTITION.

Le pharynx, qui succède à la bouche, n'a rien de particulier ; il

est très-dilatable. Le Fer de lance n'a point de voile de palais.
La considération des différentes parties que nous venons d'examiner explique les différents temps de la préhension des aliments et de leur déglutition par le serpent. Au moyen du venin
introduit par les crochets, il arrête sa proie et, peut-être, y introduit déjà un ferment qui en hâtera la décomposition et sup-
pléera à l'absence du fluide salivaire et de la mastication, car le
serpent avale sa proie en bloc, sans la broyer, et sans la réduire
préalablement en un bol alimentaire. Les muscles temporaux
qui mettent la mâchoire en jeu ne sont pas des masticateurs,
mais ils servent plutôt à la déglutition. Ainsi que nous l'avons
dit, la proie reconnue par la langue et saisie par les petites
dents mandibulaires, est introduite par l'avancement sur elle
des mâchoires à l'aide du mouvement alterne dont j'ai parlé.
La bouche et le gosier se dilatent à mesure que la proie y pénètre. Les petites dents sus-maxillaires s'y implantent non
pour la mâcher, mais pour l'arrêter et s'opposer à tout mouvement de recul au dehors. Pendant tout ce temps, les crochets
sont recouchés et cachés dans leur gaîne. Le larynx, placé près
de l'orifice buccal et vis-à-vis celui des fosses nasales, n'est
pas longtemps bouché et permet à la respiration de se faire,
alors même que la proie séjourne dans le gosier, ce qui dure
assez longtemps. Les serpents trouvés en cet état offrent un
aspect hideux ; le dégoût qu'ils inspirent, augmenté par les
odeurs méphitiques qu'exhale le cadavre de la proie déjà en
putréfaction, a donné lieu à de nombreuses fables que l'i-
magination n'a pas laissé d'embellir.

CANAL INTESTINAL.

L'œsophage, succède à la gueule ; le bothrops lancéolé n'a
point, à proprement dire, de pharynx ; les limites n'en sont indiquées ni par le voile du palais, ni par le glotte, les orifices
des narines et de la trachée étant placés tout à fait en avant ;
l'œsophage est dans l'axe du corps, à gauche de la trachée, des
poumons, du cœur et du foie ; très-long comparativement au
reste du canal intestinal (sur un bothrops de 4 pieds et 1/2),
il avait 22 pouces dont 8 en arrière du cœur; il paraît plat
dans l'état de vacuité, mais s'arrondit lorsqu'il est distendu par

des aliments, finit à l'estomac, qui en est très-distinct sans
que le cardia soit indiqué par aucune particularité; sa membrane musculaire est à longues fibres longitudinales, la muqueuse offre des plis longitudinaux et des glandes mucipares.

L'estomac chez le même individu de 4 pieds 1/2 avait
3 pouces 1/2 de long, ce qui est peu relativement à la longueur totale de l'animal et surtout à celle de l'œsophage; il
est fusiforme, semblable à l'estomac du chien et des animaux
carnassiers; il répond à la réunion du tiers antérieur de l'a-
nimal avec ses deux tiers postérieurs; il commence là où finit
le foie et ne lui est point accolé (afin sans doute de ne
pas comprimer cette glande par les grosses proies qu'il
est destiné à recevoir); sa membrane musculaire offre un
plan très-épais de fibres longitudinales; la muqueuse des plis
très-prononcés et ondulés en tous sens, comme ceux d'une
étoffe chiffonnée. Ces plis sont si épais qu'on dirait de petites
cloisons. Cette disposition est propre à se prêter à la grande
dilatabilité de l'estomac. On peut reconnaître deux portions
dans l'estomac : l'une appelée le sac par M. Duvernoy, où se
voient les plis que je viens d'indiquer, l'autre la partie pylorique où les plis disparaissent, et qui est au sac ce que le
goulot est au corps de l'entonnoir. Ce pylore est un boyau
étroit peu susceptible de dilatation, formant un coude avec
le reste de l'estomac, long de près d'un pouce, à fibres musculaires très-épaisses, à muqueuse lisse. La portion de l'estomac appelée le sac, est celle où se digère la proie; le pylore ou
boyau pylorique forme un obstacle qui arrête cette proie et
l'oblige à séjourner dans le sac, où elle subit la dissolution
stomacale; ce n'est qu'à mesure que cette dissolution a lieu,
que le fluide qui en résulte coule dans le boyau pylorique
pour descendre ensuite dans l'intestin.

Les *intestins* sont courts proportionnellement à la longueur
de l'animal et surtout à celle de l'œsophage et de l'estomac;
sur l'individu pris pour mesure, ils n'avaient que 38 pouces,
le tiers environ de l'animal. Ces intestins sont droits au commencement et à la fin; ils offrent peu de circonvolutions, ils ne
flottent pas dans l'abdomen, ils sont retenus par un mésentère
assez court contre la colonne vertébrale. Cette disposition paraît être nécessitée par les mouvements sur le ventre et les désordres qui résulteraient dans cette cavité, sans cette pré-

caution, mais elle doit gêner les mouvements péristaltiques et contribuer à l'extrême lenteur des fonctions digestives. On peut facilement distinguer les intestins, en *grêles* et en *gros* ; quoiqu'ils ne soient point séparés par un *cœcum*, les parois des gros intestins sont toujours plus épaisses, leur diamètre plus large. La membrane interne de l'intestin grêle forme de larges feuillets longitudinaux plissés comme des manchettes; le gros intestin offre des plis épais, irréguliers, qui se dirigent vers l'orifice anal. Mais le gros intestin a surtout une disposition remarquable très-bien décrite par M. Duvernoy ; il est divisé en plusieurs poches par des replis de la membrane muqueuse, formant de véritables cloisons qui ne permettent de communication de l'une dans l'autre qu'à travers une ouverture étroite. Cette membrane muqueuse, dans la première poche, a beaucoup de plis ondulés qui lui donnent presque l'aspect velouté ; la deuxième poche plus courte a ses parois intérieures unies ; la troisième a des replis circulaires dans la première moitié et des plis longitudinaux dans la dernière; cette disposition en poches semble un arrangement pour retarder la marche des matières alimentaires ou du moins pour empêcher qu'elle ne soit trop accélérée par la *reptation*, les contractions des parois abdominales et la pression contre le sol.

Je n'ai distingué à la surface de la membrane des intestins aucun appareil glandulaire qui puisse être comparé à celui des glandes de Peyer et de Bruner. C'est cependant par cette surface qu'a lieu l'absorption du chyle, qui est aussi parfaite chez les serpents que chez les animaux supérieurs. Dans tous les individus examinés par moi, l'intestin grêle contenait une matière véritablement chyliforme, tandis que les matières dans le gros intestin étaient jaunâtres et excrémentitielles, moulées sur les poches qui les contenaient et en pelotes distinctes. Je n'y ai jamais trouvé des poils et des plumes, comme M. Duméril a pu le faire à la ménagerie des reptiles ; mais j'ai toujours noté que ces matières étaient sans forte odeur, ce qui nous prive, à la Martinique, d'un moyen de reconnaître le voisinage ou le passage des bothrops lancéolés. J'ai souvent trouvé dans ces intestins de petits vers de un à deux pouces de long, blanchâtres à extrémités très-déliées, très-semblables aux lombrics de l'homme.

L'extrémité anale du gros intestin porte le nom de cloaque ; c'est une portion élargie de l'intestin où se rendent tout à la fois les canaux des organes génitaux mâles et femelles et les uretères ou conduits excréteurs de l'urine ; le cloaque était de 9 lignes (sur un serpent de 4 pieds et 1/2) et avait deux lignes de large et deux de long ; sa membrane muqueuse offre de véritables rugosités. Il s'ouvre au dehors au-dessous de l'origine de la queue par une fente transversale (caractère particulier aux reptiles qui ont l'organe mâle bifurqué); chez la femelle, le cloaque sert de vagin et d'utérus et reçoit l'organe double du mâle.

DU FOIE, DU PANCRÉAS, DE LA RATE, DES REINS ET DU PÉRITOINE.

Le *foie* commence au-dessous du cœur et des poumons et descend à onze pouces en dessous; côtoie l'œsophage, est allongé, fusiforme, peut être partagé en deux lobes égaux par une rainure superficielle qui loge les grosses veines allant au cœur; son tissu est rouge fauve comme celui des mammifères. La *vésicule biliaire* n'est point accolée au foie. On la trouve à deux pouces en dessous, libre, flottante et suspendue en quelque sorte aux vaisseaux biliaires. Son volume est considérable (sur le serpent de 4 pieds 1/2, elle était grosse comme un petit œuf de poule). On la trouve toujours remplie par une bile abondante et très-verte, toujours fluide, lorsque l'animal est récemment tué. Le canal cystique remonte et, par sa jonction avec l'hépatique, qui quelquefois est multiple, forme le cholédoque qui s'ouvre dans l'intestin grêle, près du pylore, après avoir traversé le pancréas. Le cours de la bile se fait ainsi en remontant, par une sorte de reflux, ce qui doit en rendre la sortie difficile.

Le pancréas est très-développé : placé au commencement de l'intestin grêle et à la fin de l'estomac, son tissu serré, jaune rougeâtre, se compose de lobules dont les conduits excréteurs se réunissent en un canal commun qui s'ouvre dans l'intestin près du cholédoque ; par son volume, on doit supposer que le pancréas doit jouer dans la digestion du serpent un rôle considérable.

La rate est, au contraire, très-petite, pas plus grosse qu'un pois; elle peut échapper à une recherche peu attentive, au point que son existence, chez les reptiles, a pu être niée; elle est placée sur le pancréas, en avant, à côté du pylore, ronde, d'un rouge brun. La petitesse de son volume indique qu'elle a moins d'importance que chez les mammifères et les oiseaux; ses rapports avec le pancréas sont remarquables.

Les reins sont volumineux, allongés, aplatis, bosselés, placés contre la colonne vertébrale, offrant la texture et la couleur des reins des oiseaux, par l'impossibilité d'y distinguer deux substances et par le défaut de calices et de bassinets; ils donnent naissance aux uretères, qui sont très-longs et vont s'ouvrir dans le cloaque.

Les ophidiens n'ont point de vessie urinaire.

Je n'ai jamais trouvé dans les reins ni dans les uretères du bothrops lancéolé de ces concrétions calcaires si abondantes dans l'urine de certains reptiles. Je n'ai jamais ouï dire qu'on en ait trouvé non plus dans les cages où l'on conserve quelquefois de ces animaux.

Tous les organes renfermés dans l'abdomen sont enveloppés de la séreuse péritonéale qui leur fournit des attaches, les maintient à leurs places et qui fait suite à celle qui tapisse les organes thoraciques; c'est dans les replis de ce péritoine qu'on trouve la graisse abondante blanchâtre, dont la quantité varie suivant l'état d'embonpoint de l'animal. Cette graisse est recueillie par certaines personnes qui la regardent comme un bon remède contre les douleurs rhumatismales et nerveuses.

Le bothrops lancéolé, comme tous les ophidiens, n'a point de diaphragme; c'est la séreuse dont nous venons de parler qui se prolonge dans la cavité thoracique, entoure les poumons et leur sert de plèvres.

ORGANES RESPIRATOIRES.

Les organes respiratoires se composent d'une trachée et d'un appareil pulmonaire. Le serpent n'a point de larynx ni de glotte, a moins qu'on ne veuille appeler ainsi l'orifice su-

périeur de la trachée dans la bouche et le petit bourrelet qui
borde cet orifice. Mais il n'y a certainement rien qui puisse
être rapporté aux cordes ou aux cavités vocales. Cette disposition explique le mutisme du serpent Le bothrops lancéolé
ne fait entendre aucun cri, ni sifflement. Je n'ai jamais constaté le soufflement admis par quelques personnes lorsque
l'animal est en colère et consigné dans l'*Enquête.* J'ai cependant bien des fois excité des Fers de lance, soit en captivité,
soit en liberté, lorsque je voulais leur faire mordre quelque
animal. La trachée commence à l'entrée de la bouche, derrière la langue et son fourreau; elle n'a point d'épiglotte (elle
avait vingt-huit pouces de long sur un serpent de cinq pieds.)
Elle est donc très-longue proportionnellement à ce qu'elle est
chez d'autres animaux ; elle est composée d'anneaux cartilagineux, en partie complets et en partie incomplets. Ces
derniers, dont le tiers postérieur est membraneux et réticulé,
commencent un peu au-dessus du tissu pulmonaire et semblent se fondre et se perdre dans ce tissu, auquel ils fournissent un réseau fin et blanc qui forme, pour ainsi dire, le squelette des cellules pulmonaires. Il n'y a pas de bronches.

Les poumons ou plutôt le poumon est placé d'abord aux
deux côtés de la trachée, qui semble le partager en deux; c'est
un corps spongieux d'un rouge vif clair, plus développé à
droite qu'à gauche. La position de la trachée est la seule circonstance qui fait distinguer en apparence deux poumons.
Car, en arrière de la trachée, c'est un même corps continu
placé au-devant et sur les côtés de la colonne vertébrale et
descendant un peu au-dessous du cœur. Ce corps est formé
de mailles bien distinctes très-larges, béantes, polygonales,
aussi régulières que les alvéoles d'un rayon d'abeilles, séparées les unes des autres par des cloisons épaisses, tendues,
blanches, presque fibreuses, fournies évidemment par l'épa-
nouissement de la portion membraneuse de la trachée. Les artères et les veines pulmonaires se ramifient sur les parois des
cellules pulmonaires, de manière à y former un réseau peu
serré; à en juger par le diamètre de ces vaisseaux, le poumon
ne doit recevoir que le tiers du sang de l'animal, et comme il
n'est pas susceptible d'une grande dilatation, il en résulte que
la surface vasculaire destinée à recevoir le contact de l'air, est
peu étendue et que l'hématose doit être lente et incomplète.

C'est ce qui explique la température de l'animal, qui ne s'élève guère au-dessus de dix degrés. Le poumon n'est point entouré d'une poche séreuse particulière qu'on puisse appeler plèvre; il n'y a pas surtout ce repli qui partage l'appareil pulmonaire en deux et qui, chez les animaux à deux poumons distincts, circonscrit l'espace appelé médiastin. Néanmoins, le poumon n'adhère point aux côtes, il en est séparé par le prolongement de la grande séreuse splanchnique, qui lui tient lieu de plèvre. Comme les serpents n'ont point de diaphragme, la respiration a lieu surtout par le jeu des côtes; peut-être même le tissu pulmonaire dont le réseau fibreux forme la charpente, a-t-il la force de se contracter; ce que l'on peut conjecturer par l'épaisseur des cloisons qui séparent les cellules.

DU COEUR. — DES VAISSEAUX ARTÉRIELS ET VEINEUX. — DE LA CIRCULATION.

Le cœur est petit relativement au volume de l'animal (chez un bothrops de cinq pieds, il avait à peine la grosseur d'une petite amande); il est placé à la réunion des 4/5 postérieurs avec le cinquième antérieur du corps de l'animal, environ à quatorze pouces du museau, au-devant de la colonne vertébrale, au-dessous des poumons, au-dessus du foie, un peu en arrière et à gauche. Il est enfermé dans un péricarde, où il flotte librement; ce péricarde se compose d'un feuillet fibreux et d'un membrane séreuse particulière qui le tapisse à l'intérieur, qui lui est propre et tout à fait distincte de la grande séreuse splanchnique; le tissu du cœur est musculaire et rouge; il est doué d'une vitalité très-résistante. Plumier dit l'avoir vu qui palpitait encore quatre heures après la mort; la même observation a été maintes fois faite parmoi plus de quinze heures après la mort. Le cœur a la forme d'un cône, il se compose de deux oreillettes très-distinctes, séparées par une cloison complète, plus membraneuse que musculaire; l'oreillette droite plus spacieuse que la gauche; l'une et l'autre offrent des colonnes charnues à leur intérieur. La droite reçoit les orifices des veines caves; la gauche celle de la veine pulmonaire, qui est tantôt simple et tantôt double. Ces oreillettes communiquent avec deux ventricules qui leur correspondent. Ces deux ventricules ne sont point entièrement séparés l'un de l'autre, comme chez les animaux supérieurs ; entre leur cloison inter-ventriculaire et le bord libre de celle qui sépare les oreillettes, il y a une interruption qui laisse une ouverture ovale par la-quelle le ventricule droit communique avec le gauche. Ou bien le ventricule peut être considéré comme unique, mais séparé en deux loges inégales qui communiquent entre elles ; la loge supérieure ou *ventricule gauche*, plus spacieuse et à pa-rois plus épaisses, est destinée à pousser le sang dans l'aorte. La seconde loge inférieure ou *ventricule droit* correspond à l'embouchure de l'artère pulmonaire. Les communications des ventricules avec les oreillettes sont garnies de valvules semi-linéaires fixées aux parois des ventricules par des cordes ten-dineuses, comme chez les animaux supérieurs. La position de ces valvules, surtout dans le ventricule droit, est telle que dans la systole du cœur, au moment où le sang est repoussé par la contraction des ventricules, elles ferment l'ouverture de la cloison interventriculaire. L'artère pulmonaire et l'aorte ont leur embouchure à la partie droite de la base du cœur. L'orifice de l'aorte est dans la loge supérieure et celui de l'artère pulmo-naire dans la loge inférieure. Leurs embouchures sont égale-ment garnies de valvules semi-lunaires.

Ainsi le sang rapporté de tout le corps dans l'oreillette droite par les veines caves est versé dans le ventricule droit. Là, il se partage en deux ; une partie, poussée dans l'artère pul-monaire, va se révivifier dans le poumon, d'où elle est reportée dans l'oreillette gauche et de là elle est versée dans le ventricule gauche ; l'autre coule directement du ventricule droit, dans le ventricule gauche, sans passer par le poumon. Il y a donc dans ce ventricule gauche un mélange des deux sangs. Un veineux entièrement, non révivifié, l'autre révivifié. C'est ce mélange des deux sangs qui est poussé en partie dans l'aorte pour aller se distribuer au reste du corps, et en partie dans le ventricule droit pour être reporté au poumon par l'artère pulmonaire ; les valvules, en se tendant ou se détendant, dirigent le sang, dans les mouvements de la *systole* ou de la *diastole*, vers les divers orifices par où il doit passer.

L'artère pulmonaire est simple, monte et se recourbe sur la base du cœur et ne tarde pas à atteindre le poumon dans le-quel elle se distribue ; elle est d'un petit calibre, n'étant pas destinée à donner passage à toute la masse du sang, comme chez les animaux supérieurs.

L'aorte, après un tronc très-court, très-près de son origine, se divise en deux branches : l'une se courbe à droite, l'autre à gauche ; l'aorte droite, qui est la moins volumineuse, se subdivise en deux autres branches, dont l'une, la carotide commune, se porte à la tête et fournit tout le long du cou les artères intercostales et celles de l'œsophage et de la trachée ; l'autre, après un court trajet, pénètre dans la colonne spinale.

Après avoir fourni les artères de la partie antérieure du tronc, l'aorte droite se rétrécit et descend sous le foie et va s'anastomoser avec l'aorte gauche, qui vient à sa rencontre sans avoir fourni aucune division. Les deux aortes ainsi réunies ne forment plus qu'un seul vaisseau, *aorte descendante*, de laquelle naissent, par des troncs impairs, les artères intercostales paires, la mésentérique et les artères qui portent le sang aux viscères. Il n'y a pas de tronc cœliaque ; l'aorte se termine à la queue, où elle se bifurque en deux artères sacrées ou caudales.

Les veines de la partie antérieure du corps rapportent au cœur le sang de la tête et de toutes les parties situées en avant du cœur ; leur tronc réuni forme la veine cave antérieure. La veine cave inférieure ou postérieure présente également un tronc unique qui résulte de la réunion des veines rénales, spermatiques, hépatiques, intercostales postérieures et caudales. La veine-porte ne forme pas un système distinct ; la veine cave inférieure, avant de s'ouvrir dans le cœur, pénètre à travers le foie, et au moment où il en sort, forme une espèce de sac ou sinus très-remarquable qui est comme une double oreillette droite.

Il y a deux veines pulmonaires qui accompagnent l'artère unique et se jettent dans l'oreillette gauche ; en général, les veines sont beaucoup plus nombreuses et plus volumineuses que les artères, et s'en distinguent par le peu d'épaisseur de leurs parois ; le sang veineux est plus foncé aussi que le sang artériel ; comme le sang des reptiles, il est peu riche en matières solides, et les globules elliptiques qui y nagent sont d'un volume considérable.

VAISSEAUX LYMPHATIQUES.

Ces vaisseaux sont très-visibles chez le bothrops lancéolé; ils forment un réseau fin, continu. On les distingue surtout autour du cœur, de l'œsophage et des organes abdominaux.

A la sortie des gros vaisseaux du cœur, on trouve entre leurs troncs un petit corps rond, jaunâtre, gros comme un pois, qui paraît être au premier abord une glande lymphatique, ou un ganglion nerveux; il reçoit une assez forte artériole de l'aorte droite; quelques anatomistes ont voulu y voir une glande thyroïde rudimentaire ou un thymus, mais on le rencontre chez de vieux serpents.

La citerne des lymphatiques ou canal thoracique est placée entre les lames du mésentère ; il forme deux canaux qui vont s'aboucher avec les troncs veineux antérieurs.

ORGANES GÉNITAUX MALES.

Deux *testicules*, placés dans la duplicature du péritoine, en avant des reins, le gauche un peu plus bas que le droit, d'une forme allongée, aplatie, semblables à deux graines de datte, blanchâtre, recouvert d'une tunique fibreuse, albuginée, offrant à l'extérieur des canaux séminifères repliés sur eux-mêmes et réunis par du tissu cellulaire. L'*épididyme* peu marqué. Les *canaux déférents* très-flexueux, longs de 10 pouces (sur un individu de 5 pieds), côtoient les reins et les uretères, n'étant pas plus gros qu'un fil de soie, aboutissent au cloaque, en se joignant à l'extrémité des uretères et présentent une petite saillie papillaire : point de *vésicules séminales*. La verge forme un corps caché dans l'épaisseur de la queue, et enveloppé d'un fourreau ou gaîne fibreuse; unique dans ses 4/5, elle se divise dans le cinquième antérieur en deux têtes ou glands d'un aspect singulier. Ce sont deux renflements cylindriques entourés de pointes coniques, durs, formés par des replis de la membrane anale, qui sert de prépuce à ces glands. Lorsque l'animal est en érection, ces deux glands se gonflent et se déjettent de côté; ils sont rouge-violets, et leurs pointes blanchâtres. On dirait une fleur radiée... Au repos, les glandes rentrent dans la gaîne, mais on peut les faire sortir par la pression des par-

ties voisines, ou mieux en suspendant l'animal par la queue.
Le corps de la verge consiste en un tissu caverneux, érectile; il
pénètre par le cloaque pour s'adapter aux organes de la femelle; en considérant la forme du pénis des serpents, on comprend que le coït doit durer longtemps.

ORGANES FEMELLES.

Les ovaires sont deux tubes effilés, placés sur les côtés de la
colonne vertébrale, dont l'aspect et les dimensions varient suivant qu'ils sont vides ou distendus par des œufs; dans l'état
de vacuité, ils ressemblent à deux petits ligaments celluleux
en avant des reins, dans un repli du péritoine; les oviductes
forment une multitude de replis et vont s'ouvrir dans le cloaque,
qui s'élargit pour les recevoir et se divise en deux compartiments pour les deux glands de l'organe mâle.

Dans une femelle pleine, dont dix vipereaux étaient déjà
sortis, il en restait encore onze à droite et dix à gauche, formant deux grappes disposées en nœuds ou chapelets, mobiles,
retenus par un repli du péritoine, véritable mésentère à travers lequel on distinguait les vaisseaux qui se rendaient aux
œufs; en avant, ces grappes aboutissaient à un corps flaxueux
bosselé (ovaire), en arrière, au cloaque, occupant ainsi le tiers
de la cavité splanchnique. Ces chapelets étaient évidemment les
oviductes dilatés par la présence des œufs; au niveau de ces
œufs, l'oviducte était rouge, partout ailleurs blanchâtre. Chaque œuf se composait de deux membranes très-minces, trans-
parentes, qu'on isolait facilement (allantoïde et chorion), d'une
matière jaunâtre, en assez grande quantité pour emplir une
cuillerée à café (vitellus), et d'une matière blanchâtre plus
fluide. C'est à tort que M. Schlegel croit, qu'il n'existe pas de
matière blanche dans l'œuf des serpents. On distinguait dans
ces matières de petits vaisseaux aboutissant aux membranes,
et surtout un plus développé que les autres, et fixé au vipereau, c'est le cordon ombilical. Le vipereau était placé dans
le centre de l'œuf, lové, c'est-à-dire roulé en cercle, la tête
en haut, la queue en bas; tous les œufs étaient de même dimension, ceux placés près du cloaque aussi bien que ceux qui
en étaient éloignés. Ce qui semble indiquer une parturition
presque simultanée ou séparée par des courts intervalles.

Système nerveux.

Le cerveau a deux enveloppes : une dure mère et une pie
mère : il est peu volumineux en proportion des autres parties
(M. Duméril dit qu'il ne pèse que la sept centième partie du
poids total du corps chez les reptiles) ; il remplit la cavité du
crâne, est lisse et sans circonvolutions. Il se compose de lobes
olfactifs, de *tubercules quadrijumeaux*, toujours pairs, des *hémisphères* et *d'un cervelet*. Les *lobes olfactifs* proviennent de l'extrémité antérieure du cerveau et sont contenus dans la cavité
des os frontaux ; les *hémisphères*, plus larges que longs, doubles,
réunis par une commissure, laissent voir par leur écartement
les couches optiques ou *tubercules quadrijumeaux*, qui sont deux
saillies arrondies, séparées par un sillon; en arrière, le cervelet est une simple lame bombée. Ces parties contiennent entre
elles des cavités ventriculaires : on y distingue la substance
grise et la substance blanche.

La moelle épinière, qui fait suite au cerveau, est un long cordon qui emplit la cavité vertébrale jusqu'aux vertèbres de la
queue; elle est extérieurement formée de substance blanche, et
offre à son intérieur un canal revêtu de substance grise.

L'origine des nerfs cérébraux chez les reptiles est la même
que chez les vertébres supérieurs; le nerf *olfactif*, assez volumineux, naît des lobes olfactifs; il est entièrement composé de substance grise; les nerfs *optiques* prennent leur origine des couches optiques et ont un chiasma. Deux autres nerfs se
rendent de la base du cerveau aux muscles de l'œil et peuvent
être considérés comme *ses moteurs.*

Le trijumeau a ses trois branches : la première se distribue
à l'œil, à la paupière supérieure, la muqueuse du nez et aux
muscles des narines. La deuxième, aux muscles de l'appareil
à venin et au trou borgne, derrière lequel elle envoie un fort
rameau très-remarquable, à la peau du museau. C'est le
maxillaire supérieur. La troisième branche qui est la plus forte
se rend dans les muscles destinés à mouvoir l'os maxillaire
inférieur et fournit un très-gros rameau au canal alvéolaire
de cet os; c'est le *maxillaire inférieur.* Le nerf trijumeau est,
sans contredit, le nerf le plus remarquable de la face.

Le nerf facial est faible; il sort par un trou séparé du crâne,
à côté du trijumeau. L'acoustique est très-mou; le lingual et

le glosso-pharyngien sont visibles ; le nerf vague ou *pneumogas-trique* descend le long du cou, se rend au poumon, au cœur, à l'estomac, sur lequel il forme des plexus et se prolonge sur les intestins. A sa sortie du crâne, il offre de nombreuses com-munications avec les autres nerfs de cette région.

Les nerfs spinaux ont deux racines : le premier de ces nerfs est très-volumineux et se distribue à la mâchoire inférieure, où il paraît remplacer le nerf hypoglosse. Les autres forment les nerfs intercostaux, qui se divisent en *dorsales* et *ventrales* et se réunissent aux congénères du côté opposé, en formant sur les écailles du ventre un dessin très-régulier.

Le grand sympathique est peu développé dans sa portion cervicale et dorsale; il commence au nerf maxillaire supérieur, tantôt sous la forme d'un plexus, tantôt sous celle d'un gan-glion sphénoïdal qui envoie des filets à la muqueuse nasale et à la glande lacrymale, communique par quelques anastomoses avec le facial, se place au cou sur les racines des apophyses épineuses inférieures, longe les nerfs spinaux, à leur sortie des trous de conjugaison, et se prolonge, suivant le même trajet, dans l'abdomen, où il devient très-grêle... Il a des ganglions peu visibles.

RÉFLEXIONS SUR L'ORGANISATION DU FER DE LANCE.

Cette étude de l'organisation du *Fer de lance* confirme ce que la connaissance de ses mœurs devait faire pressentir : un cerveau petit en comparaison d'un corps long, des sens rudimentaires, un toucher obtus, un appareil olfactif à peine développé, le goût et l'ouïe si obscurs que leur existence est contestée, une circulation incomplète qui ne produit qu'un sang froid, mal oxygéné, la digestion longue et pénible, une démarche rampante, point de pattes ni d'ailes, le corps toujours accolé au sol, une timidité extrême, la vie nocturne : tout annonce dans ce reptile un instinct rétréci qui ne va pas au delà des actes les plus élémentaires de l'animalité. Excepté la digestion et la génération, rien de complet ni de comparable aux fonctions des animaux supérieurs. On ne conçoit pas la grande renommée dont a joui le serpent dans tous les temps et chez tous les peuples ; comment il a pu être pris pour l'emblème de l'immortalité, ou pour le symbole de la ruse et de la prudence, qui exigent les plus profondes combinaisons de la pensée. Il n'est pas possible de rattacher à ses mouvements quelque signification qui se rapporte à un souvenir ou à la plus simple comparaison. Nous avons vu combien est douteux tout ce qui se dit de la prétendue fascination qu'il exercerait sur les animaux dont il fait sa proie. Sa tendresse maternelle n'est pas mieux prouvée ; c'est un emprunt fait à d'autres animaux. Tout au contraire porte à croire qu'il mange aveuglément ses petits, sans les distinguer de toute autre proie ; il n'a aucune industrie, ne vit point en société, car on ne saurait appeler ainsi les entassements de vipères que l'on rencontre quelquefois et qui n'ont lieu tout au plus que par l'attrait de la chaleur ; il ne se bâtit point de demeure, n'a point de nid, ne se livre à aucun soin, à aucune éducation des petits ; il erre à l'aventure et à la piste de sa proie, qui l'attire plutôt qu'il ne la cherche. On n'a pu lui reconnaître aucune ruse, aucune combinaison des animaux chasseurs ; il n'a que la patience de l'embuscade ; aussi a-t-il été doué d'une grande sobriété pour supporter les mécomptes qu'il doit souvent éprouver dans la poursuite de sa nourriture ; il ne se livre point à ces migrations qui, chez certains oiseaux et certains mammifères, excitent notre admiration ; il tourne dans le canton qui l'a vu naître, n'ose sortir que la nuit ; il se laisse quelquefois sottement surprendre dans les lieux qu'il devrait le plus éviter. Tel est donc, en résumé et en réalité, cet animal dont la poésie a fait un si grand abus ; le respect que nous lui payons n'est dû qu'à son venin ; encore se sert-il de cette arme redoutée à tort et à travers, comme s'il n'en savait pas toute la valeur ; se jetant sur tous les corps, n'importent lesquels, qui se rencontrent à sa portée. Jamais il n'attaque l'homme résolûment ; cependant telle est la terreur qu'inspire cet affreux venin, qu'il tient lieu à l'animal, aux yeux du vulgaire, de la plus fine intelligence, et a fait adorer le serpent, par les peuples sauvages, comme l'image de Dieu sur la terre. Mais ignorance et méchanceté : voilà notre dernier mot sur lui, et nous sommes heureux de constater que chez les animaux, comme chez les hommes, ces deux attributs vont de pair.

DEUXIÈME RAPPORT

Fait à la Société d'Acclimatation, à l'occasion du prix à établir pour l'acclimatation, à la Martinique, d'animaux destructeurs du Fer de lance.

L'attention de la société ayant été appelée par plusieurs de ses membres, notamment par MM. de Chasteignez, Guyon, Moreau de Jonnès, Pécoul et Rufz, sur le serpent Fer de lance qui désole les Antilles, et de tous les animaux nuisibles à l'homme, celui-ci étant reconnu un des plus redoutables, il a paru qu'il entrait dans l'esprit de la société de mettre la destruction de ce reptile au nombre des prix qu'elle propose contre les animaux nuisibles, et que quelques conditions étaient aussi nécessaires à établir pour l'obtention de ce prix.

1° L'animal pourra être mammifère, oiseau ou reptile, mais il faut qu'il soit, sans aucun doute, destructeur du *Fer de lance*. Dans tous les pays où se trouvent des serpents venimeux, la tradition populaire signale quelque animal qui leur est hostile. Ainsi, l'ichneumon en Égypte; les mangoustes dans l'Inde et à Madagascar; la civette à Java; le hérisson ailleurs; les cigognes les grues, les hiboux, les corbeaux en Europe; le cariama, le kamichi, l'agami, le tantale lacté en Amérique; le serpentaire, le tantale rose, l'ibis sacré, le marabou, l'ombrette en Afrique; le jabiru, la cigogne chevelue à sac, à bec ouvert, en Asie, etc., etc.; en général les vautours, les aigles et tous les oiseaux de proie.

Mais il faut être averti que ces traditions mises à l'épreuve n'ont pas été toujours trouvées fidèles. De tous les animaux que nous venons de nommer, le serpentaire du Cap paraît être celui sur qui l'on peut le plus compter.

2° Pour être réputé destructeur du Fer de lance, il ne suffira pas qu'un animal, mis en sa présence, se défende contre lui et sorte même victorieux de ce combat, au risque de périr, plus tard de ses suites. Ainsi font les chiens, les chats, les manicous, même les rats et les poules, et en général tous les animaux; il faut que l'animal destructeur soit porté par son

25

instinct à rechercher les serpents et à en faire la chasse pour
s'en nourrir; il faut qu'il poursuive les Fers de lance jusque
dans les retraites où ils se cachent. C'est là le caractère d'un
antagonisme véritable; les expériences, pour constater cet antagonisme, devront donc avoir lieu en plein champ, avec des
animaux en liberté, et non en champ clos et avec des animaux
captifs. Il ne faut pas oublier que le serpent est un animal
nocturne; que c'est surtout la nuit qu'il sort de ses retraites,
et que c'est alors que sa chasse peut être faite avec le plus de
succès.

3° L'animal destructeur devra être choisi parmi les espèces
qui ne seront point nuisibles aux cultures, et particulièrement à
la canne à sucre, qui est la principale production des Antilles.
C'est par cette considération que j'ai dû vivement repousser la
proposition faite, à plusieurs reprises, des cochons et des sangliers qui sont, il est vrai, signalés en beaucoup de pays comme
détruisant les reptiles venimeux; mais à la Martinique, les cochons sont déjà fort nombreux. On pourrait presque dire que
chaque nègre a le sien; par l'incurie de leurs propriétaires, ces
animaux s'échappent souvent des bauges mal closes où on les
tient, et font de grands dégâts dans les plantations. C'est à tel
point que sur chaque habitation il y a toujours un fusil chargé
pour les détruire, ce qui est cause de discussions continuelles
entre les propriétaires et les cultivateurs. Les *Fers de lance*
seraient regardés comme un mal moindre que les cochons
destinés à leur destruction.

4° L'acclimatation sera réputée accomplie et le prix gagné
à la troisième génération. C'est-à-dire, lorsque des petits, nés
de l'animal introduit, il sera né d'autres petits également *destructeurs des serpents*. Cette dernière condition a paru nécessaire, parce que plus d'une analogie porte à penser que les productions de la nature, soit du règne végétal ou animal, dégénè-
rent, perdent leur fécondité ou leurs qualités, lorsqu'elles
sont transportées d'une zone à l'autre. Ainsi, la pomme de terre
à la Martinique donne de beaux tubercules à une première
plantation, mais ceux-ci replantés sont stériles. Le blé aussi,
à la seconde germination, ne porte plus d'épis. Tous les animaux, chevaux, bœufs, même les gallinacés, ont une taille
moindre. (Voyez de Paw et Boyer de Peyrelau.) J'ai ouï dire
que les coqs de combat, venus du dehors, perdaient de leur

hardiesse lorsqu'ils se reproduisaient à la Martinique. Cette dé-
générescence, suivant M. Rochoux, s'étendrait même à l'homme.
On cite, en preuve, les races espagnoles, des États équatoraux
de l'Amérique. Il faut donc être en garde là-dessus.

5° La Martinique, comme colonie française, est désignée pour
le lieu où l'expérimentation devra être faite. Mais le prix serait
aussi bien gagné, si la réussite était obtenue à Sainte-Lucie.

6° Il ne faut pas oublier que ces colonies sont des îles peu
distantes du continent auquel elles se rattachent; elles forment
une chaîne dont chaque île représente un anneau n'étant séparé de sa voisine que par un court bras de mer de quelques
lieues, ce qui fournirait à un animal autant d'étapes pour regagner le continent, pour peu que cet animal fût de l'espèce
des voyageurs, et surtout si le continent américain était son
lieu natal.

Le terme de l'année 1869 a paru convenable pour décerner
ce prix. Quoiqu'il paraisse un peu long, on a pensé que ce
temps serait nécessaire pour que la proposition de la société
pût être portée à la connaissance des voyageurs et capitaines de navire, en position de rapporter les oiseaux destructeurs du Fer de lance, des pays où se trouvent ces animaux,
et nécessaire aussi à l'acclimatation de ces animaux, à leur
reproduction et aux expériences destinées à constater qu'ils
remplissent les conditions exigées.

En conséquence de ce rapport, la Société impériale d'Acclimatation, dans sa séance solennelle du 10 février 1857, a proposé
le prix suivant :

Introduction et acclimatation, à la Martinique, d'un animal
destructeur du bothrops lancéolé (vulgairement appelé vipère
Fer de lance) à l'état de liberté.

On devra avoir obtenu trois générations.

Sont exceptées les espèces qui pourraient ravager les cultures.

Concours ouvert jusqu'au 1er décembre 1869.

Prix. Une médaille de 1,000 francs.

TABLE DES MATIÈRES

CONTENUES DANS CE VOLUME.

FIN.

www.ingramcontent.com/pod-product-compliance
Lightning Source LLC
Chambersburg PA
CBHW052104230326
41599CB00054B/3745